高职高专公共基础课系列教材

应用高等数学

主　　编　陈大桥　　汪慧玲　　韩　飞
副主编　　马　芬　　石国凤　　成宝娟
参　　编　刘唯一　刘　平
　　　　　左　岚　申　飞

U0378971

西安电子科技大学出版社

内 容 简 介

本书是根据高职教育的人才培养目标和学生实际，以加强应用为目的，以"必需、够用"为原则精心编写而成的.

全书内容包括函数、极限与连续，导数与微分，积分及其应用，无穷级数，拉普拉斯变换，矩阵代数及其应用，数学建模初步. 每节后配有习题，每章后配有综合习题，书末附有习题参考答案. 附录给出了简易积分表、常用初等数学公式.

本书可作为高职高专院校、成人院校、继续教育学院和民办高校的高等数学教材，也可以作为相关人员学习高等数学知识的参考用书.

图书在版编目(CIP)数据

应用高等数学/陈大桥，汪慧玲，韩飞主编. —西安：西安电子科技大学出版社，2017.4
(2023.8 重印)
ISBN 978 - 7 - 5606 - 4444 - 8

Ⅰ.①应… Ⅱ.①陈… ②汪… ③韩… Ⅲ.①高等数学—高等学校—
教材 Ⅳ.①O13

中国版本图书馆 CIP 数据核字(2017)第 024537 号

策 划	杨丕勇	
责任编辑	杨丕勇	
出版发行	西安电子科技大学出版社(西安市太白南路 2 号)	
电 话	(029)88202421 88201467	邮 编 710071
网 址	www.xduph.com	电子邮箱 xdupfxb001@163.com
经 销	新华书店	
印刷单位	西安日报社印务中心	
版 次	2017 年 4 月第 1 版 2023 年 8 月第 2 次印刷	
开 本	787 毫米×960 毫米 1/16 印张 18.5	
字 数	371 千字	
定 价	34.00 元	
ISBN	978 - 7 - 5606 - 4444 - 8/O	

XDUP 4736001 - 2

前　　言

随着高职院校教学改革的不断深入，很多学校对高等数学学时数进行了一定的削减. 但我们深知，高等数学对学生适应社会需求变化，培养大学生的思维品质、创新精神以及提高学生可持续发展的能力等方面所起到的作用是其他任何课程无法替代的. 在这种形势下，我们大胆进行教材改革，力求用有限的课时着重培养学生的数学思维能力、应用能力、自学能力和创新能力，全面提高学生的数学素质.

本书根据学生的认知水平，本着简明、基础、实用的原则设计和编写相关内容，具有一定的思想性、科学性、趣味性和实用性. 本书主要特色如下：

（1）以加强应用为目的，以"必需、够用"为原则. 本书对基础知识的内容进行了合理的选取和整合，省略了定理的证明和复杂的推导，不求深，不求全，只求实用，注重与专业课程接轨.

（2）每一章节尽量实行"案例（引例）驱动"，从实际问题出发，引出概念，并讲清概念.

（3）介绍数学建模的入门知识和常用的数学软件，特别对工程技术上最常用的 MAT-LAB 软件的常用功能进行了简单介绍，以提高学生利用计算机及数学软件解决问题的能力.

（4）例题、习题经过精心设计，与相关概念、方法的内容完全配套，题量充足，可充分满足教学需要.

（5）注重微积分在工程和经济中的应用，通过大量实例提高学生应用数学知识解决实际问题的能力.

本书由陈大桥、汪慧玲、韩飞担任主编，马芬、石国凤、成宝娟担任副主编，参加编写的还有刘唯一、刘平、左岚、申飞等. 本书在编写时参考并吸收了有关教材及著作的成果，在此一并致谢.

由于编者水平有限，本书难免有疏漏之处，敬请广大读者不吝赐教.

编　者

2016 年 10 月

目　　录

第1章　函数、极限与连续

高等数学研究的主要对象是函数，而研究的主要工具是极限．本章将在对函数概念进行复习补充的基础上介绍极限的概念，讨论极限的性质和运算法则以及连续函数的概念与性质．

1.1　函　　数

【引例 1】　匀速直线运动中，设物体运动的速度为 v，物体运动的时间是 t，则物体运动的路程 s 与物体运动的速度 v、时间 t 之间的关系式为

$$s = vt$$

假定物体运行时间为 T，如果速度 v 确定，那么当时间 t 在闭区间 $[0，T]$ 上任意确定一个数值时，由上式就有一个确定的数值 s 与之对应．

【引例 2】　图 1-1 是气温自动记录仪描出的某一天的温度变化曲线，它给出了时间 t 与气温 T 之间的依赖关系．时间 $t(h)$ 的变域是 $0 \leqslant t \leqslant 24$，当 t 在这个范围内任取一值时，从图中的曲线可找出气温的对应值．例如 $t = 14$ h 时，$T = 25℃$，此为一天中的最高温度．

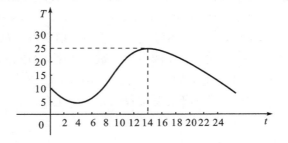

图 1-1

生产生活中类似于上述引例的问题还可以举出很多，它们都有共同的特征：它们都表达了两个变量之间的相互依赖关系．当一个变量在它的变域中任取一定值时，另一个变量按一定的法则就有一个确定的值与之对应．把这种确定的依赖关系抽象出来，就是函数的概念．以下介绍函数及其相关概念．

1.1.1 区间与邻域

1. 区间

任何一个变量，都有确定的变化范围，如果变量的变化范围是连续的，常用一种特殊的数集——区间来表示其变化范围.

设 a,b 是两个实数，且 $a<b$，则

数集 $\{x \mid a \leqslant x \leqslant b\}$ 称为闭区间，记为 $[a,b]$；

数集 $\{x \mid a<x<b\}$ 称为开区间，记为 (a,b).

其中，a 和 b 称为区间的端点，数 $b-a$ 称为区间的长度.

从几何上看，开区间 (a,b) 表示数轴上以 a、b 为端点的线段上点的全体，而闭区间 $[a,b]$ 则表示数轴上以 a、b 为端点且包括 a、b 两端点的线段上点的全体，如图 1-2 所示.

图 1-2

当端点不包括在区间内时，通常把端点画成空心点；当端点包括在区间内时，通常把端点画成实心点.

类似地，可以定义：

左开右闭区间 $(a,b] = \{x \mid a<x \leqslant b\}$；

左闭右开区间 $[a,b) = \{x \mid a \leqslant x<b\}$.

除了上述有限区间外，还有一类区间称为无限区间. 为了讨论方便，引入记号"$+\infty$"（读作"正无穷大"）和"$-\infty$"（读作"负无穷大"），并规定：$(-\infty,+\infty)$ 表示全体实数（或记为 $-\infty<x<+\infty$）；$(-\infty,b)$ 表示满足不等式 $x<b$ 的一切实数 x 的全体（或记为 $-\infty<x<b$）；$(a,+\infty)$ 表示满足不等式 $x>a$ 的一切实数 x 的全体（或记为 $a<x<+\infty$）；以及 $[a,+\infty) = \{x \mid x \geqslant a\}$ 和 $(-\infty,b] = \{x \mid x \leqslant b\}$.

注意：这里的"$+\infty$"和"$-\infty$"都不是数，仅仅是一个记号.

2. 邻域

邻域是表示集合的一个重要概念.

定义 1 设 δ 是一正数，a 为某一实数，把数集 $\{x \mid |x-a|<\delta\}$ 称为点 a 的 δ 邻域，记作 $U(a,\delta)$，即 $U(a,\delta) = \{x \mid |x-a|<\delta\}$，点 a 称为该邻域的中心，δ 称为该邻域的半径.

由于 $a-\delta<x<a+\delta$ 相当于 $|x-a|<\delta$，因此

$$U(a,\delta) = \{x \mid a-\delta<x<a+\delta\}$$

即开区间 $(a-\delta,a+\delta)$.

因为 $|x-a|$ 表示点 x 与点 a 间的距离,所以 $U(a,\delta)$ 表示:与点 a 距离小于 δ 的一切点 x 的全体. 例如,$|x-3|<1$,即为以点 $a=3$ 为中心,以 1 为半径的邻域,也就是开区间 $(2,4)$.

有时用到的邻域需要把邻域的中心去掉. 点 a 的 δ 邻域去掉中心 a 后,称为点 a 的去心 δ 邻域,记作 $\mathring{U}(a,\delta)$,即

$$\mathring{U}(a,\delta)=\{x\,|\,0<|x-a|<\delta\}$$

这里 $0<|x-a|$ 就表示 $x\neq a$. 例如,$0<|x-2|<1$,即为以点 $a=2$ 为中心,半径为 1 的去心邻域,即 $(1,2)\bigcup(2,3)$.

1.1.2　函数的概念与表示法

1. 函数的概念

定义 2　设 x 和 y 为两个变量,D 为一个给定的数集,若对于每一个 $x\in D$,按照一定的法则 f,变量 y 总有唯一确定的数值与之对应,就称 y 为 x 的函数,记为 $y=f(x)$. 数集 D 称为该函数的定义域,x 叫作自变量,y 叫作因变量.

当 x 取数值 $x_0\in D$ 时,依法则 f 的对应值 y_0 称为函数 $y=f(x)$ 在 $x=x_0$ 时的函数值,并记作 $f(x_0)$. 所有函数值组成的集合 $W=\{y\,|\,y=f(x),x\in D\}$ 称为函数 $y=f(x)$ 的值域.

在函数的定义中,要注意以下几点:

(1) 在实际问题中,函数的定义域常常根据该问题的实际意义来确定,而一般地研究某一具体解析式所规定的函数关系时,函数的定义域是由解析式本身确定的,即能使解析式有意义的一切实数值的全体.

(2) 若两个函数的定义域和对应法则都相同,则认为两个函数是相同的,与变量的具体意义和采用的符号无关.

例 1　求下列函数的定义域:

(1) $y=\sqrt{4-x^2}$;　　　　　　(2) $y=\ln(x^2-2x-3)$.

解　(1) 在偶次根式中,被开方式必须大于等于零,所以 $4-x^2\geqslant 0$,解得 $-2\leqslant x\leqslant 2$,即定义域为 $[-2,2]$.

(2) 在对数式中,真数必须大于零,所以 $x^2-2x-3>0$,解得 $x<-1$ 或 $x>3$,即定义域为 $(-\infty,-1)\bigcup(3,+\infty)$.

例 2　函数 $y=\begin{cases}x^2, & 0<x\leqslant 1\\[1mm]\dfrac{1}{2}, & x=0\\[1mm]1-x, & -1\leqslant x<0\end{cases}$　的定义域为 $[-1,1]$,值域为 $[0,2]$.

例 3 符号函数 $y = \text{sgn}x = \begin{cases} 1, & x > 0 \\ 0, & x = 0 \\ -1, & x < 0 \end{cases}$ 是定义域为 $(-\infty, +\infty)$ 的分段函数.

例 4 设 $y = f(x) = \begin{cases} x+2, & 0 \leqslant x \leqslant 2 \\ x^2, & x > 2 \end{cases}$，求它的定义域和 $f(1)$、$f(3)$、$f(x-1)$.

解 函数 $y = f(x)$ 的定义域为 $[0, 2] \bigcup (2, +\infty] = [0, +\infty)$.

$$f(1) = 1 + 2 = 3, \ f(3) = 3^2 = 9$$

$$f(x-1) = \begin{cases} (x-1) + 2, & 0 \leqslant x - 1 \leqslant 2 \\ (x-1)^2, & x - 1 > 2 \end{cases}$$

即

$$f(x-1) = \begin{cases} x+1, & 1 \leqslant x \leqslant 3 \\ (x-1)^2, & x > 3 \end{cases}$$

例 5 判断函数 $f(x) = x - 1$ 和 $g(x) = \dfrac{x^2 - 1}{x+1}$ 是否为同一函数.

解 当 $x \neq -1$ 时，函数值 $f(x) = g(x)$，但是 $f(x)$ 的定义域为 $(-\infty, +\infty)$，而 $g(x)$ 的定义域为 $(-\infty, -1) \bigcup (-1, +\infty)$. 由于 $f(x)$ 与 $g(x)$ 的定义域不同，所以它们不是同一个函数.

2. 函数的表示法

表示函数关系的方法通常有三种：解析法、列表法和图形法，三种表示函数的方法各有特点.

（1）解析法：借助于数学表达式来表示两个变量之间的函数关系. 用解析法简单明了，如 $y = x^2 + 1$ 为解析法表示.

（2）列表法：将自变量的取值和其相对应的函数值用一个表格列出来表示.

（3）图形法：用平面直角坐标系中的曲线来表示两个变量的对应关系.

在上述三种表示方法中，解析法是对函数的精确描述；使用列表法可方便查询函数值，但有时无法列出全部的函数值，存在一定的局限性；图形法是对函数的直观描述，通过图形可以直接看出函数的一些性质.

一般来说，在实际中，我们可以根据不同的问题与需要，灵活地采用不同的表示方法. 这三种方法经常结合起来使用，即由已知的函数解析式，列出自变量与对应的函数值的表格，再画出它的图形.

3. 函数的几种特性

1）奇偶性

定义 3 如果函数 $y = f(x)(x \in D)$，D 关于原点对称，对任意 $x \in D$，有 $f(-x) = f(x)$ 恒成立，则称 $f(x)$ 为偶函数；对任意 $x \in D$，有 $f(-x) = -f(x)$ 恒成立，则称 $f(x)$

为奇函数.

偶函数的图形关于 y 轴对称，奇函数的图形关于原点对称.

例如 $f(x) = \sin x$ 为奇函数，$y = x^2$、$y = \cos x$、$y = |x|$ 是偶函数，$y = \cos x + \sin x$、$y = \sqrt{x}$ 是非奇非偶函数.

2）单调性

定义 4　设函数 $f(x)$ 在区间 I 上有定义，若对任意两点 x_1，$x_2 \in I$，当 $x_1 < x_2$ 时总有：

$f(x_1) < f(x_2)$，则称 $f(x)$ 在 I 上单调递增，区间 I 为函数 $f(x)$ 的单调增区间.

$f(x_1) > f(x_2)$，则称 $f(x)$ 在 I 上单调递减. 区间 I 为函数 $f(x)$ 的单调减区间.

单调增区间和单调减区间统称为单调区间.

例如，函数 $f(x) = x^2$ 在区间 $[0，+\infty)$ 内单调递增，在区间 $(-\infty，0]$ 内单调递减.

3）周期性

定义 5　设函数 $f(x)$ 的定义域为 D，若存在 $T \neq 0$，对于任意的 $x \in D$，有 $x \pm T \in D$，使得 $f(x + T) = f(x)$ 恒成立，就称 $f(x)$ 为周期函数. 满足这个等式的最小正数 T 称为函数的最小正周期，简称为周期.

例如，$y = \sin x$ 是周期为 2π 的周期函数. 函数 $\tan x$ 是周期为 π 的周期函数.

4）有界性

定义 6　设函数 $y = f(x)$ 在区间 I 上有定义，若存在一个正数 M，对任意的 $x \in I$，总有 $|f(x)| \leqslant M$，则称函数 $f(x)$ 在区间 I 上有界，否则称为无界.

例如，$y = \sin x$ 在 $(-\infty，+\infty)$ 上有界，因为对任何实数 x，恒有 $|\sin x| \leqslant 1$. 说某个函数是有界函数还是无界函数必须指明所考虑的区间，如函数 $y = \dfrac{1}{x}$ 在 $(0，1)$ 内是无界的，但在 $[1，+\infty)$ 上是有界的.

1.1.3　初等函数

1. 基本初等函数

通常把常数函数、幂函数、指数函数、对数函数、三角函数和反三角函数统称为基本初等函数.

（1）常数函数. 常数函数是 $y = C$（C 为常数）的函数.

（2）幂函数. 幂函数是形如 $y = x^\mu$（μ 为常数）的函数.

（3）指数函数. 指数函数是形如 $y = a^x$（$a > 0$，$a \neq 1$）的函数.

（4）对数函数. 对数函数是指数函数 $y = a^x$ 的反函数，记为 $y = \log_a x$（a 为常数，$a > 0$，$a \neq 1$）；特别地，当 $a = e$ 时，函数记为 $y = \ln x$，称为自然对数函数.

（5）三角函数.

正弦函数：$y = \sin x$，$x \in (-\infty, +\infty)$.

余弦函数：$y = \cos x$，$x \in (-\infty, +\infty)$.

正切函数：$y = \tan x$，$x \neq n\pi + \dfrac{\pi}{2}$，$n = 0, \pm 1, \pm 2, \cdots$.

余切函数：$y = \cot x$，$x \neq n\pi$，$n = 0, \pm 1, \pm 2, \cdots$.

（6）反三角函数.

反正弦函数：$y = \arcsin x$，$x \in [-1, 1]$，$y \in \left[-\dfrac{\pi}{2}, \dfrac{\pi}{2}\right]$.

反余弦函数：$y = \arccos x$，$x \in [-1, 1]$，$y \in [0, \pi]$.

反正切函数：$y = \arctan x$，$x \in (-\infty, +\infty)$，$y \in \left(-\dfrac{\pi}{2}, \dfrac{\pi}{2}\right)$.

反余切函数：$y = \text{arccot} x$，$x \in (-\infty, +\infty)$，$y \in (0, \pi)$.

2. 复合函数

在实际问题中，变量之间的函数关系往往比较复杂，自变量与函数之间不一定有直接的依赖关系，因而常常借助于中间变量来建立所需要的函数关系.

例如，在自由落体运动中，落体的动能 E 是速度 v 的函数：$E = \dfrac{1}{2}mv^2$，其中 m 为落体的质量. 忽略空气阻力，落体的速度 v 是时间 t 的函数：$v = gt$. 因此，如果要研究动能与时间的关系，就得把 $v = gt$ 代入 $E = \dfrac{1}{2}mv^2$，得到 $E = \dfrac{1}{2}mg^2t^2$. 这样，E 与 t 的对应关系可以看成是由函数 $E = \dfrac{1}{2}mv^2$ 与函数 $v = gt$ 复合而成的.

定义7 如果 y 是 u 的函数 $y = f(u)$，而 u 又是 x 的函数 $u = \varphi(x)$，且 $\varphi(x)$ 的值域与 $y = f(x)$ 的定义域的交非空. 那么，y 通过中间变量 u 的联系成为 x 的函数，这个函数称为是由函数 $y = f(u)$ 与 $u = \varphi(x)$ 复合而成的复合函数，记作 $y = f(\varphi(x))$，x 为自变量，y 为因变量，u 为中间变量.

例6 已知 $y = \ln u$，$u = x^2$，试把 y 表示为 x 的函数.

解 $y = \ln u = \ln x^2$，$x \in (-\infty, 0) \bigcup (0, +\infty)$.

例7 函数 $y = e^{\sin x}$ 是由哪些简单函数复合而成的？

解 令 $u = \sin x$，则 $y = e^u$，故 $y = e^{\sin x}$ 是由 $y = e^u$ 与 $u = \sin x$ 复合而成的.

复合函数的中间变量可以是两个或两个以上. 建立或分析复合函数的复合过程对于今后掌握微积分的运算是很重要的.

例8 指出函数 $y = e^{\sqrt{3x+2}}$ 是由哪些简单函数复合而成的.

解　函数 $y = \mathrm{e}^{\sqrt{3x+2}}$ 是由函数 $y = \mathrm{e}^u$，$u = \sqrt{v}$，$v = 3x + 2$ 复合而成的.

例 9　指出函数 $y = \ln[\arctan(x^2 + 1)]$ 是由哪些简单函数复合而成的.

解　令 $u = \arctan(x^2 + 1)$，则 $y = \ln u$，再令 $v = x^2 + 1$，则 $u = \arctan v$.

故 $y = \ln[\arctan(x^2 + 1)]$ 是由 $y = \ln u$，$u = \arctan v$，$v = x^2 + 1$ 复合而成的.

3. 初等函数

定义 8　由常数和基本初等函数经过有限次四则运算或有限次函数的复合后所得到的能用一个解析式表达的函数，称为初等函数.

例如，$y = 2x + \sin^2 x + \dfrac{1}{x}$，$y = \sin^2 x$，$y = \ln(x + \sqrt{x^2 + 1})$ 等都是初等函数. 本书讨论的主要是初等函数.

1.1.4　函数关系的建立

在实际中，很多问题都要用函数知识来研究，人们要用函数的方法来表示工程技术、生产生活、经济管理中的各种问题，也就是要建立起变量之间的函数关系.

1. 经济中常用的函数

经济学的许多研究方法都需要用到数学知识，如经济指标分析、金融市场风险评估、效益的合理分配、生产成本控制等. 下面介绍几种经济中常用的函数.

1）需求函数

在经济学中，"需求"是指消费者在一定时间内，在不同的价格水平下愿意并且能够购买某种商品的数量. 一般来说，消费者对某种商品的需求量受到很多因素的影响，如消费者的收入、商品的价格、消费者个人的嗜好等，其中商品的价格 p 是影响需求量 Q 的主要因素，记作 $Q = Q(p)$.

通常降低商品价格可使需求量增加，提高商品价格会使需求量减少，因此 $Q = Q(p)$ 是单调递减函数.

常见的需求函数有以下几种形式：

· 线性需求函数：$Q = a - bp$　$(a \geqslant 0, b \geqslant 0)$.

· 反比例需求函数：$Q = \dfrac{k}{p}$　$(k > 0, p \neq 0)$.

· 二次需求函数：$Q = a - bp - cp^2$　$(a > 0, b \geqslant 0, c > 0)$.

· 指数需求函数：$Q = a\mathrm{e}^{-bp}$　$(a > 0, b > 0)$.

其中最常见、最简单的需求函数是线性需求函数.

例 10　某产品售价为 70 元／件，可卖出 10 000 件，价格每增加 3 元就少卖 300 件，求需求量 Q 与价格 p 的函数关系（假设需求函数是线性的）.

解　设价格由 70 元增加 k 个 3 元，则 $p = 70 + 3k$，而
$$Q = 10\,000 - 300k$$
由 $p = 70 + 3k$，得 $k = (p - 70)/3$，于是
$$Q = 17\,000 - 100p$$
又由 $Q \geqslant 0$ 有 $k \leqslant 100/3$，从而 $p \leqslant 170$.

于是所求需求函数为
$$Q = 17\,000 - 100p \ (70 \leqslant p \leqslant 170)$$

2）供给函数

在经济学中，"供给"是指在一定时间内和一定的价格水平下，生产者愿意提供和出售的商品数量. 某一商品的市场供给量也是由多种因素决定的，在这里，仅考虑价格这个最主要的因素. 商品供给量 S 是价格 p 的函数，称为供给函数，记作 $S = S(p)$.

一般来说，商品供给量随商品价格上涨而增加；反之，价格下降将使供给量减少. 因此供给量 S 是价格 p 的单调递增函数.

常见的供给函数有

·线性供给函数：$S = -a + bp$.

·指数供给函数：$S = ap^b \ (a > 0, b > 0)$.

最简单也最常用的供给函数是线性供给函数.

例 11　某商品当价格为 50 元时，有 50 单位投放市场；当价格为 75 元时，有 100 单位投放市场. 假设供给函数是线性的，求供给量 S 与价格 p 的函数关系.

解　设供给函数为 $S = -a + bp$，把已知条件代入方程得
$$\begin{cases} 50 = -a + 50b \\ 100 = -a + 75b \end{cases}$$
解得 $a = 50, b = 2$，所求的供给函数为 $S = -50 + 2p$.

3）均衡价格

需求函数与供给函数可以帮助我们分析市场规律. 使某一商品的市场需求量与供给量相等时的价格 $\overline{p}$，称为均衡价格. 在同一坐标系中作出需求曲线 $Q = Q(p)$ 和供给曲线 $S = S(p)$，其交点为 $(\overline{p}, \overline{Q})$，$\overline{Q}$ 称为均衡商品量. 当市场价格 p 高于均衡价格 $\overline{p}$ 时，供给量将增加而需求量相应地减少，产生供大于求的现象使价格 p 下降；当市场价格 p 低于均衡价格 $\overline{p}$ 时，供给量减少而需求量增加，产生供不应求的现象，从而又使得价格 p 上升，实现市场价格的调节.

例 12　已知某商品的需求函数为 $Q = 60 - \dfrac{4}{3}p$，供给函数 $S = -4 + 4p$，求该商品的市场均衡价格和均衡数量.

解　由供需平衡条件 $Q = S$，得

$$60 - \frac{4}{3}p = -4 + 4p$$

因此，均衡价格为 $\bar{p} = 12$，均衡数量 $\bar{Q} = 44$.

4）总成本函数

总成本是指生产特定产量的产品所需要的全部费用，它由固定成本和可变成本组成.

固定成本是指在一定时间内不随产品数量变化而变化的成本，它与产量无关，如厂房、设备等.

可变成本是指随产品数量变化而变化的成本，如原材料、能源、工资等. 用 C 表示总成本，用 C_1 表示固定成本，用 C_2 表示可变成本，则有 $C = C_1 + C_2$.

在经济分析中，由于从总成本中无法看出生产者生产水平的高低，常用到平均成本的概念，即生产 q 个单位产品时，单位产品的成本，记作 $\bar{C}$：

$$\bar{C}(q) = \frac{C(q)}{q}$$

其中，q 为产量，$C(q)$ 为总成本.

例 13　生产某种商品的总成本（单位：元）是 $C(q) = 1000 + 6q$，求生产 200 个该产品时的总成本和平均成本.

解　产量为 200 个时的总成本为

$$C(200) = 1000 + 6 \times 200 = 2200$$

产量为 200 个时的平均成本为

$$\bar{C}(200) = \frac{C(200)}{200} = 11$$

5）总收益函数

总收益是销售一定数量的某商品所得的全部收入，用 R 表示. 如果产品的单位售价为 p，销售量为 q，则总收益函数为 $R(q) = pq$.

例 14　设某商品的需求函数是 $q = 200 - 4p$，求该商品的收益函数，并求销售 40 件商品时的总收益和平均收益.

解　由需求函数 $q = 200 - 4p$，可得

$$p = 50 - \frac{1}{4}q$$

收益函数为

$$R(q) = pq = \left(50 - \frac{1}{4}q\right)q = 50q - \frac{1}{4}q^2$$

平均收益为

$$\overline{R}(q) = \frac{R(q)}{q} = 50 - \frac{1}{4}q$$

销售 40 件商品时的总收益和平均收益分别为

$$R(40) = 50 \times 40 - \frac{1}{4} \times 40^2 = 1600$$

$$\overline{R}(40) = 50 - \frac{1}{4} \times 40 = 40$$

6）总利润函数

生产一定数量产品的总收入和总成本的差称为总利润，用 L 表示．总利润等于总收益 R 与总成本 C 的差，即

$$L = L(q) = R(q) - C(q)$$

例 15 某工厂生产某产品的总成本 C 是产量 q 的函数 $C(q) = q^2 + 8q + 90$（元），如果每件产品的销售价格为 500 元，试写出利润函数及生产 100 件时的利润．

解 （1）该产品的收益函数为 $R(q) = 500q$，利润函数为

$$L(q) = R(q) - C(q) = 492q - 90 - q^2$$

（2）生产 100 件时的利润为

$$L(100) = 492 \times 100 - 90 - 100^2 = 39\,110（元）$$

2．其他实例

例 16 销售价与销售量间的关系．

某商店销售一种商品，当销售量 x 不超过 30 件时，单价为 a 元，若超过 30 件时，其超出部分按原价的 90% 计算，试求销售价 y 与销售量 x 之间的函数关系式．

解 由题意知：销售量为 x，销售价为 y．

当 $0 \leqslant x \leqslant 30$ 时，$y = xa$，

当 $x > 30$ 时，$y = 30a + (x-30) \times 90\% \times a$．

综上，有

$$y = \begin{cases} xa, & 0 \leqslant x \leqslant 30 \\ 0.9ax + 3a, & x > 30 \end{cases}$$

例 17 无盖圆柱形锅炉的总造价问题．

某工厂要生产一个容积为 50 立方米的无盖圆柱形锅炉，锅炉底材料造价为周围材料造价的两倍，并知周围材料造价为 k 元／米^2，试求总造价 S 与锅炉底半径 r 的函数关系式．

解 因为无盖圆柱形锅炉容积 $V = 50$ 立方米，设锅炉的高为 h（见图 1-3），则有 $V = \pi r^2 h = 50$，从而有 $h = \dfrac{50}{\pi r^2}$．

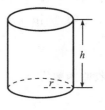

图 1-3

已知锅炉底部材料造价为周围材料造价的两倍，而周围材料造价为 k 元／米^2，则底部材料造价为 $2k$ 元／米^2，根据圆面积及圆柱侧面积公式，总造价为

$$S = 2\pi r^2 k + 2\pi rhk = 2\pi r^2 k + 2\pi r \cdot \frac{50}{\pi r^2} k$$

即 $S = \left(2\pi r^2 + \dfrac{100}{r}\right)k$，这就是总造价 S 与锅炉底半径 r 的函数关系式.

例 18　防空洞的截面积与矩形底宽的关系.

某防空洞的截面是矩形加半圆，周长为 l 米，试把截面积表示为矩形底宽 x 的函数.

解　如图 1-4 所示，防空洞的截面积 A 由矩形和半圆两部分

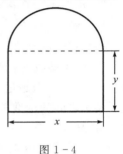

组成，其面积分别为 xy 平方米、$\dfrac{1}{2} \cdot \pi \cdot \left(\dfrac{x}{2}\right)^2$ 平方米，而

$$x + 2y + \pi \cdot \frac{x}{2} = l$$

所以

$$A = xy + \frac{1}{2} \cdot \pi \cdot \left(\frac{x}{2}\right)^2 = \frac{1}{4}\left[2lx - \left(2 + \frac{\pi}{2}\right)x^2\right]$$

故防空洞的截面积与矩形底宽 x 的函数关系式是

$$A = \frac{1}{2}\left[lx - \left(1 + \frac{\pi}{4}\right)x^2\right]$$

图 1-4

习 题 1.1

1. 求下列函数的定义域：

(1) $y = \arcsin \dfrac{x+1}{3}$;

(2) $y = \dfrac{2}{x^2 - 3x + 2}$;

(3) $y = \sqrt{2+x} + \dfrac{1}{\lg(1+x)}$;

(4) $y = \arccos \sqrt{2x}$.

2. 设 $f(x) = \begin{cases} 0, & x < 0 \\ 2x, & 0 \leqslant x < \dfrac{1}{2} \\ 2(1-x), & \dfrac{1}{2} \leqslant x < 1 \\ 0, & x \geqslant 1 \end{cases}$，作出它的图形，并求 $f\left(-\dfrac{1}{2}\right)$、$f\left(\dfrac{1}{3}\right)$、$f\left(\dfrac{3}{4}\right)$、$f(2)$ 的值.

3. 已知 $f\left(\dfrac{1}{x}\right) = x + \sqrt{1+x^2}$，求 $f(x)$.

4. 指出下列函数中哪些是奇函数,哪些是偶函数,哪些是非奇非偶函数.

(1) $f(x) = x^4 - 2x^2 + 3$;　　　　(2) $f(x) = \sin x + e^x - e^{-x}$;

(3) $f(x) = \dfrac{1}{2}(e^x + e^{-x})$;　　　　(4) $f(x) = \lg \dfrac{1-x}{1+x}$.

5. 将下列各题中的 y 表示为 x 的函数,并写出它们的定义域.

(1) $y = \sqrt{u}$, $u = x^3 + 1$;

(2) $y = \ln u$, $u = 3^v$, $v = \sin x$.

6. 指出下列各复合函数的复合过程.

(1) $y = \sqrt{1-x^2}$;　　　　(2) $y = \arcsin(\ln x)$;

(3) $y = \cos^2(3x+1)$.

7. 火车站收取行李费的规定如下:当行李不超过 50 千克时,按基本运费计算,每千克收费 0.15 元;当超过 50 千克时,超重部分按每千克 0.25 元收费. 试求运费 y(元)与重量 x(千克)之间的函数关系式,并作出这函数的图形.

8. 某大楼有 50 间办公室出租,若定价为每间每月租金 120 元,则可全部租出,租出的办公室每月需由房主负担维修费 10 元,若每月租金每提高 5 元,将空出一间办公室,试求房主所获得利润与闲置办公室的间数的函数关系,并确定每间月租金多少时才能获得最大利润,这时利润是多少?

1.2　极限的概念

极限是微积分中的一个重要的基本概念,微积分中的许多重要概念都是用极限来表述的,一些重要的性质和法则也是通过极限方法推得的. 因此,掌握极限的概念、性质和计算是学好微积分的基础.

【引例 1】　水温的变化趋势问题.

将一盆 90℃ 的热水放在一间室温恒为 20℃ 的房间中,随着时间 t 的推移,水温 T 将逐渐降低,水温会越来越接近室温 20℃.

【引例 2】　设备折旧费问题.

某工厂购进一台价值 10 万元的生产设备,由于长期生产使得每年的折旧费为该设备账面价格(即以前各年折旧费用提取后余下的价格)的 1/10,那么这一设备的账面价格(单位:万元)在购进后各年依次为

$$10, \ 10 \times \frac{9}{10}, \ 10 \times \left(\frac{9}{10}\right)^2, \ 10 \times \left(\frac{9}{10}\right)^3, \ \cdots, \ 10 \times \left(\frac{9}{10}\right)^{n-1}, \ \cdots$$

从变化趋势看,随着年数 n 的无限增加,账面价格无限接近于 0.

　　上述例子的共同特点：当一个量逐渐增大时，相应的另一个量的值逐渐趋近于一个确定的常数，这就是极限问题.

1.2.1　数列的极限

　　【引例 3】　我国春秋战国时期的哲学家庄周所著《庄子·天下篇》记载："一尺之棰，日取其半，万世不竭."意思是说：一尺长的木棒，第一天取去一半，永远都取不完. 如果把每天截后剩余部分按第一天、第二天、…顺序排列，第一天取去一半，还剩 $\frac{1}{2}$ 尺，第二天再在这 $\frac{1}{2}$ 尺中取去一半，还剩下 $\frac{1}{4}$ 尺，…，从而得到如下一列数：

$$\frac{1}{2}, \ \frac{1}{4}, \ \frac{1}{8}, \ \cdots, \ \frac{1}{2^n}, \ \cdots$$

　　显然，当 n 无限增大时，对应的截后所剩量 $\frac{1}{2^n}$ 越来越少，无限地接近于 0，但是不管 n 多么大，它却永远不会等于零.

　　【引例 4】　刘徽的割圆术.

　　我国魏晋时期的数学家刘徽在其《九章算术》中提出了割圆术，所谓"割圆术"，是用圆内接正多边形的周长去无限逼近圆周并以此求出圆周率的方法. 他从圆内接正六边形开始，每次把边数加倍，割圆过程如图 1-5 所示. 设内接正六边形的周长为 l_1，内接正十二边形的周长为 l_2，如此继续下去，内接正 $6 \times 2^{n-1}$ 边形的周长为 l_n，得到如下一列数：

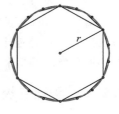

图 1-5

$$l_1, \ l_2, \ l_3, \ \cdots, \ l_n, \ \cdots$$

　　当 n 越大，对应的正多边形的周长就越接近于圆的周长. 对应的正多边形的面积也越接近于圆的面积. 刘徽在叙述这种作法时说："割之弥细，所失弥少，割之又割?以至不可割，则与圆周合体而无所失矣!".

　　【引例 5】　设圆的半径为 R，那么圆的内接正 $6 \times 2^{n-1}$ 边形面积 A 与 R 之间的依赖关系式为

$$A = 6 \times 2^{n-1} \times \frac{1}{2} R^2 \sin \frac{2\pi}{6 \times 2^{n-1}}$$

可知，当圆的内接正 $6 \times 2^{n-1}$ 边形的边数无限增大时，其面积 A 无限趋近于圆的面积（常数）.

　　【引例 6】　已知数列 $\frac{1}{2}, \ \frac{2}{3}, \ \frac{3}{4}, \ \cdots, \ \frac{n}{n+1}, \ \cdots$，当项数 n 无限增大时，数列 $\left\{\frac{n}{n+1}\right\}$ 的值无限地趋近于常数 1.

定义 1 当数列 $\{a_n\}$ 的项数 n 无限增大时，如果 a_n 无限地趋近于一个确定的常数 A，那么就称 A 为这个数列的极限，记作 $\lim\limits_{n\to\infty} a_n = A$. 读作"当 n 趋向于无穷大时，a_n 的极限等于 A". 符号"→"表示"趋向于"，"∞"表示"无穷大"，"$n \to \infty$"表示"n 无限增大". $\lim\limits_{n\to\infty} a_n = A$ 有时也记作

$$\text{当 } n \to \infty \text{ 时}, a_n \to A \text{（或 } a_n \to A(n \to \infty))$$

若数列 $\{a_n\}$ 存在极限，则称数列 $\{a_n\}$ 是收敛的；若数列 $\{a_n\}$ 没有极限，则称数列 $\{a_n\}$ 是发散的.

例 1 试分析下列几个数列的变化趋势.

(1) $\dfrac{1}{2}$，$\dfrac{2}{3}$，$\dfrac{3}{4}$，…，$\dfrac{n}{n+1}$，…，$y_n = \dfrac{n}{n+1}$；

(2) 0，$\dfrac{3}{2}$，$\dfrac{2}{3}$，$\dfrac{5}{4}$，$\dfrac{4}{5}$，…，$1+(-1)^n\dfrac{1}{n}$，…，$y_n = 1+(-1)^n\dfrac{1}{n}$；

(3) 0，1，0，1，…，$\dfrac{1+(-1)^n}{2}$，…，$y_n = \dfrac{1+(-1)^n}{2}$；

(4) 2，4，6，8，…，$2n$，…，$y_n = 2n$.

解 分析以上数列在 n 无限增大时变化趋势，可以看到数列(1)、(2)无限接近于常数 1；数列(3)不趋近于一个确定的常数，没有极限；数列(4)随着 n 无限增大，y_n 也是无限增大，并不趋近于某个确定的常数，数列没有极限.

1.2.2 函数的极限

根据自变量的变化趋势，主要研究以下两种情形：

(1) 当自变量 x 的绝对值 $|x|$ 无限增大（记作 $x \to \infty$）时，对应的函数值 $f(x)$ 的变化情形.

(2) 当自变量 x 无限趋近于 x_0（记作 $x \to x_0$）时，对应的函数值 $f(x)$ 的变化情形.

1. 当 $x \to \infty$ 时，函数的极限

考虑定义在无限区间上的函数 $f(x)$，当 $|x|$ 无限增大时的极限. 所谓 $|x|$ 无限增大，实际上包括三种情况：

$$x \to +\infty, \ x \to -\infty, \ x \to \infty \ (x \to +\infty \text{ 或 } x \to -\infty)$$

例 2 讨论函数 $y = \dfrac{1}{x} + 1$ 当 $x \to +\infty$ 和 $x \to -\infty$ 时的变化趋势.

解 作出函数 $y = \dfrac{1}{x} + 1$ 的图形（见图 1-6）.

当 $x \to +\infty$ 和 $x \to -\infty$，$y = \dfrac{1}{x} + 1 \to 1$，因此当 $x \to \infty$ 时，$y = \dfrac{1}{x} + 1 \to 1$.

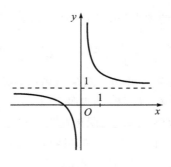

图 1 - 6

定义 2 如果在 $|x|$ 无限增大 $(x \to \infty)$ 时，对应的函数值 $f(x)$ 无限地趋近于一个确定的常数 A，那么 A 就叫作函数 $f(x)$ 当 $x \to \infty$ 时的极限. 记为

$$\lim_{x \to \infty} f(x) = A (\text{或 } f(x) \to A(x \to \infty))$$

例如，$\displaystyle\lim_{x \to \infty} f(x) = \lim_{x \to \infty} \frac{1}{x} = 0$.

类似地，给出当 $x \to +\infty$（或 $x \to -\infty$）时函数极限的定义：

定义 3 如果当 $x \to +\infty$（或 $x \to -\infty$）时，对应的函数值 $f(x)$ 无限接近于一个确定的常数 A，那么 A 就叫作函数 $f(x)$ 当 $x \to +\infty$（或 $x \to -\infty$）时的极限. 记为

$$\lim_{x \to +\infty} f(x) = A (\text{或 } f(x) \to A(x \to +\infty))$$
$$\lim_{x \to -\infty} f(x) = A \ (\text{或 } f(x) \to A(x \to -\infty))$$

例如：$\displaystyle\lim_{x \to +\infty} \frac{1}{x} = 0$ 及 $\displaystyle\lim_{x \to -\infty} \frac{1}{x} = 0$.

定理 1 $\displaystyle\lim_{x \to \infty} f(x) = A$ 的充要条件是 $\displaystyle\lim_{x \to +\infty} f(x) = \lim_{x \to -\infty} f(x) = A$.

由定理 1 可知，由于 $\displaystyle\lim_{x \to +\infty} \frac{1}{x} = 0$ 及 $\displaystyle\lim_{x \to -\infty} \frac{1}{x} = 0$，所以 $\displaystyle\lim_{x \to \infty} \frac{1}{x} = 0$.

例 3 讨论函数 $y = e^x$，当 $x \to -\infty$，$x \to +\infty$ 时 $f(x)$ 的极限.

解 由图 1-7 可知，$\displaystyle\lim_{x \to -\infty} e^x = 0$，而 $\displaystyle\lim_{x \to +\infty} e^x$ 不存在，所以当 $x \to \infty$ 时，$f(x)$ 的极限不存在.

2. 当 $x \to x_0$ 时，函数 $f(x)$ 的极限

先考察如下例子.

例 4 讨论当 $x \to 1$ 时，函数 $y = \dfrac{x^2 - 1}{x - 1}$ 的变化趋势.

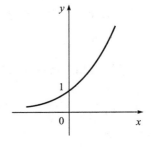

图 1 - 7

解 作出函数 $y = \dfrac{x^2-1}{x-1}$ 的图形（见图 1-8），此函数在 $x=1$ 时没有定义，但当 x 从 1 的左、右两侧趋向于 1 时，$y = \dfrac{x^2-1}{x-1}$ 无限趋近 2.

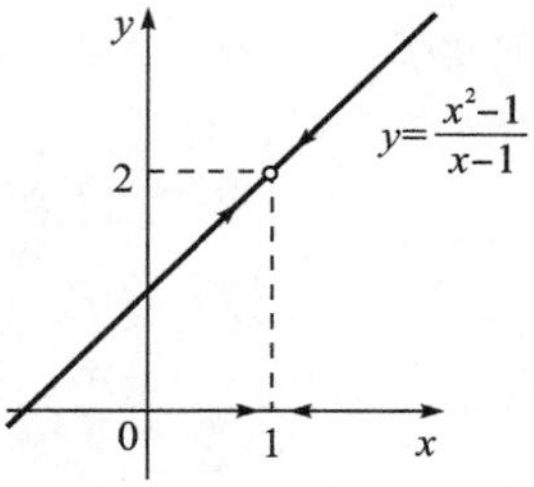

定义 4 假定函数 $f(x)$ 在点 x_0 的左、右邻域内（x_0 可除外）有定义，当 x 无限接近于 x_0（从左、右两侧），即 $x \rightarrow x_0$（x 可以不等于 x_0）时，函数 $f(x)$ 的值无限地趋近于确定的常数 A，则称 A 为函数 $f(x)$ 当 $x \rightarrow x_0$ 时的极限，记为

$$\lim_{x \rightarrow x_0} f(x) = A \quad (\text{或 } f(x) \rightarrow A (x \rightarrow x_0))$$

图 1-8

例 5 考察：当 $x \rightarrow 3$ 时，函数 $f(x) = \dfrac{x}{3} + 1$ 的变化趋势.

解 当 $x \rightarrow 3$ 时，函数 $f(x) = \dfrac{x}{3} + 1$ 的极限是 2，可以记为

$$\lim_{x \rightarrow 3} f(x) = \lim_{x \rightarrow 3} \left(\frac{x}{3} + 1 \right) = 2$$

例 6 考察极限 $\lim\limits_{x \rightarrow x_0} C$（$C$ 为常数）及 $\lim\limits_{x \rightarrow x_0} x$.

解 设 $f(x) = C$，$\varphi(x) = x$.

因为当 $x \rightarrow x_0$ 时，$f(x)$ 的值恒等于 C，所以 $\lim\limits_{x \rightarrow x_0} f(x) = \lim\limits_{x \rightarrow x_0} C = C$；

因为当 $x \rightarrow x_0$ 时，$\varphi(x) = x$ 无限接近于 x_0，所以 $\lim\limits_{x \rightarrow x_0} \varphi(x) = \lim\limits_{x \rightarrow x_0} x = x_0$.

3. 当 $x \rightarrow x_0$ 时，函数 $f(x)$ 的左极限与右极限

定义 5 当 x 从小于 x_0 的方向趋向于 x_0 时，函数 $f(x)$ 的值无限接近于一个确定的常数 A，则称 A 为 $f(x)$ 当 $x \rightarrow x_0$ 时的左极限，记为

$$\lim_{x \rightarrow x_0^-} f(x) = A \quad \text{或} \quad f(x_0 - 0) = A \qquad (1-1)$$

如果当 x 从大于 x_0 的方向趋向于 x_0 时，函数 $f(x)$ 的值无限接近于一个确定的常数 A，则称 A 为 $f(x)$ 当 $x \rightarrow x_0$ 时的右极限，记为

$$\lim_{x \rightarrow x_0^+} f(x) = A \quad \text{或} \quad f(x_0 + 0) = A \qquad (1-2)$$

可以看出，函数 $f(x) = \dfrac{x}{3} + 1$ 当 $x \rightarrow 3$ 时的左极限为

$$f(3-0) = \lim_{x \rightarrow 3^-} f(x) = \lim_{x \rightarrow 3^-} \left(\frac{x}{3} + 1 \right) = 2$$

右极限为

$$f(3+0) = \lim_{x \rightarrow 3^+} f(x) = \lim_{x \rightarrow 3^+} \left(\frac{x}{3} + 1 \right) = 2$$

即 $f(3-0)=f(3+0)$，它们都等于函数 $f(x)=\dfrac{x}{3}+1$ 当 $x \to 3$ 时的极限.

定理 2　当 $x \to x_0$ 时函数 $f(x)$ 的极限存在的充要条件是当 $x \to x_0$ 时函数 $f(x)$ 的左、右极限都存在且相等，即

$$\lim_{x \to x_0} f(x)=A \Leftrightarrow \lim_{x \to x_0^-} f(x)=\lim_{x \to x_0^+}=A$$

例 7　已知函数 $f(x)=\begin{cases} x^2, & x \leqslant 2 \\ x+2, & x > 2 \end{cases}$，求 $\lim\limits_{x \to 2} f(x)$.

解　因为

$$\lim_{x \to 2^-} f(x)=4, \quad \lim_{x \to 2^+} f(x)=4$$

所以 $\lim\limits_{x \to 2^-} f(x)=\lim\limits_{x \to 2^+} f(x)=4$，因此 $\lim\limits_{x \to 2} f(x)=4$.

例 8　讨论函数 $f(x)=\begin{cases} x-1, & x < 0 \\ 0, & x=0 \\ x+1, & x > 0 \end{cases}$　当 $x \to 0$ 时的极限.

解　函数 $f(x)$ 当 $x \to 0$ 时的左极限为 $\lim\limits_{x \to 0^-} f(x)=\lim\limits_{x \to 0^-}(x-1)=-1$，右极限为 $\lim\limits_{x \to 0^+} f(x)=\lim\limits_{x \to 0^+}(x+1)=1$. 由于当 $x \to 0$ 时，函数 $f(x)$ 的左极限与右极限都存在但不相等，所以极限 $\lim\limits_{x \to 0} f(x)$ 不存在.

例 9　已知 $f(x)=\dfrac{\mid x \mid}{x}$，$\lim\limits_{x \to 0} f(x)$ 是否存在？

解　当 $x > 0$ 时，$f(x)=\dfrac{\mid x \mid}{x}=\dfrac{x}{x}=1$；当 $x < 0$ 时，$f(x)=\dfrac{\mid x \mid}{x}=\dfrac{-x}{x}=-1$，所以函数可以分段表示为

$$f(x)=\begin{cases} 1, & x > 0 \\ -1, & x < 0 \end{cases}$$

于是 $\lim\limits_{x \to 0^+} f(x)=1$，$\lim\limits_{x \to 0^-} f(x)=-1$，即 $\lim\limits_{x \to 0^+} f(x) \neq \lim\limits_{x \to 0^-} f(x)$，所以 $\lim\limits_{x \to 0} f(x)$ 不存在.

归纳起来，极限 $\lim\limits_{x \to x_0} f(x)$ 不存在的情形主要有三种：

(1) $\lim\limits_{x \to x_0^-} f(x) \neq \lim\limits_{x \to x_0^+} f(x)$；

(2) 当 x 以某种趋势变化时，$f(x) \to \infty$. 例如 $x \to +\infty$ 时，$y=x^2$ 无限趋向于 $+\infty$，所以极限不存在；

(3) 当 x 以某种趋势变化时，$f(x)$ 的值不确定. 例如 $x \to \infty$ 时，$y=\sin x$，$y=\cos x$ 的值不趋向于某一确定的常数，所以极限不存在.

1.2.3　极限的运算法则

利用极限的定义只能计算一些很简单的函数极限，而实际问题中的函数却要复杂得多，本节讨论的极限的求法，主要是建立极限的四则运算法则，利用这些法则，可以求比较复杂的函数的极限.

在下面的讨论中，记号"lim"下面没有标明自变量的变化过程，实际上，下面的定理 3 对自变量的六种变化过程 $x \to x_0$，$x \to x_0^-$，$x \to x_0^+$，$x \to \infty$，$x \to +\infty$，$x \to -\infty$ 都是成立的（对于 $n \to \infty$ 时的数列极限同样适用），需要注意的是，在每一个定理中自变量的变化过程是指同一个变化过程.

定理 3　设在自变量 x 的同一变化过程中，$\lim f(x)$，$\lim g(x)$ 均存在，且 $\lim f(x) = A$，$\lim g(x) = B$. 则

(1) $\lim [f(x) \pm g(x)] = \lim f(x) \pm \lim g(x) = A \pm B$；

(2) $\lim [f(x) \cdot g(x)] = \lim f(x) \cdot \lim g(x) = A \cdot B$；

(3) 当 $B \neq 0$ 时，$\lim \dfrac{f(x)}{g(x)} = \dfrac{\lim f(x)}{\lim g(x)} = \dfrac{A}{B}$.

推论 1　常数因子可以提到极限符号外面，即 $\lim [Cf(x)] = C\lim f(x)$.

推论 2　如果 $\lim f(x)$ 存在，则 $\lim [f(x)]^k = [\lim f(x)]^k$（$k$ 为自然数）.

例 10　求 $\lim\limits_{x \to 1}(x^2 - 3x + 2)$.

解　　$\lim\limits_{x \to 1}(x^2 - 3x + 2) = \lim\limits_{x \to 1}x^2 - \lim\limits_{x \to 1}3x + \lim\limits_{x \to 1}2 = (\lim\limits_{x \to 1}x)^2 - 3\lim\limits_{x \to 1}x + 2$
$$= 1^2 - 3 \times 1 + 2 = 0$$

例 11　求 $\lim\limits_{x \to 2}\dfrac{x^2 - 2x + 5}{x^2 - 3}$.

解　　当 $x \to 2$ 时，分母的极限不为 0，故可直接用极限法则，即

$$\lim_{x \to 2}\frac{x^2 - 2x + 5}{x^2 - 3} = \frac{\lim\limits_{x \to 2}(x^2 - 2x + 5)}{\lim\limits_{x \to 2}(x^2 - 3)} = \frac{\lim\limits_{x \to 2}(x^2) - 2\lim\limits_{x \to 2}x + \lim\limits_{x \to 2}5}{\lim\limits_{x \to 2}(x^2) - \lim\limits_{x \to 2}3}$$

$$= \frac{2^2 - 2 \times 2 + 5}{2^2 - 3} = 5$$

例 12　求 $\lim\limits_{x \to 3}\dfrac{x - 3}{x^2 - 9}$.

解　　当 $x \to 3$ 时，分子及分母的极限都是 0，故分子、分母不能分别取极限. 因分子及分母有公因子 $x - 3$，而 $x \to 3$ 时，$x \neq 3$，$x - 3 \neq 0$，可约去这个不为零的公因子. 故

$$\lim_{x \to 3}\frac{x - 3}{x^2 - 9} = \lim_{x \to 3}\frac{(x - 3)}{(x - 3)(x + 3)} = \lim_{x \to 3}\frac{1}{x + 3} = \frac{1}{6}$$

例 13　求 $\lim\limits_{x \to 4} \dfrac{x-4}{\sqrt{x+5}-3}$.

解
$$\lim_{x \to 4} \frac{x-4}{\sqrt{x+5}-3} = \lim_{x \to 4} \frac{(x-4)(\sqrt{x+5}+3)}{(\sqrt{x+5}-3)(\sqrt{x+5}+3)}$$
$$= \lim_{x \to 4} \frac{(x-4)(\sqrt{x+5}+3)}{x-4} = \lim_{x \to 4}(\sqrt{x+5}+3)$$
$$= \lim_{x \to 4}\sqrt{x+5}+3 = 6$$

例 14　求 $\lim\limits_{x \to \infty} \dfrac{2x^3-3x-5}{3x^3+x-4}$.

解　当 $x \to \infty$ 时,分子及分母的极限都不存在,现用 x^3 除分子和分母,然后再求极限,得

$$\lim_{x \to \infty} \frac{2x^3-3x-5}{3x^3+x-4} = \lim_{x \to \infty} \frac{2-\dfrac{3}{x^2}-\dfrac{5}{x^3}}{3+\dfrac{1}{x^2}-\dfrac{4}{x^3}} = \frac{2}{3}$$

例 15　求 $\lim\limits_{x \to \infty} \dfrac{2x^2-x+5}{3x^3-2x-1}$.

解　当 $x \to \infty$ 时,分子、分母都趋向于无穷大,不能直接用商的极限法则,将分子、分母同除以 x^3,有

$$\lim_{x \to \infty} \frac{2x^2-x+5}{3x^3-2x-1} = \lim_{x \to \infty} \frac{\dfrac{2}{x}-\dfrac{1}{x^2}+\dfrac{5}{x^3}}{3-\dfrac{2}{x^2}-\dfrac{1}{x^3}} = \frac{0}{3} = 0$$

一般地,设 $a_0 \neq 0$,$b_0 \neq 0$,m,n 为自然数,对于分式函数有

$$\lim_{x \to \infty} \frac{a_0 x^m + a_1 x^{m-1} + \cdots + a_m}{b_0 x^n + b_1 x^{n-1} + \cdots + b_n} = \begin{cases} a_0/b_0, & \text{当 } m=n \text{ 时} \\ 0, & \text{当 } m<n \text{ 时} \\ \infty, & \text{当 } m>n \text{ 时} \end{cases}$$

1.2.4　两个重要极限

在实际中,除了用以上的方法求极限外,还要经常用到以下两个重要的极限公式.

1. 第一个重要极限: $\lim\limits_{x \to 0} \dfrac{\sin x}{x} = 1$

取 x 的一些值,计算出 $\dfrac{\sin x}{x}$ 的对应值并列于表 1-1.

表 1 - 1

x/ 弧度	± 1	± 0.50	± 0.10	± 0.05	± 0.01	± 0.001	$\cdots$
$\dfrac{\sin x}{x}$	0.841 47	0.9585	0.9983	0.999 58	0.999 98	0.999 99	$\cdots$

观察当 $|x| \to 0$ 时函数 $\dfrac{\sin x}{x}$ 的变化趋势，可知当 $|x| \to 0$ 时函数 $\dfrac{\sin x}{x}$ 的值无限接近于 1. 即

$$\lim_{x \to 0} \frac{\sin x}{x} = 1$$

注意到，它的分子、分母的极限都是零，极限是"$\dfrac{0}{0}$"型，在实际应用中，常常使用的形式为

$$\lim_{\varphi(x) \to 0} \frac{\sin \varphi(x)}{\varphi(x)} = 1$$

例 16　求 $\lim\limits_{x \to 0} \dfrac{\tan x}{x}$.

解　$\lim\limits_{x \to 0} \dfrac{\tan x}{x} = \lim\limits_{x \to 0} \left(\dfrac{\sin x}{x} \cdot \dfrac{1}{\cos x} \right) = \lim\limits_{x \to 0} \dfrac{\sin x}{x} \cdot \lim\limits_{x \to 0} \dfrac{1}{\cos x} = 1 \times 1 = 1$

例 17　求 $\lim\limits_{x \to 0} \dfrac{\sin 5x}{3x}$.

解　$\lim\limits_{x \to 0} \dfrac{\sin 5x}{3x} = \lim\limits_{x \to 0} \dfrac{5 \sin 5x}{3 \times 5x} = \dfrac{5}{3} \lim\limits_{x \to 0} \dfrac{\sin 5x}{5x} = \dfrac{5}{3}$

例 18　求 $\lim\limits_{x \to 0} \dfrac{1 - \cos x}{x^2}$.

解　$\lim\limits_{x \to 0} \dfrac{1 - \cos x}{x^2} = \lim\limits_{x \to 0} \dfrac{2 \sin^2 x/2}{x^2} = \lim\limits_{x \to 0} \left(\dfrac{\sin x/2}{x/2} \right)^2 \times \dfrac{1}{2} = \dfrac{1}{2}$

例 19　求 $\lim\limits_{x \to 0} \dfrac{\arcsin x}{x}$.

解　令 $\arcsin x = t$，则 $x = \sin t$，且 $x \to 0$ 时 $t \to 0$，所以

$$\lim_{x \to 0} \frac{\arcsin x}{x} = \lim_{t \to 0} \frac{t}{\sin t} = \frac{1}{\lim\limits_{t \to 0} \dfrac{\sin t}{t}} = \frac{1}{1} = 1$$

2. 第二个重要极限：$\lim\limits_{x \to \infty} \left(1 + \dfrac{1}{x} \right)^x = \mathrm{e}$

取 x 的一些值，计算出 $\left(1 + \dfrac{1}{x} \right)^x$ 的对应值并列于表 1 - 2.

表 1 - 2

x	1	2	10	1000	10 000	100 000	...
$(1+1/x)^x$	2	2.25	2.594	2.717	2.7181	2.718 28	...

观察当 $x \to +\infty$（或 $x \to -\infty$）时函数的变化趋势：

当 x 取正值并无限增大时，$\left(1+\dfrac{1}{x}\right)^x$ 是逐渐增大的，当 $x \to +\infty$ 时，$\left(1+\dfrac{1}{x}\right)^x$ 趋近于一个确定的无理数 $\mathrm{e} = 2.718\ 281\ 828\ 459 \cdots$，即 $\lim\limits_{x \to \infty}\left(1+\dfrac{1}{x}\right)^x = \mathrm{e}$.

例 20　求 $\lim\limits_{x \to \infty}\left(1+\dfrac{2}{x}\right)^x$.

解　　　　　$\lim\limits_{x \to \infty}\left(1+\dfrac{2}{x}\right)^x = \lim\limits_{x \to \infty}\left[\left(1+\dfrac{2}{x}\right)^{\frac{x}{2}}\right]^2 = \mathrm{e}^2$

例 21　求 $\lim\limits_{x \to \infty}\left(\dfrac{x+3}{x-5}\right)^x$.

解　　$\lim\limits_{x \to \infty}\left(\dfrac{x+3}{x-5}\right)^x = \lim\limits_{x \to \infty}\left[\dfrac{\left(1+\dfrac{3}{x}\right)}{\left(1-\dfrac{5}{x}\right)}\right]^x = \dfrac{\lim\limits_{x \to \infty}\left(1+\dfrac{3}{x}\right)^x}{\lim\limits_{x \to \infty}\left(1-\dfrac{5}{x}\right)^x} = \dfrac{\mathrm{e}^3}{\mathrm{e}^{-5}} = \mathrm{e}^8$

第二个重要极限通过变换可以写成另一种形式，作变换 $t = \dfrac{1}{x}$，当 $x \to \infty$ 时 $t \to 0$，所以，$\lim\limits_{x \to \infty}\left(1+\dfrac{1}{x}\right)^x = \mathrm{e}$ 可以表示为 $\lim\limits_{t \to 0}(1+t)^{\frac{1}{t}} = \mathrm{e}$.

例 22　求 $\lim\limits_{x \to 0}(1+\tan x)^{\cot x}$.

解　设 $t = \tan x$，则 $\dfrac{1}{t} = \cot x$，当 $x \to 0$ 时 $t \to 0$，于是

$$\lim\limits_{x \to 0}(1+\tan x)^{\cot x} = \lim\limits_{t \to 0}(1+t)^{\frac{1}{t}} = \mathrm{e}$$

例 23　设储蓄存款的本金为 A_0，年利率为 r，则 t 年后本利和（连续复利）是多少？

解　若以年为计息单位，则 t 年后的本利和为 $A_0(1+r)^t$；

若以月为计息单位，则 t 年后的本利和为 $A_0\left(1+\dfrac{r}{12}\right)^{12t}$；

......

若以 $\dfrac{1}{n}$ 年为计息单位，则 t 年后的本利和为 $A_0\left(1+\dfrac{r}{n}\right)^{nt}$.

当 $n \to \infty$ 时（连续复利），则 t 年后本利和为

$$\lim_{n\to\infty}A_0\left(1+\frac{r}{n}\right)^{nt}=A_0\,\mathrm{e}^{rt}$$

习 题 1.2

1. 观察下列数列当 $n\to\infty$ 时的变化趋势，如有极限请指出其极限值.

(1) $x_n=1-\dfrac{1}{2^n}$；

(2) $x_n=(-1)^n\cdot n$；

(3) $x_n=n^2$；

(4) $x_n=(-1)^n\cdot\dfrac{n}{n^2+1}$；

(5) $x_n=1+(-1)^n$；

(6) $x_n=\dfrac{n+1}{n-1}$.

2. 计算下列极限.

(1) $\lim\limits_{n\to\infty}\left(1+\dfrac{1}{3}+\dfrac{1}{9}+\cdots+\dfrac{1}{3^n}\right)$；

(2) $\lim\limits_{n\to\infty}\dfrac{(n+1)(n+2)(n+3)}{3n^3}$；

(3) $\lim\limits_{n\to\infty}\dfrac{n^2+2n+1}{2n^2+3n+4}$；

(4) $\lim\limits_{n\to\infty}\dfrac{1+2+3+\cdots+n}{1+3+5+\cdots+(2n-1)}$；

(5) $\lim\limits_{n\to\infty}\left(\dfrac{1}{n^2}+\dfrac{2}{n^2}+\dfrac{3}{n^2}+\cdots+\dfrac{n}{n^2}\right)$.

3. 求下列极限.

(1) $\lim\limits_{x\to1}(2x^3+x-5)$；

(2) $\lim\limits_{x\to\infty}\left(1+\dfrac{1}{x}\right)\left(2-\dfrac{1}{x^2}\right)$；

(3) $\lim\limits_{x\to0}\dfrac{\sqrt{1+x}-1}{x}$；

(4) $\lim\limits_{x\to1}\left(\dfrac{1}{1-x}-\dfrac{3}{1-x^3}\right)$；

(5) $\lim\limits_{x\to3}\dfrac{x^2-5x+6}{x^2-2x-3}$；

(6) $\lim\limits_{h\to0}\dfrac{(x+h)^2-x^2}{h}$；

(7) $\lim\limits_{x\to0}\dfrac{\sqrt{1+x}-\sqrt{1-x}}{x}$；

(8) $\lim\limits_{x\to4}\dfrac{x-4}{\sqrt{x+5}-3}$；

(9) $\lim\limits_{x\to\infty}\dfrac{2x^3-x^2+1}{x^3+x^2+x}$；

(10) $\lim\limits_{x\to\infty}\dfrac{2x^2-x+5}{3x^3-2x-1}$；

(11) $\lim\limits_{x\to0}\dfrac{x(x+3)}{\sin x}$；

(12) $\lim\limits_{x\to\infty}\left(1-\dfrac{1}{x}\right)^{x+2}$；

(13) $\lim\limits_{x\to\pi}\dfrac{\sin x}{\pi-x}$；

(14) $\lim\limits_{x\to\infty}\left(\dfrac{x}{x+1}\right)^x$.

4. 设函数

$$f(x) = \begin{cases} e^x, & x < 0 \\ x+1, & 0 \leqslant x \leqslant 1 \\ 3, & x > 1 \end{cases}$$

求 $f(x)$ 在 $x \to 0$ 及 $x \to 1$ 时的左、右极限，并说明 $\lim\limits_{x \to 0} f(x)$ 与 $\lim\limits_{x \to 1} f(x)$ 是否存在.

5. 设函数

$$f(x) = \begin{cases} x^2+1, & x > 0 \\ 0, & x = 0 \\ x-2, & x < 0 \end{cases}$$

求 $\lim\limits_{x \to 0^-} f(x)$，$\lim\limits_{x \to 0^+} f(x)$ 和 $\lim\limits_{x \to 0} f(x)$.

1.3　无穷小量和无穷大量

1.3.1　无穷小量

1. 无穷小量

【引例 1】　某生产设备的价值为 1 万元，每年的折旧率为该设备账面价格的 $\dfrac{1}{10}$，那么该设备的账面价格（万元）第一年为 1，第二年为 $\dfrac{9}{10}$，第三年为 $\left(\dfrac{9}{10}\right)^2$，…，第 n 年为 $\left(\dfrac{9}{10}\right)^{n-1}$，随着年数的无限增加，账面价格无限接近于 0，即 $\lim\limits_{n \to \infty}\left(\dfrac{9}{10}\right)^{n-1} = 0$.

在实际问题中，还可以举出这样一些变量以零为极限的例子. 对于这样的变量，给出下面的定义：

定义 1　如果当 $x \to x_0$（或 $x \to \infty$）时，函数 $f(x)$ 的极限为 0，那么就称函数 $f(x)$ 为 $x \to x_0$（或 $x \to \infty$）时的无穷小量，简称无穷小，记作

$$\lim_{x \to x_0} f(x) = 0 \;(\text{或} \lim_{x \to \infty} f(x) = 0)$$

例如，因为 $\lim\limits_{x \to 1}(x-1) = 0$，所以 $(x-1)$ 是当 $x \to 1$ 时的无穷小量；由于 $\lim\limits_{x \to 0} x^2 = 0$，所以当 $x \to 0$ 时，x^2 也是无穷小量.

注意：

（1）$f(x)$ 是否为无穷小量与自变量的变化过程密切相关. $x \to 0$ 时，$\sin x$ 是无穷小量，而 $x \to \pi/2$ 时，$\sin x$ 不是无穷小量.

（2）无穷小量不是一个很小的数，而是极限为零的一个变量. 特殊地，函数 $f(x) \equiv 0$，

它在自变量的任何变化过程中均为无穷小量.

2. 无穷小的性质

性质 1 有限个无穷小量的代数和是无穷小量.

性质 2 有限个无穷小量的乘积是无穷小量.

性质 3 有界函数与无穷小量的乘积是无穷小量. 特别地,常量与无穷小量的乘积是无穷小量.

例 1 求 $\lim\limits_{x \to 0} x \sin \dfrac{1}{x}$.

解 因为 $\lim\limits_{x \to 0} x = 0$,所以 x 是 $x \to 0$ 时的无穷小量;而 $\left| \sin \dfrac{1}{x} \right| \leqslant 1$,所以 $\sin \dfrac{1}{x}$ 是有界函数,根据无穷小的性质 3,可知 $\lim\limits_{x \to 0} x \sin \dfrac{1}{x} = 0$.

例 2 求 $\lim\limits_{x \to \infty} \dfrac{\sin x}{x}$.

解 因为 $\dfrac{\sin x}{x} = \dfrac{1}{x} \sin x$,而 $\dfrac{1}{x}$ 是当 $x \to \infty$ 时的无穷小量,$\sin x$ 是有界函数,由性质 3 得,$\lim\limits_{x \to \infty} \dfrac{\sin x}{x} = 0$.

1.3.2 无穷大量

【引例 2】 考察函数 $f(x) = \dfrac{1}{x-1}$.

解 由图 1-9 可知,当 x 从左、右两个方向趋近于 1 时,$|f(x)|$ 都无限地增大.

定义 2 如果当 $x \to x_0$ 时,函数 $f(x)$ 的绝对值无限增大,那么称函数 $f(x)$ 为当 $x \to x_0$ 时的无穷大量,简称无穷大.

如果函数 $f(x)$ 为当 $x \to x_0$ 时的无穷大,那么它的极限是不存在的. 但为了便于描述函数的这种变化趋势,也称"函数的极限是无穷大",并记作

$$\lim_{x \to x_0} f(x) = \infty \qquad (1-3)$$

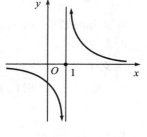

图 1-9

例如:当 $x \to 0$ 时,$\dfrac{1}{x}$ 无限增大,所以当 $x \to 0$ 时 $\dfrac{1}{x}$ 是无穷大量. 即 $\lim\limits_{x \to 0} \dfrac{1}{x} = \infty$.

注意:(1)式中的"∞"是一个记号而不是确定的数,记号的含义仅表示"$f(x)$ 的绝对值无限增大".

（2）在无穷大的定义中，对于 x_0 左、右近旁的 x，对应的函数值都是正的（或负的），亦即当 $x \to x_0$ 时，$f(x)$ 无限增大（或减小），就分别记作 $\lim\limits_{x \to x_0} f(x) = +\infty$（或 $\lim\limits_{x \to x_0} f(x) = -\infty$）.

（3）定义可推广到 $x \to x_0^+$，$x \to x_0^-$，$x \to \infty$，$x \to +\infty$，$x \to -\infty$ 时的情形.

如果在某一变化过程中，$f(x)$ 取正值（或负值）绝对值无限增大，则称为正无穷大（或负无穷大），记为 $\lim f(x) = +\infty$（或 $\lim f(x) = -\infty$）.

例如：$\lim\limits_{x \to 0} \dfrac{1}{x^2} = +\infty$，$\lim\limits_{x \to 0^+} \ln x = -\infty$.

由定义可以看出，无穷小量与无穷大量有如下关系：

定理 1　在自变量的同一变化过程中，如果函数 $f(x)$ 是无穷大量，那么 $\dfrac{1}{f(x)}$ 是无穷小量；反之，如果函数 $f(x)$ 是无穷小量，且 $f(x) \neq 0$，那么 $\dfrac{1}{f(x)}$ 是无穷大量.

例 3　求 $\lim\limits_{x \to 1} \dfrac{x+4}{x-1}$.

解　因为 $\lim\limits_{x \to 1} \dfrac{x-1}{x+4} = 0$，即 $\dfrac{x-1}{x+4}$ 是当 $x \to 1$ 时的无穷小，根据无穷大与无穷小的关系可知，它的倒数 $\dfrac{x+4}{x-1}$ 是当 $x \to 1$ 时的无穷大，所以 $\lim\limits_{x \to 1} \dfrac{x+4}{x-1} = \infty$.

例 4　求 $\lim\limits_{x \to \infty} \dfrac{2x^3 - x^2 + 5}{x^2 + 7}$.

解　因为

$$\lim_{x \to \infty} \frac{x^2 + 7}{2x^3 - x^2 + 5} = \lim_{x \to \infty} \frac{\dfrac{1}{x} + \dfrac{7}{x^3}}{2 - \dfrac{1}{x} + \dfrac{5}{x^3}} = 0$$

所以

$$\lim_{x \to \infty} \frac{2x^3 - x^2 + 5}{x^2 + 7} = \infty$$

1.3.3　无穷小的比较

由于两个无穷小的和、差及乘积仍然是无穷小，但两个无穷小的商却会出现不同的情况.

例如：x、$2x$、x^2 都是当 $x \to 0$ 时的无穷小，而且 $\dfrac{x^2}{2x} = \dfrac{x}{2} \to 0$，即 $\dfrac{x^2}{2x}$ 仍是当 $x \to 0$ 时

的无穷小. 但 $\dfrac{x}{2x} \rightarrow \dfrac{1}{2}$, 这说明 $\dfrac{x}{2x}$ 不再是当 $x \rightarrow 0$ 时的无穷小. 产生这种情况的原因在于各无穷小趋于零的快慢程度不一样, x^2 要比 $2x$ 趋于零的速度快, 而 x 和 $2x$ 趋于零的快慢程度差不多. 为了对这种情况加以区别, 下面引入无穷小量的阶的概念.

定义 3 设 α、β 均为 x 的函数, $\lim\limits_{x \rightarrow x_0} \alpha = 0$, $\lim\limits_{x \rightarrow x_0} \beta = 0$, 且 $\beta \neq 0$ (x_0 可以是 $\pm\infty$ 或 ∞).

(1) 如果 $\lim\limits_{x \rightarrow x_0} \dfrac{\alpha}{\beta} = 0$, 则称当 $x \rightarrow x_0$ 时 α 是 β 的高阶无穷小, 或称 β 是 α 的低阶无穷小, 记作 $\alpha = o(\beta)(x \rightarrow x_0)$;

(2) 如果 $\lim\limits_{x \rightarrow a} \dfrac{\alpha}{\beta} = C(C \neq 0)$, 则称当 $x \rightarrow x_0$ 时 α 与 β 是同阶无穷小; 特别地, 当 $C = 1$ 时, 称当 $x \rightarrow x_0$ 时 α 与 β 是等价无穷小, 记作 $\alpha \sim \beta (x \rightarrow x_0)$.

由定义可知, 因为 $\lim\limits_{x \rightarrow 0} \dfrac{\sin x}{x} = 1$, $\sin x$ 与 x 是 $x \rightarrow 0$ 时的等价无穷小, 所以 $\sin x \sim x$ ($x \rightarrow 0$); 因为 $\lim\limits_{x \rightarrow 0} \dfrac{\tan x}{x} = 1$, $\lim\limits_{x \rightarrow 0} \dfrac{1 - \cos x}{x^2} = \dfrac{1}{2}$, $\lim\limits_{x \rightarrow 0} \dfrac{\sqrt{1+x} - 1}{\frac{1}{2}x} = 1$, 所以 $1 - \cos x = o(x)$, $\tan x \sim x$, $\sqrt{1+x} - 1 \sim \dfrac{1}{2}x (x \rightarrow 0)$; 而 $1 - \cos x$ 与 x^2 是 $x \rightarrow x_0$ 时的同阶无穷小.

常用的等价无穷小有:

当 $x \rightarrow 0$ 时: $\sin x \sim x$, $\tan x \sim x$, $\arcsin x \sim x$, $\arctan x \sim x$, $1 - \cos x \sim \dfrac{1}{2}x^2$, $e^x - 1 \sim x$, $\ln(1 + x) \sim x$, $\sqrt[n]{1 + x} - 1 \sim \dfrac{1}{n}x$.

在求某些函数乘积或商的极限时, 利用等价无穷小对分子或分母的整体进行替换, 往往可以用等价的无穷小来代替以简化计算.

定理 2 设 α, β, α', β' 是 $x \rightarrow a$ 时的无穷小, 且 $\alpha \sim \alpha'$, $\beta \sim \beta'$, 则当极限 $\lim\limits_{x \rightarrow a} \dfrac{\alpha'}{\beta'}$ 存在时, 极限 $\lim\limits_{x \rightarrow a} \dfrac{\alpha}{\beta}$ 也存在, 且 $\lim\limits_{x \rightarrow a} \dfrac{\alpha}{\beta} = \lim\limits_{x \rightarrow a} \dfrac{\alpha'}{\beta'}$.

例 5 求 $\lim\limits_{x \rightarrow 0} \dfrac{\sin 2x}{\tan 5x}$.

解 因为 $x \rightarrow 0$ 时, $\sin 2x \sim 2x$, $\tan 5x \sim 5x$, 所以

$$\lim\limits_{x \rightarrow 0} \dfrac{\sin 2x}{\tan 5x} = \lim\limits_{x \rightarrow 0} \dfrac{2x}{5x} = \dfrac{2}{5}$$

例 6 求 $\lim\limits_{x \rightarrow 0} \dfrac{x^2 (e^x - 1)}{(1 - \cos x) \sin 2x}$.

解　因为 $x \to 0$ 时，$e^x - 1 \sim x$，$\sin 2x \sim 2x$，$1 - \cos x \sim \dfrac{1}{2}x^2$，所以

$$\lim_{x \to 0} \frac{x^2(e^x - 1)}{(1 - \cos x)\sin 2x} = \lim_{x \to 0} \frac{x^2 \cdot x}{\frac{1}{2}x^2 \cdot 2x} = 1$$

习 题 1.3

1. 下列函数在自变量怎样变化时是无穷小、无穷大？

(1) $y = \dfrac{1}{x^2}$；

(2) $y = \dfrac{1}{x+1}$；

(3) $y = \dfrac{\sin x}{x-1}$；

(4) $y = \ln x$.

2. 计算下列极限：

(1) $\lim\limits_{x \to 1} \dfrac{x}{x-1}$；

(2) $\lim\limits_{x \to 2} \dfrac{x^3 + 2x^2}{(x-2)^2}$；

(3) $\lim\limits_{x \to \infty} \dfrac{2x^4 - 3x^2 + 1}{x^2 + 3}$；

(4) $\lim\limits_{x \to \infty} \dfrac{\sin 2x}{x^2}$；

(5) $\lim\limits_{x \to \frac{\pi}{2}} \left(\dfrac{\pi}{2} - x \right) \cos\left(\dfrac{\pi}{2} - x \right)$；

(6) $\lim\limits_{n \to \infty} 2^n \sin \dfrac{x}{2^n} \, (x \neq 0)$.

3. 当 $x \to 0$ 时，$2x - x^2$ 与 $x^2 - x^3$ 相比，哪一个是较高阶的无穷小？

4. 证明：当 $x \to -3$ 时，$x^2 + 6x + 9$ 是比 $x+3$ 较高阶的无穷小.

5. (1) 当 $x \to 1$ 时，$1 - x$ 和 $\dfrac{1}{2}(1 - x^2)$ 是否同阶？是否等价？

(2) 当 $x \to 1$ 时，$1 - x$ 与 $1 - \sqrt[3]{x}$ 是否同阶？是否等价？

1.4　函数的连续性

连续性是函数的重要性态之一，客观世界中的许多现象都是连续变化的，如气温的变化、时光的流逝、水位的升高、经济学中供求关系的变化等. 这些现象反映到数学上，就是函数的连续性；反映到函数的图形上，就表现为连续函数的图形是一条连续不间断的曲线.

1.4.1　函数的连续性的概念

【引例 1】　自然界、工程技术中的连续性现象.

气温的变化、水和空气的流动、动植物的生长、人造地球卫星飞行的轨迹、电磁波的

传播等作为时间的函数，在数学上它们都可抽象为函数的连续性问题.

1. 函数的增量

如图 $1-10$ 所示，设自变量 x 由初值 x_0 变到终值 x，则终值 x 与初值 x_0 的差 $x-x_0$ 称为自变量 x 在 x_0 点的增量，记为 Δx，即 $\Delta x = x - x_0$(或 $x = x_0 + \Delta x$). Δx 可正、可负，也可为零.

由于 $x \to x_0 \Leftrightarrow \Delta x \to 0$，于是相应的函数值的差 $f(x) - f(x_0)$，称为函数 $f(x)$ 在 x_0 点的增量，记为 Δy，即 $\Delta y = f(x) - f(x_0) = y - y_0$，亦即 $f(x) = f(x_0) + \Delta y$(或 $y = y_0 + \Delta y$).

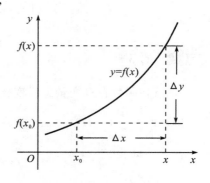

图 $1-10$

例 1 设 $y = f(x) = 3x^2 - 1$，求适合下列条件的自变量的增量 Δx 和相应的函数的增量 Δy：(1)当 x 由 1 变为 1.5 时；(2)当 x 由 1 变到 $1 + \Delta x$ 时.

解 (1) $\Delta x = 1.5 - 1 = 0.5$，$\Delta y = f(1.5) - f(1) = 5.75 - 2 = 3.75$.

(2)自变量的增量为 $(1 + \Delta x) - 1 = \Delta x$，函数的增量为

$$\Delta y = f(1 + \Delta x) - f(1) = 6\Delta x + 3(\Delta x)^2$$

2. 函数的连续性

【引例 2】 某一天中水温 T 是随着时间 t 的变化而连续变化的. 当 t 的变化 Δt 很微小时，水温 T 的变化 ΔT 也很微小，即当 $\Delta t \to 0$ 时，$\Delta T \to 0$.

函数在点 x_0 处连续，反映到图形上即函数在 x_0 的左、右是连绵不断的，也就是在 x_0 处，当自变量的增量 Δx 很小时，相应的函数值的增量 Δy 也很小.

定义 1 设函数 $y = f(x)$ 在点 x_0 及其附近有定义，且 $\lim\limits_{\Delta x \to 0} \Delta y = 0$，则称函数 $f(x)$ 在点 x_0 处连续，x_0 称为函数 $y = f(x)$ 的连续点.

由于 $\Delta x = x - x_0$，$\Delta y = f(x) - f(x_0)$，当 $\Delta x \to 0$ 时，$x \to x_0$，所以 $y = f(x)$ 在点 x_0 处连续也可写成 $\lim\limits_{x \to x_0} [f(x) - f(x_0)] = 0$，即

$$\lim\limits_{x \to x_0} f(x) = f(x_0)$$

连续的另一等价定义是：

定义 2 设函数 $y = f(x)$ 在点 x_0 及其附近有定义，如果函数 $f(x)$ 当 $x \to x_0$ 时的极限存在，且等于它在点 x_0 处的函数值 $f(x_0)$，即 $\lim\limits_{x \to x_0} f(x) = f(x_0)$，那么就称函数 $y = f(x)$ 在点 x_0 处连续.

注意： 由定义知，函数 $f(x)$ 在 x_0 处连续需要 $\lim\limits_{x \to x_0} f(x) = f(x_0)$ 成立，则必须同时满足

以下三个条件：

(1) 函数 $f(x)$ 在 x_0 处有定义；

(2) 极限 $\lim\limits_{x \to x_0} f(x)$ 存在；

(3) 极限值等于函数值，即 $\lim\limits_{x \to x_0} f(x) = f(x_0)$.

例 2 讨论函数 $y = \sin x$ 在定义域内 x_0 处的连续性.

解 当自变量 x 在 x_0 有增量 Δx 时，对应的函数的增量为

$$\Delta y = \sin(x_0 + \Delta x) - \sin x_0 = 2\sin\frac{\Delta x}{2}\cos\left(x_0 + \frac{\Delta x}{2}\right)$$

当 $\Delta x \to 0$ 时，$\sin\dfrac{\Delta x}{2} \to 0$，$\left|\cos\left(x_0 + \dfrac{\Delta x}{2}\right)\right| \leqslant 1$，根据无穷小的性质可知 $\lim\limits_{\Delta x \to 0} \Delta y = 0$.

因此，$y = \sin x$ 在 x_0 处是连续的.

例 3 研究函数 $f(x) = x^2$ 在 $x = 2$ 处的连续性.

解 (1) 函数 $f(x) = x^2$ 在 $x = 2$ 的某一邻域内有定义，且 $f(2) = 4$；

(2) $\lim\limits_{x \to 2} f(x) = \lim\limits_{x \to 2} x^2 = 4$；

(3) $\lim\limits_{x \to 2} f(x) = f(2) = 4$.

因此，函数 $f(x) = x^2$ 在 $x = 2$ 处连续.

定义 3 如果函数 $y = f(x)$ 在 x_0 处及其左邻域内有定义，且 $\lim\limits_{x \to x_0^-} f(x) = f(x_0)$，则称

函数 $y = f(x)$ 在 x_0 处左连续. 如果函数 $y = f(x)$ 在 x_0 处及其右邻域内有定义，且 $\lim\limits_{x \to x_0^+} f(x) = f(x_0)$，则称函数 $y = f(x)$ 在 x_0 处右连续.

$y = f(x)$ 在 x_0 处连续 $\Leftrightarrow$ $y = f(x)$ 在 x_0 处既左连续且右连续.

例 4 判断函数

$$f(x) = \begin{cases} x + 2, & x \geqslant 2 \\ x^2, & x < 2 \end{cases}$$

在 $x = 2$ 处是否连续.

解 函数的定义域为 $(-\infty, +\infty)$，$f(x)$ 在 $x = 2$ 处及其附近有定义，且

$$\lim\limits_{x \to 2^-} f(x) = \lim\limits_{x \to 2^-} x^2 = 4,\ \lim\limits_{x \to 2^+} f(x) = \lim\limits_{x \to 2^+} (x + 2) = 4$$

所以 $\lim\limits_{x \to 2} f(x) = 4$，而 $f(2) = 4$，故函数 $f(x)$ 在 $x = 2$ 处连续.

例 5 讨论函数 $f(x) = \begin{cases} x - 1, & x < 0 \\ 0, & x = 0 \\ x + 1, & x > 0 \end{cases}$ 在点 $x = 0$ 处的连续性.

解   函数的定义域为$(-\infty, +\infty)$，

$$\lim_{x \to 0^-} f(x) = \lim_{x \to 0^-}(x-1) = -1, \lim_{x \to 0^+} f(x) = \lim_{x \to 0^+}(x+1) = 1$$

由于左极限与右极限虽然都存在但不相等，所以$\lim_{x \to 0} f(x)$不存在，函数$f(x)$在点$x = 0$处不连续.

定义 4   若函数$f(x)$在开区间(a, b)内任何一点处都连续，则称函数$f(x)$在开区间(a, b)内连续；若函数$f(x)$在开区间(a, b)内连续，且在左端点a处右连续，在右端点b处左连续，则称函数$f(x)$在闭区间$[a, b]$上连续.

可以证明，基本初等函数以及常数函数在其定义区间内都是连续的.

3. 函数的间断点

如果函数$y = f(x)$在点x_0处不连续，则称$f(x)$在x_0处间断，并称x_0为$f(x)$的间断点.

由定义知，$f(x)$在x_0处间断可能是以下三种情形之一：

（1）函数$f(x)$在x_0处没有定义；

（2）$f(x)$在x_0处有定义，但极限$\lim_{x \to x_0} f(x)$不存在；

（3）$f(x)$在x_0处有定义，极限$\lim_{x \to x_0} f(x)$存在，但$\lim_{x \to x_0} f(x) \neq f(x_0)$.

设x_0是$f(x)$的间断点，若$f(x)$在x_0点的左、右极限都存在，则称x_0为$f(x)$的第一类间断点；其他的间断点都称为第二类间断点.

在第一类间断点中，如果左、右极限存在但不相等，这种间断点又称为跳跃间断点；如果左、右极限存在且相等（即极限存在），但函数在该点没有定义，或者虽然函数在该点有定义，但函数值不等于极限值，这种间断点又称为可去间断点. 在第二类间断点中，左、右极限至少有一个为无穷大的间断点称为无穷间断点.

例如：（1）函数$f(x) = \dfrac{1}{x}$在$x = 0$处无定义，所以$x = 0$是其间断点，且为第二类无穷间断点.

（2）函数$f(x) = \begin{cases} x+1, & x > 1 \\ x-1, & x \leqslant 1 \end{cases}$在$x = 1$处有定义，$\lim_{x \to 1^-} f(x) = 0, \lim_{x \to 1^+} f(x) = 2$，因此$\lim_{x \to 1} f(x)$不存在，$x = 1$是$f(x)$的间断点，且为跳跃间断点.

（3）函数$f(x) = \begin{cases} \dfrac{x^2-1}{x-1}, & x \neq 1 \\ 1, & x = 1 \end{cases}$在$x = 1$处有定义，$f(1) = 1, \lim_{x \to 1} f(x) = 2$，极限存在但不等于$f(1)$，所以$x = 1$是$f(x)$的间断点，且为可去间断点.

例 6　讨论函数 $f(x) = \dfrac{\sin x}{x}$ 在 $x = 0$ 处的连续性.

解　$f(x) = \dfrac{\sin x}{x}$ 在 $x = 0$ 处无定义，又 $\lim\limits_{x \to 0} \dfrac{\sin x}{x} = 1$，所以 $x = 0$ 是函数 $f(x) = \dfrac{\sin x}{x}$ 的第一类间断点，并且是可去间断点. 如果补充定义 $f(0) = 1$，即

$$f(x) = \begin{cases} \dfrac{\sin x}{x}, & x \neq 0 \\ 1, & x = 0 \end{cases}$$

则补充定义后的函数 $f(x)$ 在 $x = 0$ 处连续.

1.4.2　初等函数的连续性

初等函数是由基本初等函数经过有限次四则运算和有限次复合而成的，而基本初等函数在其定义域内都是连续函数，因此讨论初等函数的连续性，只需讨论连续函数经过有限次四则运算和有限次复合而成的函数的连续性问题.

根据连续函数的定义，利用极限的运算法则，可以得到如下两个定理：

定理 1　如果函数 $f(x)$、$g(x)$ 在某一点 x_0 处连续，则 $f(x) \pm g(x)$、$f(x) \cdot g(x)$、$\dfrac{f(x)}{g(x)}$（其中 $g(x_0) \neq 0$）在点 x_0 处都连续.

定理 2（复合函数的连续性）　设函数 $u = \varphi(x)$ 在点 x_0 处连续，$y = f(u)$ 在 u 处连续，$u_0 = \varphi(x_0)$，则复合函数 $y = f[\varphi(x)]$ 在点 x_0 处连续，即

$$\lim_{x \to x_0} f[\varphi(x)] = f[\lim_{x \to x_0} \varphi(x)] = f[\varphi(x_0)]$$

由上面的定理可以知道，具有连续性的复合函数，极限符号"$\lim\limits_{x \to x_0}$"与连续函数符号"f"可交换次序，亦即极限符号可以穿过函数符号.

基本初等函数和常数函数在其定义区间内连续，一切初等函数在其定义区间内都是连续的.

利用函数的连续性，求初等函数的极限问题就可以转化为求函数值的问题，它比函数的极限简单易求.

例 7　求 $\lim\limits_{x \to 2} \sqrt{x^2 + 3x - 4}$.

解　因为函数 $y = \sqrt{x^2 + 3x - 4}$ 是初等函数，定义域为 $(-\infty, -4) \bigcup (1, +\infty)$. 点 $x = 2$ 在定义域内，于是

$$\lim_{x \to 2} \sqrt{x^2 + 3x - 4} = \sqrt{2^2 + 3 \times 2 - 4} = \sqrt{10}$$

例 8　求 $\lim\limits_{x \to 1}(e^{x^2 - 1} \cdot \arcsin x)$.

解
$$\lim_{x \to 1}(e^{x^2-1} \cdot \arcsin x) = f(1) = 1 \cdot \arcsin 1 = \frac{\pi}{2}$$

例 9 试证：$\lim\limits_{x \to 0} \dfrac{\ln(1+x)}{x} = 1$.

证
$$\lim_{x \to 0} \frac{\ln(1+x)}{x} = \lim \ln(1+x)^{\frac{1}{x}} = \ln\left[\lim_{x \to 0}(1+x)^{\frac{1}{x}}\right] = \ln e = 1$$

1.4.3 闭区间上连续函数的性质

定理 3（最值定理） 闭区间上的连续函数一定能取得最大值和最小值（见图 1-11）.

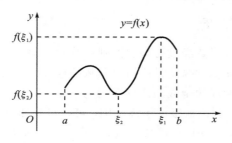

图 1-11

注意：如果函数仅在开区间或半闭半开的区间内连续，或函数在闭区间上有间断点，那么函数在该区间上就不一定有最大值或最小值. 如 $f(x) = \dfrac{1}{x}$ 在 $(0,1]$ 上就没有最大值.

定理 4（介值定理） 若函数 $f(x)$ 在闭区间 $[a,b]$ 上连续，m 与 M 分别是 $f(x)$ 在闭区间 $[a,b]$ 上的最小值和最大值，C 是介于 m 与 M 之间的任一实数，即 $m \leqslant C \leqslant M$，则在 $[a,b]$ 上至少存在一点 ξ，使得 $f(\xi) = C$.

介值定理的几何意义：介于两条水平直线 $y = m$ 与 $y = M$ 之间的任一条直线 $y = C$ 与曲线 $y = f(x)$ 至少有一个交点（见图 1-12）.

推论（零点定理） 若 $f(x)$ 在闭区间 $[a,b]$ 上连续，且 $f(a)$ 与 $f(b)$ 异号，则在 (a,b) 内函数 $f(x)$ 至少有一个零点，即至少存在一点 $\xi \in (a,b)$，使 $f(\xi) = 0$.

推论的几何意义：一条连续曲线 $y = f(x)$，若其上的点的纵坐标由负值变到正值（或由正值变到负值），则曲线至少要穿过 x 轴一次（见图 1-13）.

使 $f(x) = 0$ 的点称为函数 $y = f(x)$ 的零点. 如果 $x = \xi$ 是函数 $f(x)$ 的零点，即 $f(\xi) = 0$，那么 $x = \xi$ 就是方程 $f(x) = 0$ 的一个实根；反之，方程 $f(x) = 0$ 的一个实根 $x = \xi$ 就是函数 $f(x)$ 的一个零点. 因此，求方程 $f(x) = 0$ 的实根与求函数 $f(x)$ 的零点是等价的.

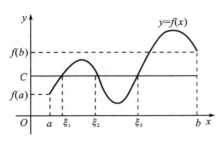

图 1 - 12

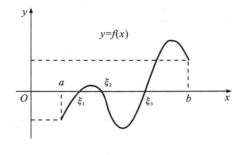

图 1 - 13

例 10 证明三次方程 $x^3 - 4x^2 + 1 = 0$ 在区间 $(0,1)$ 内至少有一个实根.

证 函数 $f(x) = x^3 - 4x^2 + 1$ 在闭区间 $[0,1]$ 上连续,又

$$f(0) = 1 > 0, \ f(1) = -2 < 0$$

根据零点定理,函数 $f(x)$ 在区间 $(0,1)$ 内至少有一个零点,即方程 $f(x) = 0$ 在区间 $(0,1)$ 内至少有一个实根,亦即三次方程 $x^3 - 4x^2 + 1 = 0$ 在区间 $(0,1)$ 内至少有一个实根.

习 题 1.4

1. 设函数

$$f(x) = \begin{cases} x^2, & x \leqslant 1 \\ 2 - x, & 1 < x \end{cases}$$

(1) 求 $\lim\limits_{x \to 1^-} f(x)$ 和 $\lim\limits_{x \to 1^+} f(x)$,$\lim\limits_{x \to 1} f(x)$ 是否存在?

(2) $f(x)$ 在 $x = 1$ 处是否连续? 并画出函数的图形.

2. 讨论函数

$$f(x) = \begin{cases} x^2 + 1, & x > 1 \\ 2, & -1 \leqslant x \leqslant 1 \\ 3x, & x < -1 \end{cases}$$

在 $x = \pm 1$ 处的连续性.

3. 设函数

$$f(x) = \begin{cases} \mathrm{e}^x, & x < 0 \\ a + x, & x \geqslant 0 \end{cases}$$

应当怎样选择 a,使得 $f(x)$ 在 $(-\infty, +\infty)$ 内处处连续.

4. 求下列函数的间断点并说明其类型. 如果是可去间断点,则补充或改变定义使其连续.

$(1)\ y = \dfrac{1}{1+x}$；　　　　　$(2)\ y = \dfrac{x^2-1}{x^2-3x+2}$；

$(3)\ y = \dfrac{1-\cos x}{x^2}$；　　　　$(4)\ y = \begin{cases} x-1, & x \leqslant 1 \\ 2-x, & x > 1 \end{cases}$.

5. 求下列函数的极限：

$(1)\ \lim\limits_{x \to 0} \sqrt{x^2-3x+2}$；　　　　$(2)\ \lim\limits_{x \to 2} \dfrac{x^2+1}{3x-2}$；

$(3)\ \lim\limits_{x \to 0} \dfrac{\sqrt{4+x}-2}{x}$；　　　　$(4)\ \lim\limits_{x \to 0} \dfrac{\ln(1+3x)}{x}$.

6. 证明代数方程 $x^3 - 4x^2 + 4 = 0$ 在开区间 $(-1, 1)$ 内至少有一个实根.

～～～ 综合练习题 1 ～～～

一、填空题

1. 设函数 $y = \dfrac{1}{x-1}$，当 $x \to$ _____ 时，y 是无穷大量；当 $x \to$ _____ 时，y 是无穷小量.

2. $\lim\limits_{x \to \infty} \dfrac{\sin x}{x} =$ _____，　　$\lim\limits_{x \to 0} \dfrac{\sin x}{x} =$ _____，

$\lim\limits_{x \to \infty} x\sin \dfrac{1}{x} =$ _____，　　$\lim\limits_{x \to 0} x\sin \dfrac{1}{x} =$ _____.

3. $\lim\limits_{x \to \infty} \left(1 - \dfrac{1}{x}\right)^x =$ _____，　　$\lim\limits_{x \to 0} (1-x)^{-\frac{2}{x}} =$ _____.

4. $\lim\limits_{x \to 1} \arctan \sqrt{\dfrac{x^2+1}{x+1}} =$ _____.

5. 当 $x \to 0$ 时，$e^x - 1$ 是 x 的 _____ 无穷小量.

6. 设 $f(x) = \begin{cases} x^2, & x \neq 2 \\ 1, & x = 2 \end{cases}$，则 $\lim\limits_{x \to 2} f(x) =$ _____.

二、选择题

1. 当 $x \to 0$ 时，$\cos \dfrac{1}{x}$ 是（　　）.

A. 无穷小量　　　　B. 无穷大量　　　　C. 有界函数　　　　D. 无界函数

2. 设 $f(x) = \dfrac{e^x - 1}{x}$，则 $x = 0$ 是函数 $f(x)$ 的（　　）.

A. 连续点　　　　B. 可去间断点　　　　C. 跳跃间断点　　　　D. 无穷间断点

3. 当 $x \to 1$ 时，下列变量中是无穷小的是(　　).

A. $x^3 - 1$　　　　　B. $\sin x$　　　　　C. e^x　　　　　　　　D. $\ln(x+1)$

4. 若 $\lim\limits_{x \to x_0^-} f(x) = A$，$\lim\limits_{x \to x_0^+} f(x) = A$，则下列说法正确的是(　　).

A. $f(x_0) = A$　　　　　　　　　　B. $\lim\limits_{x \to x_0} f(x) = A$

C. $f(x)$ 在点 x_0 处有定义　　　　D. $f(x)$ 在点 x_0 处连续

5. 函数 $f(x) = \begin{cases} x^2 + 2, & x \leqslant 0 \\ 2^x, & x > 0 \end{cases}$ 在 $x = 0$ 处(　　).

A. 连续　　　　　　　　　　　　　B. 左连续

C. 右连续　　　　　　　　　　　　D. 左右都不连续

6. 函数 $f(x) = \begin{cases} \mathrm{e}^{ax}, & x \leqslant 0 \\ x + b, & x > 0 \end{cases}$ 在 $x = 0$ 处连续，则有(　　).

A. $b = 1$　　　　　B. $b = 0$　　　　　C. $a = 1, b = 0$　　　　D. $a = 0, b = 0$

三、解答题

1. 计算下列极限.

(1) $\lim\limits_{h \to 0} \dfrac{(x+h)^2 - x^2}{h}$；

(2) $\lim\limits_{x \to -1} \left(\dfrac{1}{x+1} + \dfrac{2}{x^2 - 1} \right)$；

(3) $\lim\limits_{x \to \infty} \dfrac{3x^3 + 1}{2x^2 - x + 1}$；

(4) $\lim\limits_{x \to 0} \dfrac{\mathrm{e}^{-x} - 1}{x}$；

(5) $\lim\limits_{x \to \infty} \dfrac{x^2 + 1}{x^3 - 2x + 1}$；

(6) $\lim\limits_{x \to +\infty} x(\sqrt{x^2 + 1} - x)$；

(7) $\lim\limits_{x \to 0} \dfrac{\tan x - \sin x}{x^3}$；

(8) $\lim\limits_{x \to \infty} \left(\dfrac{x^2}{x^2 + 1} \right)^x$；

(9) $\lim\limits_{x \to 0} (1 + 3\tan^2 x)^{\cot^2 x}$；

(10) $\lim\limits_{x \to a} \dfrac{\cos x - \cos a}{x - a}$；

(11) $\lim\limits_{x \to \infty} \dfrac{(x+1)\sin x}{2x^3 - 3x + 2}$；

(12) $\lim\limits_{x \to \infty} \dfrac{1 - \cos 2x}{x \sin x}$；

(13) $\lim\limits_{x \to 0} \dfrac{\tan^2 x}{1 - \cos x}$；

(14) $\lim\limits_{n \to \infty} \left(1 + \dfrac{1}{3} + \dfrac{1}{3^2} + \cdots + \dfrac{1}{3^n} \right)$；

(15) $\lim\limits_{x \to 1} \dfrac{\sin(x-1)}{x^2 - 3x + 2}$.

2. 讨论函数 $f(x) = \begin{cases} 3x^2 - 1, & x \geqslant 0 \\ \mathrm{e}^x, & x < 0 \end{cases}$ 的连续性，并求函数 $f(x)$ 的连续区间.

3. 证明方程 $2^x - 4x = 0$ 至少有一个根介于 0 和 $\dfrac{1}{2}$ 之间.

第 2 章　导数与微分

2.1　导数的概念

17 世纪，人们创立了微积分．此后，微积分学极大地推动了自然科学、社会科学以及应用科学的发展．导数作为微积分的核心概念之一，在工程技术、管理科学、经济生活等各个领域都有着广泛的应用．

2.1.1　认识导数

在生产实践和科学实验中，常常需要研究函数相对于自变量变化的快慢程度．例如要预报人造地球卫星飞过某城市的时间，就需要知道卫星的飞行速度；要研究轴和梁的弯曲变形问题就必须会求曲线的切线斜率等．求速度、曲线的切线斜率等问题，叫作求变化率问题，数学上称为导数．

【引例 1】　变速直线运动的瞬时速度．

当物体做匀速直线运动时，其速度 $v = \dfrac{s}{t}$（其中 s 为路程，t 表示时间）．但物体做变速直线运动时，其瞬时速度 v 显然不满足这个公式．此时可以先考虑在时间段 $[t_0, t_0 + \Delta t]$ 内的平均速度（平均变化率）$\bar{v} = \dfrac{s(t_0 + \Delta t) - s(t_0)}{\Delta t}$，当 $\Delta t \to 0$ 时，$\bar{v}$ 就无限接近于物体在时刻 t_0 的瞬时速度（变化率），也就是说

$$v(t_0) = \lim_{\Delta t \to 0} \bar{v} = \lim_{\Delta t \to 0} \frac{s(t_0 + \Delta t) - s(t_0)}{\Delta t}$$

【引例 2】　交流电的电流强度．

在直流电路中，电流强度 $I = \dfrac{Q}{t}$（其中 Q 为电量，t 表示时间）．在交流电路中，其电流强度 I 不满足这个公式．由于电流大小随时间而改变，电流通过导线的横截面的电量是时间 t 的函数 $Q(t)$，此时可以先考虑在时间段 $[t_0, t_0 + \Delta t]$ 内的平均电流强度（平均变化率）$\bar{I} = \dfrac{Q(t_0 + \Delta t) - Q(t_0)}{\Delta t}$，当 $\Delta t \to 0$ 时，$\bar{I}$ 就无限接近于时刻 t_0 的电流强度（变化率），也就是说

$$I(t_0) = \lim_{\Delta t \to 0} \overline{I} = \lim_{\Delta t \to 0} \frac{Q(t_0 + \Delta t) - Q(t_0)}{\Delta t}$$

【引例 3】　化学反应的速率.

在某化学反应中，经过时间 t 后，化学反应所产生的物质的浓度为 y，则 y 是时间 t 的函数，即 $y = f(t)$. 那么在时间段 $[t_0, t_0 + \Delta t]$ 内，该化学反应的平均反应速率（平均变化率）$\overline{P} = \dfrac{f(t_0 + \Delta t) - f(t_0)}{\Delta t}$，当 $\Delta t \to 0$ 时，$\overline{P}$ 就无限接近于时刻 t_0 的化学反应速率 $P(t_0)$（变化率），也就是说

$$P(t_0) = \lim_{\Delta t \to 0} \overline{P} = \lim_{\Delta t \to 0} \frac{f(t_0 + \Delta t) - f(t_0)}{\Delta t}$$

虽然上述三例的实际意义完全不同，但它们的数学结构完全相同. 它们都是计算当自变量的改变量趋于零时，函数的改变量与自变量的改变量之比的极限. 经过抽象，由这类特殊的极限可以引进导数的概念.

2.1.2　导数的概念

1. 导数的定义

定义 1　设函数 $y = f(x)$ 在点 x_0 的某一邻域内有定义，当自变量 x 在 x_0 处有增量 Δx 时，函数 $f(x)$ 有相应的增量 $\Delta y = f(x_0 + \Delta x) - f(x_0)$，如果极限 $\lim\limits_{\Delta x \to 0} \dfrac{\Delta y}{\Delta x}$ 存在，则称这个极限值为函数 $y = f(x)$ 在点 x_0 处的导数，并称函数在点 x_0 处可导. 记作 $f'(x_0)$，$y' \big|_{x=x_0}$，$\dfrac{\mathrm{d}y}{\mathrm{d}x} \big|_{x=x_0}$ 或 $\dfrac{\mathrm{d}f(x)}{\mathrm{d}x} \big|_{x=x_0}$，即

$$f'(x_0) = \lim_{\Delta x \to 0} \frac{\Delta y}{\Delta x} = \lim_{\Delta x \to 0} \frac{f(x_0 + \Delta x) - f(x_0)}{\Delta x}$$

如果极限 $\lim\limits_{\Delta x \to 0} \dfrac{\Delta y}{\Delta x}$ 不存在，则称函数 $y = f(x)$ 在点 x_0 处不可导. 如果极限 $\lim\limits_{\Delta x \to 0} \dfrac{\Delta y}{\Delta x}$ 为无穷大，为方便起见，也称该函数在点 x_0 处的导数为无穷大.

若令 $x - x_0 = \Delta x$，当 $\Delta x \to 0$ 时，有 $x \to x_0$，则导数的另一极限形式为

$$f'(x_0) = \lim_{x \to x_0} \frac{f(x) - f(x_0)}{x - x_0}$$

函数的增量与自变量的增量之比 $\dfrac{\Delta y}{\Delta x}$ 是函数 $y = f(x)$ 在区间 $[x_0, x_0 + \Delta x]$ 内的平均变化率，而导数 $f'(x_0)$ 则是函数 $y = f(x)$ 在点 x_0 处的变化率，它反映了函数随自变量的变化而变化的快慢程度.

如果函数 $y = f(x)$ 在开区间 I 内的每一点都可导，那么就称函数 $f(x)$ 在区间 I 内可

导. 于是，对应于 I 内的每一个 x 值必存在一个确定的导数，因而在区间 I 内确定了一个 x 的函数，称为 $f(x)$ 的导函数（在不致发生混淆的情况下，简称为导数），记为

$$f'(x), \quad y', \quad \frac{dy}{dx} \quad \text{或} \quad \frac{df(x)}{dx}$$

导函数的计算公式为

$$f'(x) = \lim_{\Delta x \to 0} \frac{f(x + \Delta x) - f(x)}{\Delta x}$$

这里指出，函数 $y = f(x)$ 在点 x_0 处的导数就是导函数 $f'(x)$ 在点 x_0 处的函数值，即

$$f'(x_0) = f'(x)\Big|_{x = x_0}$$

有了导数的概念，引例中的结果可分别表述为

变速直线运动在时刻 t_0 的瞬时速度 $v(t_0) = \dfrac{ds}{dt}\Big|_{t = t_0}$；交流电在时刻 t_0 的电流强度 $I(t_0) = \dfrac{dQ}{dt}\Big|_{t = t_0}$；某化学反应在时刻 t_0 的反应速率 $P(t_0) = \dfrac{df(t)}{dt}\Big|_{t = t_0}$.

定义 2 若极限 $\lim\limits_{\Delta x \to 0^-} \dfrac{\Delta y}{\Delta x}$，$\lim\limits_{\Delta x \to 0^+} \dfrac{\Delta y}{\Delta x}$ 都存在，那么它们分别称为函数 $y = f(x)$ 在点 x_0 处的左导数与右导数，分别记作 $f'_-(x_0)$，$f'_+(x_0)$，即

$$f'_-(x_0) = y'\Big|_{x = x_0^-} = \lim_{\Delta x \to 0^-} \frac{\Delta y}{\Delta x} = \lim_{\Delta x \to 0^-} \frac{f(x_0 + \Delta x) - f(x_0)}{\Delta x} = \lim_{x \to x_0^-} \frac{f(x) - f(x_0)}{x - x_0}$$

$$f'_+(x_0) = y'\Big|_{x = x_0^+} = \lim_{\Delta x \to 0^+} \frac{\Delta y}{\Delta x} = \lim_{\Delta x \to 0^+} \frac{f(x_0 + \Delta x) - f(x_0)}{\Delta x} = \lim_{x \to x_0^+} \frac{f(x) - f(x_0)}{x - x_0}$$

可以证明，函数 $y = f(x)$ 在点 x_0 处可导的充分必要条件是函数 $y = f(x)$ 在点 x_0 处的左导数与右导数都存在且相等.

例 1 试判定函数 $f(x) = \begin{cases} x^2, & x \geqslant 0 \\ x, & x < 0 \end{cases}$ 在点 $x = 0$ 处是否可导.

解 因为

$$f'_+(0) = \lim_{\Delta x \to 0^+} \frac{\Delta y}{\Delta x} = \lim_{x \to 0^+} \frac{f(x) - f(0)}{x - 0} = \lim_{x \to 0^+} \frac{x^2 - 0}{x} = 0$$

$$f'_-(0) = \lim_{\Delta x \to 0^-} \frac{\Delta y}{\Delta x} = \lim_{x \to 0^-} \frac{f(x) - f(0)}{x - 0} = \lim_{x \to 0^+} \frac{x - 0}{x} = 1$$

从而 $f'_+(0) \neq f'_-(0)$，所以，由函数 $y = f(x)$ 在点 x_0 处可导的充要条件可知，函数 $f(x)$ 在点 $x = 0$ 处不可导.

2. 用定义求函数的导数

根据导数的定义，求函数 $f(x)$ 的导数的三个步骤是

(1) 求增量：$\Delta y = f(x + \Delta x) - f(x)$；

(2) 算比值：$\dfrac{\Delta y}{\Delta x} = \dfrac{f(x + \Delta x) - f(x)}{\Delta x}$；

(3) 取极限：$f'(x) = \lim\limits_{\Delta x \to 0} \dfrac{\Delta y}{\Delta x} = \lim\limits_{\Delta x \to 0} \dfrac{f(x + \Delta x) - f(x)}{\Delta x}$.

下面举几个利用导数定义求函数导数的例子.

例 2　求函数 $f(x) = C$（C 为常数）的导数.

解　由求函数导数的三个步骤，有

(1) 求增量：$\Delta y = f(x + \Delta x) - f(x) = C - C = 0$；

(2) 算比值：$\dfrac{\Delta y}{\Delta x} = \dfrac{0}{\Delta x} = 0$；

(3) 取极限：$f'(x) = \lim\limits_{\Delta x \to 0} \dfrac{\Delta y}{\Delta x} = 0$.

即有

$$(C)' = 0$$

例 3　求函数 $f(x) = \log_a x \, (a > 0, \, a \neq 1)$ 的导数.

解　由求函数导数的三个步骤，有

(1) 求增量：

$$\Delta y = \log_a(x + \Delta x) - \log_a x = \log_a\left(1 + \frac{\Delta x}{x}\right)$$

(2) 算比值：

$$\frac{\Delta y}{\Delta x} = \frac{\log_a\left(1 + \dfrac{\Delta x}{x}\right)}{\Delta x} = \frac{1}{\Delta x}\log_a\left(1 + \frac{\Delta x}{x}\right) = \frac{1}{x}\log_a\left(1 + \frac{\Delta x}{x}\right)^{\frac{x}{\Delta x}}$$

(3) 取极限：

$$f'(x) = \lim_{\Delta x \to 0} \frac{\Delta y}{\Delta x} = \lim_{\Delta x \to 0} \frac{1}{x}\log_a\left(1 + \frac{\Delta x}{x}\right)^{\frac{x}{\Delta x}} = \frac{1}{x}\log_a e = \frac{1}{x\ln a}$$

即有

$$(\log_a x)' = \frac{1}{x\ln a}$$

特别地，当 $a = e$ 时，有

$$(\ln x)' = \frac{1}{x}$$

例 4　求函数 $f(x) = \sin x$ 的导数.

解　由求函数导数的三个步骤，有

（1）求增量：

$$\Delta y = \sin(x + \Delta x) - \sin x = 2\sin\frac{\Delta x}{2}\cos\left(x + \frac{\Delta x}{2}\right)$$

（2）算比值：

$$\frac{\Delta y}{\Delta x} = \frac{2\sin\dfrac{\Delta x}{2}\cos\left(x + \dfrac{\Delta x}{2}\right)}{\Delta x} = \frac{\sin\dfrac{\Delta x}{2}\cos\left(x + \dfrac{\Delta x}{2}\right)}{\dfrac{\Delta x}{2}}$$

（3）取极限：

$$f'(x) = \lim_{\Delta x \to 0}\frac{\Delta y}{\Delta x} = \lim_{\Delta x \to 0}\frac{\sin\dfrac{\Delta x}{2}\cos\left(x + \dfrac{\Delta x}{2}\right)}{\dfrac{\Delta x}{2}} = \cos x$$

即有

$$(\sin x)' = \cos x$$

类似地，有

$$(\cos x)' = -\sin x$$

例 5 求函数 $f(x) = x^n (n \in \mathbf{N})$ 的导数.

解 由求函数的导数的三个步骤，有

（1）求增量：

$$\begin{aligned}
\Delta y &= (x + \Delta x)^n - x^n \\
&= C_n^0 x^n + C_n^1 x^{n-1}\Delta x + C_n^2 x^{n-2}(\Delta x)^2 + \cdots + C_n^n(\Delta x)^n - x^n \\
&= C_n^1 x^{n-1}\Delta x + C_n^2 x^{n-2}(\Delta x)^2 + \cdots + C_n^n(\Delta x)^n
\end{aligned}$$

（2）算比值：

$$\begin{aligned}
\frac{\Delta y}{\Delta x} &= \frac{C_n^1 x^{n-1}\Delta x + C_n^2 x^{n-2}(\Delta x)^2 + \cdots + C_n^n(\Delta x)^n}{\Delta x} \\
&= C_n^1 x^{n-1} + C_n^2 x^{n-2}(\Delta x)^1 + \cdots + (\Delta x)^{n-1}
\end{aligned}$$

（3）取极限：

$$f'(x) = \lim_{\Delta x \to 0}\frac{\Delta y}{\Delta x} = nx^{n-1}$$

即有

$$(x^n)' = nx^{n-1}$$

当 n 为实数时，$(x^n)' = nx^{n-1}$ 仍然成立，后面将给出证明.

例 6 求函数 $y = \sqrt{x}$ 的导数.

解 由公式 $(x^n)' = nx^{n-1}$，有

$$y' = (\sqrt{x})' = (x^{\frac{1}{2}})' = \frac{1}{2}x^{-\frac{1}{2}} = \frac{1}{2\sqrt{x}}$$

此结论也可以作为求导公式使用.

2.1.3　导数的几何意义

如图 $2-1$ 所示，点 $M(x_0, y_0)$ 是曲线 $y = f(x)$ 上的一个定点，另取曲线上一点 $N(x_0 + \Delta x, y_0 + \Delta y)$，作割线 MN，当点 N 沿曲线趋于点 M 时，则割线 MN 绕着点 M 旋转而趋于极限位置 MT，直线 MT 就称为曲线 $y = f(x)$ 在点 M 处的切线.

设割线 MN 的倾角为 φ，切线 MT 的倾角为 α，割线 MN 的斜率（割线向上的方向与 x 和正向夹角的正切值）为

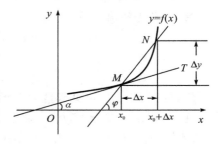

图 $2-1$

$$\tan\varphi = \frac{\Delta y}{\Delta x} = \frac{f(x_0 + \Delta x) - f(x_0)}{\Delta x}$$

当 $\Delta x \rightarrow 0$ 时，割线 MN 的斜率 $\tan\varphi$ 就无限地接近于切线 MT 的斜率 k，所以切线的斜率为

$$k = \tan\alpha = \lim_{\Delta x \to 0}\tan\varphi = \lim_{\Delta x \to 0}\frac{f(x_0 + \Delta x) - f(x_0)}{\Delta x} = f'(x_0)$$

可见，导数的几何意义是函数 $y = f(x)$ 在点 x_0 处的导数就是曲线 $y = f(x)$ 在点 $M_0(x_0, y_0)$ 处切线的斜率. 由此可知，

曲线 $y = f(x)$ 在点 $P_0(x_0, y_0)$ 处的切线方程为

$$y - y_0 = f'(x_0)(x - x_0)$$

当 $f'(x_0) \neq 0$ 时，法线方程为

$$y - y_0 = -\frac{1}{f'(x_0)}(x - x_0)$$

例 7　求曲线 $y = f(x) = x^2 + 1$ 在点 $P(1, 2)$ 处的切线和法线方程.

解　由导数的几何意义知，曲线在点 $P(1, 2)$ 处的切线的斜率 $k = f'(1) = 2x\big|_{x=1} = 2$，所以切线方程为

$$y - 2 = 2(x - 1)，即 \ 2x - y = 0$$

法线方程为

$$y - 2 = -\frac{1}{2}(x - 1)，即 \ x + 2y - 5 = 0$$

2.1.4 可导与连续的关系

由导数的定义,可以证明可导与连续的关系如下:

定理 1 如果函数 $y = f(x)$ 在点 x 处可导,则函数 $y = f(x)$ 在点 x 处必连续,反之不一定.

例 8 判定函数 $f(x) = |x|$ 在点 $x = 0$ 处是否连续,是否可导.

解 首先作出函数

$$f(x) = |x| = \begin{cases} x, & x > 0 \\ 0, & x = 0 \\ -x, & x < 0 \end{cases}$$

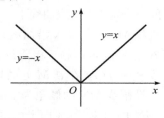

图 2-2

的图形(见图 2-2),可见函数的图形在定义域 $(-\infty, +\infty)$ 内是连续的曲线,即函数 $f(x)$ 是连续的,但是在点 $x = 0$ 处是"尖点",所以在该点的切线不存在. 由导数的几何意义可知,函数 $f(x)$ 在点 $x = 0$ 处不可导(或者由 $\lim\limits_{x \to 0} f(x) = f(0) = 0$ 及 $f'_+(0) \neq f'_-(0)$ 知,函数 $f(x)$ 在点 $x = 0$ 处连续但不可导).

习 题 2.1

1. 用导数的定义求函数 $y = x^2$ 在 $x = 2$ 处的导数.

2. 假设 $f'(x_0)$ 存在,按照导数的定义观察下列极限,指出 A 表示什么.

(1) $\lim\limits_{\Delta x \to 0} \dfrac{f(x_0 - \Delta x) - f(x_0)}{\Delta x} = A$;

(2) $\lim\limits_{\Delta x \to 0} \dfrac{f(x_0 + \Delta x) - f(x_0 - \Delta x)}{\Delta x} = A$;

(3) $\lim\limits_{\Delta x \to 0} \dfrac{f(x_0 + 2\Delta x) - f(x_0 - 3\Delta x)}{\Delta x} = A$.

3. 求曲线 $y = \ln x$ 在点 $(e, 1)$ 处的切线方程和法线方程.

4. 讨论函数 $f(x) = \begin{cases} 1 + x, & x > 0 \\ 1 - x, & x \leqslant 0 \end{cases}$ 在点 $x = 0$ 处的连续性和可导性.

2.2 导数的运算法则

2.1 节根据导数的定义求出了一些简单函数的导数. 但是,有些实际问题比较复杂,根据定义来求它们的导数往往非常困难,因此,需将求导运算公式化. 为此,本节将介绍求导数的基本法则，借助这些法则，可以得出一些常见函数的求导公式.

2.2.1　导数的四则运算法则

定理 1　若函数 $u = u(x)$，　$v = v(x)$ 在点 x 处都可导，则它们的和、差、积、商（分母不为 0）均在 x 处可导，且有

(1) $(u \pm v)' = u' \pm v'$；

(2) $(uv)' = u'v + uv'$；

(3) $(Cu)' = Cu'$（其中 C 为常数）；

(4) $\left(\dfrac{u}{v} \right)' = \dfrac{u'v - uv'}{v^2}$.

其中式（1）、式（2）可以推广到任意有限个可导函数的情形. 例如，设 $u = u(x)$，$v = v(x)$，$w = w(x)$ 均可导，则有

$$[u \pm v \pm w]' = u' \pm v' \pm w'$$

$$[uvw]' = u'vw + uv'w + uvw'$$

例 1　求函数 $y = x^3 + x^2 - \dfrac{1}{x}$ 的导数.

解　　　　　$y' = (x^3)' + (x^2)' - \left(\dfrac{1}{x} \right)' = 3x^2 + 2x + \dfrac{1}{x^2}$

例 2　求函数 $y = (1 - x^2)\ln x$ 的导数.

解　　　$y' = (1 - x^2)'\ln x + (1 - x^2)(\ln x)' = -2x\ln x + \dfrac{1}{x} - x$

例 3　求 $y = \tan x$ 的导数.

解　$y' = \left(\dfrac{\sin x}{\cos x} \right)' = \dfrac{(\sin x)'\cos x - \sin x(\cos x)'}{(\cos x)^2} = \dfrac{\cos x\cos x + \sin x\sin x}{(\cos x)^2} = \sec^2 x$

即

$$(\tan x)' = \sec^2 x$$

类似地，有

$$(\cot x)' = -\csc^2 x, \ (\sec x)' = \sec x\tan x, \ (\csc x)' = -\csc x\cot x$$

2.2.2　复合函数、反函数和隐函数的求导法则

1. 复合函数的求导法则

定理 2　设函数 $y = f(u)$ 在点 u 处可导，函数 $u = \varphi(x)$ 在点 x 处可导，则复合函数 $y = f[\varphi(x)]$ 在点 x 处可导，且

$$\frac{\mathrm{d}y}{\mathrm{d}x} = \frac{\mathrm{d}y}{\mathrm{d}u} \cdot \frac{\mathrm{d}u}{\mathrm{d}x} \text{ 或 } y'_x = y'_u \cdot u'_x$$

定理 2 可以推广到有限多个基本初等函数生成的复合函数的求导法则. 例如,三个基本初等函数 $y = f(u)$,$u = \varphi(v)$,$v = t(x)$ 都可导,则

$$\frac{\mathrm{d}y}{\mathrm{d}x} = \frac{\mathrm{d}y}{\mathrm{d}u} \cdot \frac{\mathrm{d}u}{\mathrm{d}v} \cdot \frac{\mathrm{d}v}{\mathrm{d}x} \text{ 或 } y'_x = y'_u \cdot u'_v \cdot v'_x$$

例 4　求下列函数的导数.

(1) $y = (2x+1)^3$;　(2) $y = \sin^2 x$;　(3) $y = \ln\cos x$.

解　(1) 函数 $y = (2x+1)^3$ 可看成由 $y = u^3$ 和 $u = 2x+1$ 复合而成,由定理 2 可得

$$y'_x = y'_u \cdot u'_x = 3u^2 \cdot 2 = 6(2x+1)^2$$

(2) 函数 $y = \sin^2 x$ 可看成由 $y = u^2$ 和 $u = \sin x$ 复合而成,由定理 2 可得

$$y'_x = y'_u \cdot u'_x = 2u \cdot \cos x = 2\sin x \cos x = \sin 2x$$

(3) 函数 $y = \ln\cos x$ 可看成由 $y = \ln u$ 和 $u = \cos x$ 复合而成,由定理 2 可得

$$y'_x = y'_u \cdot u'_x = \frac{1}{u} \cdot (-\sin x) = -\frac{\sin x}{\cos x} = -\tan x$$

例 5　求下列函数的导数.

(1) $y = \tan^3(x^2+1)$;　(2) $y = \ln(\sin 2x)$.

解　(1) 函数 $y = \tan^3(x^2+1)$ 是由 $y = u^3$,$u = \tan v$,$v = x^2+1$ 复合而成的,所以

$$\begin{aligned}
y' &= y'_u \cdot u'_v \cdot v'_x = (u^3)' \cdot (\tan v)' \cdot (x^2+1)' = 3u^2 \cdot \sec^2 v \cdot 2x \\
&= 3\tan^2(x^2+1) \cdot \sec^2(x^2+1) \cdot 2x \\
&= 6x\tan^2(x^2+1) \cdot \sec^2(x^2+1)
\end{aligned}$$

(2) 函数 $y = \ln(\sin 2x)$ 由三个基本初等函数 $y = \ln u$,$u = \sin v$,$v = 2x$ 复合而成,即有

$$\begin{aligned}
y' &= y'_u \cdot u'_v \cdot v'_x = (\ln u)'_u \cdot (\sin v)'_v \cdot (2x)'_x \\
&= \frac{1}{u} \cdot \cos v \cdot 2 = 2 \cdot \frac{1}{\sin 2x} \cdot \cos 2x = 2\cot 2x
\end{aligned}$$

2. 反函数的求导法则

定理 3　若函数 $y = f(x)$ 在点 x 处可导,且 $f'(x) \neq 0$,则其反函数 $x = \varphi(y)$ 在对应点 y 处可导,且

$$\varphi'(y) = \frac{1}{f'(x)}$$

例 6　求指数函数 $y = a^x (a > 0, a \neq 1)$ 的导数.

解　$y = a^x$ 的反函数是 $x = \log_a y (y > 0)$,因此

$$y' = (a^x)' = \frac{1}{(\log_a y)'} = y\ln a = a^x \ln a$$

即

$$(a^x)' = a^x \ln a$$

特别地，当 $a = \mathrm{e}$ 时，有

$$(\mathrm{e}^x)' = \mathrm{e}^x$$

例 7 证明 $(\arcsin x)' = \dfrac{1}{\sqrt{1-x^2}}$.

解 $y = \arcsin x$ 是 $x = \sin y$ 在 $\left[-\dfrac{\pi}{2}, \dfrac{\pi}{2}\right]$ 上的反函数，于是

$$(\arcsin x)' = \frac{1}{(\sin y)'} = \frac{1}{\cos y} = \frac{1}{\sqrt{1-(\sin y)^2}} = \frac{1}{\sqrt{1-x^2}}$$

运用例 7 的证明方法，可以推出

(1) $(\arccos x)' = \dfrac{1}{(\cos y)'} = -\dfrac{1}{\sin y} = -\dfrac{1}{\sqrt{1-x^2}}$;

(2) $(\arctan x)' = \dfrac{1}{(\tan y)'} = \dfrac{1}{\sec^2 y} = \dfrac{1}{1+\tan^2 y} = \dfrac{1}{1+x^2}$;

(3) $(\operatorname{arccot} x)' = \dfrac{1}{(\cot y)'} = -\dfrac{1}{\csc^2 y} = -\dfrac{1}{1+\cot^2 y} = -\dfrac{1}{1+x^2}$.

3. 导数的基本公式

至此，推导出了常数和基本初等函数的求导公式，共 16 个. 有了这些基本导数公式及前述求导法则，使得求函数的导数变得简单可行. 为了便于查阅这些基本导数公式，现在汇总如下：

(1) $C' = 0$（C 为常数）;

(2) $(x^\mu)' = \mu x^{\mu-1}$（μ 为实数）;

(3) $(a^x)' = a^x \cdot \ln a$（$a > 0$，$a \neq 1$）;

(4) $(\mathrm{e}^x)' = \mathrm{e}^x$;

(5) $(\log_a x)' = \dfrac{1}{x \cdot \ln a}$（$a > 0$，$a \neq 0$）;

(6) $(\ln x)' = \dfrac{1}{x}$;

(7) $(\sin x)' = \cos x$;

(8) $(\cos x)' = -\sin x$;

(9) $(\tan x)' = \sec^2 x$;

(10) $(\cot x)' = -\csc^2 x$;

(11) $(\sec x)' = \sec x \cdot \tan x$;

(12) $(\csc x)' = -\csc x \cdot \cot x$;

(13) $(\arcsin x)' = \dfrac{1}{\sqrt{1-x^2}}$;

(14) $(\arccos x)' = -\dfrac{1}{\sqrt{1-x^2}}$;

(15) $(\arctan x)' = \dfrac{1}{1+x^2}$;

(16) $(\operatorname{arccot} x)' = -\dfrac{1}{1+x^2}$.

对于工程问题上有用的双曲函数与反双曲函数，有如下导数公式：

(1) $(\sinh x)' = \cosh x$;

(2) $(\cosh x)' = \sinh x$;

(3) $(\tanh x)' = \dfrac{1}{\cosh^2 x}$; (4) $(\operatorname{arcsinh} x)' = \dfrac{1}{\sqrt{1+x^2}}$;

(5) $(\operatorname{arccosh} x)' = \dfrac{1}{\sqrt{x^2-1}}$; (6) $(\operatorname{arctanh} x)' = \dfrac{1}{1-x^2}$.

4. 隐函数的求导法则

前面所提到的函数，都是一个变量明显是另一个变量的函数，其函数都可以表示为 $y = f(x)$ 的形式，这种形式的函数称为显函数. 但有时还会遇到函数关系不是用显函数表示的情形. 例如，中心在原点的单位圆的方程为 $x^2 + y^2 = 1$. 又如，$3x - 2y + 5 = 0$，$xy - x + \mathrm{e}^{xy} = 0$，$xy + \mathrm{e}^y = 0$，等等，它们都表示 x, y 之间的函数关系. 这种由某个方程 $F(x, y) = 0$ 所确定的函数关系，称为隐函数.

任何显函数 $y = f(x)$ 都可以转化为隐函数形式 $F(x) = y - f(x) = 0$，反之，则不一定，例如方程 $x + y^3 - 1 = 0$ 可化为显函数 $y = \sqrt[3]{1-x}$，而由方程 $xy - x + \mathrm{e}^{xy} = 0$ 所确定的 x, y 之间的函数关系就不能转化为显函数形式.

但在实际问题中，有时需要计算隐函数的导数，并且不管隐函数能否转化为显函数，都能直接由方程求出它所确定的隐函数的导数. 下面通过具体例子来说明这种方法.

例 8 求由单位圆 $x^2 + y^2 = 1$ 所确定的隐函数的导数 y'_x.

解 将等式两边同时对 x 求导，得

$$(x^2)'_x + (y^2)'_x = (1)'_x$$

于是有

$$2x + 2yy'_x = 0$$

即

$$y'_x = -\dfrac{x}{y}$$

由此可见，隐函数的求导方法是：

(1) 将方程 $F(x, y) = 0$ 两边分别对 x 求导，并在求导过程中视 y 为 x 的函数（视为中间变量），求 y 的导数时运用复合函数求导法则；

(2) 解出 y'_x.

例 9 求由方程 $\mathrm{e}^y + xy - \mathrm{e} = 0$ 所确定的隐函数 $y = y(x)$ 的导数 $\dfrac{\mathrm{d}y}{\mathrm{d}x}$.

解 将方程 $\mathrm{e}^y + xy - \mathrm{e} = 0$ 两端同时对 x 求导，得

$$(\mathrm{e}^y + xy - \mathrm{e})'_x = (0)'_x$$

即

$$(\mathrm{e}^y)'_x + (xy)'_x - (\mathrm{e})'_x = 0$$

有

$$\mathrm{e}^y \cdot y'_x + (1 \cdot y + xy'_x) = 0$$

所以

$$y' = -\frac{y}{x + \mathrm{e}^y}$$

例 10　求曲线 $\dfrac{x^2}{100} + \dfrac{y^2}{64} = 1$ 在点 $(6, 6.4)$ 处的切线与法线方程.

解　将方程两边分别对 x 求导, 有

$$\frac{2x}{100} + \frac{2y}{64} y' = 0$$

所以 $y' = -\dfrac{16x}{25y}$, 从而 $k = y'\Big|_{\substack{x=6 \\ y=6.4}} = -\dfrac{3}{5}$.

故切线方程为

$$y - 6.4 = -\frac{3}{5}(x - 6), \text{ 即 } 3x + 5y - 50 = 0$$

法线方程为

$$y - 6.4 = \frac{5}{3}(x - 6), \text{ 即 } 25x - 15y - 54 = 0$$

在求导运算中, 常常会遇到以下两类函数的求导问题:

(1) 形如 $y = u(x)^{v(x)}$ 的底数与指数都是变量的函数, 这类函数称为幂指函数;

(2) 一系列函数的乘、除、乘方及开方所构成的函数.

对于这两类函数, 可以通过等式两边取对数, 转化成隐函数, 然后按隐函数求导的方法求出导数 y', 这种方法称为对数求导法, 这样做常可以大大简化运算过程.

例 11　设 $y = x^{\sin x} (x > 0)$, 求 y'.

解　两端取对数, 得

$$\ln y = \sin x \ln x$$

利用隐函数求导方法, 于是得

$$\frac{1}{y} \cdot y' = \cos x \ln x + \frac{\sin x}{x}$$

$$y' = x^{\sin x} \left(\cos x \ln x + \frac{\sin x}{x} \right)$$

例 12　求 $y = \sqrt{\dfrac{(x-1)(x-2)}{(x-3)(x-4)}}$ 的导数.

解　两端取对数(当 $x > 4$), 得

$$\ln y = \frac{1}{2}\big[\ln(x-1) + \ln(x-2) - \ln(x-3) - \ln(x-4)\big]$$

两端对 x 求导，得

$$\frac{1}{y} \cdot y' = \frac{1}{2}\left(\frac{1}{x-1} + \frac{1}{x-2} - \frac{1}{x-3} - \frac{1}{x-4}\right)$$

于是，有

$$y' = \frac{1}{2}\sqrt{\frac{(x-1)(x-2)}{(x-3)(x-4)}}\left(\frac{1}{x-1} + \frac{1}{x-2} - \frac{1}{x-3} - \frac{1}{x-4}\right)$$

2.2.3　高阶导数

1. 高阶导数的概念

定义 1　如果函数 $y = f(x)$ 的导数 $y' = f'(x)$ 在 x 处仍可导，则称导数 $y' = f'(x)$ 的导数为 $y = f(x)$ 的二阶导数，$y = f(x)$ 的导数的导数 $\dfrac{\mathrm{d}}{\mathrm{d}x}\left(\dfrac{\mathrm{d}y}{\mathrm{d}x}\right)$ 记作

$$y'',\ f''(x),\ \frac{\mathrm{d}^2 y}{\mathrm{d}x^2} \quad \text{或} \quad \frac{\mathrm{d}^2 f(x)}{\mathrm{d}x^2}$$

其中

$$f''(x) = \lim_{\Delta x \to 0} \frac{f'(x + \Delta x) - f'(x)}{\Delta x}$$

类似地，二阶导数的导数叫作三阶导数，依次类推，$n-1$ 阶导数的导数叫作 n 阶导数（$n > 1$，$n \in \mathbf{N}$），分别记作

$$y''',\ f'''(x),\ \frac{\mathrm{d}^3 y}{\mathrm{d}x^3} \quad \text{或} \quad \frac{\mathrm{d}^3 f(x)}{\mathrm{d}x^3}$$

以及

$$y^{(n)},\ f^{(n)}(x),\ \frac{\mathrm{d}^n y}{\mathrm{d}x^n} \quad \text{或} \quad \frac{\mathrm{d}^n f(x)}{\mathrm{d}x^n}$$

二阶及二阶以上的导数统称为高阶导数.

求高阶导数只需要进行一连串通常的求导运算，不需要另外的方法，前面的基本导数公式和求导法则仍然适用.

例 13　已知 $y = 4x^3 + \mathrm{e}^{3x}$，求 y'，y'' 及 y'''.

解　$y' = 12x^2 + 3\mathrm{e}^{3x}$，$y'' = 24x + 9\mathrm{e}^{3x}$，$y''' = 24 + 27\mathrm{e}^{3x}$

例 14　求 $y = \sin x$ 的 n 阶导数 $y^{(n)}$（$n \in \mathbf{N}$）.

解　$y' = \cos x = \sin\left(x + \dfrac{\pi}{2}\right)$

$$y'' = -\sin x = \sin\left(x + 2 \times \frac{\pi}{2}\right)$$

$$y''' =- \cos x = \sin \left(x + 3 \times \frac{\pi}{2} \right)$$

……

$$y^{(n)} = \sin \left(x + n \times \frac{\pi}{2} \right)$$

类似可得

$$(\cos x)^{(n)} = \cos \left(x + n \cdot \frac{\pi}{2} \right)$$

2. 二阶导数的运动学意义

物体做直线运动，其运动方程为 $s = f(t)$，物体的运动速度 $v = f'(t)$ 为位移 s 的导数，即

$$v = f'(t) = \frac{\mathrm{d}s}{\mathrm{d}t}$$

物体运动的加速度为速度 v 对时间 t 的导数，即

$$a = v'(t) = \left[f'(t) \right]' = \frac{\mathrm{d}^2 s}{\mathrm{d}t^2}$$

习 题 2.2

1. 求下列函数的导数.

(1) $y = 3x^2 - \dfrac{2}{x^2} + 3$；

(2) $y = (2x - 1)^2$；

(3) $u = v - 3\sin v$；

(4) $y = 3\sec x - \tan x - \cos x + \ln 3$；

(5) $s = t\tan t - 2\sec t + \cos \dfrac{\pi}{3}$；

(6) $y = \dfrac{\cos x}{x^2}$.

2. 求下列函数的导数.

(1) $y = (2x + 1)^2$；

(2) $y = \sqrt{3x - 5}$；

(3) $y = \sqrt{1 + \mathrm{e}^x}$；

(4) $y = \ln(2x - 1)$；

(5) $y = \sin \sqrt{x}$；

(6) $y = \arcsin \sqrt{x}$；

(7) $y = \sqrt{\cot \dfrac{x}{2}}$；

(8) $y = \cos^2 (x^2 + 1)$；

(9) $y = \mathrm{e}^{\arctan \sqrt{2x-1}}$.

3. 求下列函数的导数.

(1) $y = 2x^2 + \ln x$；

(2) $y = x\sin x$；

(3) $y = (1 + x^2)\arctan x$.

4. 求下列方程所确定的函数 $y = f(x)$ 的导数 $\dfrac{\mathrm{d}y}{\mathrm{d}x}$.

(1) $x^2 + xy = 1$;　　　　　　　　　(2) $y = 1 + xe^y$;

(3) $xy = e^{x+y}$;　　　　　　　　　(4) $\cos(xy) = x$.

5. 求曲线 $x^{\frac{2}{3}} + y^{\frac{2}{3}} = a^{\frac{2}{3}}$ 在点 $\left(\dfrac{\sqrt{2}}{4}a, \dfrac{\sqrt{2}}{4}a\right)$ 处的切线方程与法线方程.

6. 用对数求导法求下列函数的导数.

(1) $y = \left(\dfrac{x}{1+x}\right)^x$;　　　　　　　(2) $y = 2^x \sqrt{1+x^2} \sin x$;

(3) $y = x^{\sqrt{x}}$.

7. 求 $y = xe^x$ 的 n 阶导数.

2.3　函数的微分

2.3.1　认识微分

　　函数的导数是表示函数在点 x_0 处的变化率,它描述了函数在点 x_0 处变化的快慢程度. 在许多实际问题中,还需要计算当自变量有微小的变化时函数的改变量. 然而,计算函数的改变量往往比较复杂,这就需要寻找求函数的改变量近似值的方法,使它既便于计算又保证有一定的精确度. 这就产生了微分的概念,如前所述,微分就是联系着这样的应用发展起来的,它比导数的概念要早. 以下先讨论两个具体问题.

　　【引例1】　铁路钢轨空隙如何预留?

　　设有一块边长为 x 的正方形金属钢轨,其边长随气温的变化而发生变化,热胀冷缩,它的面积 $A = x^2$ 是 x 的函数. 当气温变化时,其边长由 x 变到 $x + \Delta x$,问此时钢轨的面积改变了多少?

　　分析:根据函数增量的定义,由图2-3可知

$$\begin{aligned}
\Delta A &= A(x + \Delta x) - A(x) \\
&= (x + \Delta x)^2 - x^2 \\
&= 2x \cdot \Delta x + (\Delta x)^2
\end{aligned}$$

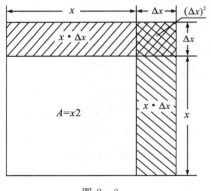

　　从上式可以看出,ΔA 可分成两部分:第一部分是 $2x \cdot \Delta x$,它是 Δx 的线性函数,即图中带有斜线阴影的两个矩形的面积;另一部分是 $(\Delta x)^2$,即图中带有交叉斜线阴影的小正方形的面积. 显然,ΔA 的主

图 2 - 3

要部分是 $2x \cdot \Delta x$，次要部分是 $(\Delta x)^2$．如果 $|\Delta x|$ 很小时，$(\Delta x)^2$ 将比 $2x \cdot \Delta x$ 要小得多，这样面积增量可以近似地用 $2x \cdot \Delta x$ 表示，即 $\Delta A \approx 2x \cdot \Delta x$．

由此式作为 ΔA 的近似值，略去的部分 $(\Delta x)^2$ 是比 Δx 高阶的无穷小．又因为 $A'(x) = 2x$，所以有

$$\Delta A \approx 2x \cdot \Delta x = A'(x) \cdot \Delta x$$

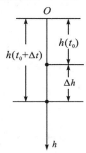

图 2-4

【引例 2】 自由落体由时刻 t_0 到 $t_0 + \Delta t$ 所经过的路程是多少？

分析：如图 2-4 所示，自由落体的路程 h 是时间 t 的函数，即

$$h = \frac{1}{2} g t^2$$

当时间从 t_0 到 $t_0 + \Delta t$ 时，路程 h 的相应改变量为

$$\Delta h = \frac{1}{2} g (t_0 + \Delta t)^2 - \frac{1}{2} g t_0^2 = g t_0 \cdot \Delta t + \frac{1}{2} g (\Delta t)^2$$

从上式可以看出，Δh 可分成两部分：第一部分是 $g t_0 \cdot \Delta t$，它是 Δt 的线性函数；第二部分是 $\frac{1}{2} g (\Delta t)^2$．显然，$\Delta h$ 的主要部分是 $g t_0 \cdot \Delta t$，次要部分是 $\frac{1}{2} g (\Delta t)^2$．当 $\Delta t \to 0$ 时，$\frac{1}{2} g (\Delta t)^2$ 是一个比 Δt 高阶的无穷小．因此，当 $|\Delta x|$ 很小时，路程的改变量 Δh 可以用第一部分 $g t_0 \cdot \Delta t$ 作为它的近似值，第二部分 $\frac{1}{2} g (\Delta t)^2$ 忽略不计，即

$$\Delta h \approx g t_0 \cdot \Delta t$$

并且同样有

$$\Delta h \approx g t_0 \cdot \Delta t = h'(t_0) \cdot \Delta t$$

在实际中还有许多类似的问题，可以抛开其具体意义而进行统一研究．

以上两个例子虽然具体意义不同，但它们有一个明显的共同点，即函数的改变量的近似值可表示为函数的导数与自变量改变量的乘积，而产生的误差是一个比自变量改变量高阶的无穷小量，这就是下面所要研究的微分．

2.3.2 微分的概念及其几何意义

1. 微分的概念

定义 1 设函数 $y = f(x)$ 在点 x 的某个邻域内有定义，则对于自变量 x 处的改变量 Δx，其相应的因变量的改变量 Δy 能写成

$$\Delta y = f(x + \Delta x) - f(x) = f'(x) \cdot \Delta x + o(\Delta x)$$

其中 $o(\Delta x)$ 是 Δx 的高阶无穷小．则称 $f'(x) \cdot \Delta x$ 为函数 $y = f(x)$ 的微分，记为

$$\mathrm{d}y = f'(x) \cdot \Delta x$$

对于函数 $y = f(x)$ 在某一点 x_0 处的微分,记为

$$\mathrm{d}y \Big|_{x=x_0} = f'(x_0) \cdot \Delta x$$

当 $|\Delta x|$ 很小时,函数 $y = f(x)$ 在 x_0 处的改变量近似等于函数 $y = f(x)$ 在 x_0 处的微分,即

$$\Delta y \approx \mathrm{d}y = f'(x_0) \cdot \Delta x$$

由微分的定义,自变量 x 本身的微分是 $\mathrm{d}x = (x)' \cdot \Delta x = \Delta x$,所以上面的微分又可以写成

$$\mathrm{d}y = f'(x)\mathrm{d}x$$

由此可以得到 $f'(x) = \dfrac{\mathrm{d}y}{\mathrm{d}x}$,即函数可微与可导是等价的. 因此,若要求函数的微分,关键是要先求出函数的导数,再乘以自变量的微分即可.

可以证明,函数在点 x_0 处可微的充分必要条件是函数 $y = f(x)$ 在点 x_0 处可导,且

$$\mathrm{d}y \Big|_{x=x_0} = f'(x_0) \cdot \Delta x$$

2. 微分的几何意义

如图 2-5 所示,当自变量由 x_0 增加到 $x_0 + \Delta x$ 时,对应曲线 $y = f(x)$ 的纵坐标的改变量为

$$\Delta y = f(x_0 + \Delta x) - f(x_0)$$

对应曲线 $y = f(x)$ 在点 $(x_0, f(x_0))$ 处的切线的纵坐标的改变量为

$$\mathrm{d}y = f'(x_0) \cdot \Delta x$$

于是,Δy 与 $\mathrm{d}y$ 之差随着 Δx 趋于零而趋于零,且为 Δx 的高阶无穷小. 因此,微分的几何意义是在 x_0 的一个充分小的范围内,可用 x_0 处的切线段的改变量近似代替 x_0 处曲线段的改变量.

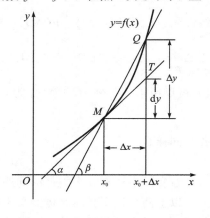

图 2-5

2.3.3 微分的运算法则

由微分的定义 $\mathrm{d}y = f'(x)\mathrm{d}x$ 知,计算函数的微分实际上归结为计算函数的导数. 由导数的基本公式和运算法则,立即可以推出微分的基本公式和运算法则:

1. 微分基本公式

(1) $\mathrm{d}(C) = 0$(C 为常数);　　　(2) $\mathrm{d}(x^\mu) = \mu x^{\mu-1}\mathrm{d}x$($\mu$ 为实数);

(3) $\mathrm{d}(a^x) = a^x \cdot \ln a\,\mathrm{d}x$($a > 0, a \neq 1$);　　(4) $\mathrm{d}(\mathrm{e}^x) = \mathrm{e}^x\mathrm{d}x$;

(5) $\mathrm{d}(\log_a x) = \dfrac{1}{x \cdot \ln a}\mathrm{d}x \ (a > 0,\ a \neq 1)$; (6) $\mathrm{d}(\ln x) = \dfrac{1}{x}\mathrm{d}x$;

(7) $\mathrm{d}(\sin x) = \cos x\mathrm{d}x$;　　　　　(8) $\mathrm{d}(\cos x) = -\sin x\mathrm{d}x$;

(9) $\mathrm{d}(\tan x) = \sec^2 x\mathrm{d}x$;　　　　(10) $\mathrm{d}(\cot x) = -\csc^2 x\mathrm{d}x$;

(11) $\mathrm{d}(\sec x) = \sec x\tan x\mathrm{d}x$;　　(12) $\mathrm{d}(\csc x) = -\csc x\cot x\mathrm{d}x$;

(13) $\mathrm{d}(\arcsin x) = \dfrac{1}{\sqrt{1-x^2}}\mathrm{d}x$;　(14) $\mathrm{d}(\arccos x) = -\dfrac{1}{\sqrt{1-x^2}}\mathrm{d}x$;

(15) $\mathrm{d}(\arctan x) = \dfrac{1}{1+x^2}\mathrm{d}x$;　(16) $\mathrm{d}(\text{arccot} x) = -\dfrac{1}{1+x^2}\mathrm{d}x$.

2. 微分运算法则

(1) $\mathrm{d}(u \pm v) = \mathrm{d}u \pm \mathrm{d}v$;

(2) $\mathrm{d}(uv) = v\mathrm{d}u + u\mathrm{d}v$;

(3) $\mathrm{d}\left(\dfrac{u}{v}\right) = \dfrac{v\mathrm{d}u - u\mathrm{d}v}{v^2}$.

例 1　求函数 $f(x) = x^2 - 3$，当 $x = 1$，$\Delta x = 0.1$ 时的增量 Δy 及微分 $\mathrm{d}y$.

解　函数的增量为

$$\Delta y = f(x + \Delta x) - f(x) = f(1 + 0.1) - f(1) = 1.1^2 - 1^2 = 0.21$$

由微分的定义知

$$\mathrm{d}y = f'(x) \cdot \Delta x = 2x \cdot \Delta x$$

将 $x = 1$，$\Delta x = 0.1$ 代入上式得，

$$\mathrm{d}y = 2 \times 1 \times 0.1 = 0.2$$

注意：$\mathrm{d}y$ 与 Δy 之差为 0.01，所以当 $|\Delta x|$ 很小时，可用 $\mathrm{d}y$ 近似表示 Δy.

3. 微分形式不变性

把复合函数 $y = f[\varphi(x)]$ 分解为 $y = f(u)$，$u = \varphi(x)$. 如果 $u = \varphi(x)$ 可微，且相应点处 $y = f(u)$ 也可微，则

$$\mathrm{d}y = (f[\varphi(x)])'\mathrm{d}x = f'(u)\varphi'(x)\mathrm{d}x = f'(u)\mathrm{d}\varphi(x) = f'(u)\mathrm{d}u$$

即　　　　　　　　　　　　$\mathrm{d}y = f'(u)\mathrm{d}u$

也就是说，无论 u 是自变量还是中间变量，$y = f(u)$ 的微分 $\mathrm{d}y$ 总可以写成 $\mathrm{d}y = f'(u)\mathrm{d}u$ 的形式，这一性质称为微分形式不变性，通常利用这一性质求复合函数的微分比较方便.

例 2　求函数 $y = \ln(\sin x)$ 的微分.

解　设 $u = \sin x$，则有

$$\mathrm{d}y = \mathrm{d}(\ln u) = \frac{1}{u}\mathrm{d}u = \frac{1}{\sin x}\mathrm{d}(\sin x) = \frac{1}{\sin x} \cdot \cos x\mathrm{d}x = \cot x\mathrm{d}x$$

例 3 求函数 $y = \mathrm{e}^{3-2x}\cos x^2$ 的微分.

解 由微分的运算法则及微分形式不变性，得

$$\mathrm{d}y = \mathrm{d}(\mathrm{e}^{3-2x}\cos x^2) = \cos x^2 \mathrm{d}(\mathrm{e}^{3-2x}) + \mathrm{e}^{3-2x}\mathrm{d}(\cos x^2)$$

$$= \mathrm{e}^{3-2x}\cos x^2 \mathrm{d}(3-2x) - \mathrm{e}^{3-2x}\sin x^2 \mathrm{d}(x^2)$$

$$= -2\mathrm{e}^{3-2x}\cos x^2 \mathrm{d}x - 2x\mathrm{e}^{3-2x}\sin x^2 \mathrm{d}x$$

$$= -2\mathrm{e}^{3-2x}(\cos x^2 + x\sin x^2)\mathrm{d}x$$

2.3.4 微分在近似计算中的应用

由微分的定义可知，若函数 $y = f(x)$ 在 x_0 处可微，那么当 $|\Delta x|$ 很小时，有

$$\Delta y \approx \mathrm{d}y = f'(x) \cdot \Delta x$$

即

$$f(x_0 + \Delta x) - f(x_0) \approx f'(x_0)\Delta x$$

从而有

$$f(x_0 + \Delta x) \approx f(x_0) + f'(x_0)\Delta x$$

上式被广泛用于计算函数增量的近似值，即当自变量的增量 $|\Delta x|$ 很小时，可用函数的微分来近似代替函数的改变量.

例 4 当 $|x|$ 很小时，试证明下列近似公式.

(1) $(1+x)^m \approx 1 + mx$；　(2) $\sqrt[n]{a^n + x} \approx a\left(1 + \dfrac{x}{na^n}\right)$　$\left(\text{当} \left|\dfrac{x}{a^n}\right| \text{很小时}\right)$；

(3) $\mathrm{e}^x \approx 1 + x$；　　　　(4) $\ln(1+x) \approx x$；

(5) $\sin x \approx x$（x 以弧度为单位）；　　(6) $\tan x \approx x$（x 以弧度为单位）.

证 根据公式，如果令 $x_0 = 0$，$\Delta x = x$，则有

$$f(x) \approx f(0) + f'(0)x$$

因此

(1) 设 $f(x) = (1+x)^m$，则 $f(x) \approx f(0) + f'(0)x = 1 + m(1+0)^{m-1}x = 1 + mx$；

(2) 因为

$$\sqrt[n]{a^n + x} = \sqrt[n]{a^n\left(1 + \frac{x}{a^n}\right)} = a\left(1 + \frac{x}{a^n}\right)^{\frac{1}{n}}$$

根据近似公式 $(1+x)^m \approx 1 + mx$，所以有

$$a\left(1 + \frac{x}{a^n}\right)^{\frac{1}{n}} \approx a\left(1 + \frac{x}{na^n}\right)$$

即

$$\sqrt[n]{a^n + x} \approx a\left(1 + \frac{x}{na^n}\right)$$

(3) 设 $f(x) = e^x$，则 $f(x) \approx f(0) + f'(0)x = e^0 + e^0 x = 1 + x$；

(4) 设 $f(x) = \ln(1+x)$，则 $f(x) \approx f(0) + f'(0)x = \ln 1 + \dfrac{1}{1+0}x = x$；

(5) 设 $f(x) = \sin x$，则 $f(x) \approx f(0) + f'(0)x = \sin 0 + \cos 0 \cdot x = x$；

(6) 设 $f(x) = \tan x$，则 $f(x) \approx f(0) + f'(0)x = \tan 0 + \sec^2 0 \cdot x = x$.

例 5 求下列近似值.

(1) $\sqrt[4]{1.02}$； (2) $\sqrt[3]{3377}$； (3) $e^{1.002}$.

解 (1) 设 $f(x) = \sqrt[4]{x}$，$x = 0.02$，$m = \dfrac{1}{4}$，根据近似公式 $(1+x)^m \approx 1 + mx$，得

$$\sqrt[4]{1.02} \approx 1 + \frac{1}{4} \times 0.02 = 1.005$$

(2)
$$\sqrt[3]{3377} = \sqrt[3]{3375 + 2} = \sqrt[3]{15^3 + 2}$$

根据近似公式 $\sqrt[n]{a^n + x} \approx a\left(1 + \dfrac{x}{na^n}\right)$，而 $\left|\dfrac{x}{na^n}\right| = \left|\dfrac{2}{3 \times 15^3}\right|$ 很小，从而有

$$\sqrt[3]{3377} = \sqrt[3]{15^3 + 2} \approx 15\left(1 + \frac{2}{3 \times 15^3}\right) = 15 + 0.002\,96 = 15.002\,96$$

(3) 设 $f(x) = e^x$，$x = 0.002$，根据近似公式 $e^x \approx 1 + x$，有
$$e^{1.002} = e \cdot e^{0.002} \approx e(1 + 0.002) = 2.718\,28 \times 1.002 \approx 2.723\,72$$

例 6（钟摆热胀冷缩） 某一机械挂钟的钟摆的周期为 1 s，在冬季摆长因热胀冷缩而缩短了 0.01 cm，已知单摆的周期为 $T = 2\pi\sqrt{\dfrac{l}{g}}$（$g = 980$ cm/s^2），问这只挂钟每秒大约变化了多少？

解 因为钟摆的周期为 $T = 1$，所以 $1 = 2\pi\sqrt{\dfrac{l}{g}}$，解之得摆长为 $l = \dfrac{g}{4\pi^2}$.

又摆长的改变量为 $\Delta l = -0.01$ cm，$\dfrac{\mathrm{d}T}{\mathrm{d}l} = \pi\dfrac{1}{\sqrt{gl}}$，用 $\mathrm{d}T$ 近似计算 ΔT，得

$$\Delta T \approx \mathrm{d}T = \frac{\mathrm{d}T}{\mathrm{d}l}\Delta l = \pi\frac{1}{\sqrt{gl}}\Delta l$$

将 $l = \dfrac{g}{4\pi^2}$，$\Delta l = -0.01$ 代入上式得

$$\Delta T \approx \mathrm{d}T = \frac{\mathrm{d}T}{\mathrm{d}l}\Delta l = \pi\frac{1}{\sqrt{g\dfrac{g}{4\pi^2}}} \times (-0.01)$$

$$= \frac{2\pi^2}{g} \times (-0.01) \approx -0.0002\,(\mathrm{s})$$

习 题 2.3

1. 已知 $y = x^3 - x$，计算在 $x = 2$ 处当 Δx 分别等于 0.1，0.01 时的 Δy 及 $\mathrm{d}y$.

2. 求下列函数的微分.

(1) $y = \dfrac{1}{x} + 2\sqrt{x}$;

(2) $y = x\sin 2x$;

(3) $y = \ln\sqrt{1 - x^2}$;

(4) $y = \arcsin\sqrt{x}$;

(5) $y = \arctan \mathrm{e}^x$;

(6) $y = \dfrac{2 + \ln x}{x}$.

3. 求下列各式的近似值.

(1) $\sqrt[3]{1.01}$;   (2) $\sin 59°$;   (3) $\mathrm{e}^{1.01}$;   (4) $\tan 46°$

4. 有一批半径为 1 cm 的球，为了提高球表面的光洁度，要镀上一层厚度为 0.01 cm 的铜，已知铜的密度为 8.9 g/cm^2，试估计每个球需用多少铜.

2.4 导 数 的 应 用

2.4.1 洛必达法则

洛必达（L'Hospital，1661—1704，法国数学家）法则是在一定条件下通过分子、分母分别求导再求极限来确定未定式的值的方法. 若两个函数 $f(x)$、$g(x)$ 当 $x \to x_0$（或 $x \to \infty$）时都 是无穷小（或都是无穷大），求它们比值的极限，此时极限 $\lim\limits_{\substack{x \to x_0 \\ (x \to \infty)}} \dfrac{f(x)}{g(x)}$ 可能存在，也可能不存在. 通常把这种极限叫作 $\dfrac{0}{0}$ 型$\left(\text{或} \dfrac{\infty}{\infty} \text{型}\right)$未定式.

例如，$\lim\limits_{x \to 0} \dfrac{\sin x}{x}$ 是 $\dfrac{0}{0}$ 型未定式，$\lim\limits_{x \to +\infty} \dfrac{\ln x}{x}$ 是 $\dfrac{\infty}{\infty}$ 型未定式. 它们的极限不能用通常的极限运算法则求得. 本节给出的洛必达法则能够比较有效地求出这些极限. 下面给出 $\dfrac{0}{0}$ 型及 $\dfrac{\infty}{\infty}$ 型未定式极限的洛必达法则（证明略）.

1. $\dfrac{\mathbf{0}}{\mathbf{0}}$ 型未定式极限的计算

定理 1（洛必达法则 1）   设函数 $f(x)$ 和函数 $g(x)$ 满足下列条件：

(1) $\lim\limits_{x \to x_0} f(x) = 0$，$\lim\limits_{x \to x_0} g(x) = 0$;

(2) $f(x)$ 和 $g(x)$ 在点 x_0 处的某一去心邻域内可导，且 $g'(x) \neq 0$；

(3) $\lim\limits_{x \to x_0} \dfrac{f'(x)}{g'(x)}$ 存在（或为无穷大）.

则
$$\lim_{x \to x_0} \frac{f(x)}{g(x)} = \lim_{x \to x_0} \frac{f'(x)}{g'(x)}$$

例 1　求下列极限.

(1) $\lim\limits_{x \to 0} \dfrac{e^x - 1}{x^2 - x}$；　　(2) $\lim\limits_{x \to \frac{\pi}{2}} \dfrac{1 - \sin x}{\cos x}$；　　(3) $\lim\limits_{x \to 1} \dfrac{x^3 - 3x + 2}{x^3 - x^2 - x + 1}$.

解　这三个极限都是 $\dfrac{0}{0}$ 型未定式的极限，由洛必达法则 1，得

(1) $\lim\limits_{x \to 0} \dfrac{e^x - 1}{x^2 - x} = \lim\limits_{x \to 0} \dfrac{e^x}{2x - 1} = \dfrac{e^0}{2 \times 0 - 1} = -1$

(2) $\lim\limits_{x \to \frac{\pi}{2}} \dfrac{1 - \sin x}{\cos x} = \lim\limits_{x \to \frac{\pi}{2}} \dfrac{-\cos x}{-\sin x} = \lim\limits_{x \to \frac{\pi}{2}} \cot x = 0$

当运用洛必达法则后得到 $\lim\limits_{x \to x_0} \dfrac{f(x)}{g(x)} = \lim\limits_{x \to x_0} \dfrac{f'(x)}{g'(x)}$，而 $f'(x)$ 与 $g'(x)$ 仍然满足定理 1 的

条件，则可以继续使用洛必达法则，得到 $\lim\limits_{x \to x_0} \dfrac{f'(x)}{g'(x)} = \lim\limits_{x \to x_0} \dfrac{f''(x)}{g''(x)}$，如此类推. 从而有

(3) $\lim\limits_{x \to 1} \dfrac{x^3 - 3x + 2}{x^3 - x^2 - x + 1} = \lim\limits_{x \to 1} \dfrac{3x^2 - 3}{3x^2 - 2x - 1} = \lim\limits_{x \to 1} \dfrac{6x}{6x - 2} = \dfrac{3}{2}$

例 2　求 $\lim\limits_{x \to +\infty} \dfrac{\dfrac{\pi}{2} - \arctan x}{\dfrac{1}{x}}$ 的值.

解　这是 $\dfrac{0}{0}$ 型未定式的极限，由洛必达法则 1，得

$$\lim_{x \to +\infty} \frac{\dfrac{\pi}{2} - \arctan x}{\dfrac{1}{x}} = \lim_{x \to +\infty} \frac{-\dfrac{1}{1 + x^2}}{-\dfrac{1}{x^2}} = \lim_{x \to +\infty} \frac{x^2}{1 + x^2} = 1$$

2. $\dfrac{\infty}{\infty}$ 型未定式极限的计算

定理 2（洛必达法则 2）　设函数 $f(x)$ 和函数 $g(x)$ 满足下列条件：

(1) $\lim\limits_{x \to x_0} f(x) = \infty$，$\lim\limits_{x \to x_0} g(x) = \infty$；

(2) $f(x)$ 和 $g(x)$ 在点 x_0 的某一去心邻域内可导，且 $g'(x) \neq 0$；

(3) $\lim\limits_{x \to x_0} \dfrac{f'(x)}{g'(x)}$ 存在（或为无穷大）.

则
$$\lim_{x \to x_0} \frac{f(x)}{g(x)} = \lim_{x \to x_0} \frac{f'(x)}{g'(x)}$$

例 3 求下列极限.

（1）$\lim\limits_{x \to +\infty} \dfrac{\ln x}{\sqrt{x}}$；　　（2）$\lim\limits_{x \to \frac{\pi}{2}} \dfrac{\tan x - 2}{\sec x + 3}$.

解 上面两个极限都是 $\dfrac{\infty}{\infty}$ 型未定式的极限，由洛必达法则 2，得

（1）$\lim\limits_{x \to +\infty} \dfrac{\ln x}{\sqrt{x}} = \lim\limits_{x \to +\infty} \dfrac{\dfrac{1}{x}}{\dfrac{1}{2\sqrt{x}}} = \lim\limits_{x \to +\infty} \dfrac{2}{\sqrt{x}} = 0$

（2）$\lim\limits_{x \to \frac{\pi}{2}} \dfrac{\tan x - 2}{\sec x + 3} = \lim\limits_{x \to \frac{\pi}{2}} \dfrac{\sec^2 x}{\sec x \cdot \tan x} = \lim\limits_{x \to \frac{\pi}{2}} \dfrac{\sec x}{\tan x} = \lim\limits_{x \to \frac{\pi}{2}} \dfrac{1}{\sin x} = 1$

3. 其他类型未定式极限的计算

其他类型的未定式还有 $0 \cdot \infty$、$\infty - \infty$、0^0、∞^0、1^∞ 等，它们都可以转化为 $\dfrac{0}{0}$ 型或 $\dfrac{\infty}{\infty}$ 型未定式，然后再求出它们的极限.

例 4 求下列极限.

（1）$\lim\limits_{x \to 0^+} x\ln x$；　　（2）$\lim\limits_{x \to 0}\left(\dfrac{1}{x} - \dfrac{1}{\sin x}\right)$；　　（3）$\lim\limits_{x \to 0^+} x^x$；

（4）$\lim\limits_{x \to 0^+} (\cot x)^{\frac{1}{\ln x}}$；　　（5）$\lim\limits_{x \to 1} x^{\frac{1}{1-x}}$.

解 （1）这是 $0 \cdot \infty$ 型未定式的极限，先变形为 $\dfrac{0}{0}$ 型或 $\dfrac{\infty}{\infty}$ 型未定式，再运用洛必达法则得

$$\lim_{x \to 0^+} x\ln x = \lim_{x \to 0^+} \frac{\ln x}{\dfrac{1}{x}} \quad \left(\dfrac{\infty}{\infty} \text{型}\right) = \lim_{x \to 0^+} \frac{\dfrac{1}{x}}{-\dfrac{1}{x^2}}$$

$$= \lim_{x \to 0^+} (-x) = 0$$

（2）这是 $\infty - \infty$ 型未定式的极限，先变形为 $\dfrac{0}{0}$ 型或 $\dfrac{\infty}{\infty}$ 型未定式，再运用洛必达法则得

$$\lim_{x \to 0}\left(\frac{1}{x} - \frac{1}{\sin x}\right) = \lim_{x \to 0} \frac{\sin x - x}{x\sin x} \quad \left(\frac{0}{0} \text{型}\right) = \lim_{x \to 0} \frac{\cos x - 1}{\sin x + x\cos x} \quad \left(\frac{0}{0} \text{型}\right)$$

$$= \lim_{x \to 0} \frac{-\sin x}{2\cos x - x\sin x} = 0$$

（3）这是 0^0 型未定式的极限，先变形为 $\dfrac{0}{0}$ 型或 $\dfrac{\infty}{\infty}$ 型未定式，再运用洛必达法则得

$$\lim_{x\to 0^+}x^x = \lim_{x\to 0^+}e^{\ln x^x} = e^{\lim\limits_{x\to 0^+}x\ln x} \quad (0\cdot\infty\ \text{型}) = e^{\lim\limits_{x\to 0^+}\frac{\ln x}{\frac{1}{x}}} \quad \left(\dfrac{\infty}{\infty}\ \text{型}\right) = e^{\lim\limits_{x\to 0^+}\frac{\frac{1}{x}}{-\frac{1}{x^2}}}$$

$$= e^{\lim\limits_{x\to 0^+}(-x)} = e^0 = 1$$

（4）这是 ∞^0 型未定式的极限，先变形为 $\dfrac{0}{0}$ 型或 $\dfrac{\infty}{\infty}$ 型未定式，再运用洛必达法则得

$$\lim_{x\to 0^+}(\cot x)^{\frac{1}{\ln x}} = \lim_{x\to 0^+}e^{\frac{1}{\ln x}\ln(\cot x)} = e^{\lim\limits_{x\to 0^+}\frac{\ln(\cot x)}{\ln x}} \quad \left(\dfrac{\infty}{\infty}\ \text{型}\right)$$

$$= e^{\lim\limits_{x\to 0^+}\frac{\frac{1}{\cot x}\cdot\csc^2 x}{\frac{1}{x}}} = e^{\lim\limits_{x\to 0^+}\left(\frac{-1}{\cos x}\cdot\frac{x}{\sin x}\right)} = e^{-1}$$

（5）这是 1^∞ 型未定式的极限，先变形为 $\dfrac{0}{0}$ 型或 $\dfrac{\infty}{\infty}$ 型未定式，再运用洛必达法则得

$$\lim_{x\to 1}x^{\frac{1}{1-x}} = \lim_{x\to 1}e^{\ln x^{\frac{1}{1-x}}} = e^{\lim\limits_{x\to 1}\frac{\ln x}{1-x}} \quad \left(\dfrac{0}{0}\ \text{型}\right) = e^{\lim\limits_{x\to 1}\frac{\frac{1}{x}}{-1}} = e^{-1}$$

值得注意的是，在运用洛必达法则时，若极限 $\lim\limits_{x\to x_0}\dfrac{f'(x)}{g'(x)}$ 不存在，则 $\lim\limits_{x\to x_0}\dfrac{f(x)}{g(x)}$ 不一定不存在. 例如极限

$$\lim_{x\to 0}\frac{x^2\sin\dfrac{1}{x}}{\sin x}$$

为 $\dfrac{0}{0}$ 型，满足洛必达法则的条件，但是它们导数的极限

$$\lim_{x\to 0}\frac{x^2\sin\dfrac{1}{x}}{\sin x} = \lim_{x\to 0}\frac{2x\sin\dfrac{1}{x} - \cos\dfrac{1}{x}}{\cos x}$$

不存在，而原极限

$$\lim_{x\to 0}\frac{x^2\sin\dfrac{1}{x}}{\sin x} = \lim_{x\to 0}\left(\frac{x}{\sin x}\cdot x\sin\dfrac{1}{x}\right) = \frac{\lim\limits_{x\to 0}\left(x\sin\dfrac{1}{x}\right)}{\lim\limits_{x\to 0}\dfrac{\sin x}{x}} = 1$$

是存在的.

2.4.2　函数的单调性与极值

1. 函数的单调性

在中学数学中，我们已学过函数在区间上单调的概念，现在利用导数来研究函数的单调性. 首先观察以下两个图形，如图 2-6 所示.

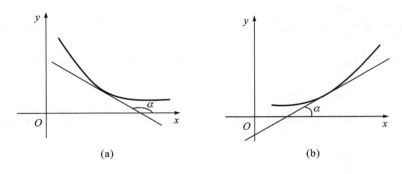

图 2-6

由图 2-6(a) 可以看出，如果函数 $y = f(x)$ 在区间上单调增加，那么它的图形是一条沿 x 轴正向上升的曲线，这时曲线上各点切线的倾斜角都是锐角，因此它们的斜率 $f'(x) > 0$.

同样由图 2-6(b) 可以看出，如果函数 $y = f(x)$ 在区间上单调减少，那么它的图形是一条沿 x 轴正向下降的曲线，这时曲线上各点切线的倾斜角都是钝角，它们的斜率 $f'(x) < 0$. 于是有

定理 3　设函数 $y = f(x)$ 在 $[a, b]$ 上连续，在 (a, b) 内可导：

(1) 若在 (a, b) 内 $f'(x) > 0$，则函数 $y = f(x)$ 在 $[a, b]$ 上单调增加；

(2) 若在 (a, b) 内 $f'(x) < 0$，则函数 $y = f(x)$ 在 $[a, b]$ 上单调减少.

这个定理可以运用拉格朗日中值定理进行证明，证明留给读者自己完成.

使得导数 $f'(x) = 0$ 的点称为函数 $y = f(x)$ 的驻点（或稳定点），它是判断导数 $f'(x) > 0$ 与 $f'(x) < 0$ 的分界点.

例 5　讨论函数 $f(x) = \dfrac{1}{3}x^3 + \dfrac{1}{2}x^2 - 2x$ 的单调性.

解　(1) 求函数 $f(x)$ 的导数.

$$f'(x) = x^2 + x - 2 = (x + 2)(x - 1)$$

(2) 求函数 $f(x)$ 的驻点. 令 $f'(x) = 0$ 得驻点 $x_1 = -2$，$x_2 = 1$.

(3) 列表讨论，如表 2-1 所示.

表 2-1

x	$(-\infty, -2)$	-2	$(-2, 1)$	1	$(1, +\infty)$
$f'(x)$	+	0	−	0	+
$f(x)$	↗		↘		↗

故当 $-\infty < x < -2$ 或 $1 < x < +\infty$ 时，函数 $f(x)$ 是单调增加的；

当 $-2 < x < 1$ 时，函数 $f(x)$ 是单调减少的，如图 2 - 7 所示.

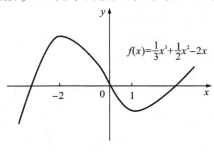

图 2 - 7

例 6　求函数 $f(x) = \dfrac{x}{\ln x}$ 的单调区间.

解　（1）求函数 $f(x)$ 的导数.

$$f'(x) = \frac{-1 + \ln x}{(\ln x)^2}$$

（2）求函数 $f(x)$ 的驻点. 令 $f'(x) = 0$ 得驻点 $x_1 = \mathrm{e}$.

（3）列表讨论，如表 2 - 2 所示.

表 **2 - 2**

x	$(0,1)$	1	$(1,\mathrm{e})$	e	$(\mathrm{e}, +\infty)$
$f'(x)$	$-$		$-$		$+$
$f(x)$	↘	无定义	↘		↗

故函数 $f(x)$ 的单调增加区间为 $[\mathrm{e}, +\infty)$，单调减区间为 $(0,1) \bigcup (1,\mathrm{e}]$，如图 2 - 8 所示.

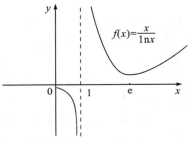

图 2 - 8

2. 函数的极值

函数的极值研究的是函数的局部性质.

从图 2-9 可以看出，函数 $y = f(x)$ 在点 x_2、x_5 处的函数值 y_2、y_5 比它们近旁各点的函数值都大；在点 x_1、x_4、x_6 处的函数值 y_1、y_4、y_6 比它们近旁各点的函数值都小，对于函数曲线具有的这种性质的点 x_i 和对应的函数值 y_i，给出如下定义：

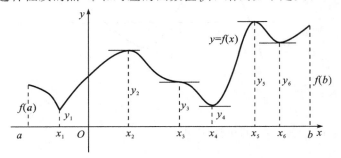

图 2-9

定义 1　设函数 $y = f(x)$ 在 x_0 的某邻域内有定义，若对于 x_0 邻域内不同于 x_0 的所有 x，均有 $f(x) < f(x_0)$，则称 $f(x_0)$ 是函数 $y = f(x)$ 的一个极大值，x_0 称为极大值点；若对于 x_0 邻域内不同于 x_0 的所有 x，均有 $f(x) > f(x_0)$，则称 $f(x_0)$ 是函数 $y = f(x)$ 的一个极小值，x_0 称为极小值点.

函数的极大值与极小值统称为极值，极大值点和极小值点统称为极值点. 函数的极值是函数的局部性质.

由图 2-9 可知，y_2、y_5 为函数的极大值，x_2、x_5 为极大值点；y_1、y_4、y_6 为极小值，x_1、x_4、x_6 为极小值点.

下面再来具体介绍极值的求法.

由图 2-9 可以看出，在函数取得极值处，曲线的切线是水平的，即在极值点处函数的导数为零，于是有

定理 4（函数极值的必要条件）　设函数 $y = f(x)$ 在点 x_0 处可导，且在 x_0 处取得极值，则函数在 x_0 处的导数为零，即 $f'(x_0) = 0$.

如图 2-9 所示，函数的极值点必是它的驻点，但函数的驻点并不一定是它的极值点（如点 x_3）；此外，函数连续不可导的点也可能是极值点（如点 x_1 是极小值点）.

下面给出判定哪些驻点是极值点的方法.

定理 5（极值的第一判别法）　设函数 $y = f(x)$ 在点 x_0 的邻域内可导且 $f'(x_0) = 0$，则

（1）当 x 取 x_0 左侧邻近的值时，$f'(x_0) > 0$；当 x 取 x_0 右侧邻近的值时，$f'(x_0) < 0$，则 x_0 为函数 $y = f(x)$ 的极大值点，$f(x_0)$ 为极大值.

(2) 当 x 取 x_0 左侧邻近的值时，$f'(x_0) < 0$；当 x 取 x_0 右侧邻近的值时，$f'(x_0) > 0$，则 x_0 为函数 $f(x)$ 的极小值点，$f(x_0)$ 为极小值.

(3) 当 x 取 x_0 左、右两侧邻近的值时，$f'(x_0)$ 不改变符号，则函数 $f(x)$ 在 x_0 处不取得极值.

根据定理 5，求可导函数的极值点和极值的步骤如下：

(1) 确定函数的定义域；

(2) 求函数的导数 $f'(x)$，并求出函数 $f(x)$ 的全部驻点以及不可导点；

(3) 列表考察每个驻点（及不可导点）左、右邻近 $f'(x)$ 的符号情况以及不可导点的情况，根据定理 5 判定极值点和极值.

例 7　求函数 $y = 2x^3 - 6x^2 - 18x + 7$ 的极值.

解　(1) 函数 $f(x)$ 的定义域为 $(-\infty, +\infty)$；

(2) 由 $y' = 6x^2 - 12x - 18 = 6(x+1)(x-3) = 0$ 得驻点 $x_1 = -1$，$x_2 = 3$；

(3) 列表讨论，如表 2-3 所示.

表 2-3

x	$(-\infty, -1)$	-1	$(-1, 3)$	3	$(3, +\infty)$
y'	$+$	0	$-$	0	$+$
y	↗	极大值	↘	极小值	↗

所以函数的极大值为 $y\vert_{x=-1} = 17$，极小值为 $y\vert_{x=3} = -47$.

例 8　求函数 $f(x) = 3x - x^3$ 的单调区间与极值.

解　(1) 函数 $f(x)$ 的定义域为 $(-\infty, +\infty)$；

(2) 由 $f'(x) = 3 - 3x^2 = -3(x+1)(x-1) = 0$ 得驻点 $x_1 = -1$，$x_2 = 1$；

(3) 列表讨论，如表 2-4 所示.

表 2-4

x	$(-\infty, -1)$	-1	$(-1, 1)$	1	$(1, +\infty)$
$f'(x)$	$-$	0	$+$	0	$-$
$f(x)$	↘	极小值	↗	极大值	↘

所以函数 $f(x)$ 的单调增加区间为 $(-1, 1)$，单调减少区间为 $(-\infty, -1)$ 和 $(1, +\infty)$；函数的极大值为 $f(1) = 2$，极小值为 $f(-1) = -2$.

例 9　求函数 $f(x) = (2x - 5)\sqrt[3]{x^2}$ 的极值.

解　(1) 函数 $f(x)$ 的定义域为 $(-\infty, +\infty)$；

（2）由
$$f'(x) = 2\sqrt[3]{x^2} + (2x-5) \cdot \frac{2}{3\sqrt[3]{x}} = \frac{10(x-1)}{3\sqrt[3]{x}} = 0$$

得驻点为 $x_1 = 1$，此外，还有不可导点 $x_2 = 0$；

（3）列表讨论，如表 2-5 所示.

表 2-5

x	$(-\infty, 0)$	0	$(0, 1)$	1	$(1, +\infty)$
$f'(x)$	$+$	不存在	$-$	0	$+$
$f(x)$	↗	极大值	↘	极小值	↗

所以函数的极大值为 $f(0) = 0$，极小值为 $f(1) = -3$.

此例表明，当函数 $f(x)$ 在 $x = x_0$ 处 $f'(x)$ 不存在时，$f(x_0)$ 仍然可能取得极值；事实上，函数在两端点处也可能取得极值（见图 2-9）.

定理 6（极值的第二判别法） 设函数 $y = f(x)$ 在点 x_0 的邻域内具有二阶导数且 $f'(x_0) = 0$，$f''(x_0) \neq 0$，则

（1）当 $f''(x_0) < 0$ 时，函数 $f(x)$ 在 x_0 处取得极大值；

（2）当 $f''(x_0) > 0$ 时，函数 $f(x)$ 在 x_0 处取得极小值.

例 10 求函数 $f(x) = e^x \cos x$ 在区间 $[0, 2\pi]$ 上的极值.

解 函数的一阶导数和二阶导数分别为
$$f'(x) = e^x(\cos x - \sin x), \quad f''(x) = -2e^x \sin x$$

令 $f'(x) = 0$，得驻点 $x_1 = \frac{\pi}{4}$，$x_2 = \frac{5\pi}{4}$，此时有
$$f''\left(\frac{\pi}{4}\right) < 0, \quad f''\left(\frac{5\pi}{4}\right) > 0$$

所以函数的极大值为 $f\left(\frac{\pi}{4}\right) = \frac{1}{\sqrt{2}}e^{\frac{\pi}{4}}$，极小值为 $f\left(\frac{5\pi}{4}\right) = -\frac{1}{\sqrt{2}}e^{\frac{5\pi}{4}}$.

2.4.3 函数的最值及其应用

1. 函数的最值

设函数 $f(x)$ 是闭区间 $[a, b]$ 上的连续函数，由闭区间上连续函数的性质可知，函数 $f(x)$ 在闭区间 $[a, b]$ 上一定存在最大值和最小值. 显然，函数的最值只能在区间 (a, b) 内的极值点和区间的端点处取得. 因此，求函数 $f(x)$ 在闭区间 $[a, b]$ 上的最值步骤如下：

（1）求出函数 $f(x)$ 在区间 (a, b) 内一切驻点及不可导点；

（2）计算函数 $f(x)$ 在这些点和端点处的函数值，并将这些值加以比较，其中最大的为

最大值，最小的为最小值.

例 11　求函数 $f(x) = x^4 - 8x^2 + 2$ 在区间 $[-1, 3]$ 的最大值与最小值.

解

$$f'(x) = 4x^3 - 16x = 4x(x - 2)(x + 2)$$

由 $f'(x) = 0$，得驻点 $x = -2$，$x = 0$，$x = 2$，其函数值为 $f(0) = 2$，$f(\pm 2) = -14$，区间端点处的函数值为 $f(-1) = -5$，$f(3) = 11$. 故函数 $f(x)$ 在 $[-1, 3]$ 上的最大值为 $f(3) = 11$，最小值为 $f(\pm 2) = -14$.

在求函数的最大值或最小值时，如果已知该函数在某个区间内只有一个极值点，那么在包含该极值点的此区间内，极大值就是最大值，极小值就是最小值.

例 12　求函数 $f(x) = (x^2 - 1)^{\frac{2}{3}} + 1$ 最值.

解　函数的导数为

$$f'(x) = \frac{2x}{3(x^2 - 1)^{\frac{2}{3}}}$$

令 $f'(x) = 0$，得到驻点 $x = 0$，根据极值的判别法可知，$x = 0$ 是函数在整个定义域内唯一的极小值点. 故函数的最小值为 $f(0) = 0$，不存在最大值.

2. 函数的最值的应用

例 13　矩形断面横梁的抗弯强度.

由力学分析知，横梁的抗弯强度 W 与其矩形断面的宽 b 和高 h 的平方之积成正比. 现在要将直径为 d 的圆木锯成抗弯强度最大的横梁，问如何确定圆木的矩形断面的宽和高？

解　如图 $2-10$ 所示，b 和 h 的关系为 $h^2 = d^2 - b^2$，因此，横梁的抗弯强度为

$$W(b) = kbh^2 = kb(d^2 - b^2) \quad (0 < b < d)$$

其中，k 为比例系数.

因为 $W'(b) = k(d^2 - 3b^2)$，令 $W'(b) = 0$，得 $b = \dfrac{d}{\sqrt{3}}$.

由于在 $(0, d)$ 内 $W(b)$ 只有一个驻点 $b = \dfrac{d}{\sqrt{3}}$，所以直径为 d

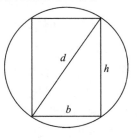

的圆木锯成宽 $b = \dfrac{d}{\sqrt{3}}$，高 $h = \sqrt{\dfrac{2}{3}}d$ 时，横梁的抗弯强度最大.

图 $2-10$

例 14　铝罐制品厂的最优设计问题.

某大学生毕业后到了一家铝罐制品厂工作，他主要负责工厂的成本控制. 某车间为一饮料厂制作 100 万个体积为 $500~\mathrm{cm}^3$ 的圆柱形铝罐，不考虑其他成本影响因素，单就材料使用方面而言，请问，应怎样控制该车间的材料成本预算？

解　设铝罐的底半径为 $r(\mathrm{cm})$，高为 $h(\mathrm{cm})$，表面积为 $A(\mathrm{cm}^2)$，如图 $2-11$ 所示，则

$$A = \text{两底圆面积} + \text{侧面面积} = 2\pi r^2 + 2\pi r h$$

由于铝罐的体积为 $500\ \text{cm}^3$，所以有

$$\pi r^2 h = 500 \Rightarrow h = \frac{500}{\pi r^2}$$

于是，表面积 A 与底半径 r 的函数关系为

$$A = 2\pi r^2 + \frac{1000}{r}(r \in (0, +\infty))$$

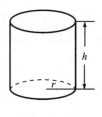

图 2 – 11

于是，问题转化为如何求函数 $A = 2\pi r^2 + \dfrac{1000}{r}(r \in (0, +\infty))$ 的最小值问题，由

$\dfrac{\mathrm{d}A}{\mathrm{d}r} = 4\pi r - \dfrac{1000}{r^2} = 0$，得到驻点 $r = \sqrt[3]{\dfrac{250}{\pi}} \approx 4.30(\text{cm})$.

由于在定义域 $(0, +\infty)$ 内，函数 $A(r)$ 处处可导，又由于

$$\left.\frac{\mathrm{d}^2 A}{\mathrm{d}r^2}\right|_{r=4.30} = \left(4\pi + \frac{2000}{r^3}\right)\Bigg|_{r=4.30} > 0$$

则 $r = \sqrt[3]{\dfrac{250}{\pi}} \approx 4.30(\text{cm})$ 是极小值点. 由于函数 $A(r)$ 在其定义域 $(0, +\infty)$ 内只有一个极小值，故此极小值点就是最小值点. 由上面 h 的关系式可知

$$h = \frac{500}{\pi r^2} = 2\sqrt[3]{\frac{250}{\pi}} \approx 8.60(\text{cm})$$

因此，当底半径 $r = 4.30\ \text{cm}$，高 $h = 8.60\ \text{cm}$ 时，所做铝罐用料最省.

2.4.4　曲线的凹凸性与拐点

由导数 $f'(x)$ 的符号，可知函数 $f(x)$ 的单调性，但是单调增加（或减少）还有不同情况. 例如函数 $y = x^3$ 与 $y = \sqrt{x}$（见图 2 – 12）在 $(0, +\infty)$ 上都是单调增加的，但是单调增加的方式却不同，曲线 $y = x^3$ 是上凹的，而曲线 $y = \sqrt{x}$ 是上凸的. 因此，对于单调增加（或减少）的情形，只有分清楚曲线的凹凸性之后，才能正确地描绘出函数的图形. 下面给出凹凸性的定义.

定义 2　设函数 $y = f(x)$ 在区间 (a, b) 内可导，如果曲线弧位于其上任意一点的切线的上方，则称此曲线弧在区间 (a, b) 内是凹的；如果曲线弧位于其上任意一点的切线的下方，则称此曲线弧在区间 (a, b) 内是凸的. 曲线弧凹凸性的分界点称为拐点.

下面分别给出判别曲线弧的凹凸性及拐点的方法.

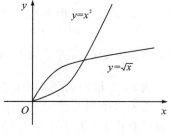

图 2 – 12

定理 7　设函数 $y = f(x)$ 在区间 (a, b) 内具有二阶导数,则

(1) 若在区间 (a, b) 内,$f''(x) > 0$,则曲线在 (a, b) 内是凹的;

(2) 若在区间 (a, b) 内,$f''(x) < 0$,则曲线在 (a, b) 内是凸的.

另外,给出判定拐点的定理.

定理 8　设函数 $y = f(x)$ 在点 x_0 处有连续的二阶导数,若点 $(x_0, f(x_0))$ 是拐点,则 $f''(x_0) = 0$.

定理 9　设函数 $y = f(x)$ 在点 x_0 处连续,且在点 x_0 的去心邻域内有二阶导数,当 x 在 x_0 的左、右两侧 $f''(x)$ 异号,则点 $(x_0, f(x_0))$ 是曲线的拐点.

例 15　判断曲线 $y = x^4 - 2x^3$ 的凹凸性和拐点.

解　(1) 函数的一、二阶导数分别为

$$y' = 4x^3 - 6x^2, \ y'' = 12x^2 - 12x = 12x(x - 1)$$

(2) 令 $y'' = 0$,得 $x_1 = 0$ 及 $x_2 = 1$;

(3) 列表讨论,如表 2-6 所示.

表 2-6

x	$(-\infty, 0)$	0	$(0, 1)$	1	$(1, +\infty)$
y''	$+$	0	$-$	0	$+$
曲线	凹	拐点	凸	拐点	凹

所以曲线在区间 $(-\infty, 0)$ 和 $(1, +\infty)$ 上是凹的,在区间 $(0, 1)$ 上是凸的;曲线的拐点是 $(0, 0)$ 和 $(1, -1)$.

例 16　求曲线 $y = (x - 2)^{\frac{5}{3}}$ 的凹凸区间和拐点.

解　(1) 函数的定义域为 $(-\infty, +\infty)$,函数的一、二阶导数分别为

$$y' = \frac{5}{3}(x - 2)^{\frac{2}{3}}, \ y'' = \frac{10}{9}(x - 2)^{-\frac{1}{3}}$$

(2) 令 $y'' = 0$,无解,但是在 $x = 2$ 处 y'' 不存在;

(3) 列表讨论,如表 2-7 所示.

表 2-7

x	$(-\infty, 2)$	2	$(2, +\infty)$
y''	$-$	不存在	$+$
曲线	凸	拐点	凹

曲线的凸区间为 $(-\infty, 2)$,凹区间为 $(2, +\infty)$,拐点为 $(0, 0)$.

此例表明,当函数 $f(x)$ 在 $x = x_0$ 处 $f''(x)$ 不存在时,$(x_0, f(x_0))$ 仍然可能为拐点.

2.4.5　导数在经济分析中的应用

导数是经济分析中非常重要的数学工具,本节介绍边际分析和弹性分析.

1. 边际分析

边际分析在经济学中是一种对增量进行分析的方法,它在一定程度上背离了传统的分析方法,指出阐明各种生产要素的新增量所带来的生产效率和经济效益才是最有意义的.

所谓边际函数,是指单位数量的产品变动时经济函数相应的改变量,表示 $y = f(x)$ 在 x 的某一给定值处的瞬时变化率,即导数 $f'(x)$. 其实际意义:当 x 改变一个单位时,y 对应改变 y' 个单位.

在点 $x = x_0$ 处,当 x 改变一个单位,即 $|\Delta x| = 1$(增加或减少一个单位)时,函数相应的改变量 $\Delta y|_{x=x_0} \approx \mathrm{d}y|_{x=x_0} = f'(x)\Delta x|_{x=x_0} = f'(x_0)$.

因此,函数 $y = f(x)$ 在 $x = x_0$ 处的边际函数值 $f'(x_0)$ 表示 $y = f(x)$ 在 $x = x_0$ 处,当 x 改变一个单位时(增加或减少),函数 y 近似地改变了 $f'(x_0)$ 个单位. 在应用问题中解释边际函数值的具体意义时,常常略去"近似"二字.

1)边际成本函数

总成本函数 $C(q) = C_0 + C_1(q)$ 的导数 $C'(q)$ 称为边际成本函数. 其经济意义:当产量为 q 时,再生产一个单位产品所增加的总成本. 或者说,$C'(x)$ 近似地等于第 $q+1$ 个单位产品的成本.

2)边际收入函数

总收入函数 $R(q)$ 的导数 $R'(q)$ 称为边际收入函数. 其经济意义:当销量为 q 时,再多销售一个单位产品所增加的总收入 $R'(x)$ 近似地等于第 $q+1$ 个单位产品的收益.

3)边际利润函数

总利润函数 $L(q)$ 的导数 $L'(q)$ 称为边际利润函数. 其经济意义:当销量为 q 时,再多销售一个单位产品所增加的总利润 $L'(x)$ 近似地等于第 $q+1$ 个单位产品的利润.

因为总利润函数等于总收入函数减去总成本函数,即

$$L(q) = R(q) - C(q)$$

由导数的运算法则可知

$$L'(q) = R'(q) - C'(q)$$

4)边际需求函数

边际需求函数为需求函数 $Q(p)$ 的导数 $Q'(p)$. 在经济学中解释:边际需求是当价格为 p 时,需求量对价格的变化率(需求量单位 / 单位价格). 可近似理解为当价格为 p 时,价格上涨(或下降)1 个单位需求量将减少(或增加)的数量.

例 17　某企业生产电视机的日产品的总成本函数为 $C(q) = 200 + 4q + 0.05q^2$(万元),

如果每台售价 500 元.

求：（1）边际成本函数；

（2）边际收入函数；

（3）边际利润函数；

（4）当销售量从 200 台增加到 300 台时，收入的平均变化率.

解 （1）边际成本函数为 $C'(q) = 4 + 0.1q$.

（2）收入函数 $R(q) = 500q$，故边际收入函数为 $R'(q) = 500$.

（3）边际利润函数为 $L'(q) = R'(q) - C'(q) = 500 - (4 + 0.1q) = 496 - 0.1q$.

（4）收入的平均变化率为

$$\frac{\Delta R}{\Delta q} = \frac{R(300) - R(200)}{300 - 200} = \frac{500 \times 300 - 500 \times 200}{300 - 200} = 500$$

例 18 某厂生产某种产品，总成本 C（单位：元）是产量 q 的函数：

$$C(q) = 200 + 4q + 0.05q^2$$

（1）指出固定成本、可变成本；

（2）求边际成本及产量 $q = 200$ 时的边际成本，并说明其经济意义；

（3）如果对该厂征收固定税收，问固定税收对产品的边际成本是否会有影响？为什么？试举例说明.

解 （1）固定成本为 200，可变成本为 $4q + 0.05q^2$；

（2）边际成本函数为 $C'(q) = 4 + 0.1q$，$C'(200) = 4 + 0.1 \times 200 = 24$.

其经济意义：当产量 $q = 200$ 时的边际成本为 24 元，在经济上说明在产量为 200 单位时，成本对产量的变化率为 24 元／单位产量，可以近似理解为在产量为 200 单位时，当产量变化一个单位时，成本变动 24 元.

（3）因国家对该厂征收的固定税收与产量 q 无关，这种固定税收可列入固定成本，因而对边际成本没有影响. 例如，国家征收的固定税收为 100 元，则总成本函数为

$$C(q) = (200 + 100) + 4q + 0.05q^2$$

边际成本函数仍为

$$C'(q) = 4 + 0.1q$$

2. 弹性分析

边际是函数的绝对变化率（如边际成本、边际收益、边际需求等），但是在实践中，仅仅研究函数的绝对变化率是不够的，还需要研究函数的相对变化率. 例如，商品甲每单位价格为 10 元，涨价 1 元；商品乙每单位价格 100 元，也涨价 1 元，哪种商品的涨价幅度更大呢？两种商品价格的绝对改变量都是 1 元，但各与其原价相比，两者涨价的百分比却有很大的不同，商品甲涨了 10%，而商品乙涨了 1%，显然商品甲的涨价幅度要比乙的涨价幅

度更大. 因此有必要研究函数的相对改变量的比率 —— 弹性分析.

1）弹性的概念

定义 3（函数在点 x_0 处的弹性）　设函数 $y = f(x)$，当自变量 x 在点 x_0 处有增量 Δx 时，函数有相应的增量 Δy，比值 $\dfrac{\Delta x}{x_0}$ 称为自变量的相对改变量，$\dfrac{\Delta y}{y_0}$ 称为函数的相对改变量. 如果极限 $\lim\limits_{\Delta x \to 0} \dfrac{\Delta y / y_0}{\Delta x / x_0}$ 存在，那么称此极限为函数 $y = f(x)$ 在点 $x = x_0$ 处的弹性，记作 $E(x_0)$，即

$$E(x_0) = \lim_{\Delta x \to 0} \frac{\Delta y / y_0}{\Delta x / x_0} = \lim_{\Delta x \to 0} \frac{\Delta y}{\Delta x} \cdot \frac{x_0}{y_0} = f'(x_0) \cdot \frac{x_0}{y_0}$$

定义 4（函数的弹性）　对于函数 $y = f(x)$，如果极限 $\lim\limits_{\Delta x \to 0} \dfrac{\Delta y / y}{\Delta x / x}$ 存在，则称此极限为 $y = f(x)$ 在点 x 处的弹性，记为 $E(x)$，即

$$E(x) = \lim_{\Delta x \to 0} \frac{\Delta y / y_0}{\Delta x / x_0} = \lim_{\Delta x \to 0} \frac{\Delta y}{\Delta x} \cdot \frac{x}{y} = y' \cdot \frac{x}{y}$$

$E(x)$ 也称为函数 $y = f(x)$ 的弹性函数.

函数 $f(x)$ 在点 x 处的弹性 $E(x)$ 反映了随 x 的变化，$f(x)$ 变化幅度的大小，也就是 $f(x)$ 对 x 变化反应的灵敏度. 即当 x 产生 1% 的改变时，$f(x)$ 近似地改变 $|E(x)|\%$. 在应用问题中解释弹性的具体意义时，经常略去"近似"二字.

例 19　求函数 $y = \left(\dfrac{1}{3}\right)^x$ 的弹性函数及在 $x = 1$ 处的弹性.

解　弹性函数为

$$E(x) = \left[\left(\frac{1}{3}\right)^x\right]' \cdot \frac{x}{y} = \left(\frac{1}{3}\right)^x \ln \frac{1}{3} \cdot \frac{x}{\left(\frac{1}{3}\right)^x} = -x\ln 3$$

$$E(1) = -\ln 3$$

2）需求弹性

定义 5（需求弹性）　设某商品的需求函数为 $Q = Q(p)$，则需求弹性为

$$E(p) = Q'(p) \frac{p}{Q(p)}$$

需求弹性 $E(p)$ 表示某种商品需求量 Q 对价格 p 变化的敏感程度. 因为需求函数是一个递减函数，所以需求弹性一般为负值.

其经济意义：当某种商品的价格下降（上升）1% 时，其需求量将增加（减少）$|E(p)|\%$.

当 $|E(p)| = 1$ 时，称为单位弹性，即商品需求量的相对变化与价格的相对变化基本相等，此价格是最优价格.

当 $|E(p)|>1$ 时，称为富有弹性，即商品需求量的相对变化大于价格的相对变化，此时价格的变动对需求量的影响较大. 换句话说，适当降价会使需求量有较大幅度的上升，从而增加了收入.

当 $|E(p)|<1$ 时，称为缺乏弹性，即商品需求量的相对变化小于价格的相对变化，此时价格的变化对需求量的影响较小，在适当地涨价后，不会使需求量有太大的下降，从而使收入增加.

例 20　设某商品的需求函数为 $Q=\mathrm{e}^{-\frac{p}{5}}$（其中，$p$ 是商品价格，Q 是需求量），求：

(1) 需求弹性函数；

(2) $p=3$，$p=5$，$p=6$ 时的需求弹性，并说明经济意义.

解　(1)
$$Q'(p)=-\frac{1}{5}\mathrm{e}^{-\frac{p}{5}}$$

所求弹性函数为

$$E(p)=Q'(p)\frac{p}{Q(p)}=-\frac{1}{5}\mathrm{e}^{-\frac{p}{5}}\frac{p}{\mathrm{e}^{-\frac{p}{5}}}=-\frac{p}{5}$$

(2)　$E(3)=-\dfrac{3}{5}=-0.6$，$E(5)=-\dfrac{5}{5}=-1$，$E(6)=-\dfrac{6}{5}=-1.2$

其经济意义：当 $p=3$ 时，$|E(3)|=|-0.6|<1$，此时价格上涨 1% 时，需求只减少 0.6%，需求量的变化幅度小于价格变化的幅度，适当提高价格可增加总收入；当 $p=5$ 时，$|E(5)|=1$，此时价格上涨 1%，需求将减少 1%，需求量的变化幅度等于价格变化的幅度，是最优价格；当 $p=6$ 时，$|E(6)|=1.2>1$，此时价格上涨 1%，需求将减少 1.2%，需求量的变化幅度大于价格变化的幅度，适当降低价格可增加销售量，从而增加收入.

习 题 2.4

1. 用洛必达法则求下列函数的极限.

(1) $\lim\limits_{x\to1}\dfrac{x^3-3x+2}{x^3-x^2-x+1}$；

(2) $\lim\limits_{x\to0}\dfrac{\mathrm{e}^x-\mathrm{e}^{-x}}{\sin x}$；

(3) $\lim\limits_{x\to0}\dfrac{\ln(1+x)}{x}$；

(4) $\lim\limits_{x\to a}\dfrac{\sin x-\sin a}{x-a}$；

(5) $\lim\limits_{x\to\frac{\pi}{2}}\dfrac{\ln(\sin x)}{(\pi-2x)^2}$；

(6) $\lim\limits_{x\to+\infty}\dfrac{\ln\left(1+\dfrac{1}{x}\right)}{\operatorname{arccot}x}$；

(7) $\lim\limits_{x\to0^+}\dfrac{\ln\sin mx}{\ln\sin nx}$；

(8) $\lim\limits_{x\to+\infty}\dfrac{(\ln x)^3}{x}$；

(9) $\lim\limits_{x \to 1}\left(\dfrac{2}{x^2-1}-\dfrac{1}{x-1}\right)$.

2. 求下列函数的单调区间.

(1) $f(x)=2x^3-6x^2-18x-7$;   (2) $f(x)=\dfrac{x}{1+x^2}$;

(3) $f(x)=1+(x-1)^{\frac{1}{3}}$;   (4) $f(x)=\ln(1+x)-x$.

3. 求下列函数的极值.

(1) $f(x)=x^3-3x^2+7$;   (2) $f(x)=x+\dfrac{1}{x}$;

(3) $f(x)=\dfrac{1}{4}x^4+\dfrac{1}{3}x^3-x^2$;   (4) $f(x)=x-\ln(1+x)$.

4. 求下列曲线的凹凸区间及拐点.

(1) $y=(2x-1)^4+1$;   (2) $y=x^3-3x^2-6x+2$;

(3) $y=x\mathrm{e}^{-x}$;   (4) $y=x+\dfrac{1}{x}$;

(5) $y=\ln(1+x^2)$;   (6) $y=x^4(12\ln x-7)$.

5. 求下列函数在所给区间上的最大值与最小值.

(1) $y=x+\sqrt{1-x}$, $[-5,1]$;   (2) $y=(x-1)\sqrt[3]{x^2}$, $\left[-1,\dfrac{1}{2}\right]$;

(3) $f(x)=\sin 2x-x$, $\left[-\dfrac{\pi}{2},\dfrac{\pi}{2}\right]$.

6. 一房地产公司有 50 套公寓要出租,当租金定为每套每月 180 元时,公寓可全部租出;当租金每套每月增加 10 元时,就多一套公寓租不出去;而租出去的房子每套每月需 20 元的整修维护费,问房租定为多少可获得最大收入?

7. 某企业生产某产品的总成本函数 $C(Q)=Q^2+12Q+100$,求:

(1) 生产 300 个单位时的总成本和平均成本;

(2) 生产 $200\sim300$ 个单位时总成本的平均变化率;

(3) 生产 $200\sim300$ 个单位时的边际成本.

8. 设某产品的需求函数为 $p=20-\dfrac{Q}{5}$,其中 p 为价格,Q 为销售量,求销售量为 15 个单位时的总收入和边际收入.

9. 已知某商品的收益函数 $R(Q)=20Q-\dfrac{1}{5}Q^2$,成本函数 $C(Q)=100+\dfrac{Q^2}{4}$,求当 $Q=20$ 时的边际收益、边际成本和边际利润,并说明其经济意义.

综合练习题 2

一、选择题

1. 若 $f'(x_0) = 2$, 则 $\lim\limits_{h \to 0} \dfrac{f(x_0 + h) - f(x_0 - 2h)}{h} = ($　　$)$.

A. -2　　　　　B. 1　　　　　C. 6　　　　　D. 3

2. 设 $f(0) = 0$, 且极限 $\lim\limits_{x \to 0} \dfrac{f(x)}{x}$ 存在, 则 $\lim\limits_{x \to 0} \dfrac{f(x)}{x} = ($　　$)$.

A. $f'(x)$　　　　B. $f'(0)$　　　　C. $f(0)$　　　　D. $\dfrac{1}{2} f'(0)$

3. 下列函数在 $x = 0$ 处可导的是(　　).

A. $y = 3\sqrt{x}$　　B. $y = x^3$　　C. $y = |x|$　　D. $f(x) = \begin{cases} x, & x \leqslant 0 \\ x^2, & x > 0 \end{cases}$

4. 设 $f(x) = \begin{cases} 1 + \sin x, & x \geqslant 0 \\ \sqrt{2x + 1}, & x < 0 \end{cases}$, 则在 $x = 0$ 处, $f(x)$ 为(　　).

A. 不连续　　　　　　　　　　B. 连续但不可导

C. 可导但不连续　　　　　　　D. 可导且连续

5. 若在区间 (a, b) 内, $f'(x) > 0$, $f''(x) < 0$, 则 $f(x)$ 在 (a, b) 内(　　).

A. 单调减少, 曲线凹　　　　　B. 单调增加, 曲线凸

C. 单调减少, 曲线凸　　　　　D. 单调增加, 曲线凹

二、填空题

1. 设 $y = 3^x + x^2 - \tan x$, 则 $y' = $ _____.

2. 若 $y = \cos e^x + \sin e^x$, 则 $y'' - y' + y e^{2x} = $ _____.

3. 当 $b = $ _____, $c = $ _____ 时, 抛物线 $y = x^2 + bx + c$ 与直线 $y = x$ 相切于点 $x = 2$ 处.

4. $\lim\limits_{x \to 0^+} \dfrac{\ln \sin 3x}{\ln \tan x}$ 是 _____ 型未定式, 其值是 _____.

5. 函数 $y = 2x + \dfrac{8}{x}$ 在区间 _____ 内单调减少.

6. 函数 $y = \dfrac{x^2}{1 + x^2}$ 在区间 $\left[-\dfrac{1}{2}, 1 \right]$ 上的最大值为 _____, 最小值为 _____.

7. 曲线 $y = -\dfrac{1}{3} x^3 + x^2 - 1$ 的拐点是 _____.

三、解答题

1. 求下列函数的导数.

(1) $y = \dfrac{(2x-1)^2}{x}$; (2) $y = (1-3x)^2 \mathrm{e}^x$; (3) $y = \dfrac{x\cos x}{1-\sin x}$.

2. 求下列方程所确定的隐函数的导数 $\dfrac{\mathrm{d}y}{\mathrm{d}x}$.

(1) $\mathrm{e}^{xy} + y\ln x = \cos 2x$; (2) $\mathrm{e}^x - \mathrm{e}^y = \sin(xy)$.

3. 求下列函数的微分.

(1) $y = \sin^3 x - \cos 3x$; (2) $y = \mathrm{e}^{2x}\arctan x$.

4. 利用洛必达法则求下列极限.

(1) $\lim\limits_{x\to 0} \dfrac{\ln(1-3x)}{\sin 2x}$; (2) $\lim\limits_{x\to 1} \dfrac{x^3-1}{\sqrt{x-1}}$;

(3) $\lim\limits_{x\to 0} \dfrac{\sin 4x^2}{\sqrt{x^2+1}-1}$; (4) $\lim\limits_{x\to 0} \dfrac{x-\arctan x}{\ln(1+x^2)}$;

(5) $\lim\limits_{x\to \pi}(x-\pi)\tan\dfrac{\pi}{2}$; (6) $\lim\limits_{x\to 0}\left(\dfrac{1}{x}-\dfrac{1}{\mathrm{e}^x-1}\right)$.

5. 求函数 $y = \mathrm{e}^{2x-x^2}$ 的单调区间、极值、曲线的凹凸区间及拐点.

6. 求函数 $y = x\mathrm{e}^{-x}$ 在区间 $[0,2]$ 上的最大值和最小值.

7. 宏宇肉联厂引进了一条肉类加工生产线后，加工生猪的成本大大降低. 肉类加工的第一道工序是对生猪进行屠宰，如果该厂每天最多屠宰生猪1000头，每天屠宰生猪的总成本 y（单位：元）与日宰生猪量 x（单位：头）之间的函数关系为 $y = f(x) = 1000 + 7x + 50\sqrt{x}$，$x \in [0,1000]$. 求：

（1）当每天屠宰生猪数为 100 头时，总成本是多少？

（2）当每天屠宰生猪数为 100 头时，平均单位成本是多少？

（3）当每天屠宰的生猪数由 100 头增加到 225 头时，总成本增加多少？

（4）当每天屠宰的生猪数由 100 头增加到 225 头时，总成本的平均变化率是多少？并说明其含义.

8. 飞龙计算机软件公司开发新型的软件程序，若 x 为公司一个月的产量，则收入函数为 $R(x) = 36x - \dfrac{x^2}{20}$（单位：百元），如果公司某年12月份的产量从250套增加到260套，请估计该公司 12 月份收入增加了多少？

9. 张明是一专业养殖场老板，最近，他因业务发展需要，欲围建一个面积为 $288\ \mathrm{m}^2$ 的矩形堆料场，一面可以利用原有的墙壁，其他三面墙壁则需新建，现有一批厚为若干、总长度 50 m 的用于围建围墙的建筑材料，问这批建筑材料是否够用？

第 3 章　积分及其应用

一元函数积分学包括不定积分与定积分两部分内容，本章将从实际问题出发，介绍不定积分和定积分的基本运算，并用积分知识解决一些实际问题.

3.1　不　定　积　分

3.1.1　认识不定积分

在微分学中，已知函数可以求出其导数，例如：

(1) 若已知曲线方程 $y = f(x)$，则可以求出该曲线在任一点 x 处的切线的斜率 $k = f'(x)$. 例如，曲线 $y = x^2$ 在点 x 处切线的斜率为 $k = (x^2)' = 2x$；

(2) 若已知某产品的成本函数 $C = C(q)$，则可以求得其边际成本函数为 $C' = C'(q)$.

但在实际问题中，常常会遇到与此相反的问题：

【引例 1】　已知切线斜率，求曲线的方程.

求过点 $(1, 3)$ 且在点 (x, y) 处切线斜率为 $2x$ 的曲线方程.

【引例 2】　汽车行驶的路程.

已知一辆汽车的运行速度是 $v(t) = 6 - 3t\,(t \geqslant 0)$，求汽车的运动曲线方程.

以上两个问题的共同点：它们都是已知一个函数的导数 $F'(x) = f(x)$，求原来的函数 $F(x)$ 的问题，为此引入不定积分的概念.

3.1.2　不定积分的概念

定义 1　如果在区间 I 上，可导函数 $F(x)$ 的导函数为 $f(x)$，即当 $x \in I$ 时，
$$F'(x) = f(x) \quad \text{或} \quad \mathrm{d}(F(x)) = f(x)\mathrm{d}x$$
则称 $F(x)$ 为 $f(x)$ 在区间 I 上的一个原函数.

例如，在区间 $(-\infty, +\infty)$ 内，$(x^2)' = 2x$，故 x^2 是 $2x$ 在 **R** 上的一个原函数；在区间 $(-\infty, +\infty)$ 内，$(\sin x)' = \cos x$，故 $\sin x$ 是 $\cos x$ 在 **R** 上的一个原函数.

可以证明，原函数存在的一个充分条件是连续函数一定有原函数. 而初等函数在其定义区间内连续，所以初等函数在其定义区间内一定有原函数.

定理 1 如果 $F(x)$ 是 $f(x)$ 在 I 上的一个原函数，即当 $x \in I$ 时，$F'(x) = f(x)$，则对于任意常数 C，函数 $F(x) + C$ 都是 $f(x)$ 的原函数.

事实上，对于任何常数 C，显然有 $[F(x) + C]' = f(x)$.

这表明，如果 $f(x)$ 有一个原函数，那么 $f(x)$ 就有无限多个原函数.

定理 2 在区间 I 上，如果 $F(x)$，$G(x)$ 都是 $f(x)$ 的原函数，那么

$$F(x) - G(x) = C \ (C \text{ 是任意常数})$$

这说明函数 $f(x)$ 的任意两个原函数之间只相差一个常数. 换言之，如果知道函数 $f(x)$ 的一个原函数 $F(x)$，那么它的任意原函数均形如 $F(x) + C$. 因此，要求出函数 $f(x)$ 的一切原函数，只需先求出它的一个原函数，然后加上任意常数 C.

定义 2 若 $F(x)$ 是 $f(x)$ 在区间 I 上的一个原函数，则函数 $f(x)$ 的一切原函数称为 $f(x)$ 在区间 I 上的**不定积分**，记为 $\int f(x) \mathrm{d}x$，即

$$\int f(x) \mathrm{d}x = F(x) + C$$

其中，记号 $\int$ 称为积分号，x 称为积分变量，$f(x)$ 称为被积函数，$f(x) \mathrm{d}x$ 称为被积表达式，C 称为积分常数.

由定理 2，求一个函数 $f(x)$ 的不定积分，实际上关键是要求出它的一个原函数 $F(x)$，然后再加上一个任意常数 C.

3.1.3 不定积分的性质

由不定积分的定义，可得如下性质：

性质 1 $\left[\int f(x) \mathrm{d}x \right]' = f(x)$ 或 $\mathrm{d}\left[\int f(x) \mathrm{d}x \right] = f(x) \mathrm{d}x$.

性质 2 $\int F'(x) \mathrm{d}x = F(x) + C$ 或 $\int \mathrm{d}F(x) = F(x) + C$.

性质 3 $\int [f(x) \pm g(x)] \mathrm{d}x = \int f(x) \mathrm{d}x \pm \int g(x) \mathrm{d}x$.

这个性质可推广到有限个函数的代数和的情形.

性质 4 $\int k f(x) \mathrm{d}x = k \int f(x) \mathrm{d}x$（其中 k 是常数，且 $k \neq 0$）.

例 1 求下列不定积分.

(1) $\int x^2 \mathrm{d}x$； (2) $\int \dfrac{1}{x} \mathrm{d}x$.

解 (1) 因为 $\left(\dfrac{1}{3} x^3 \right)' = x^2$，所以 $\dfrac{1}{3} x^3$ 是 x^2 的一个原函数，$\int x^2 \mathrm{d}x = \dfrac{1}{3} x^3 + C$.

（2）当 $x>0$ 时，因为 $(\ln x)'=\dfrac{1}{x}$，所以 $\ln x$ 是 $\dfrac{1}{x}$ 在 $(0,\infty)$ 内的一个原函数，即在 $(0,+\infty)$ 内，有

$$\int \frac{1}{x}\mathrm{d}x = \ln x + C$$

当 $x<0$ 时，因为 $[\ln(-x)]'=\left(-\dfrac{1}{x}\right)\cdot(-1)=\dfrac{1}{x}$，所以在 $(-\infty,0)$ 内，$\ln(-x)$ 是 $\dfrac{1}{x}$ 的一个原函数，故有

$$\int \frac{1}{x}\mathrm{d}x = \ln(-x) + C$$

综上所述得

$$\int \frac{1}{x}\mathrm{d}x = \ln|x| + C$$

例 2　求下列不定积分.

（1）$\int a^x \mathrm{d}x$；　（2）$\int \cos x\,\mathrm{d}x$；　（3）$\int \dfrac{x^4}{1+x^2}\mathrm{d}x$.

解　（1）因为 $\left(\dfrac{1}{\ln a}a^x\right)'=a^x$，所以 $\dfrac{1}{\ln a}a^x$ 是 a^x 的一个原函数，故有

$$\int a^x \mathrm{d}x = \frac{1}{\ln a}a^x + C$$

特别地，当 $a=\mathrm{e}$ 时，有 $\int \mathrm{e}^x \mathrm{d}x = \mathrm{e}^x + C$.

（2）因为 $(\sin x)'=\cos x$，所以 $\sin x$ 是 $\cos x$ 的一个原函数，因此有

$$\int \cos x\,\mathrm{d}x = \sin x + C$$

$$
\begin{aligned}
（3）\int \frac{x^4}{1+x^2}\mathrm{d}x &= \int \frac{x^4-1+1}{1+x^2}\mathrm{d}x = \int \frac{(x^2+1)(x^2-1)+1}{1+x^2}\mathrm{d}x \\
&= \int\left(x^2-1+\frac{1}{1+x^2}\right)\mathrm{d}x = \int x^2\,\mathrm{d}x - \int \mathrm{d}x + \int \frac{1}{1+x^2}\mathrm{d}x \\
&= \frac{1}{3}x^3 - x + \arctan x + C
\end{aligned}
$$

例 3　引例 1 的解答.

求过点 $(1,3)$ 且在点 (x,y) 处切线斜率为 $2x$ 的曲线方程.

解　设曲线方程为 $y=f(x)$，根据导数的几何意义，得 $f'(x)=2x$，而 x^2 是 $2x$ 的一个原函数，所以由不定积分的定义，有

$$f(x) = \int 2x \mathrm{d}x = x^2 + C$$

将点$(1,3)$代入得$C = 2$，所以曲线方程为$y = x^2 + 2$.

例 4 引例 2 的解答.

已知一辆汽车的运行速度是$v(t) = 6 - 3t(t \geqslant 0)$，求汽车的运动曲线方程.

解 设汽车的运动曲线为$s = s(t)$，由导数的物理意义可知，$s'(t) = v(t)$，即$s(t)$是$v(t)$的一个原函数. 由$v(t) = 6 - 3t$知：函数$6t - \dfrac{3}{2}t^2$是$v(t)$的一个原函数，所以

$$s(t) = 6t - \frac{3}{2}t^2 + C$$

即为所求运动曲线方程，其中常数C由汽车的初始速度确定.

3.1.4 基本积分公式

根据积分法和微分法的互逆关系，可以从基本导数公式得到相应的基本积分公式：

(1) $\displaystyle\int 0\mathrm{d}x = C$;

(2) $\displaystyle\int x^n \mathrm{d}x = \dfrac{1}{n+1}x^{n+1} + C \ (n \neq -1)$;

(3) $\displaystyle\int \dfrac{1}{x}\mathrm{d}x = \ln|x| + C$;

(4) $\displaystyle\int a^x \mathrm{d}x = \dfrac{1}{\ln a}a^x + C$;

(5) $\displaystyle\int \mathrm{e}^x \mathrm{d}x = \mathrm{e}^x + C$;

(6) $\displaystyle\int \cos x \mathrm{d}x = \sin x + C$;

(7) $\displaystyle\int \sin x \mathrm{d}x = -\cos x + C$;

(8) $\displaystyle\int \sec^2 x \mathrm{d}x = \tan x + C$;

(9) $\displaystyle\int \csc^2 x \mathrm{d}x = -\cot x + C$;

(10) $\displaystyle\int \tan x \sec x \mathrm{d}x = \sec x + C$;

(11) $\displaystyle\int \cot x \csc x \mathrm{d}x = -\csc x + C$;

(12) $\displaystyle\int \dfrac{1}{1+x^2}\mathrm{d}x = \arctan x + C$;

(13) $\displaystyle\int \dfrac{1}{\sqrt{1-x^2}}\mathrm{d}x = \arcsin x + C$;

(14) $\displaystyle\int \sinh x \mathrm{d}x = \cosh x + C$;

(15) $\displaystyle\int \cosh x \mathrm{d}x = \sinh x + C$.

这些公式可通过对等式右端的函数求导后等于左端的被积函数来直接验证.

3.1.5 直接积分法

直接用积分基本公式和不定积分的性质，或者对被积函数进行适当的恒等变形（包括代数变形和三角变形），再利用基本积分公式与运算法则求不定积分的方法称为直接积分法.

例 5　求下列不定积分.

(1) $\displaystyle\int \sin^2 \frac{x}{2}\mathrm{d}x$；

(2) $\displaystyle\int (10^x + \cot^2 x)\mathrm{d}x$；

(3) $\displaystyle\int \frac{1}{\sin^2 x\cos^2 x}\mathrm{d}x$；

(4) $\displaystyle\int \frac{(x - \sqrt{x})(1 + \sqrt{x})}{\sqrt[3]{x}}\mathrm{d}x$.

解　(1) $\displaystyle\int \sin^2 \frac{x}{2}\mathrm{d}x = \int \frac{1 - \cos x}{2}\mathrm{d}x = \frac{1}{2}\int (1 - \cos x)\mathrm{d}x$

$$= \frac{1}{2}\left(\int \mathrm{d}x - \int \cos x\mathrm{d}x\right) = \frac{1}{2}(x - \sin x) + C$$

(2) $\displaystyle\int (10^x + \cot^2 x)\mathrm{d}x = \int 10^x\mathrm{d}x + \int \cot^2 x\mathrm{d}x = \int 10^x\mathrm{d}x + \int (\csc^2 x - 1)\mathrm{d}x$

$$= \int 10^x\mathrm{d}x + \int \csc^2 x\mathrm{d}x - \int \mathrm{d}x = \frac{10^x}{\ln 10} - \cot x - x + C$$

(3) $\displaystyle\int \frac{1}{\sin^2 x\cos^2 x}\mathrm{d}x = \int \frac{\sin^2 x + \cos^2 x}{\sin^2 x\cos^2 x}\mathrm{d}x = \int \frac{1}{\cos^2 x}\mathrm{d}x + \int \frac{1}{\sin^2 x}\mathrm{d}x$

$$= \tan x - \cot x + C$$

(4) $\displaystyle\int \frac{(x - \sqrt{x})(1 + \sqrt{x})}{\sqrt[3]{x}}\mathrm{d}x = \int \frac{x\sqrt{x} - \sqrt{x}}{\sqrt[3]{x}}\mathrm{d}x = \int x^{\frac{7}{6}}\mathrm{d}x - \int x^{\frac{1}{6}}\mathrm{d}x$

$$= \frac{6}{13}x^{\frac{13}{6}} - \frac{6}{7}x^{\frac{7}{6}} + C$$

例 6　已知边际成本为 $C'(x) = 3 + \dfrac{20}{\sqrt{x}}$，固定成本为 80，求总成本函数.

解　因为总成本函数是边际成本的原函数，所以

$$C(x) = \int \left(3 + \frac{20}{\sqrt{x}}\right)\mathrm{d}x = 3\int \mathrm{d}x + 20\int x^{-\frac{1}{2}}\mathrm{d}x = 3x + 40x^{\frac{1}{2}} + C$$

将 $C(0) = 80$ 代入上式，得 $C = 80$，所以总成本函数为

$$C(x) = 3x + 40x^{\frac{1}{2}} + 80$$

习 题 3.1

1. 求下列不定积分.

(1) $\displaystyle\int \frac{1}{x^2}\mathrm{d}x$；

(2) $\displaystyle\int (2x^2 + 1)^3\mathrm{d}x$；

(3) $\displaystyle\int \frac{(x + 1)(x^2 - 3)}{3x^2}\mathrm{d}x$；

(4) $\displaystyle\int \left(\sqrt[3]{x} - \frac{1}{\sqrt{x}}\right)\mathrm{d}x$；

(5) $\int \dfrac{x-4}{\sqrt{x}+2}\mathrm{d}x$;   (6) $\int \dfrac{x^2}{1+x^2}\mathrm{d}x$;

(7) $\int 3^{-x}(2\cdot 3^x-3\cdot 2^x)\mathrm{d}x$;   (8) $\int \sec x(\sec x-\tan x)\mathrm{d}x$.

2. 一物体由静止开始做直线运动，经 t s 后的速度为 $3t^2(\mathrm{m/s})$，问：

(1) 经 3 s 后物体离开出发点的距离是多少？

(2) 物体与出发点的距离为 216 m 时经过了多少时间？

3. 一曲线通过点 $(\mathrm{e}^2,3)$，且在任一点处的切线斜率等于该点横坐标的倒数，求此曲线的方程.

3.2   不定积分的计算

3.2.1   换元积分法

利用基本积分公式和不定积分的性质能够求出的不定积分的函数是非常有限的，因此有必要进一步研究不定积分的求法. 把复合函数的微分法反过来用于求不定积分，利用中间变量的代换，得到复合函数的积分法，称为换元积分法，简称换元法. 换元法通常有两类，即第一类换元积分法和第二类换元积分法.

1. 第一类换元积分法

定理 1   设 $f(u)$ 具有原函数，即 $\int f(u)\mathrm{d}u=F(u)+C$，又 $u=\varphi(x)$ 可导，则有换元公式：

$$\int f[\varphi(x)]\varphi'(x)\mathrm{d}x=F[\varphi(x)]+C$$

例 1   求 $\int 3\cos 3x\,\mathrm{d}x$.

解   被积分函数中，$\cos 3x$ 是一个复合函数，令 $\cos 3x=\cos u$，$u=3x$，作变换，有

$$\int 3\cos 3x\,\mathrm{d}x=\int \cos 3x(3x)'\mathrm{d}x=\int \cos 3x\,\mathrm{d}(3x)=\int \cos u\,\mathrm{d}u=\sin u+C$$
$$=\sin 3x+C$$

例 2   求 $\int 2x\mathrm{e}^{x^2}\mathrm{d}x$.

解   因为 $(x^2)'=2x$，可令 $u=x^2$，于是有

$$\int 2x\mathrm{e}^{x^2}\mathrm{d}x=\int \mathrm{e}^{x^2}(x^2)'\mathrm{d}x=\int \mathrm{e}^{x^2}\mathrm{d}(x^2)=\int \mathrm{e}^u\mathrm{d}u=\mathrm{e}^u+C=\mathrm{e}^{x^2}+C$$

例 3　求 $\int \tan x \mathrm{d}x$.

解
$$\int \tan x \mathrm{d}x = \int \frac{\sin x}{\cos x}\mathrm{d}x = -\int \frac{(\cos x)'}{\cos x}\mathrm{d}x = -\int \frac{1}{\cos x}\mathrm{d}(\cos x)$$

$$\xrightarrow{\text{令 } u = \cos x} -\int \frac{1}{u}\mathrm{d}u = -\ln|u| + C = -\ln|\cos x| + C$$

即
$$\int \tan x \mathrm{d}x = -\ln|\cos x| + C$$

例 4　求 $\int \frac{1}{4+x^2}\mathrm{d}x$.

解
$$\int \frac{1}{4+x^2}\mathrm{d}x = \frac{1}{4}\int \frac{1}{1+\left(\frac{x}{2}\right)^2}\mathrm{d}x = \frac{1}{2}\int \frac{1}{1+\left(\frac{x}{2}\right)^2}\mathrm{d}\left(\frac{x}{2}\right)$$

$$\xrightarrow{\text{令 } u = x/2} \frac{1}{2}\int \frac{1}{1+u^2}\mathrm{d}u = \frac{1}{2}\arctan u + C$$

$$= \frac{1}{2}\arctan \frac{x}{2} + C$$

例 5　求 $\int \frac{1}{\sqrt{a^2-x^2}}\mathrm{d}x \ (a > 0)$.

解
$$\int \frac{1}{\sqrt{a^2-x^2}}\mathrm{d}x = \int \frac{1}{\sqrt{1-\left(\frac{x}{a}\right)^2}}\mathrm{d}\left(\frac{x}{a}\right) = \arcsin \frac{x}{a} + C$$

即
$$\int \frac{1}{\sqrt{a^2-x^2}}\mathrm{d}x = \arcsin \frac{x}{a} + C$$

例 6　求 $\int \frac{1}{a^2+x^2}\mathrm{d}x \ (a \neq 0)$.

解
$$\int \frac{1}{a^2+x^2}\mathrm{d}x = \int \frac{1}{a^2\left[1+\left(\frac{x}{a}\right)^2\right]}\mathrm{d}x = \int \frac{1}{a\left[1+\left(\frac{x}{a}\right)^2\right]}\mathrm{d}\left(\frac{x}{a}\right)$$

$$= \frac{1}{a}\int \frac{1}{1+\left(\frac{x}{a}\right)^2}\mathrm{d}\left(\frac{x}{a}\right) = \frac{1}{a}\arctan \frac{x}{a} + C$$

即
$$\int \frac{1}{a^2+x^2}\mathrm{d}x = \frac{1}{a}\arctan \frac{x}{a} + C$$

　　从以上例题可以看出，第一类换元积分法解决问题的方法是所求的积分不能直接使用基本公式，通过变换积分变量后（换元）可以凑成基本公式（通常称之为凑微分法，意即为了利用基本公式而凑成基本公式），然后求出不定积分，最后还原回原来的积分变量.

例 7 求 $\int x\sqrt{1-x^2}\,\mathrm{d}x$.

解 $\int x\sqrt{1-x^2}\,\mathrm{d}x = -\int \frac{1}{2}\sqrt{1-x^2}\,\mathrm{d}(1-x^2) = -\frac{1}{3}(1-x^2)^{\frac{3}{2}} + C$

例 8 求 $\int \frac{1}{x^2}\cos\frac{1}{x}\,\mathrm{d}x$.

解 $\int \frac{1}{x^2}\cos\frac{1}{x}\,\mathrm{d}x = -\int \cos\frac{1}{x}\,\mathrm{d}\left(\frac{1}{x}\right) = -\sin\frac{1}{x} + C$

例 9 求 $\int \frac{\cos x}{\sqrt{\sin x}}\,\mathrm{d}x$.

解 $\int \frac{\cos x}{\sqrt{\sin x}}\,\mathrm{d}x = \int \frac{1}{\sqrt{\sin x}}\,\mathrm{d}(\sin x) = 2\sqrt{\sin x} + C$

例 10 求 $\int \frac{1}{x\ln x}\,\mathrm{d}x$.

解 $\int \frac{1}{x\ln x}\,\mathrm{d}x = \int \frac{1}{\ln x}\,\mathrm{d}(\ln x) = \ln|\ln x| + C$

例 11 求 $\int \frac{\mathrm{e}^x}{1+\mathrm{e}^x}\,\mathrm{d}x$.

解 $\int \frac{\mathrm{e}^x}{1+\mathrm{e}^x}\,\mathrm{d}x = \int \frac{\mathrm{d}(\mathrm{e}^x)}{1+\mathrm{e}^x} = \int \frac{\mathrm{d}(1+\mathrm{e}^x)}{1+\mathrm{e}^x} = \ln(1+\mathrm{e}^x) + C$

例 12 求 $\int \frac{x}{1+x}\,\mathrm{d}x$.

解 $\int \frac{x}{1+x}\,\mathrm{d}x = \int \frac{x+1-1}{1+x}\,\mathrm{d}x = \int \left(1 - \frac{1}{1+x}\right)\mathrm{d}x$

$\qquad\qquad = \int \mathrm{d}x - \int \frac{1}{1+x}\,\mathrm{d}(1+x) = x - \ln|1+x| + C$

例 13 求 $\int \frac{1}{x^2-a^2}\,\mathrm{d}x \ (a>0)$.

解 $\int \frac{1}{x^2-a^2}\,\mathrm{d}x = \int \frac{1}{(x-a)(x+a)}\,\mathrm{d}x = \frac{1}{2a}\int \frac{(x+a)-(x-a)}{(x-a)(x+a)}\,\mathrm{d}x$

$\qquad\qquad = \frac{1}{2a}\int \left(\frac{1}{x-a} - \frac{1}{x+a}\right)\mathrm{d}x$

$\qquad\qquad = \frac{1}{2a}\ln|x-a| - \frac{1}{2a}\ln|x+a| + C$

故 $\qquad\qquad\qquad\qquad \int \frac{1}{x^2-a^2}\,\mathrm{d}x = \frac{1}{2a}\ln\left|\frac{x-a}{x+a}\right| + C$

例 14　求 $\displaystyle\int \sin^2 x \mathrm{d}x$.

解
$$\int \sin^2 x \mathrm{d}x = \int \frac{1-\cos 2x}{2} \mathrm{d}x = \int \frac{1}{2}(1-\cos 2x)\mathrm{d}x$$
$$= \frac{1}{2}\left(x - \frac{1}{2}\sin 2x\right) + C = \frac{1}{2}x - \frac{1}{4}\sin 2x + C$$

例 15　求 $\displaystyle\int \cos^3 x \mathrm{d}x$.

解
$$\int \cos^3 x \mathrm{d}x = \int \cos^2 x \cos x \mathrm{d}x = \int (1-\sin^2 x)\mathrm{d}(\sin x)$$
$$= \int \mathrm{d}(\sin x) - \int \sin^2 x \mathrm{d}(\sin x) = \sin x - \frac{1}{3}\sin^3 x + C$$

例 16　求 $\displaystyle\int \sec x \mathrm{d}x$.

解
$$\int \sec x \mathrm{d}x = \int \frac{1}{\cos x}\mathrm{d}x = \int \frac{\cos x}{\cos^2 x}\mathrm{d}x = \int \frac{\mathrm{d}(\sin x)}{1-\sin^2 x}$$
$$\xrightarrow{\text{令 } u=\sin x} \int \frac{\mathrm{d}u}{1-u^2} = \frac{1}{2}\ln\left|\frac{1+u}{1-u}\right| + C$$
$$= \frac{1}{2}\ln\left|\frac{1+\sin x}{1-\sin x}\right| + C = \ln|\tan x + \sec x| + C$$

即有
$$\int \sec x \mathrm{d}x = \ln|\tan x + \sec x| + C$$

用类似的方法，可求得
$$\int \csc x \mathrm{d}x = \ln|\cot x - \cot x| + C$$

注意：分子、分母同乘以一个函数是积分中常用的技巧.

2. 第二类换元积分法

定理 2　设 $[\varphi(u)]\varphi'(u)$ 具有原函数，即 $\displaystyle\int [\varphi(u)]\varphi'(u)\mathrm{d}x = F(u)+C$，又 $x = \varphi(u)$ 具有连续的导数，且 $\varphi'(u) \neq 0$，$u = \varphi^{-1}(x)$ 是 $x = \varphi(u)$ 的反函数，则有换元积分公式：
$$\int f(x)\mathrm{d}x = F[\varphi^{-1}(x)] + C$$

在使用第一类换元积分法时，要凑成哪一个基本公式，目标是明确的. 但是在考虑运用第二类换元积分法时，并不知道换元后的不定积分能否求出，没有确定的规律，可尝试求出不定积分的过程.

例 17　求下列不定积分.

$(1) \int \dfrac{x+1}{x \ \sqrt{x-2}} \mathrm{d}x;$　　$(2) \int \dfrac{1}{\sqrt{x}+\sqrt[3]{x}} \mathrm{d}x.$

解　(1) 令 $\sqrt{x-2}=t$，即有 $x=t^2+2$，$\mathrm{d}x=2t\mathrm{d}t$，于是

$$\int \frac{x+1}{x \ \sqrt{x-2}} \mathrm{d}x = \int \frac{t^2+3}{(t^2+2)t} \cdot 2t\mathrm{d}t = 2\int \frac{t^2+3}{t^2+2}\mathrm{d}t = 2\left(\int \mathrm{d}t + \int \frac{1}{t^2+2}\mathrm{d}t\right)$$

$$= 2t + \sqrt{2}\arctan \frac{t}{\sqrt{2}} + C$$

$$= 2\ \sqrt{x-2} + \sqrt{2}\arctan \sqrt{\frac{x-2}{2}} + C$$

(2) 令 $\sqrt[6]{x}=t$，即 $x=t^6$，$\mathrm{d}x=6t^5\mathrm{d}t$，于是

$$\int \frac{1}{\sqrt{x}+\sqrt[3]{x}} \mathrm{d}x = \int \frac{6t^5}{t^3+t^2}\mathrm{d}t = 6\int \frac{t^3}{t+1}\mathrm{d}t = 6\int \frac{t^3+1-1}{t+1}\mathrm{d}t$$

$$= 6\int \left(t^2-t+1-\frac{1}{t+1}\right)\mathrm{d}t = 6\left(\frac{t^3}{3}-\frac{t^2}{2}+t-\ln \mid t+1\mid\right)+C$$

$$= 2\ \sqrt{x} - 3\sqrt[3]{x} + 6\sqrt[6]{x} - 6\ln \mid \sqrt[6]{x}+1\mid +C$$

第二类换元积分法运用起来十分灵活，换元的方法也是多种多样的，能解决求不定积分的许多问题. 其中，由于三角函数有许多个公式可供选择，有些类型的不定积分，利用三角函数进行代换，可化简被积函数，从而使不定积分易于求出，这里介绍常用的三角代换法.

例 18　求下列不定积分.

$(1) \int \ \sqrt{a^2-x^2}\mathrm{d}x \ (a>0);$　　$(2) \int \dfrac{\mathrm{d}x}{\sqrt{x^2+a^2}} \ (a>0);$

$(3) \int \dfrac{\mathrm{d}x}{\sqrt{x^2-a^2}} \ (a>0).$

解　(1) 利用正弦代换化去根号(见图 3-1)，

即令 $x=a\sin t\left(-\dfrac{\pi}{2}<t<\dfrac{\pi}{2}\right)$，则 $t=\arcsin \dfrac{x}{a}$，

所以 $\sqrt{a^2-x^2}=a\cos t$，$\mathrm{d}x=a\cos t\mathrm{d}t$，得

$$\int \ \sqrt{a^2-x^2}\mathrm{d}x = \int a^2\cos^2 t\mathrm{d}t$$

$$= a^2\int \frac{1+\cos 2t}{2}\mathrm{d}t$$

$$= a^2\left(\frac{t}{2}+\frac{\sin 2t}{4}\right)+C$$

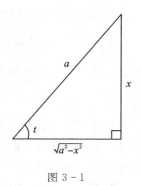

图 3-1

$$= \frac{a^2}{2}t + \frac{a^2}{2}\sin t\cos t + C$$

代回原变量，则 $\sin t = \dfrac{x}{a}$，$\cos t = \dfrac{\sqrt{a^2-x^2}}{a}$，故

$$\int \sqrt{a^2-x^2}\,\mathrm{d}x = \frac{x}{2}\sqrt{a^2-x^2} + \frac{a^2}{2}\arcsin\frac{x}{a} + C$$

本题也可以利用余弦代换求出不定积分.

（2）作正切代换化去根号（见图 3-2），令 $x = a\tan t\left(-\dfrac{\pi}{2} < t < \dfrac{\pi}{2}\right)$，则 $t = \arctan\dfrac{x}{a}$，

$\sqrt{x^2+a^2} = a\sec t$，$\mathrm{d}x = a\sec^2 t\,\mathrm{d}t$，代入，得

$$\int \frac{\mathrm{d}x}{\sqrt{x^2+a^2}} = \int \frac{a\sec^2 t}{a\sec t}\mathrm{d}t$$

$$= \int \sec t\,\mathrm{d}t$$

$$= \ln|\sec t + \tan t| + C_1$$

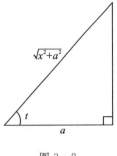

而 $\tan t = \dfrac{x}{a}$，$\sec t = \dfrac{\sqrt{x^2+a^2}}{a}$，故

$$\int \frac{\mathrm{d}x}{\sqrt{a^2+x^2}} = \ln\left|\frac{x}{a} + \frac{\sqrt{x^2+a^2}}{a}\right| + C_1$$

$$= \ln|x + \sqrt{x^2+a^2}| + C \ (C = C_1 + \ln a)$$

图 3-2

即

$$\int \frac{\mathrm{d}x}{\sqrt{x^2+a^2}} = \ln|x + \sqrt{x^2+a^2}| + C$$

本题也可以利用余切代换求出不定积分.

（3）由于 $|x| > |a| > 0$，作正割代换化去根号（见图 3-3）.

当 $x > a$ 时，令 $x = a\sec t(0 < t < \pi/2)$，则 $\sqrt{x^2-a^2} = a\tan t$，$\mathrm{d}x = a\sec t\tan t\,\mathrm{d}t$，故

$$\int \frac{\mathrm{d}x}{\sqrt{x^2-a^2}} = \int \frac{a\sec t\tan t}{a\tan t}\mathrm{d}t$$

$$= \int \sec t\,\mathrm{d}t$$

$$= \ln|\sec t + \tan t| + C_1$$

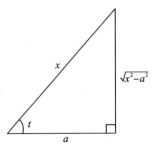

而 $\sec t = \dfrac{x}{a}$，$\tan t = \dfrac{\sqrt{x^2-a^2}}{a}$，故

图 3-3

$$\int \frac{\mathrm{d}x}{\sqrt{x^2 - a^2}} = \ln \left| \frac{x}{a} + \frac{\sqrt{x^2 - a^2}}{a} \right| + C_1$$

$$= \ln | x + \sqrt{x^2 - a^2} | + C_1' \ (x > a)$$

当 $x < -a$ 时，令 $x = -a\sec t (0 < t < \pi/2)$，则

$$\int \frac{\mathrm{d}x}{\sqrt{x^2 - a^2}} = -\int \frac{a\sec t \tan t}{a \tan t} \mathrm{d}t = -\int \sec t \mathrm{d}t = -\ln[\sec t + \tan t] + C_2$$

$$= -\ln \left| \frac{\sqrt{x^2 - a^2} - x}{a} \right| + C_2$$

$$= \ln \left| \frac{a(\sqrt{x^2 - a^2} + x)}{(\sqrt{x^2 - a^2} - x)(\sqrt{x^2 - a^2} + x)} \right| + C_2$$

$$= \ln \left| \frac{x}{a} + \frac{\sqrt{x^2 - a^2}}{a} \right| + C_2 = \ln | x + \sqrt{x^2 - a^2} | + C_2$$

综上所述，得

$$\int \frac{\mathrm{d}x}{\sqrt{x^2 - a^2}} = \ln | x + \sqrt{x^2 - a^2} | + C$$

本题也可以利用余割代换求出不定积分.

3.2.2　分部积分法

利用函数乘积的求导法则，可以推得另一个求不定积分的基本方法 —— 分部积分法.

分部积分公式：

$$\int uv' \mathrm{d}x = uv - \int u'v \mathrm{d}x \ 或 \int u \mathrm{d}v = uv - \int v \mathrm{d}u$$

其中，函数 $u = u(x)$ 及 $v = v(x)$ 具有连续导数.

事实上，由两个函数乘积的导数公式 $(uv)' = u'v + uv'$，得

$$uv' = (uv)' - u'v$$

两边求不定积分得

$$\int uv' \mathrm{d}x = uv - \int u'v \mathrm{d}x, \ 即 \int u \mathrm{d}v = uv - \int v \mathrm{d}u$$

分部积分法的作用在于：如果不定积分 $\int v \mathrm{d}u$ 较积分 $\int u \mathrm{d}v$ 易于求得，应用分部积分法可化难为易.

例 19　求下列不定积分.

(1) $\int x\cos x \mathrm{d}x$；　　(2) $\int x\mathrm{e}^x \mathrm{d}x$.

解　(1) 选取 $u = x$，$v' = \cos x$，则 $u' = 1$，$v = \sin x$，代入分部积分公式，得

$$\int x \cos x \mathrm{d}x = x \sin x - \int \sin x \mathrm{d}x$$

而 $\int \sin x \mathrm{d}x$ 已知，于是

$$\int x \cos x \mathrm{d}x = x \sin x + \cos x + C$$

注意：如果取 $u = \cos x$，$v' = x$，则 $u' = -\sin x$，$v = \dfrac{1}{2}x^2$，于是

$$\int x \cos x \mathrm{d}x = \frac{1}{2}x^2 \cos x - \int \frac{1}{2}x^2 \sin x \mathrm{d}x$$

此积分比原积分更难求出.

由此可见，使用分部积分法，必须恰当地选取 u 和 v. 当被积函数是某两个基本初等函数的乘积时，经验表明，用分部积分法时要正确选取 u 及 $\mathrm{d}v$，一般应考虑以下几点：① v 要容易求得；② $\int v \mathrm{d}u$ 要比原积分 $\int u \mathrm{d}v$ 容易积出.

(2) 被积函数是幂函数与指数函数之积，设 $u = x$，$v' = \mathrm{e}^x$，则 $u' = 1$，$v = \mathrm{e}^x$，因此

$$\int x \mathrm{e}^x \mathrm{d}x = x \mathrm{e}^x - \int \mathrm{e}^x \mathrm{d}x = x \mathrm{e}^x - \mathrm{e}^x + C$$

例 20　求下列不定积分.

(1) $\int x \ln x \mathrm{d}x$；　　(2) $\int \arccos x \mathrm{d}x$；　　(3) $\int \mathrm{e}^x \sin x \mathrm{d}x$.

解　(1) 被积函数是幂函数与对数函数之积，设 $u = \ln x$，$\mathrm{d}v = x \mathrm{d}x = \mathrm{d}\left(\dfrac{1}{2}x^2\right)$，则有

$$\int x \ln x \mathrm{d}x = \int \ln x \mathrm{d}\left(\frac{1}{2}x^2\right) = \frac{1}{2}x^2 \ln x - \int \frac{1}{2}x^2 \mathrm{d}(\ln x)$$

$$= \frac{1}{2}x^2 \ln x - \frac{1}{2}\int x^2 \frac{1}{x}\mathrm{d}x = \frac{1}{2}x^2 \ln x - \frac{1}{4}x^2 + C$$

(2) 被积函数是幂函数与反三角函数之积，设 $u = \arccos x$，$\mathrm{d}v = \mathrm{d}x$，则有

$$\int \arccos x \mathrm{d}x = x \arccos x - \int x \mathrm{d}(\arccos x) = x \arccos x + \int \frac{x}{\sqrt{1 - x^2}}\mathrm{d}x$$

$$= x \arccos x - \sqrt{1 - x^2} + C$$

(3) $\displaystyle\int \mathrm{e}^x \sin x \mathrm{d}x = \int \sin x \mathrm{d}(\mathrm{e}^x) = \mathrm{e}^x \sin x - \int \mathrm{e}^x \cos x \mathrm{d}x = \mathrm{e}^x \sin x - \int \cos x \mathrm{d}(\mathrm{e}^x)$

$$= \mathrm{e}^x \sin x - \left[\mathrm{e}^x \cos x - \int \mathrm{e}^x \mathrm{d}(\cos x)\right]$$

$$= e^x(\sin x - \cos x) - \int e^x \sin x \, dx$$

右端积分与原积分相同，经移项整理得

$$\int e^x \sin x \, dx = \frac{1}{2} e^x(\sin x - \cos x) + C$$

例 21 求下列不定积分.

(1) $\int x\cos^3 x \, dx$；　　(2) $\int \sec^3 x \, dx$.

解 (1) $\int x\cos^3 x \, dx = \int x\cos^2 x \, d(\sin x) = \int x(1-\sin^2 x)d(\sin x) = \int x \, d\left(\sin x - \frac{1}{3}\sin^3 x\right)$

$$= x\left(\sin x - \frac{1}{3}\sin^3 x\right) - \int\left(\sin x - \frac{1}{3}\sin^3 x\right)dx$$

$$= x\left(\sin x - \frac{1}{3}\sin^3 x\right) + \int\left[1 - \frac{1}{3}(1-\cos^2 x)\right]d(\cos x)$$

$$= x\left(\sin x - \frac{1}{3}\sin^3 x\right) + \frac{2}{3}\cos x + \frac{1}{9}\cos^3 x + C$$

(2) 令 $u = \sec x$，$dv = \sec^2 x \, dx = d(\tan x)$，利用分部积分公式，得

$$\int \sec^3 x \, dx = \int \sec x \, d(\tan x) = \sec x \tan x - \int \sec x \tan^2 x \, dx$$

$$= \sec x \tan x - \int \sec x(\sec^2 x - 1)dx$$

$$= \sec x \tan x - \int \sec^3 x \, dx + \int \sec x \, dx$$

$$= \sec x \tan x + \ln|\sec x + \tan x| - \int \sec^3 x \, dx$$

从而有

$$\int \sec^3 x \, dx = \frac{1}{2}(\sec x \tan x + \ln|\sec x + \tan x|) + C$$

计算不定积分要比计算导数复杂和困难得多，人们通常把常用的积分公式汇集起来，列为积分表(见附录"简易积分表")，于是可以根据被积函数的不同类型，选用适当的积分公式求出其结果.

习 题 3.2

1. 求下列不定积分：

(1) $\int \cos(2x-3)dx$；　　　　　　　　(2) $\int e^{-3x}dx$；

(3) $\displaystyle\int \frac{1}{\sqrt{2x-1}(2x-1)}\mathrm{d}x$;　　(4) $\displaystyle\int \cot(5x-7)\mathrm{d}x$;

(5) $\displaystyle\int \mathrm{e}^{\mathrm{e}^x+x}\mathrm{d}x$;　　(6) $\displaystyle\int \frac{\sqrt{4+\ln(1+x)}}{1+x}\mathrm{d}x$;

(7) $\displaystyle\int \frac{\cos x}{\mathrm{e}^{\sin x}}\mathrm{d}x$;　　(8) $\displaystyle\int \cos^2 3x\mathrm{d}x$;

(9) $\displaystyle\int \sin 5x\cos 3x\mathrm{d}x$.

2. 求下列不定积分：

(1) $\displaystyle\int \frac{\mathrm{d}x}{1+\sqrt{2x}}$;　　(2) $\displaystyle\int \frac{\sqrt{x+1}-1}{\sqrt{x+1}+1}\mathrm{d}x$;

(3) $\displaystyle\int \frac{\mathrm{d}x}{\sqrt{\mathrm{e}^x+1}}$;　　(4) $\displaystyle\int \frac{x\mathrm{d}x}{\sqrt{1+\sqrt[3]{x^2}}}$;

(5) $\displaystyle\int x^2\sqrt{4-x^2}\mathrm{d}x$;　　(6) $\displaystyle\int \frac{\sqrt{a^2-x^2}}{x^2}\mathrm{d}x \ (a>0)$.

3. 用分部积分法求下列不定积分：

(1) $\displaystyle\int x\arctan x\mathrm{d}x$;　　(2) $\displaystyle\int \mathrm{e}^x\cos x\mathrm{d}x$;

(3) $\displaystyle\int (\sec x)^3\mathrm{d}x$;　　(4) $\displaystyle\int \mathrm{e}^{\sqrt{x}}\mathrm{d}x$;

(5) $\displaystyle\int x\ln(x^2+1)\mathrm{d}x$;　　(6) $\displaystyle\int \mathrm{e}^{\sqrt[3]{x}}\mathrm{d}x$.

4. 求下列不定积分：

(1) $\displaystyle\int x\sin x\mathrm{d}x$;　　(2) $\displaystyle\int \ln x\mathrm{d}x$;

(3) $\displaystyle\int \arcsin x\mathrm{d}x$;　　(4) $\displaystyle\int x\mathrm{e}^{-x}\mathrm{d}x$;

(5) $\displaystyle\int x^2\arctan x\mathrm{d}x$;　　(6) $\displaystyle\int x\ln(x-1)\mathrm{d}x$;

(7) $\displaystyle\int x^2\cos 2x\mathrm{d}x$;　　(8) $\displaystyle\int \sin x(\ln x)\mathrm{d}x$;

(9) $\displaystyle\int (\arcsin x)^2\mathrm{d}x$;　　(10) $\displaystyle\int \mathrm{e}^x\sin^2 x\mathrm{d}x$;

(11) $\displaystyle\int x\tan^2 x\mathrm{d}x$;　　(12) $\displaystyle\int \ln^2 x\mathrm{d}x$.

3.3 微 分 方 程

在科学研究、工程技术和生产实际中，经常要寻求表示客观事物的变量之间的函数关系，这种函数关系常常不能直接得到，但可以得到含有未知函数的导数（或微分）的关系式，即通常所说的微分方程. 因此，微分方程是描述客观事物的数量关系的一种重要的数学模型.

3.3.1 认识微分方程

首先看下面的两个例子.

【引例 1】 求已知切线斜率的曲线方程.

一条曲线通过点 $(1, 2)$，且在该曲线上任意点 $M(x, y)$ 处的切线的斜率为 $2x$，求这条曲线的方程.

解 设所求的曲线为 $y = f(x)$，依题意，未知函数 $f(x)$，应满足关系式：

$$\frac{\mathrm{d}y}{\mathrm{d}x} = 2x \tag{3-1}$$

此外，$f(x)$ 还应满足条件： $x = 1$ 时，$y = 2$. $\tag{3-2}$

对于式（3-1），两端对 x 积分，得

$$y = \int 2x \mathrm{d}x = x^2 + C \tag{3-3}$$

将条件式（3-2）代入式（3-3），得

$$2 = 1 + C \Rightarrow C = 1$$

把 $C = 1$ 代入式（3-3），即得所求的曲线方程为

$$y = x^2 + 1$$

【引例 2】 列车的运动方程问题.

在直线轨道上，以 $20\ \mathrm{m/s}$ 的速度行驶的列车，制动获得的加速度为 $-0.4\ \mathrm{m/s^2}$. 求开始制动后列车的运动方程.

解 设列车的运动方程为 $s = f(t)$. 由导数的力学意义知，物体运动的速度为 $\frac{\mathrm{d}s}{\mathrm{d}t}$，加速度为 $\frac{\mathrm{d}^2 s}{\mathrm{d}t^2}$，于是，$s = f(t)$ 应满足方程：

$$\frac{\mathrm{d}^2 s}{\mathrm{d}t^2} = -0.4 \tag{3-4}$$

此外，还应满足条件：

$$\frac{\mathrm{d}s}{\mathrm{d}t}\bigg|_{t=0} = 20,\ s(0) = 0 \tag{3-5}$$

对于式(3-4)，两端积分，得到

$$\frac{\mathrm{d}s}{\mathrm{d}t} = -0.4t + C_1 \tag{3-6}$$

再对式(3-6)积分，得

$$s = -0.2t^2 + C_1t + C_2 \tag{3-7}$$

这里 C_1，C_2 都是任意常数. 将条件式(3-5)依次代入式(3-6)、式(3-7)，得 $C_1 = 20$，$C_2 = 0$. 故所求列车的运动方程为

$$s = -0.2t^2 + 20t$$

可以看到，以上两个例子的共同点：已知未知函数的导数（或微分）所满足的方程，求未知函数. 这类问题就是微分方程问题.

3.3.2　微分方程的基本概念

1. 微分方程的概念

定义 1　凡表示未知函数、未知函数的导数（或微分）及自变量之间的关系的方程，均称为微分方程. 因此，方程式(3-1)、式(3-4)都是微分方程.

在微分方程中，可能不显含自变量或未知函数，但必须显含未知函数的导数（或微分）. 如：$y' = 2x$，$y' - y = 0$，$y'' - 2y' - 3y = \sin x$ 等都是微分方程.

定义 2　微分方程中所出现的未知函数导数的最高阶数，称为微分方程的阶. 例如 $y' = 2x$ 是一阶微分方程，$y''' - 2y' - 3y = 3x$ 是三阶微分方程.

定义 3　能使微分方程成立的未知函数称为微分方程的解.

在引例 1 中，函数 $y = x^2 + C$ 和 $y = x^2 + 1$ 都是微分方程 $\dfrac{\mathrm{d}y}{\mathrm{d}x} = 2x$ 的解. 在引例 2 中，$s = -0.2t^2 + C_1t + C_2$ 和 $s = -0.2t^2 + 20t$ 都是微分方程 $\dfrac{\mathrm{d}^2s}{\mathrm{d}t^2} = -0.4$ 的解.

定义 4　如果微分方程中的解含有任意常数，且相互独立的任意常数的个数与微分方程的阶数相同，这样的解称为微分方程的通解. 确定了任意常数 C 的通解称为微分方程的特解.

例如，$y = x^2 + C$ 是 $y' = 2x$ 的通解，$s = -0.2t^2 + C_1t + C_2$ 是微分方程 $\dfrac{\mathrm{d}^2s}{\mathrm{d}t^2} = -0.4$ 的通解；$y = x^2 + 1$ 是 $y' = 2x$ 的特解，$s = -0.2t^2 + 20t$ 是微分方程 $\dfrac{\mathrm{d}^2s}{\mathrm{d}t^2} = -0.4$ 的特解.

可以确定通解中的任意常数 C 的条件称为初始条件.

例如，引例 1 中 $y\big|_{x=1}=2$ 和引例 2 中 $\dfrac{\mathrm{d}s}{\mathrm{d}t}\Big|_{t=0}=20$，$s(0)=0$ 都是初始条件.

求微分方程解的过程称为解微分方程.

对于微分方程，求出它的解是最基本、最重要的问题.

例 1 验证函数 $x=C_1\cos kt+C_2\sin kt$ 是微分方程 $\dfrac{\mathrm{d}^2x}{\mathrm{d}t^2}+k^2x=0(k\neq0)$ 的通解.

证 求出所给函数 $x=C_1\cos kt+C_2\sin kt$ 的一阶及二阶导数，则

$$\frac{\mathrm{d}x}{\mathrm{d}t}=-C_1k\sin kt+C_2k\cos kt,\qquad\frac{\mathrm{d}^2x}{\mathrm{d}t^2}=-k^2(C_1\cos kt+C_2\sin kt)$$

代入方程得

$$-k^2(C_1\cos kt+C_2\sin k)+k^2(C_1\cos kt+C_2\sin kt)=0$$

所以函数 $x=C_1\cos kt+C_2\sin kt$ 是方程 $\dfrac{\mathrm{d}^2x}{\mathrm{d}t^2}+k^2x=0(k\neq0)$ 的解，且为通解.

例 2 求微分方程 $y'-x=0$ 满足初始条件 $y\big|_{x=0}=1$ 的特解.

解 原方程即为 $y'=x$，而 $\left(\dfrac{1}{2}x^2\right)'=x$，所以，方程的通解为 $y=\dfrac{1}{2}x^2+C$. 把初始条件 $y\big|_{x=0}=1$ 代入通解，得 $C=1$，故满足初始条件 $y\big|_{x=0}=1$ 的特解为

$$y=\frac{1}{2}x^2+1$$

2. 可分离变量的微分方程

可分离变量的微分方程的一般形式为 $\dfrac{\mathrm{d}y}{\mathrm{d}x}=f(x)g(y)$，求解步骤为

（1）分离变量得 $\dfrac{\mathrm{d}y}{g(y)}=f(x)\mathrm{d}x$；

（2）两端积分得 $\displaystyle\int\dfrac{\mathrm{d}y}{g(y)}=\int f(x)\mathrm{d}x$；

（3）求出积分，得通解为 $G(y)=F(x)+C$，其中 $G(y)$，$F(x)$ 分别是 $\dfrac{1}{g(y)}$，$f(x)$ 的一个原函数. 这种将变量分离的方法称为分离变量法. 变量能够分离的方程称为可分离变量的微分方程.

例 3 求微分方程 $\dfrac{\mathrm{d}y}{\mathrm{d}x}=xy$ 的通解.

解 此微分方程是可分离变量的，分离变量后得

$$\frac{\mathrm{d}y}{y}=x\mathrm{d}x$$

两端积分得

$$\int \frac{1}{y}\mathrm{d}y = \int x\mathrm{d}x \Rightarrow \ln \mid y \mid = \frac{1}{2}x^2 + C_1 \Rightarrow \mid y \mid = \mathrm{e}^{C_1}\,\mathrm{e}^{\frac{x^2}{2}} \Rightarrow y = \pm\,\mathrm{e}^{C_1}\,\mathrm{e}^{\frac{x^2}{2}}$$

因 $\pm\,\mathrm{e}^{C_1}$ 是任意常数，把它记 C，得方程通解为 $y = C\mathrm{e}^{\frac{x^2}{2}}$. 当 $C = 0$ 时，通解 $y = C\mathrm{e}^{\frac{x^2}{2}}$ 也满足方程 $\dfrac{\mathrm{d}y}{\mathrm{d}x} = xy$，因此，所求方程的通解为 $y = C\mathrm{e}^{\frac{x^2}{2}}$（其中 $C \in \mathbf{R}$）.

例 4　求微分方程 $\dfrac{\mathrm{d}y}{\mathrm{d}x} = 2xy^2$ 的通解.

解　分离变量，得

$$\frac{1}{y^2}\mathrm{d}y = 2x\mathrm{d}x$$

方程两端积分，有

$$\int \frac{1}{y^2}\mathrm{d}y = \int 2x\mathrm{d}x$$

所求通解为

$$-\frac{1}{y} = x^2 + C \text{ 或 } y = -\frac{1}{x^2 + C}$$

其中，C 为任意常数.

有些方程不能直接分离变量，但通过作一些简单的代换就可以使之变成可分离变量的微分方程.

例 5　求解微分方程 $2xy\mathrm{d}x - (x^2 + y^2)\mathrm{d}y = 0$.

解　将原方程变形为

$$\frac{\mathrm{d}y}{\mathrm{d}x} = \frac{2xy}{x^2 + y^2} = \frac{2\left(\dfrac{y}{x}\right)}{1 + \left(\dfrac{y}{x}\right)^2}$$

作代换令 $u = \dfrac{y}{x}$，得 $y = xu$，则

$$\frac{\mathrm{d}y}{\mathrm{d}x} = u + x\,\frac{\mathrm{d}u}{\mathrm{d}x}$$

于是有

$$x\,\frac{\mathrm{d}u}{\mathrm{d}x} = \frac{u - u^3}{1 + u^2}$$

分离变量，有

$$\frac{\mathrm{d}x}{x} = \frac{1 + u^2}{u - u^3}\mathrm{d}u$$

方程两端积分，有

$$\int \frac{\mathrm{d}x}{x} = \int \left(\frac{1}{u} + \frac{2u}{1-u^2} \right) \mathrm{d}u$$

积分以后化简，再以 $u = \dfrac{y}{x}$ 代入，最后得微分方程的通解为

$$x^2 = Cy + y^2$$

其中，C 为任意常数.

3.3.3　一阶微分方程

下面只简单介绍一阶线性微分方程，先来看两个例子.

【引例 3】　与椭圆处处正交的曲线.

曲线 $y = f(x)$ 与曲线族 $\dfrac{x^2}{2} + y^2 = C$ 中的任一椭圆都正交（交点处互相垂直），若已知曲线 $y = f(x)$ 经过点 (a, b)（其中 $ab \neq 0$），求此曲线所满足的微分方程.

解　曲线 $y = f(x)$ 上任一点 (x, y) 处的切线斜率为 $k_1 = y'$，而椭圆族中过该点的那个椭圆在这一点的切线斜率为 $k_2 = -\dfrac{x}{2y}$. 由正交性条件知 $k_1 k_2 = -1$，即可得到未知曲线应满足的微分方程是

$$y' = \frac{2y}{x} \quad 或 \quad y' - \frac{2}{x}y = 0 \tag{3-8}$$

【引例 4】　物体的冷却速度.

物体冷却速度与该物体和周围介质的温度差成正比，具有温度为 T_0 的物体放在保持常温为 T_1 的室内，求温度 T 与时间 t 所满足的微分方程.

解　根据牛顿冷却定律：冷却速度与物体和空气的温度差成正比，所以有

$$\frac{\mathrm{d}T}{\mathrm{d}t} = -k(T - T_1) \quad 或 \quad \frac{\mathrm{d}T}{\mathrm{d}t} + kT = kT_1 \tag{3-9}$$

式（3-8）、式（3-9）均为一阶线性微分方程.

定义 5　形如：

$$\frac{\mathrm{d}y}{\mathrm{d}x} + p(x)y = q(x)$$

的方程称为一阶线性微分方程，其中 $p(x)$，$q(x)$ 为已知函数.

所谓线性微分方程，是指方程中出现的未知函数及未知函数的导数都是一次的，例如 $\dfrac{\mathrm{d}y}{\mathrm{d}x} + x^2 y = \sin x$ 是一阶线性微分方程，$y \dfrac{\mathrm{d}y}{\mathrm{d}x} + x^2 y = \sin x$ 不是一阶线性微分方程. 当 $q(x) \equiv 0$ 时，称微分方程 $\dfrac{\mathrm{d}y}{\mathrm{d}x} + p(x)y = 0$ 是齐次的. 如引例 4 的微分方程（3-8）是齐次线

性微分方程.

对于齐次方程 $\dfrac{\mathrm{d}y}{\mathrm{d}x} + p(x)y = 0$，分离变量后可得其通解为

$$y = C\mathrm{e}^{-\int p(x)\mathrm{d}x} \qquad\qquad (3-10)$$

例 6　求解微分方程 $\dfrac{\mathrm{d}y}{\mathrm{d}x} - \dfrac{y}{x} = 0$.

解　移项得

$$\frac{\mathrm{d}y}{\mathrm{d}x} = \frac{y}{x}$$

分离变量得

$$\frac{\mathrm{d}y}{y} = \frac{\mathrm{d}x}{x}$$

方程两端积分得

$$\int \frac{\mathrm{d}y}{y} = \int \frac{\mathrm{d}x}{x}$$

故

$$\ln|y| = \ln|x| + C_1 \Rightarrow y = \pm C_1 x \ (C_1 \in \mathbf{R})$$

当 $C_1 = 0$ 时，$y = 0$ 也是微分方程的解，于是得到方程的通解为

$$y = Cx \ (C \in \mathbf{R})$$

此例也可以利用式$(3-10)$来求解，计算得

$$p(x) = -\frac{1}{x}, \ \int p(x)\mathrm{d}x = -\int \frac{\mathrm{d}x}{x} = -\ln|x|$$

代入即得通解.

例 7　求微分方程 $\dfrac{\mathrm{d}y}{\mathrm{d}x} + y = 0$ 的通解.

解　分离变量得

$$\frac{\mathrm{d}y}{y} = -\mathrm{d}x$$

方程两端积分得

$$\int \frac{1}{y}\mathrm{d}y = -\int \mathrm{d}x$$

可得方程的通解为

$$\ln|y| = -x + C_1 \Rightarrow y = \pm \mathrm{e}^{C_1}\mathrm{e}^{-x}(C_1 \in \mathbf{R})$$

又 $y = 0$ 也是微分方程的解，于是得到方程的通解为

$$y = C\mathrm{e}^{-x}(C \in \mathbf{R})$$

类似地，此例也可以利用式(3-10)求解.

利用式(3-10)求解微分方程通常比利用分离变量法来得简单，但分离变量法十分重要，必须熟练地掌握这种方法.

习 题 3.3

1. 指出下列各微分方程的阶数.

(1) $y'' + y - e^x = 0$；

(2) $\dfrac{dy}{dx} = 5\tan x - x^2 y$；

(3) $(y'')^3 + 5y = \sin x$；

(4) $y''' - 2y' + \cot x = 0$；

(5) $(1 - x^2)dy = (2x - xy)dx$；

(6) $y' - y\sin x = \cos 2x$.

2. 验证下列各题中所给的函数是否为微分方程的解. 若是，是通解还是特解？

(1) $y'' + 2y' + y = 0$，　$y = C_1 x e^{-x} + C_2 e^{-x}$；

(2) $x\dfrac{dy}{dx} + 3y = 0$，　$y = Cx^{-3}$；

(3) $y' + y = 0$，　$y = 2\sin x + \cos x$；

(4) $xy' = y + x\ln x$，　$y = x(\ln x)^2 + C$.

3. 求下列一阶微分方程的通解.

(1) $x^2 - 2yy' = 0$；

(2) $y' = e^{-y}\cos x$；

(3) $dy = (1 + x + y^2 + xy^2)dx$；

(4) $y'\cos^2 x + y = \tan x$；

(5) $y' + 2y - x = 0$；

(6) $y' - \dfrac{y}{1+x} = e^x(x+1)$.

4. 求微分方程 $\cos x\sin y\, dy = \cos y\sin x\, dx$ 满足 $y\big|_{x=0} = \dfrac{\pi}{3}$ 的特解.

5. 求微分方程 $e^{x^2}\dfrac{dy}{dx} = -2x e^{x^2} y + 4x^3$ 满足 $y\big|_{x=0} = 2$ 的特解.

6. 解下列方程.

(1) $(x + 2y)dx - xdy = 0$；

(2) $(y^2 - 2xy)dx + x^2 dy = 0$；

(3) $(x^2 + y^2)\dfrac{dy}{dx} = 2xy$；

(4) $xy' - y = x\tan\dfrac{y}{x}$；

(5) $xy' - y = (x + y)\ln\dfrac{x+y}{x}$；

(6) $xy' = \sqrt{x^2 - y^2} + y$.

7. 镭的衰变有如下的规律：镭的衰变速度与它的现存质量 M 成正比，由经验材料得知，镭经过 1600 年以后，只余下原始量 M_0 的一半，试求镭的现存质量 M 与时间 t 的函数关系.

8. 求下列微分方程的通解或特解.

(1) $\dfrac{\mathrm{d}y}{\mathrm{d}x} + y = \mathrm{e}^{-x}$；

(2) $y' + 2xy = 4x$；

(3) $\dfrac{\mathrm{d}p}{\mathrm{d}\theta} + 3p = 2$；

(4) $y' + y\tan x = \sin 2x$.

3.4　定　积　分

在工程技术、生产生活中有很多问题需要用到定积分的知识去解决. 本节将从实际问题出发，讨论定积分的问题，主要研究定积分的定义、性质、计算方法以及定积分的应用.

3.4.1　定积分的概念

1. 两个引例

【引例 1】　曲边梯形的面积.

由定义在闭区间 $[a, b]$ 上的连续曲线 $y = f(x)(f(x) > 0)$，x 轴以及两直线 $x = a$，$x = b$ 所围成的平面图形（见图 $3-4$）称为曲边梯形，其中曲线弧称为曲边. 求曲边梯形的面积.

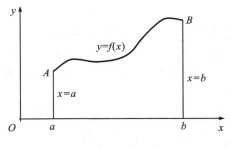

图 $3-4$

分析：由于"矩形面积 ＝ 底 × 高"，而曲边梯形在底边上各点处的高 $f(x)$ 在区间 $[a, b]$ 上是变动的，故它的面积不能按矩形面积公式计算.

另一方面，由于曲线 $y = f(x)$ 在 $[a, b]$ 上是连续变化的，所以当点 x 在区间 $[a, b]$ 上某处变化很小时，相应的 $f(x)$ 也就变化不大. 于是，考虑用一组平行于 y 轴的直线把曲边梯形分割成若干个小曲边梯形，当分割得较细，每个小曲边梯形很窄时，其高 $f(x)$ 的变化就很小. 这样，可以在每个小曲边梯形上作一个与它同底、以底上某点函数值为高的小矩形，用小矩形的面积近似代替小曲边梯形的面积，进而用所有小曲边梯形的面积之和近似代替整个曲边梯形的面积（见图 $3-5$）. 显然，分割越细，近似程度越高，当无限细分时，所有小矩形面积之和的极限就是曲边梯形面积的精确值.

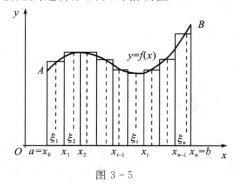

图 3－5

根据以上分析，可按以下三步计算曲边梯形的面积 A.

（1）分割．在闭区间 $[a, b]$ 上任意插入 $n-1$ 个分点：
$$a = x_0 < x_1 < x_2 < \cdots < x_{i-1} < x_i < \cdots < x_{n-1} < x_n = b$$
将闭区间 $[a, b]$ 分成 n 个小区间：
$$[x_0, x_1], [x_1, x_2], \cdots, [x_{i-1}, x_i], \cdots, [x_{n-1}, x_n]$$
它们的长度依次为
$$\Delta x_1 = x_1 - x_0, \Delta x_2 = x_2 - x_1, \cdots, \Delta x_i = x_i - x_{i-1}, \cdots, \Delta x_n = x_n - x_{n-1}$$
过每一个分点作平行于 y 轴的直线，把曲边梯形分成 n 个小曲边梯形.

（2）求和．在每个小区间 $[x_{i-1}, x_i]$ $(i = 1, 2, \cdots, n)$ 上任取一点 ξ_i $(x_{i-1} \leqslant \xi_i \leqslant x_i)$，以小区间 $\Delta x_i = x_i - x_{i-1}$ 为底、$f(\xi_i)$ 为高作小矩形，用小矩形的面积 $f(\xi_i)\Delta x_i$ 近似代替相应的小曲边梯形的面积 ΔA，即
$$\Delta A = f(\xi_i)\Delta x_i \quad (i = 1, 2, \cdots, n)$$
把这样得到的 n 个小矩形的面积加起来，得和式 $\sum_{i=1}^{n} f(\xi_i)\Delta x_i$，将其作为曲边梯形面积的近似值，即
$$A = \sum_{i=1}^{n} \Delta A_i \approx \sum_{i=1}^{n} f(\xi_i)\Delta x_i$$

（3）取极限．当分点个数 n 无限增加，且小区间长度的最大值 λ $(\lambda = \max\{\Delta x_i\})$ 趋于零时，上述和式的极限值就是曲边梯形面积的精确值，即
$$A = \lim_{\lambda \to 0} \sum_{i=1}^{n} f(\xi_i)\Delta x_i$$

【引例 2】 变速直线运动的路程.

设一物体做变速直线运动，已知速度 $v = v(t)$ $(\geqslant 0)$ 是时间间隔 $[T_1, T_2]$ 内 t 的连续

函数，求在$[T_1，T_2]$内物体经过的路程 s.

　　分析： 由于物体做变速直线运动，不能像匀速直线运动那样用速度乘以时间来求其路程. 但是，由于速度是连续变化的，如果 t 在$[T_1，T_2]$内某点处变化很小，则相应的速度 $v = v(t)$ 也变化不大. 因此完全可以用类似于求曲边梯形面积的方法来计算路程.

　　（1）分割. 在时间间隔$[T_1，T_2]$内任意插入 $n-1$ 个时刻，即

$$T_1 = t_0 < t_1 < t_2 < \cdots < t_{i-1} < t_i < \cdots < t_n = T_2$$

将$[T_1，T_2]$分成 n 个小时间段，即

$$[t_0，t_1]，[t_1，t_2]，\cdots，[t_{i-1}，t_i]，\cdots，[t_{n-1}，t_n]$$

它们的时间间隔依次为

$$\Delta t_1 = t_1 - t_0，\Delta t_2 = t_2 - t_1，\cdots，\Delta t_i = t_i - t_{i-1}，\cdots，\Delta t_n = t_n - t_{n-1}$$

相应地，在各段时间内，物体经过的路程依次为 $\Delta s_1，\Delta s_2，\cdots，\Delta s_i，\cdots，\Delta s_n$.

　　（2）求和. 在每个小时间段内任取一时刻 $\xi_i(t_{i-1} \leqslant \xi_i \leqslant t_i)$，用时刻 ξ_i 的速度 $v(\xi_i)$ 近似代替物体在小时间段内的速度. 用乘积 $v(\xi_i)\Delta t_i$ 近似代替物体在小时间段$[t_{i-1}，t_i]$内经过的路程，即

$$\Delta s_i \approx v(\xi_i)\Delta t_i \quad (i = 1，2，\cdots，n)$$

把 n 个小时间段内物体经过的路程 Δs_i 的近似值加起来得和式 $\sum\limits_{i=1}^{n} v(\xi_i)\Delta t_i$，它就是物体在$[T_1，T_2]$上所经过路程 s 的近似值，即

$$s = \sum_{i=1}^{n} \Delta s_i \approx \sum_{i=1}^{n} v(\xi_i)\Delta t_i$$

　　（3）取极限. 当小时间段的段数 n 无限增加，且小时间段的最大值 $\lambda(\lambda = \max\{\Delta x_i\})$ 趋于零时，上述和式的极限值就是物体在时间间隔$[T_1，T_2]$上所经过的路程 s 的精确值，即

$$s = \lim_{\lambda \to 0} \sum_{i=1}^{n} v(\xi_i)\Delta t_i$$

2. 定积分的定义

　　以上两个例子所计算的量，前者是曲边梯形的面积 A，属于几何量；后者是变速直线运动的路程 s，属于物理量，但解决问题的思想方法是相同的，都归结为具有相同结构的和式的极限. 在科学技术中，有许多实际问题也是归结为这类和式极限的. 抛开问题的实际意义，抽象出它们在数量关系上的共同本质与特性加以概括，就可以得到下述定积分的定义.

　　定义 1　设函数 $y = f(x)$ 在闭区间$[a，b]$上有界，在闭区间$[a，b]$中任意插入 $n-1$ 个分点：

$$a = x_0 < x_1 < x_2 < \cdots < x_{i-1} < x_i < \cdots < x_{n-1} < x_n = b$$

将区间$[a，b]$分成 n 个小区间：

$$[x_0, x_1], [x_1, x_2], \cdots, [x_{i-1}, x_i], \cdots, [x_{n-1}, x_n]$$

各小区间的长度依次为

$$\Delta x_1 = x_1 - x_0, \Delta x_2 = x_2 - x_1, \cdots, \Delta x_i = x_i - x_{i-1}, \cdots, \Delta x_n = x_n - x_{n-1}$$

在每个小区间上任取一点 $\xi_i (x_{i-1} \leqslant \xi_i \leqslant x_i)$，取函数值 $f(\xi_i)$ 与小区间长度 Δx_i 的乘积 $f(\xi_i) \Delta x_i (i = 1, 2, \cdots, n)$，并作和 $\sum_{i=1}^{n} f(\xi_i) \Delta x_i$，记 $\lambda = \max\{\Delta x_i\} (i = 1, 2, \cdots, n)$. 当 n 无限增大且 $\lambda \to 0$ 时，若上述和式的极限存在，则称函数 $y = f(x)$ 在区间 $[a, b]$ 上可积，并将此极限值称为函数 $y = f(x)$ 在 $[a, b]$ 上的定积分，记为 $\int_a^b f(x) \mathrm{d}x$，即

$$\int_a^b f(x) \mathrm{d}x = \lim_{\lambda \to 0} \sum_{i=1}^{n} f(\xi_i) \Delta x_i$$

其中，x 称为积分变量，$f(x)$ 称为被积函数，$f(x)\mathrm{d}x$ 称为被积表达式，a 称为积分下限，b 称为积分上限，$[a, b]$ 称为积分区间，符号 $\int_a^b f(x) \mathrm{d}x$ 读作函数 $f(x)$ 从 a 到 b 的定积分.

关于定积分的定义作以下几点说明：

(1) 和式的极限 $\lim_{\lambda \to 0} \sum_{i=1}^{n} f(\xi_i) \Delta x_i$ 存在（即函数 $f(x)$ 在 $[a, b]$ 上可积）是指不论对区间 $[a, b]$ 怎样分，也不论对点 $\xi_i (x_{i-1} \leqslant \xi_i \leqslant x_i)$ 怎样取，极限都存在.

(2) 和式的极限仅与被积函数 $f(x)$ 的表达式及积分区间 $[a, b]$ 有关，与积分变量使用什么字母无关，即

$$\int_a^b f(x) \mathrm{d}x = \int_a^b f(t) \mathrm{d}t = \int_a^b f(u) \mathrm{d}u$$

对于函数 $y = f(x)$ 在 $[a, b]$ 上满足怎样的条件在上才可积的问题，这里不加证明地给出下面两个定理：

定理 1 设函数 $y = f(x)$ 在区间 $[a, b]$ 上连续，则 $f(x)$ 在 $[a, b]$ 上可积.

定理 2 设函数 $y = f(x)$ 在区间 $[a, b]$ 上有界，且只有有限个间断点，则函数 $f(x)$ 在 $[a, b]$ 上可积.

根据定积分的定义，前面所讨论的两个例子都可以表示为定积分：

(1) 由曲线 $y = f(x) (f(x) \geqslant 0)$，$x$ 轴及直线 $x = a$，$x = b$ 所围成的曲边梯形的面积 A 等于函数 $f(x)$ 在区间 $[a, b]$ 上的定积分，即

$$A = \int_a^b f(x) \mathrm{d}x$$

(2) 物体以变速 $v = v(t) (\geqslant 0)$ 做直线运动，从时刻 T_1 到 T_2 所经过的路程 s 等于函数 $v(t)$ 在区间 $[T_1, T_2]$ 上的定积分，即

$$s = \int_{T_1}^{T_2} v(t) \mathrm{d}t$$

下面举一个用定义计算定积分的例子.

例 1 用定义计算 $\int_0^1 x^2 \mathrm{d}x$.

解 被积函数 $y = x^2$ 在区间 $[0,1]$ 上连续,从而 $y = x$ 在 $[0,1]$ 上可积. 为计算方便起见,把区间 $[0,1]$ 分成 n 等份,分点分别为

$$x_0 = 0, \ x_1 = \frac{1}{n}, \ x_2 = \frac{2}{n}, \cdots, \ x_i = \frac{i}{n}, \cdots, \ x_n = \frac{n}{n} = 1$$

每个小区间的长度都是 $\Delta x_i = \frac{1}{n}$,在每个小区间 $\left[\frac{i-1}{n}, \frac{i}{n}\right]$ 上都取右端点为 ξ_i,即 $\xi_i = \frac{i}{n}$,于是和式为

$$\sum_{i=1}^{n} f(\xi_i)\Delta x_i = \sum_{i=1}^{n} \left(\frac{i}{n}\right)^2 \cdot \frac{1}{n} = \frac{1}{n^3} \sum_{i=1}^{n} i^2$$
$$= \frac{1}{n^3} \cdot \frac{1}{6}n(n+1)(2n+1) = \frac{1}{6}\left(1 + \frac{1}{n}\right)\left(2 + \frac{1}{n}\right)$$

当 $\lambda = \max\{\Delta x_i\} \to 0^+$,即 $n \to \infty$ 时,有

$$\lim_{n \to \infty} \frac{1}{6}\left(1 + \frac{1}{n}\right)\left(2 + \frac{1}{n}\right) = \frac{1}{3}$$

于是

$$\int_0^1 x^2 \mathrm{d}x = \lim_{\lambda \to 0} \sum_{i=1}^{n} f(\xi_i)\Delta x_i = \lim_{n \to \infty} \frac{1}{6}\left(1 + \frac{1}{n}\right)\left(2 + \frac{1}{n}\right) = \frac{1}{3}$$

3. 定积分的几何意义

当 $f(x) \geqslant 0$ 时,由前述可知,定积分 $\int_a^b f(x)\mathrm{d}x$ 在几何上表示由曲线 $y = f(x)$,两直线 $x = a$,$x = b$ 与 x 轴所围成的曲边梯形的面积.

如果 $f(x) \leqslant 0$,这时曲边梯形位于 x 轴下方,定积分 $\int_a^b f(x)\mathrm{d}x$ 在几何上表示上述曲边梯形面积的负值(见图 3-6).

当 $f(x)$ 在 $[a,b]$ 上有正有负时,定积分 $\int_a^b f(x)\mathrm{d}x$ 在几何上表示 x 轴,曲线 $y = f(x)$ 及两直线 $x = a$,$x = b$ 所围成的各个曲边梯形面积的代数和(见图 3-7),即

$$\int_a^b f(x)\mathrm{d}x = -A_1 + A_2 - A_3$$

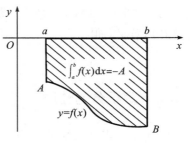

图 3-6

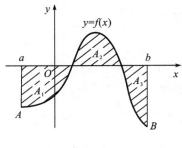

图 3-7

例 2　用定积分表示图 3-8、图 3-9 中阴影部分的面积，并根据定积分的几何意义求出其值.

解　（1）如图 3-8 所示，被积函数 $f(x) = x$ 在区间 $[1, 2]$ 上连续，且 $f(x) > 0$，由定积分的几何意义，得

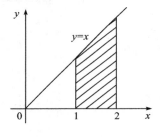

图 3-8

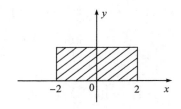

图 3-9

$$A = \int_1^2 x \mathrm{d}x = \frac{(1+2) \times 1}{2} = \frac{3}{2}$$

（2）如图 3-9 所示，被积函数 $f(x) = 2$ 在区间 $[-2, 2]$ 上连续，且 $f(x) > 0$，由定积分的几何意义，得

$$A = \int_{-2}^2 2 \mathrm{d}x = 2 \times 4 = 8$$

3.4.2　定积分的性质

性质 1　当 $a < b$ 时，$\int_a^b f(x) \mathrm{d}x = -\int_b^a f(x) \mathrm{d}x$.

特别地，当 $a = b$ 时，$\int_a^a f(x) \mathrm{d}x = 0$.

性质 2　函数和（差）的定积分等于它们定积分的和（差），即

$$\int_a^b [f(x) \pm g(x)] \mathrm{d}x = \int_a^b f(x)\mathrm{d}x \pm \int_a^b g(x)\mathrm{d}x$$

性质 2 可推广到有限多个函数代数和的情形.

性质 3　被积函数的常数因子可以提到定积分的符号外面，即

$$\int_a^b k f(x)\mathrm{d}x = k \int_a^b f(x)\mathrm{d}x \quad (k \text{ 为常数})$$

性质 4　如果在区间$[a, b]$上 $f(x) \equiv C$，则

$$\int_a^b f(x)\mathrm{d}x = \int_a^b C\mathrm{d}x = C(b - a)$$

特别地，$C = 1$ 时，$\int_a^b \mathrm{d}x = b - a$.

性质 4 的几何意义如图 3 - 10 所示.

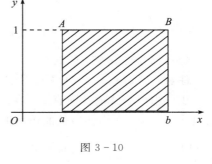

图 3 - 10

性质 5（积分区间的可加性）　如果积分区间$[a, b]$被点 c 分成两个区间$[a, c]$和$[c, b]$，则在整个区间上的定积分等于这两个区间上定积分的和，即

$$\int_a^b f(x)\mathrm{d}x = \int_a^c f(x)\mathrm{d}x + \int_c^b f(x)\mathrm{d}x$$

性质 6　如果在区间$[a, b]$上，$f(x) \geqslant 0$，则 $\int_a^b f(x)\mathrm{d}x \geqslant 0 \quad (a < b)$.

性质 7（定积分的单调性）　如果在区间$[a, b]$上，有 $f(x) \leqslant g(x)$，则

$$\int_a^b f(x)\mathrm{d}x \leqslant \int_a^b g(x)\mathrm{d}x \quad (a < b)$$

推论　由性质 7，得 $\left| \int_a^b f(x)\mathrm{d}x \right| \leqslant \int_a^b | f(x) | \mathrm{d}x \quad (a < b)$.

（证明从略）

性质 8（估值定理）　如果函数 $f(x)$ 在闭区间$[a, b]$上的最大值为 M，最小值为 m，则

$$m(b - a) \leqslant \int_a^b f(x)\mathrm{d}x \leqslant M(b - a) \quad (a < b)$$

性质 8 说明，由被积函数在积分区间上的最大值和最小值可以估计积分值的大致范围.

例 3　估计定积分 $\int_{-1}^1 \mathrm{e}^{-x^2} \mathrm{d}x$ 的值.

解　先求 $f(x) = \mathrm{e}^{-x^2}$ 在区间$[-1, 1]$上的最大值和最小值，为此求得 $f'(x) = -2x\mathrm{e}^{-x^2}$. 令 $f'(x) = 0$，得驻点 $x = 0$，比较驻点 $x = 0$ 处与区间端点 $x = \pm 1$ 处的函数值：

$$f(0) = \mathrm{e}^0 = 1, \ f(\pm 1) = \mathrm{e}^{-1} = \frac{1}{\mathrm{e}}$$

得最小值 $m = \dfrac{1}{\mathrm{e}}$、最大值 $M = 1$. 再根据估值定理，得

$$\frac{2}{e} \leqslant \int_{-1}^{1} e^{-x^2} dx \leqslant 2$$

性质 9（积分中值定理）　如果函数 $y = f(x)$ 在闭区间 $[a, b]$ 上连续，则至少存在一点 $\xi \in [a, b]$，使得

$$\int_a^b f(x)dx = f(\xi)(b-a) \quad (a \leqslant \xi \leqslant b)$$

这个公式称为积分中值公式.

注意： 当 $b < a$ 时，性质 9 仍然成立.

积分中值公式的几何意义：在区间 $[a, b]$ 上至少存在一点 ξ，使得以区间 $[a, b]$ 为底、以曲线 $y = f(x)$ 为曲边的曲边梯形的面积等于同一底边而高为 $f(\xi)$ 的矩形的面积，如图 3-11 所示. $\dfrac{1}{b-a} \displaystyle\int_a^b f(x)dx$ 常常理解为 $f(x)$ 在区间 $[a, b]$ 上所有函数值的平均值. 它通常是有限个数的算术平均值的推广.

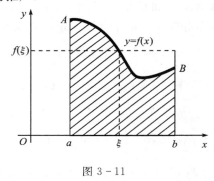

图 3-11

例 4　试求 $f(x) = \sin x$ 在 $[0, \pi]$ 上的平均值.

解　所求的平均值为

$$f(\xi) = \frac{1}{\pi} \int_0^{\pi} \sin x dx = -\frac{1}{\pi} \cos x \Big|_0^{\pi} = \frac{2}{\pi}$$

3.4.3　定积分的计算

从利用定积分的定义计算定积分的例中可知，被积函数虽然是简单的一次函数，但直接由定义来计算它的定积分已经不太容易. 如果被积函数是其他复杂的函数，其计算难度就更大. 因此需要找到计算定积分的有效、简便的方法.

1. 变上限的定积分

由定积分的几何意义可知，定积分 $\displaystyle\int_a^b f(x)dx$ 表示连续曲线 $y = f(x)$ 在区间 $[a, b]$ 上

的曲边梯形 $AabB$ 的面积, 如果 x 是 $[a, b]$ 上任一点, 同样, 定积分 $\int_a^x f(t)\mathrm{d}t$ 表示曲线 $y = f(x)$ 在部分区间 $[a, x]$ 上的曲边梯形 $AaxC$ (见图 3 - 12 中阴影部分) 的面积. 当 x 在区间 $[a, b]$ 上变化时, 阴影部分的曲边梯形面积也随之变化. 即 x 有一个确定值, 定积分 $\int_a^x f(t)\mathrm{d}t$ 就有一个确定的值与之对应. 所以定积分 $\int_a^x f(t)\mathrm{d}t$ 是上限变量 x 的函数, 称为变上限的定积分, 记为 $\Phi(x)$, 即

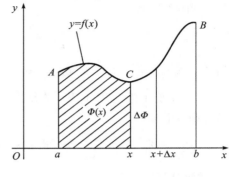

图 3 - 12

$$\Phi(x) = \int_a^x f(t)\mathrm{d}t \quad (a \leqslant x \leqslant b)$$

变上限的定积分的重要性质:

定理 3　若函数 $f(x)$ 在区间 $[a, b]$ 上连续, 则变上限的定积分

$$\Phi(x) = \int_a^x f(t)\mathrm{d}t$$

在区间 $[a, b]$ 上可导, 并且它的导数等于被积函数在上限的值, 即

$$\Phi'(x) = \left[\int_a^x f(t)\mathrm{d}t\right]' = f(x)$$

定理 3 表明了一个重要结论: 变上限的定积分 $\Phi(x) = \int_a^x f(t)\mathrm{d}t$ 是连续函数 $f(x)$ 在区间 $[a, b]$ 上的一个原函数.

定理 4　如果函数 $f(x)$ 在区间 $[a, b]$ 上连续, 则函数

$$\Phi(x) = \int_a^x f(t)\mathrm{d}t$$

就是 $f(x)$ 在 $[a, b]$ 上的一个原函数.

定理 4 的重要意义在于: 一方面肯定了连续函数的原函数是存在的; 另一方面初步地揭示了积分学中的定积分与原函数之间的联系. 因此就有可能通过原函数来计算定积分.

例 5　已知 $\Phi(x) = \int_a^x \mathrm{e}^{t^2}\mathrm{d}t$, 求 $\Phi'(x)$.

解　根据定理 3, 有

$$\Phi'(t) = \left(\int_a^x \mathrm{e}^{t^2}\mathrm{d}t\right)' = \mathrm{e}^{x^2}$$

例 6　已知 $F(x) = \int_x^1 \cos(t+1)\mathrm{d}t$, 求 $F'(x)$.

解 根据定理 3，有

$$F'(x) = \left[\int_x^1 \cos(t+1)\,\mathrm{d}t\right]' = \left[-\int_1^x \cos(t+1)\,\mathrm{d}t\right]' = -\cos(x+1)$$

例 7 设 $\Phi(x) = \int_0^{\sqrt{x}} \sin t^2\,\mathrm{d}t$，求 $\Phi'(x)$.

解 由于变上限定积分是 x 的复合函数，所以，除根据定理 3 外，还要应用复合函数的求导法则，于是

$$\Phi'(x) = \left(\int_0^{\sqrt{x}} \sin t^2\,\mathrm{d}t\right)' = \left(\int_0^{\sqrt{x}} \sin t^2\,\mathrm{d}t\right)'_{\sqrt{x}}(\sqrt{x})' = \frac{1}{2\sqrt{x}}\sin x$$

2．微积分基本定理

定理 5 如果函数 $f(x)$ 在区间 $[a,b]$ 上连续，$F(x)$ 是 $f(x)$ 在区间 $[a,b]$ 上的任一原函数，即 $F'(x) = f(x)$，则

$$\int_a^b f(x)\,\mathrm{d}x = F(b) - F(a) \tag{3-11}$$

为了使用公式的方便，将式（3-11）右端的 $F(b) - F(a)$ 记为 $F(x)\Big|_a^b$，这样，式（3-11）就可写成

$$\int_a^b f(x)\,\mathrm{d}x = F(x)\Big|_a^b = F(b) - F(a) \tag{3-12}$$

式（3-12）称为牛顿-莱布尼茨公式，也称为微积分基本公式．该公式的重要性在于把定积分的计算问题转化为求被积函数的原函数问题，从而为定积分的计算提供了一个简便而有效的方法．

例 8 计算下列定积分．

(1) $\int_0^1 x^2\,\mathrm{d}x$；　(2) $\int_{-1}^1 \frac{1}{1+x^2}\,\mathrm{d}x$；　(3) $\int_{-2}^{-1} \frac{1}{x}\,\mathrm{d}x$.

解 (1) 因为 $\dfrac{x^3}{3}$ 是 x 的一个原函数，所以，根据牛顿-莱布尼茨公式，有

$$\int_0^1 x^2\,\mathrm{d}x = \frac{x^3}{3}\Big|_0^1 = \frac{1}{3}$$

(2) 因为 $\arctan x$ 是 $\dfrac{1}{1+x^2}$ 的一个原函数，所以

$$\int_{-1}^1 \frac{1}{1+x^2}\,\mathrm{d}x = \arctan x\Big|_{-1}^1 = \arctan 1 - \arctan(-1) = \frac{\pi}{4} - \left(-\frac{\pi}{4}\right) = \frac{\pi}{2}$$

(3) 当 $x < 0$ 时，$\ln(-x)$ 是 $\dfrac{1}{x}$ 的一个原函数，所以

$$\int_{-2}^{-1} \frac{1}{x}\,\mathrm{d}x = \ln(-x)\Big|_{-2}^{-1} = \ln 1 - \ln 2 = -\ln 2$$

例 9　计算余弦曲线 $y = \cos x$ 在 $\left[0, \dfrac{\pi}{2}\right]$ 上与 x 轴及 y 轴所围成的平面图形的面积 A（见图 3 - 13）.

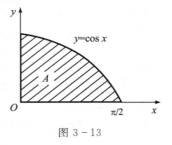

图 3 - 13

解　$A = \displaystyle\int_0^{\frac{\pi}{2}} \cos x \, dx$，因为 $\sin x$ 是 $\cos x$ 的一个原函数，所以

$$A = \int_0^{\frac{\pi}{2}} \cos x \, dx = \sin x \Big|_0^{\frac{\pi}{2}} = \sin \frac{\pi}{2} - \sin 0 = 1$$

3. 定积分的计算

由牛顿-莱布尼茨公式可知，定积分的计算问题，归结为求被积函数的原函数问题. 而原函数的求法在前面已经解决了. 但定积分有上、下限，这是与不定积分的不同之处，因此在定积分的计算中如何处理好积分限是本节的一个重要问题. 根据牛顿-莱布尼茨公式及不定积分的换元积分法和分部积分法可以类似地推导出定积分的换元积分法和分部积分法.

1）定积分的换元积分法

先来看下面一个例子.

例 10　计算 $\displaystyle\int_0^1 \sqrt{1-x^2} \, dx$.

解　首先，求不定积分 $\displaystyle\int \sqrt{1-x^2} \, dx$. 用不定积分的换元法，令 $x = \sin t$，则 $dx = \cos t \, dt$，于是

$$\int \sqrt{1-x^2} \, dx = \int \cos^2 t \, dt = \int \frac{1+\cos 2t}{2} \, dt = \frac{1}{2} \int (1 + \cos 2t) \, dt$$

$$= \frac{1}{2}\left(t + \frac{1}{2}\sin 2t\right) + C$$

把变量还原成 x，即

$$\int \sqrt{1-x^2} \, dx = \frac{1}{2}\left(t + \frac{1}{2}\sin 2t\right) + C = \frac{1}{2}\left(t + \frac{1}{2} \cdot 2\sin t \cos t\right) + C$$

$$= \frac{1}{2}\left(\arcsin x + x\sqrt{1-x^2}\right) + C$$

再由牛顿-莱布尼茨公式，有

$$\int_0^1 \sqrt{1-x^2} \, dx = \frac{1}{2}\left(\arcsin x + x\sqrt{1-x^2}\right)\Big|_0^1 = \frac{\pi}{4}$$

为了简化计算过程，以下介绍一种简便的方法 —— 定积分的换元积分法.

定理 6　假设

（1）函数 $f(x)$ 在区间 $[a, b]$ 上连续；

(2) 函数 $x = \varphi(t)$ 在区间 $[\alpha, \beta]$ 上是单值的, 且有连续导数;

(3) 当 t 在区间 $[\alpha, \beta]$ 上变化时, $x = \varphi(t)$ 的值在 $[a, b]$ 上变化, 且 $\varphi(\alpha) = a$, $\varphi(\beta) = b$; 则

$$\int_a^b f(x)\mathrm{d}x = \int_\alpha^\beta f[\varphi(t)]\varphi'(t)\mathrm{d}t$$

上式称为定积分的换元积分公式. 应用时, 要注意 "换元同时换限, 求出原函数后, 直接代新积分限".

例 11 利用定积分的换元积分法, 重新计算例 10 的积分.

解 令 $x = \sin t$, 则 $\mathrm{d}x = \cos t\mathrm{d}t$, 当 $x = 0$ 时, $t = 0$; 当 $x = 1$ 时, $t = \dfrac{\pi}{2}$. 于是

$$\int_0^1 \sqrt{1-x^2}\,\mathrm{d}x = \int_0^{\pi/2} \cos^2 t\,\mathrm{d}t = \int_0^{\pi/2} \frac{1+\cos 2t}{2}\mathrm{d}t = \frac{1}{2}\left(t + \frac{1}{2}\sin 2t\right)\Big|_0^{\pi/2}$$

$$= \frac{\pi}{4}$$

显然, 用定积分的换元积分法计算定积分, 要比用不定积分的换元积分法计算定积分简便.

例 12 用定积分的换元法计算下列积分:

(1) $\displaystyle\int_0^4 \frac{\mathrm{d}x}{1+\sqrt{x}}$;   (2) $\displaystyle\int_{\ln 3}^{3\ln 2} \sqrt{1+\mathrm{e}^x}\,\mathrm{d}x$;   (3) $\displaystyle\int_0^{\pi/2} \cos^5 x \sin x\,\mathrm{d}x$.

解 (1) 用定积分的换元积分法. 令 $\sqrt{x} = t$, 则 $x = t^2$, $\mathrm{d}x = 2t\mathrm{d}t$. 当 $x = 0$ 时, $t = 0$; 当 $x = 4$ 时, $t = 2$. 于是

$$\int_0^4 \frac{\mathrm{d}x}{1+\sqrt{x}} = \int_0^2 \frac{2t}{1+t}\mathrm{d}t = 2\int_0^2\left(1 - \frac{1}{1+t}\right)\mathrm{d}t = 2(t - \ln|1+t|)\Big|_0^2$$

$$= 4 - 2\ln 3$$

(2) 令 $\sqrt{1+\mathrm{e}^x} = t$, 则 $x = \ln(t^2 - 1)$, $\mathrm{d}x = \dfrac{2t}{t^2-1}\mathrm{d}t$. 当 $x = \ln 3$ 时, $t = 2$; 当 $x = 3\ln 2$ 时, $t = 3$. 于是

$$\int_{\ln 3}^{3\ln 2} \sqrt{1+\mathrm{e}^x}\,\mathrm{d}x = \int_2^3 \frac{2t^2}{t^2-1}\mathrm{d}t = 2\int_2^3\left(1 + \frac{1}{t^2-1}\right)\mathrm{d}t = 2\left(t + \frac{1}{2}\ln\left|\frac{t-1}{t+1}\right|\right)\Big|_2^3$$

$$= 2 + \ln\frac{3}{2}$$

(3) 令 $t = \cos x$, 则 $-\sin x\mathrm{d}x = \mathrm{d}t$. 当 $x = 0$ 时, $t = 1$; 当 $x = \pi/2$ 时, $t = 0$. 于是

$$\int_0^{\pi/2} \cos^5 x \sin x\,\mathrm{d}x = -\int_1^0 t^5\mathrm{d}t = \int_0^1 t^5\mathrm{d}t = \frac{t^6}{6}\Big|_0^1 = \frac{1}{6}$$

例 13 设 $f(x)$ 是对称区间 $[-a, a]$ 上的连续函数, 证明:

(1) 若 $f(x)$ 为偶函数, 则 $\displaystyle\int_{-a}^a f(x)\mathrm{d}x = 2\int_0^a f(x)\mathrm{d}x$;

（2）若 $f(x)$ 为奇函数，则 $\int_{-a}^{a} f(x)\mathrm{d}x = 0$.

证　（1）因为 $f(x)$ 是偶函数，即 $f(-x) = f(x)$，得

$$\int_{-a}^{a} f(x)\mathrm{d}x = \int_{0}^{a}[f(x)+f(-x)]\mathrm{d}x = \int_{0}^{a}[f(x)+f(x)]\mathrm{d}x = 2\int_{0}^{a}f(x)\mathrm{d}x$$

（2）因为 $f(x)$ 为奇函数，即 $f(-x) = -f(x)$，得

$$\int_{-a}^{a} f(x)\mathrm{d}x = \int_{0}^{a}[f(x)+f(-x)]\mathrm{d}x = \int_{0}^{a}[f(x)-f(x)]\mathrm{d}x = 0$$

利用例 13 的结论，常常可简化计算偶函数、奇函数在对称于原点的区间上的定积分.

例 14　求 $\int_{-\sqrt{3}}^{\sqrt{3}} \dfrac{x^5\sin^2 x}{1+x^2+x^4}\mathrm{d}x$.

解　因为 $f(x) = \dfrac{x^5\sin^2 x}{1+x^2+x^4}$ 是对称于原点的区间 $[-\sqrt{3},\sqrt{3}]$ 上的奇函数，所以

$$\int_{-\sqrt{3}}^{\sqrt{3}} \frac{x^5\sin^2 x}{1+x^2+x^4}\mathrm{d}x = 0$$

例 15　计算 $\int_{-1}^{1}\sqrt{x^2-x^4}\,\mathrm{d}x$.

解　因为 $f(x) = \sqrt{x^2-x^4}$ 是对称于原点的在区间 $[-1,1]$ 上的偶函数，所以

$$\int_{-1}^{1}\sqrt{x^2-x^4}\,\mathrm{d}x = 2\int_{0}^{1}\sqrt{x^2-x^4}\,\mathrm{d}x = 2\int_{0}^{1}x\sqrt{1-x^2}\,\mathrm{d}x = -\frac{2}{3}(1-x^2)^{\frac{3}{2}}\Big|_{0}^{1} = \frac{2}{3}$$

例 16　证明 $\int_{a}^{b} f(x)\mathrm{d}x = \int_{a}^{b} f(a+b-x)\mathrm{d}x$.

证　比较定积分等式两端的被积函数 $f(x)$ 与 $f(a+b-x)$，可作变量代换：令 $a+b-x = t$，即 $x = a+b-t$，则 $\mathrm{d}x = -\mathrm{d}t$. 当 $x = a$ 时，$t = b$；当 $x = b$ 时，$t = a$. 于是

$$\int_{a}^{b} f(a+b-x)\mathrm{d}x = \int_{b}^{a} f(t)(-\mathrm{d}t) = \int_{a}^{b} f(t)\mathrm{d}t = \int_{a}^{b} f(x)\mathrm{d}x$$

2）定积分的分部积分法

设函数 $u = u(x)$，$v = v(x)$ 在区间 $[a,b]$ 上具有连续导数 $u'(x)$，$v'(x)$，由两函数乘积的求导法则，有 $(uv)' = u'v + uv'$，移项得 $uv' = (uv)' - u'v$，分别求此等式两端在 $[a,b]$ 上的定积分，得

$$\int_{a}^{b} uv'\mathrm{d}x = uv\Big|_{a}^{b} - \int_{a}^{b} u'v\,\mathrm{d}x$$

或简写为

$$\int_{a}^{b} u\,\mathrm{d}v = uv\Big|_{a}^{b} - \int_{a}^{b} u'v\,\mathrm{d}x \tag{3-13}$$

式（3-13）就是定积分的分部积分公式.

例 17　用定积分的分部积分法计算下列积分.

(1) $\displaystyle\int_1^e x^2 \ln x \mathrm{d}x$；   (2) $\displaystyle\int_0^{1/2} \arcsin x \mathrm{d}x$.

解　（1）根据定积分的分部积分法，有

$$\int_1^e x^2 \ln x \mathrm{d}x = \frac{1}{3}\int_1^e \ln x \mathrm{d}(x^3) = \frac{1}{3}\left(x^3 \ln x \Big|_1^e - \int_1^e x^2 \mathrm{d}x\right)$$

$$= \frac{1}{3}\left(e^3 - \frac{1}{3}x^3 \Big|_1^e\right) = \frac{1}{9}(2e^3 + 1)$$

（2）根据定积分的分部积分法，有

$$\int_0^{1/2} \arcsin x \mathrm{d}x = x\arcsin x \Big|_0^{1/2} - \int_0^{1/2} x\mathrm{d}(\arcsin x) = \frac{1}{2}\times\frac{\pi}{6} - \int_0^{1/2} \frac{x}{\sqrt{1-x^2}}\mathrm{d}x$$

$$= \frac{\pi}{12} + \frac{1}{2}\int_0^{1/2}(1-x^2)^{-\frac{1}{2}}\mathrm{d}(1-x^2) = \frac{\pi}{12} + (1-x^2)^{\frac{1}{2}} \Big|_0^{\frac{1}{2}}$$

$$= \frac{\pi}{12} + \frac{\sqrt{3}}{2} - 1$$

在本例中，既应用了定积分的分部积分法，又应用了定积分的换元积分法.

例 18　计算 $\displaystyle\int_0^1 e^{\sqrt{x}}\mathrm{d}x$.

解　先用换元积分法，后用分部积分法. 令 $\sqrt{x} = t$，即 $x = t^2$，则 $\mathrm{d}x = 2t\mathrm{d}t$. 当 $x = 0$ 时，$t = 0$；当 $x = 1$ 时，$t = 1$. 于是

$$\int_0^1 e^{\sqrt{x}}\mathrm{d}x = 2\int_0^1 te^t \mathrm{d}t = 2\int_0^1 t\mathrm{d}(e^t) = 2\left(te^t \Big|_0^1 - \int_0^1 e^t \mathrm{d}t\right) = 2(e - e^t) \Big|_0^1$$

$$= 2(e - e + 1) = 2$$

习 题 3.4

1. 利用定积分的定义计算定积分 $\displaystyle\int_{-1}^2 x\mathrm{d}x$.

2. 利用定积分几何意义，说明下列等式：

(1) $\displaystyle\int_0^1 2x\mathrm{d}x = 1$；   (2) $\displaystyle\int_0^1 \sqrt{1-x^2}\mathrm{d}x = \frac{\pi}{4}$；

(3) $\displaystyle\int_{-\pi}^{\pi} \sin x\mathrm{d}x = 0$；   (4) $\displaystyle\int_{-\frac{\pi}{2}}^{\frac{\pi}{2}} \cos x\mathrm{d}x = 2\int_0^{\frac{\pi}{2}} \cos x\mathrm{d}x$.

3. 不计算积分，比较下列各组积分值的大小：

(1) $I_1 = \displaystyle\int_0^1 x^2\mathrm{d}x$， $I_2 = \displaystyle\int_0^1 x^4\mathrm{d}x$；

(2) $I_1 = \displaystyle\int_1^2 x^2\mathrm{d}x$， $I_2 = \displaystyle\int_1^2 x^4\mathrm{d}x$；

(3) $I_1 = \displaystyle\int_3^4 \ln x \mathrm{d}x$, $\quad I_2 = \displaystyle\int_3^4 (\ln x)^3 \mathrm{d}x$.

4. 求下列定积分：

(1) $\displaystyle\int_1^3 x^3 \mathrm{d}x$;

(2) $\displaystyle\int_0^1 (3x^2 - x + 1)\mathrm{d}x$;

(3) $\displaystyle\int_4^9 \sqrt{x}(1 + \sqrt{x})\mathrm{d}x$;

(4) $\displaystyle\int_{-\frac{1}{2}}^{\frac{1}{2}} \frac{\mathrm{d}x}{\sqrt{1 - x^2}}$;

(5) $\displaystyle\int_{-1}^1 \sqrt{x^2}\mathrm{d}x$;

(6) $\displaystyle\int_0^{\frac{\pi}{2}} \frac{\cos 2x}{\cos x + \sin x}\mathrm{d}x$;

(7) $\displaystyle\int_0^{2\pi} |\sin x| \mathrm{d}x$;

(8) $\displaystyle\int_0^3 \sqrt{(1 - x)^2}\mathrm{d}x$;

(9) $\displaystyle\int_0^{\frac{\pi}{4}} \tan^2\theta \mathrm{d}\theta$;

(10) $\displaystyle\int_{-e-1}^{-2} \frac{\mathrm{d}x}{1 + x}$;

(11) $\displaystyle\int_0^{\sqrt{3}a} \frac{\mathrm{d}x}{a^2 + x^2}$;

(12) $\displaystyle\int_0^1 \frac{\mathrm{d}x}{\sqrt{4 - x^2}}$;

(13) 设 $f(x) = \begin{cases} x + 1, & x \leqslant 1 \\ \dfrac{1}{2}x^2, & x > 1 \end{cases}$，求 $\displaystyle\int_0^2 f(x)\mathrm{d}x$.

5. 用洛必达法则求下列极限：

(1) $\displaystyle\lim_{x\to 0} \frac{\displaystyle\int_0^x \sqrt{1 + t^2}\mathrm{d}t}{x}$;

(2) $\displaystyle\lim_{x\to 0} \frac{\displaystyle\int_0^x \cos t^2 \mathrm{d}t}{x}$.

6. 求下列积分：

(1) $\displaystyle\int_{\frac{\pi}{3}}^{\pi} \sin\left(x + \frac{\pi}{3}\right)\mathrm{d}x$;

(2) $\displaystyle\int_0^1 \frac{1}{(4 + 5x)^3}\mathrm{d}x$;

(3) $\displaystyle\int_0^{\frac{\pi}{2}} \sin x \cos^3 x \mathrm{d}x$;

(4) $\displaystyle\int_0^{\pi} (1 - \sin^3 x)\mathrm{d}x$;

(5) $\displaystyle\int_0^{\frac{\pi}{2}} \sin 2x \sin x \mathrm{d}x$;

(6) $\displaystyle\int_{\frac{\pi}{6}}^{\frac{\pi}{2}} \cos^2 x \mathrm{d}x$;

(7) $\displaystyle\int_0^{\sqrt{2}} \sqrt{2 - x^2}\mathrm{d}x$;

(8) $\displaystyle\int_{\frac{\sqrt{2}}{2}}^1 \frac{\sqrt{1 - x^2}}{x^2}\mathrm{d}x$;

(9) $\displaystyle\int_1^8 \frac{1}{1 + \sqrt[3]{x}}\mathrm{d}x$;

(10) $\displaystyle\int_1^{e^2} \frac{1}{x\sqrt{1 + \ln x}}\mathrm{d}x$;

(11) $\displaystyle\int_{-\frac{\pi}{2}}^{\frac{\pi}{2}} \sqrt{\cos x - \cos^3 x}\mathrm{d}x$;

(12) $\displaystyle\int_0^{\pi} \sqrt{1 + \cos 2x}\mathrm{d}x$.

7. 利用函数的奇偶性求下列积分：

(1) $\int_{-\pi}^{\pi} x^6 \sin x \, \mathrm{d}x$；

(2) $\int_{-\frac{\pi}{2}}^{\frac{\pi}{2}} 4\cos^2 x \, \mathrm{d}x$；

(3) $\int_{-\frac{1}{2}}^{\frac{1}{2}} \dfrac{(\arcsin x)^2}{\sqrt{1-x^2}} \, \mathrm{d}x$；

(4) $\int_{-\frac{1}{3}}^{\frac{1}{3}} \dfrac{x^3 \sin^2 x}{x^4 + 2x^2 + 1} \, \mathrm{d}x$.

8. 求下列定积分：

(1) $\int_0^1 x\mathrm{e}^{-x} \, \mathrm{d}x$；

(2) $\int_0^{\frac{\pi}{2}} x^2 \cos x \, \mathrm{d}x$；

(3) $\int_0^{\frac{\pi}{2}} \mathrm{e}^x \sin x \, \mathrm{d}x$；

(4) $\int_1^{\mathrm{e}} x\ln x \, \mathrm{d}x$；

(5) $\int_0^{\frac{1}{2}} \arcsin x \, \mathrm{d}x$；

(6) $\int_{\frac{1}{\mathrm{e}}}^{\mathrm{e}} |\ln x| \, \mathrm{d}x$.

3.5 定积分的应用

3.5.1 定积分在几何上的应用

定积分是由现实问题抽象出来的一个数学概念，利用它可以解决一些实际问题. 本节介绍应用定积分计算平面图形的面积、旋转体的体积等知识. 首先介绍定积分应用的基本方法 —— 微元法.

1. 微元法

首先回顾一下 3.4 节中讨论过的曲边梯形的面积问题.

第一步，分割. 将区间 $[a, b]$ 任意分割成 n 个子区间 $[x_{i-1}, x_i]$ $(x=1, 2, \cdots, n)$，其中 $x_0 = a$，$x_n = b$.

第二步，求和. 在任意一个子区间 $[x_{i-1}, x_i]$ 上任取一点 ξ_i，小曲边梯形的面积 ΔA_i 的近似值 $\Delta A_i \approx f(\xi_i)\Delta x_i (x_{i-1} \leqslant \xi_i \leqslant x_i)$，从而得到曲边梯形的面积为

$$A \approx \sum_{i=1}^{n} f(\xi_i)\Delta x_i$$

第三步，求极限. 当 $n \to \infty$，且 $\lambda = \max\{\Delta x_i\} \to 0$ 时，有

$$A = \lim_{\lambda \to 0} \sum_{i=1}^{n} f(\xi_i)\Delta x_i = \int_a^b f(x)\mathrm{d}x$$

比较第二步与第三步不难发现，如果将第三步近似形式 $f(\xi_i)\Delta x_i$ 中的 ξ_i 用 x 代替，Δx_i 用 $\mathrm{d}x$ 代替，即得 $f(x)\mathrm{d}x$，为第三步中的被积表达式. 于是，可以将以上求曲边梯形面积的三步简化为两步.

第一步，选取积分变量(x 或 y)，并确定其变化范围，例如选 $x \in [a, b]$，在其上任取一个子区间$[x, x + \mathrm{d}x]$.

第二步，取曲边梯形面积 A 在子区间 $[x, x + \mathrm{d}x]$ 上的部分量 ΔA 的近似值，即 $\Delta A \approx f(x)\mathrm{d}x$. 如图 3-14 所示. $f(x)\mathrm{d}x$ 叫作面积微元，记为 $\mathrm{d}A = f(x)\mathrm{d}x$. 于是

$$A = \int_a^b f(x)\mathrm{d}x$$

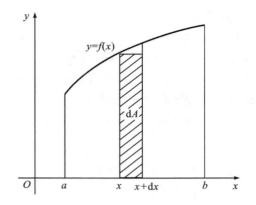

图 3-14

这种方法通常叫作微元法.

如何求微元是解决问题的关键，要分析问题的实际意义及数量关系，一般可在局部 $[x, x + \mathrm{d}x]$ 上，按"常代变""匀代不匀""直代曲"的思路(局部线性化)，写出所求量的近似值，即微元 $\mathrm{d}A = f(x)\mathrm{d}x$.

接下来用微元法来讨论定积分在几何及其他方面的一些应用.

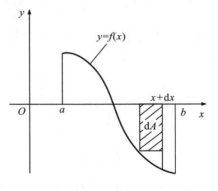

2. 平面图形的面积

(1) $y = f(x)$，$x = a$，$x = b$ 所围区域的面积.

由前面的讨论可知，如果 $f(x) \geqslant 0$，则曲线 $y = f(x)$ 与直线 $x = a$，$x = b$ 及 x 轴所围成的平面图形的面积 A 的微元 $\mathrm{d}A = f(x)\mathrm{d}x$.

图 3-15

如果 $f(x) \leqslant 0$，则它的面积微元 $\mathrm{d}A = |f(x)|\mathrm{d}x$(见图 3-15)，从而

$$A = \int_a^b |f(x)|\mathrm{d}x \tag{3-14}$$

例 1　求曲线 $y = x^3$ 与直线 $x = -1$，$x = 2$ 及 x 轴所围成的平面图形的面积(见图 3-16).

解　由式(3-14)得面积微元 $\mathrm{d}A = |x^3|\mathrm{d}x$，从而

$$A = \int_{-1}^2 |x^3|\mathrm{d}x = \int_{-1}^0 (-x^3)\mathrm{d}x + \int_0^2 x^3 \mathrm{d}x$$

$$= -\frac{x^4}{4}\Big|_{-1}^0 + \frac{x^4}{4}\Big|_0^2$$

$$= \frac{1}{4} + \frac{16}{4} = \frac{17}{4}$$

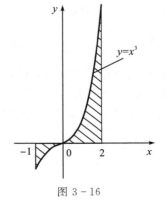

图 3-16

（2）由 $y = f(x)$，$y = g(x)$，$x = a$，$x = b$ 所围区域的面积.

设 $y = f(x)$，$y = g(x)$ 是 $[a, b]$ 上的两条连续曲线. 不论 $f(x)$，$g(x)$ 的位置如何，由这两条曲线及直线 $x = a$，$x = b$ 所围成的平面图形的面积 A 的微元（见图 3-17）总可以表示为

$$dA = |f(x) - g(x)| \, dx$$

从而

$$A = \int_a^b |f(x) - g(x)| \, dx$$

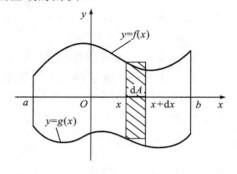

图 3-17

例 2　计算由抛物线 $y^2 = x$，$y = x^2$ 所围成的平面图形的面积.

解　如图 3-18 所示，由方程组 $\begin{cases} y^2 = x \\ y = x^2 \end{cases}$ 确定两条抛物线的交点为 $(0, 0)$，$(1, 1)$，且面积微元 $dA = |\sqrt{x} - x^2| \, dx = (\sqrt{x} - x^2) \, dx$，从而有

$$A = \int_0^1 |\sqrt{x} - x^2| \, dx = \int_0^1 (\sqrt{x} - x^2) \, dx$$

$$= \frac{2x^{\frac{3}{2}}}{3} \Big|_0^1 - \frac{x^3}{3} \Big|_0^1$$

$$= \frac{2}{3} - \frac{1}{3} = \frac{1}{3}$$

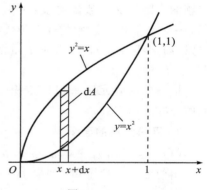

图 3-18

在计算平面图形的面积时，恰当地选择积分变量有利于问题的解决.

例 3　计算由抛物线 $y^2 = 2x$ 与直线 $y = x - 4$ 所围成的平面图形的面积.

解　如图 3-19 所示，求解方程组 $\begin{cases} y^2 = 2x \\ y = x - 4 \end{cases}$，得抛物线与直线的交点为 $(2, -2)$，$(8, 4)$. 如果选取纵坐标 y 为积分变量，它的变化范围是 $(-2, 4)$，任取子区间 $[y, y + dy]$，则得到面积微元

$$dA = (x_2 - x_1) \, dy = \left(y + 4 - \frac{1}{2} y^2\right) dy$$

于是

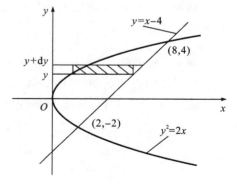

图 3-19

$$A = \int_{-2}^{4} \left(y + 4 - \frac{1}{2} y^2 \right) \mathrm{d}y = \frac{1}{2} y^2 \Big|_{-2}^{4} + 4y \Big|_{-2}^{4} - \frac{1}{6} y^3 \Big|_{-2}^{4} = 18$$

如果选取横坐标 x 为积分变量，面积微元的表达式就不唯一了，从而计算定积分比上式复杂. 读者不妨自己试试.

例 4 求由曲线 $xy = 2$ 与直线 $x + y = 3$ 所围图形的面积.

解 如图 3-20 所示. 若选 x 为积分变量，解方程组 $\begin{cases} y = \dfrac{2}{x} \\ y = 3 - x \end{cases}$ ，可解得 $x_1 = 1$，$x_2 = 2$. 积分下限是 1，

积分上限是 2.

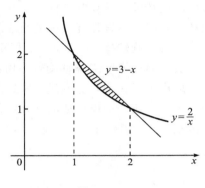

图 3-20

所以，有

$$\begin{aligned} A &= \int_{1}^{2} \left[(3 - x) - \frac{2}{x} \right] \mathrm{d}x \\ &= \left(3x - \frac{x^2}{2} - 2\ln x \right) \Big|_{1}^{2} \\ &= \frac{3}{2} - 2\ln 2 \end{aligned}$$

例 5 求椭圆 $\dfrac{x^2}{a^2} + \dfrac{y^2}{b^2} = 1$ 所围成的图形的面积.

解 因为所求平面图形关于 x 轴、y 轴对称，如图 3-21 所示，所以，椭圆面积是它在第一象限部分的面积的 4 倍，即 $A = 4\int_{0}^{a} y \mathrm{d}x$，将 $x = a\cos t$，$y = b\sin t$ 代入积分式，由定积分的换元积分法，得

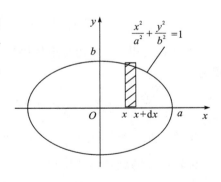

图 3-21

$$\begin{aligned} A &= 4\int_{0}^{a} y \mathrm{d}x = 4\int_{\pi/2}^{0} b\sin t(-a\sin t)\mathrm{d}t \\ &= 4ab \int_{0}^{\pi/2} \sin^2 t \mathrm{d}t \\ &= 4ab \int_{0}^{\pi/2} \frac{1}{2}(1 - \cos 2t)\mathrm{d}t \\ &= 4ab \cdot \frac{1}{2} \cdot \left(t - \frac{1}{2}\sin 2t \right) \Big|_{0}^{\frac{\pi}{2}} = 2ab \cdot \frac{\pi}{2} = \pi ab \end{aligned}$$

特别地，当 $a = b = R$ 时，就是圆的面积公式 $A = \pi R^2$.

115

3. 旋转体的体积

由一平面图形绕此平面内一条直线旋转一周而成的立体称为旋转体，这条直线称为旋转体的旋转轴。矩形绕它的一条边、直角三角形绕它的一条直角边、直角梯形绕它的直角腰和半圆绕它的直径旋转一周而成的分别是常见的圆柱体、圆锥体、圆台体和球体。

设有一旋转体，如图 3-22 所示，是由连续曲线 $y = f(x)$，直线 $x = a$，$x = b$ 及 x 轴所围成的曲边梯形绕 x 轴旋转一周而成的立体，现在用定积分计算它的体积。

取横坐标 x 为积分变量，其变化范围是 $[a, b]$。任取一子区间 $[x, x + dx]$ 上的窄曲边梯形绕 x 轴旋转一周而成的薄片的体积，近似于以 $|f(x)|$ 为底半径、dx 为高的扁圆柱体的体积，即体积微元 $dV = \pi[f(x)]^2 dx$，于是

$$V_x = \int_a^b \pi[f(x)]^2 dx$$

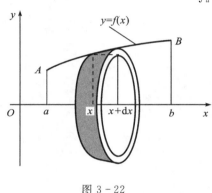

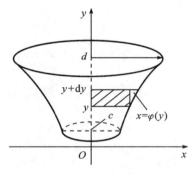

图 3-22   图 3-23

类似地可得，当曲边梯形的底边在 y 轴上，旋转轴是 y 轴时，旋转体（见图3-23）的体积为

$$V_y = \int_c^d \pi[f^{-1}(y)]^2 dy$$

例 6 求由椭圆 $\dfrac{x^2}{a^2} + \dfrac{y^2}{b^2} = 1$ 分别绕 x 轴和 y 轴旋转而成的旋转体的体积。

解 如图3-24所示，绕 x 轴旋转时，利用立体的对称性，得

$$V = 2\pi\int_0^a y^2 dx = 2\pi\int_0^a b^2\left(1 - \frac{x^2}{a^2}\right)dx$$

$$= \frac{4}{3}\pi ab^2$$

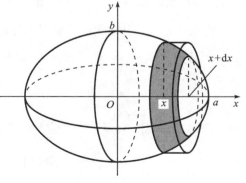

图 3-24

绕 y 轴旋转时，利用立体的对称性，得

$$V = 2\pi \int_0^b x^2 \, \mathrm{d}y = 2\pi \int_0^b a^2 \left(1 - \frac{y^2}{b^2}\right) \mathrm{d}y = \frac{4}{3}\pi a^2 b$$

特别，当 $a = b$ 时，得球体的体积 $V = \dfrac{4}{3}\pi a^3$.

例 7　计算由摆线 $x = a(t - \sin t)$，$y = a(1 - \cos t)$ 的一拱，直线 $y = 0$ 所围成的图形（见图 $3-25$）分别绕 x 轴和 y 轴旋转一周而成的旋转体的体积.

解　图形绕 x 轴旋转而成的旋转体的体积为

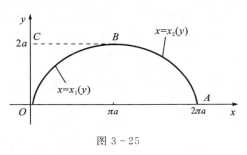

图 $3-25$

$$\begin{aligned}
V_x &= \pi \int_0^{2\pi a} y^2(x) \, \mathrm{d}x \\
&= \pi \int_0^{2\pi} a^2 (1 - \cos t)^2 \cdot a(1 - \cos t) \, \mathrm{d}t \\
&= \pi a^3 \int_0^{2\pi} (1 - 3\cos t + 3\cos^2 t - \cos^3 t) \, \mathrm{d}t \\
&= 5\pi^2 a^3
\end{aligned}$$

图形绕 y 轴旋转而成的旋转体的体积可看成平面图形 $OABC$ 与 OBC 分别绕 y 轴旋转而成的旋转体的体积之差. 因此，所求的体积为

$$\begin{aligned}
V_y &= \pi \int_0^{2\pi} x_2^2 y \, \mathrm{d}y - \pi \int_0^{2\pi} x_1^2 y \, \mathrm{d}y \\
&= \pi \int_{2\pi}^{\pi} a^2 (t - \sin t) \cdot a\sin t \, \mathrm{d}t - \pi \int_0^{\pi} a^2 (t - \sin t)^2 \cdot a\sin t \, \mathrm{d}t \\
&= -\pi a^3 \int_0^{2\pi} (t - \sin t)^2 \sin t \, \mathrm{d}t = 6\pi^3 a^3
\end{aligned}$$

3.5.2　定积分在物理上的应用

如前所述，积分方法是研究许多实际问题的重要方法. 物理学中的变力做功、变速运动、液体的静压力、转动惯量、重心，电工学中的功率，各种整流电路中电流、电压平均值等都是用积分方法解决的，以下举例说明其应用.

1. 变力沿直线所做的功

由物理学知识可知，一个常力 F 作用在一物体上，使物体沿力的方向移动了距离 S，则力 F 对物体所做的功为

$$W = FS$$

如果作用在物体上的力 F 不是常力，则 F 对物体所做的功就要利用定积分来计算.

例 8　把一个带正电量的点电荷 q 放在 Or 轴上的坐标原点 O 处，它产生一个电场. 这

117

个电场对周围的电荷有作用力. 如果有一个单位正电荷放在这个电场中距离原点 O 为 r 的地方，则电场对它的作用力的大小为

$$F = k\frac{q}{r^2} \quad (r \text{ 为常数})$$

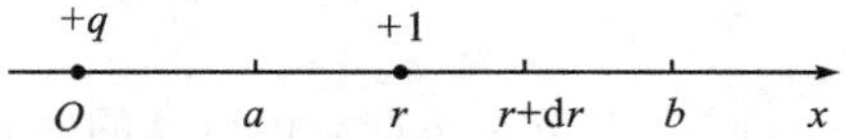

如图 3-26 所示，当这个单位正电荷在电场中从 $r = a$ 处沿 x 轴移动到 $r = b(a < b)$ 处时，计算电场力对它所做的功.

图 3-26

解 在单位正电荷移动过程中，电场对它的作用力是变力，如果取 r 为积分变量，它的变化区间为 $[a, b]$，且在 $[a, b]$ 中的任意子区间 $[r, r+dr]$ 上，电场力可近似看做常力，并且用在点 r 处单位正电荷受到的电场力代替，于是它移动 dr 所做的功的近似值，即功微元是 $dW = k\dfrac{q}{r^2}dr$，所以电场力对单位正电荷在 $[a, b]$ 上移动所做的功为

$$W = \int_a^b k\frac{q}{r^2}dr = -kq \cdot \frac{1}{r}\Big|_a^b = kq\left(\frac{1}{a} - \frac{1}{b}\right)$$

将单位正电荷从 $r = a$ 点移至无穷远处时，电场力所做的功称为电场中 $r = a$ 点处的电位 V. 于是

$$V = \int_a^{+\infty} k\frac{q}{r^2}dr = -kq \cdot \frac{1}{r}\Big|_a^{+\infty} = \frac{kq}{a}$$

例9 如图 3-27 所示，将弹簧的一端固定，另一端系一质量为 m 的质点，整个系统放置在一光滑的水平面上（无摩擦力）. 设弹簧平衡时质点在坐标原点，今用一水平力 F 匀速拉动质点，试计算拉力 F 将质点从 x_1 拉到 x_2 时所做的功.

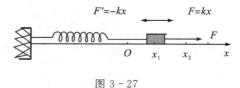

图 3-27

解 拉力 F 将质点匀速拉动，此时拉力 F 等于弹簧的恢复力，根据胡克定律知，弹簧的恢复力为

$$F' = -kx, \quad F = kx$$

拉力 F 所做的功为

$$W = \int_{x_1}^{x_2} F dx = \int_{x_1}^{x_2} kx\,dx = \frac{1}{2}kx_2^2 - \frac{1}{2}kx_1^2$$

2. 水的压力

从物理学知识知道，在水深为 h 处的压强为 $p = \rho g h$，这里 ρ 是水的密度. 如果有一面积为 A 的平板，水平地放置在深为 h 处的水中，则平板一侧所受的力为

$$F = pA = \rho g h A$$

其方向垂直于平板的表面.

如果平板垂直放置在水中,由于深度不同,所以水的压强不同,下面举例说明如何计算它一侧所受的力.

例 10　一个横放着的圆柱形水桶,桶内盛满了水,设桶的底面半径为 R,试计算桶的底面所受的力.

解　由于同一深度的各点处压强的大小相等,因此将桶的底面上的最高点取作坐标原点 O,把过 O 点与底面圆周相切的直线取作 y 轴,并用一系列平行于 y 轴的直线将底面分成许多窄条,因为每窄条上各点深度相差不大,所以它们的压强就可以用窄条上方各点处的压强来近似表示(见图 3 − 28).

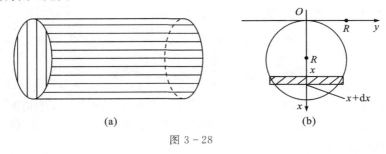

(a)　　　　　　　(b)

图 3 − 28

取积分变量 $x \in [0, 2R]$,考察 $[0, 2R]$ 中任意子区间 $[x, x + \mathrm{d}x]$ 上相应的窄条受到的力 ΔF,该窄条的压强近似为 $\rho g x$,窄条的面积近似为矩形的面积 $2 \mid y \mid \mathrm{d}x$,于是 ΔF 的近似值,即力微元为

$$\mathrm{d}F = 2\rho g x \mid y \mid \mathrm{d}x$$

积分,得

$$F = \int_0^{2R} 2\rho g x \mid y \mid \mathrm{d}x$$

其中 $\mid y \mid = \sqrt{R^2 - (x-R)^2}$,代入上式,得

$$F = 2\rho g \int_0^{2R} x \sqrt{R^2 - (x-R)^2} \mathrm{d}x = 2\rho g \int_0^{2R} (x - R + R) \sqrt{R^2 - (x-R)^2} \mathrm{d}x$$

$$= 2\rho g \int_0^{2R} (x-R) \sqrt{R^2 - (x-R)^2} \mathrm{d}(x-R) + 2\rho g R \int_0^{2R} \sqrt{R^2 - (x-R)^2} \mathrm{d}x$$

$$= -\frac{2}{3} \rho g \left[R^2 - (x-R)^2 \right]^{\frac{3}{2}} \Big|_0^{2R} + 2\rho g R \cdot \frac{1}{2} \pi R^2 = \rho g \pi R^3$$

3. 引力

从物理学知识知道,质量为 m_1,m_2 且相距为 r 的两质点间的引力 $F = k\dfrac{m_1 m_2}{r^2}$,其中 k 为引力系数,引力的方向沿着两质点的连线方向.

如要计算一根细棒对一个质点的引力,那么由于细棒上各点与该质点的距离是不相同的,且各点对该质点的引力的方向也是变化的,就不能直接用上述公式来计算.以下举例说明其计算方法.

例 11 设有一长度为 l,线密度为 ρ 的均匀细棒,另有一质量为 m 的质点位于细棒所在的直线上,且到棒的近端距离为 a,求棒与质点之间的引力.

解 如图 3-29 所示,取积分变量 $x \in [0, l]$,把 $[0, l]$ 中任意子区间 $[x, x+\mathrm{d}x]$ 近似看成质点,其质量为 $\rho\,\mathrm{d}x$,与质点的距离近似为 $x+a$,于是该小段与质点的引力近似值,即引力微元 $\mathrm{d}F = k\dfrac{m\rho}{(x+a)^2}\mathrm{d}x$,于是细棒与质点之间的引力为

$$F = km\rho \int_0^l \frac{\mathrm{d}x}{(x+a)^2} = \frac{km\rho l}{a(a+l)}$$

如果在质点位于细棒左端(或右端)的垂线上且距细棒的距离为 a 的情况下,细棒每小段对质点引力的方向是变化的,必须先把它们分解为水平方向与竖直方向的分力后,才可按水平方向、竖直方向相加.

例 12 一根长为 l 的均匀细棒,质量为 M,在其中垂线上相距细棒为 a 处有一质量为 m 的质点,试求细棒对质点的万有引力.

解 以细棒为 x 轴,以细棒的中垂线为 y 轴,如图 3-30 所示,则细棒位于 x 轴上的 $[-l/2, l/2]$,质点为位于 y 轴上的点 $A(0, a)$. 在细棒上任取一小段长 $[x, x+\Delta x]$,当 $\Delta x \to 0$ 时,把这一小段细棒视为质点,其质量微元为 $\mathrm{d}m = \dfrac{M}{l}\mathrm{d}x$,该细棒对质点 m 的引力微元为

$$\mathrm{d}F = G\frac{m\,\mathrm{d}m}{r^2} = G\frac{m}{a^2+x^2}\cdot\frac{M}{l}\mathrm{d}x$$

细棒上各点对质点 m 的引力方向各不相同,因此不能直接对 $\mathrm{d}F$ 进行积分. 而 $\mathrm{d}F$ 在 x 轴和 y 轴上的分力为

$$\mathrm{d}F_x = \mathrm{d}F\sin\theta = \mathrm{d}F\cdot\frac{x}{\sqrt{a^2+x^2}}, \quad \mathrm{d}F_y = \mathrm{d}F\cos\theta = \mathrm{d}F\cdot\frac{a}{\sqrt{a^2+x^2}}$$

由于质点 m 位于细棒的中垂线上,所以水平合力为零,即

$$F_x = \int_{-\frac{l}{2}}^{\frac{l}{2}} G\frac{m}{a^2+x^2}\cdot\frac{M}{l}\cdot\frac{x}{\sqrt{a^2+x^2}}\mathrm{d}x = 0$$

$$F_y = \int_{-\frac{l}{2}}^{\frac{l}{2}} G \frac{m}{a^2 + x^2} \cdot \frac{M}{l} \cdot \frac{a}{\sqrt{a^2 + x^2}} \mathrm{d}x = 2 \int_0^{\frac{l}{2}} G \frac{m}{a^2 + x^2} \cdot \frac{M}{l} \cdot \frac{a}{\sqrt{a^2 + x^2}} \mathrm{d}x$$

$$= -\frac{2GmM}{a \sqrt{4a^2 + l^2}}$$

负号表示合力方向与 y 轴方向相反.

4. 转动惯量

例 13　质量为 m，长度为 l 的匀质细长棒. 求：

（1）通过棒的一端且与棒垂直的轴的转动惯量；

（2）通过棒的中点且与棒垂直的轴的转动惯量.

解　（1）转动轴为棒的一端时，如图 3-31(a) 所示，在细棒上取一微元，设其长度为 $\mathrm{d}x$，由于细棒质量均匀，设其线密度为 ρ，则质量微元为 $\mathrm{d}m = \rho \mathrm{d}x$，则

$$J = \int x^2 \mathrm{d}m = \int_0^l \rho x^2 \mathrm{d}x = \frac{1}{3} \rho l^3, \ m = \rho l, \ \rho = \frac{m}{l}$$

故转动惯量为

$$J = \frac{1}{3} m l^2$$

（2）转动轴为棒的中点时，如图 3-31(b) 所示，方法与同(1)，则转动惯量为

$$J = \int x^2 \mathrm{d}m = \int_{-\frac{l}{2}}^{\frac{l}{2}} \rho x^2 \mathrm{d}x = \frac{1}{12} \rho l^3 = \frac{1}{12} m l^2$$

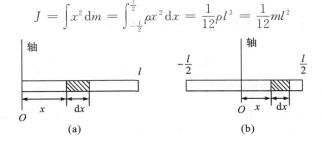

图 3-31

3.5.3　定积分在经济中的应用

定积分在经济上有着广泛的应用，以下列举一些定积分在经济方面常见的应用实例，运用微元法建立积分表达式，从而解决经济问题.

1. 已知边际函数求总函数

定积分在经济方面常常应用于已知总经济量函数的边际函数或变化率，求总经济量函数.

1）求总产量函数

设某产品的产量 $x(t)$，如果已知产量 x 对时间的变化率为 $x'(t)$，则总产量函数 $x(t)=\int_0^t x'(u)\mathrm{d}u$，在时间段 $[t_1,t_2]$ 内的总产量为

$$x=\int_{t_1}^{t_2} x'(t)\mathrm{d}t$$

例 14　已知某钢厂的钢产量 x（万吨）的变化率是时间 t（年）的函数：

$$x'(t)=4t-5$$

（1）求第一个五年计划期间该厂钢的产量；

（2）求第 n 个五年计划期间该厂钢的产量；

（3）求该厂在第几个五年计划期间钢的产量达到 800 万吨.

解　（1）第一个五年计划期间，该厂钢的产量为

$$x(5)=\int_0^5 (4t-5)\mathrm{d}t=25\ (\text{万吨})$$

（2）第 n 个五年计划期间，该厂钢的产量为

$$x=\int_{5n-5}^{5n} (4t-5)\mathrm{d}t=100n-75\ (\text{万吨})$$

（3）设第 n 个五年计划期间钢的产量达到 800 万吨，则

$$100n-75=800$$

$n=8.75$，即第 9 个五年计划期间钢的产量达到 800 万吨.

2）求成本函数

已知边际成本函数 $C'=C'(x)$，则当产量为 x 时的总成本函数 $C(x)$ 用定积分可表示为 $C(x)=\int_0^x C'(t)\mathrm{d}t+C_0$，其中 C_0 为固定成本.

例 15　某企业生产某产品的边际成本为 $C'(x)=0.2x+10$，固定成本 $C_0=50$，求总成本函数 $C(x)$.

解　总成本函数为

$$C(x)=\int_0^x C'(t)\mathrm{d}t+C_0=\int_0^x (0.2t+10)\mathrm{d}t+50=0.1x^2+10x+50$$

当产量由 a 变化到 b 时，则总成本的改变量为 $\Delta C=\int_a^b C'(x)\mathrm{d}x$. 如，当产量由 10 个单位变到 20 个单位时，总成本的改变量为

$$\Delta C=\int_{10}^{20} C'(x)\mathrm{d}x=\int_{10}^{20}(0.2x+10)\mathrm{d}x=130$$

3）求收益函数

已知边际收益为 $R'=R'(q)$，则总收益函数 $R(q)=\int_0^q R'(x)\mathrm{d}x$. 当销售量 q 由 a 变化

到 b 时, 总收益的改变量为 $\Delta R = \int_a^b R'(q) \mathrm{d}q$.

例 16　已知某商品销售 q 单位时, 边际收益函数为

$$R' = R'(q) = 30 - \frac{q}{5}$$

(1) 求销售 q 单位时的总收益函数 $R(q)$ 以及平均单位收益 $\overline{R(q)}$;

(2) 如果已经销售了 10 个单位, 求再销售 20 个单位, 总收益将增加多少?

解　(1) 销售 q 单位时的总收益为

$$R(q) = \int_0^q R'(x) \mathrm{d}x = \int_0^q \left(30 - \frac{x}{5}\right) \mathrm{d}x = 30q - \frac{q^2}{10}$$

平均单位收益为

$$\overline{R(q)} = \frac{R(q)}{q} = 30 - \frac{q}{10}$$

(2) 已销售 10 个单位产品, 再销售 20 个单位产品的总收益的改变量为

$$\Delta R = \int_b^a R'(x) \mathrm{d}x = \int_{10}^{30} R'(q) \mathrm{d}q = \int_{10}^{30} \left(30 - \frac{q}{5}\right) \mathrm{d}q = \left[30q - \frac{q^2}{10}\right]_{10}^{30} = 520$$

4) 求利润函数

因为边际利润等于边际收益减去边际成本, 即 $L'(x) = R'(x) - C'(x)$, 所以当产量为 x 时的总利润函数为

$$L(x) = \int_0^x L'(t) \mathrm{d}t - C_0 = \int_0^x [R'(t) - C'(t)] \mathrm{d}t - C_0$$

其中, C_0 是固定成本. 产量由 a 变化到 b 时, 总利润的改变量为

$$\Delta L = \int_a^b [R'(x) - C'(x)] \mathrm{d}x$$

例 17　某产品的产量为 x 时总成本函数 $C(x)$ 的边际成本为 $C'(x) = 0.5x + 1$(万元 / 百台), 总收益函数 $R(x)$ 的边际收益 $R'(x) = 7 - 0.5x$(万元 / 百台), 固定成本为 2 万元 (设产量等于销售量).

(1) 求总利润函数 $L(x)$ 及最大总利润 L;

(2) 求利润最大时再生产一百台, 总利润的改变量.

解　(1) 总利润函数为

$$L(x) = \int_0^x [R'(t) - C'(t)] \mathrm{d}t - C_0 = \int_0^x (7 - t - 1) \mathrm{d}t - 2 = 6x - \frac{1}{2}x^2 - 2$$

令 $L'(x) = R'(x) - C'(x) = 6 - x = 0$, 得唯一驻点 $x = 6$. 又 $L''(6) = -1 < 0$, 所以驻点 $x = 6$ 为利润函数 $L(x)$ 的极大值点. 由于在实际问题中最大利润是存在的, 从而当产量 $x = 6$(百台) 时, 总利润最大, 最大总利润 $L(6) = 16$(万元).

（2）当产量 $x = 6$（百台）时总利润最大，这时产量增加一百台，总利润的改变量为

$$\Delta L = \int_6^7 [R'(x) - C'(x)] \mathrm{d}x = \int_6^7 (6 - x) \mathrm{d}x = -0.5 （万元）$$

这表明当利润达到最大时，产量再增加一百台总利润不但不能增加，反而还减少了 0.5 万元．

2. 由经济函数的边际求经济函数在区间上的增量

根据边际成本、边际收入、边际利润以及产量 x 的变动区间 $[a, b]$ 上的改变量（增量）就等于它们各自边际在区间 $[a, b]$ 上的定积分：

$$R(b) - R(a) = \int_a^b R'(x) \mathrm{d}x$$

$$C(b) - C(a) = \int_a^b C'(x) \mathrm{d}x$$

$$L(b) - L(a) = \int_a^b L'(x) \mathrm{d}x$$

例 18 已知某商品边际收入为 $-0.08x + 25$（万元 /t），边际成本为 5（万元 /t），求产量 x 从 250 t 增加到 300 t 时销售收入 $R(x)$、总成本 $C(x)$、利润 $I(x)$ 的改变量（增量）．

解 首先求边际利润函数：

$$L'(x) = R'(x) - C'(x) = -0.08x + 25 - 5 = -0.08x + 20$$

所以根据上式，依次可求出：

$$R(300) - R(250) = \int_{250}^{300} R'(x) \mathrm{d}x = \int_{250}^{300} (-0.08x + 25) \mathrm{d}x = 150 （万元）$$

$$C(300) - C(250) = \int_{250}^{300} C'(x) \mathrm{d}x = \int_{250}^{300} \mathrm{d}x = 250 （万元）$$

$$L(300) - L(250) = \int_{250}^{300} L'(x) \mathrm{d}x = \int_{250}^{300} (-0.08x + 20) \mathrm{d}x = -100 （万元）$$

习 题 3.5

1. 计算下列各曲线所围成的图形的面积：

（1）$y = \dfrac{1}{x}$ 与直线 $y = x$ 及 $x = 2$；

（2）$y = \mathrm{e}^x$，$y = \mathrm{e}^{-x}$ 与直线 $x = 1$；

（3）$y = \ln x$，y 轴与直线 $y = \ln a$，$y = \ln b$ $(b > a > 0)$；

（4）$y = x^2$ 与直线 $y = x$，$y = 2x$．

2. 把抛物线 $y^2 = 4ax$ 及直线 $x = x_0 (x_0 > 0)$ 所围成的图形绕 x 轴旋转，计算所得旋转体的体积．

3. 由 $y = x^3$，$x = 2$，$y = 0$ 所围成的图形，分别绕 x 轴及 y 轴旋转，计算所得两个旋转体的体积.

4. 有一铸件，它是由抛物线 $y = \dfrac{1}{10}x^2$，$y = \dfrac{1}{10}x^2 + 1$ 与直线 $y = 10$ 围成的图形绕 y 轴旋转而成的旋转体，求它的质量(长度单位为 m，铁密度单位为 $7.8 \times 10^3\,\mathrm{kg/m^3}$).

5. 由胡克定律知：弹簧在弹性限度内在外力作用下伸长时，其弹性力的大小与伸长量成正比，方向指向平衡位置. 今有一弹簧，在弹性限度内已知每拉长 1 cm 要用 19.6 N 的力，试将此弹簧由平衡位置拉长 5 m 时，求为克服弹簧的弹力所要做的功.

6. 物体按规律 $x = Ct^3 (C > 0)$ 做直线运动，设介质阻力与速度的二次方成正比，求物体从 $x = 0$ 运动到 $x = a$ 阻力所能做的功.

7. 一圆台形水池，深 15 m，上、下口半径分别为 20 m 和 10 m，如果将其中盛满的水全部抽尽，需做多少功？

8. 水坝中有一直立的矩形闸门，宽 20 m，高 10 m，闸门的上端与水面平行，求以下情况闸门所受的压力：

(1) 闸门的上端与水面平齐时；

(2) 水面在闸门的顶上 8 m 时.

9. 洒水车上的水箱是一个横放的椭圆柱体，尺寸如图 3-32 所示，当水箱装满水时，求水箱的一个端面所受的力.

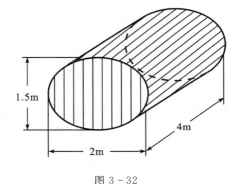

图 3-32

10. 已知边际成本函数为 $C'(x) = 7 + \dfrac{25}{\sqrt{x}}$，固定成本为 1000，求总成本函数.

11. 已知边际收益函数 $R'(x) = a - bx$，求收益函数.

～～～ 综合练习题 3 ～～～

一、选择题

1. 下列函数中，原函数为 $\ln(ax)(a \neq 0)$ 的是(　　).

A. $\dfrac{1}{ax}$　　　　　B. $\dfrac{1}{x}$　　　　　C. $\dfrac{k}{x}$　　　　　D. $\dfrac{1}{k^2}$

2. 函数 e^{-x} 的一个原函数是(　　).

A. e^{-x}　　　　　B. $-e^{-x}$　　　　　C. e^{-x}　　　　　D. e^{-x}

3. 设 $\int e^{1-x} dx = ($ $)$.

   A. $e^{1-x} + C$ B. e^{1-x} C. $xe^{1-x} + C$ D. $-e^{1-x} + C$

4. 下列等式中正确的是(   ).

   A. $\dfrac{d}{dx} \int_a^b f(x) dx = f(x)$ B. $\dfrac{d}{dx} \int f(x) dx = f(x) + C$

   C. $\dfrac{d}{dx} \int_a^x f(t) dt = f(x)$ D. $\dfrac{d}{dx} \int f'(x) dx = f(x)$

5. 设有微分方程 ①$(y'')^2 + 5y' - y + x = 0$；②$y'' + 5y' + 4y^2 - 8x = 0$；③$(3x+2)dx + (x-y)dy = 0$，则(   ).

   A. 方程 ① 是线性微分方程   B. 方程 ② 是线性微分方程

   C. 方程 ③ 是线性微分方程   D. 它们都不是线性微分方程

6. 微分方程 $y' + \dfrac{2}{x} y + x = 0$，满足 $y(2) = 0$ 的特解是 $y = ($ $)$.

   A. $\dfrac{4}{x^2} - \dfrac{x^2}{4}$ B. $\dfrac{x^2}{4} - \dfrac{4}{x^2}$

   C. $x^2 (\ln 2 - \ln x)$ D. $x^2 (\ln x - \ln 2)$

7. $\dfrac{d}{dx} \left(\int_x^b \ln^2 t \, dt \right) = ($ $)$.

   A. $2\ln x$ B. $\ln^2 t$ C. $\ln^2 x$ D. $-\ln^2 x$

8. $\int_0^2 |1 - x| \, dx = ($ $)$.

   A. $\int_0^1 (x-1) dx + \int_1^2 (1-x) dx$ B. $\int_0^1 (1-x) dx + \int_1^2 (x-1) dx$

   C. $\int_0^2 (1-x) dx$ D. $\int_0^2 (x-1) dx$

9. 下列式子中，正确的是(   ).

   A. $\int_0^1 x^2 dx \leqslant \int_0^1 x^3 dx$ B. $\int_1^2 \ln x dx \leqslant \int_1^2 \ln^2 x dx$

   C. $\int_1^2 x dx \leqslant \int_1^2 x^2 dx$ D. $\int_0^1 e^x dx \leqslant \int_0^1 e^{-x} dx$

10. $\dfrac{d}{dx} \int_0^x \cos^2 3t \, dt = ($ $)$.

   A. $\cos^2 3x$ B. $\sin^2 3x$ C. $-3\sin 6x$ D. 0

11. 定积分 $\int_0^\pi |\cos x| \, dx = ($ $)$.

   A. 0 B. 1 C. 2 D. 4

12. $\int_3^2 \dfrac{1}{\sqrt{(x-2)(3-x)}}\mathrm{d}x = ($ $)$.

A. 0 B. $-\pi$ C. π D. 2π

13. 设 $\Phi''(x)$ 在 $[a, b]$ 上连续，且 $\Phi'(b) = a$，$\Phi'(a) = b$，则 $\int_a^b \Phi'(x)\Phi''(x)\mathrm{d}x = ($ $)$.

A. $a-b$ B. $\dfrac{1}{2}(a-b)$ C. a^2-b^2 D. $\dfrac{1}{2}(a^2-b^2)$

14. 由 $y = x^2(x \geqslant 0)$，y 轴及 $y = 1$ 所围成的图形的面积是( ).

A. $\int_0^1 x^2\mathrm{d}x$ B. $\int_0^1 (x^2-1)\mathrm{d}x$

C. $\int_0^1 (\sqrt{y}-1)\mathrm{d}x$ D. $\int_0^1 (1-x^2)\mathrm{d}x$

二、填空题

1. 函数_____ 的原函数为 $\ln 5x$.

2. 已知 $\int f(x)\mathrm{d}x = a^x + \sqrt{x} + C$，则 $f(x) = $ _____.

3. $\int x\mathrm{d}\mathrm{e}^{-x} = $ _____.

4. 方程 $y'\sin x = y\ln y$ 满足初始条件 $y\left(\dfrac{\pi}{2}\right) = \mathrm{e}$ 的特解是_____.

5. 一曲线过原点，且曲线上各点处切线的斜率等于该点横坐标的 2 倍，则此曲线方程为_____.

6. 曲线 $\mathrm{e}^{x-y} = \dfrac{\mathrm{d}y}{\mathrm{d}x}$ 过点 $(1, 1)$，则 $y(0) = $ _____.

7. $\int_{-4}^4 \dfrac{x}{x^4+1}\mathrm{d}x = $ _____.

三、解答题

1. 计算下列积分.

(1) $\int \dfrac{(2x-1)(\sqrt{x}+1)}{\sqrt{x}}\mathrm{d}x$；

(2) $\int 9^x\mathrm{e}^x\mathrm{d}x$；

(3) $\int \cos^2 \dfrac{x}{4}\mathrm{d}x$；

(4) $\int \dfrac{\cos 2x}{\sin^2 x \cdot \cos^2 x}\mathrm{d}x$；

(5) $\int_0^1 (x^2-1)\mathrm{d}x$；

(6) $\lim\limits_{x\to 0} \dfrac{\int_0^x \sin t\mathrm{d}t}{x^2}$；

(7) $\int_{-1}^{1} (x-1)^3 \, dx$；

(8) $\int_{0}^{5} |1-x| \, dx$；

(9) $\int_{1}^{\sqrt{3}} \frac{1+2x^2}{x^2(1+x^2)} \, dx$；

(10) $\int_{0}^{\pi} \sqrt{\sin x - \sin^3 x} \, dx$.

2. 求下列微分方程的通解.

(1) $y\ln x \, dx + x\ln y \, dy = 0$；

(2) $yy' + e^{y^2} + 3x = 0$；

(3) $y' + \sin \frac{x+y}{2} = \sin \frac{x-y}{2}$；

(4) $y' - e^{x-y} + e^x = 0$.

3. 某产品的边际成本函数为 $C'(q) = q^{-\frac{1}{2}} + \frac{1}{2000}$，边际收入函数 $R'(q) = 100 - 0.01q$，求总成本函数及总收入函数（已知固定成本为 $C_0 = 10$(元)）.

4. 已知某产品的边际收入为 $R'(q) = 18 - 0.5q$，且当 $q = 0$ 时，$R = 0$，求总收入函数.

5. 由直线 $x = 0$，$x = 2$，$y = 0$ 和抛物线 $x = \sqrt{1-y}$ 所围成的平面图形为 D.

(1) 求 D 的面积；(2) 求 D 绕 x 轴旋转所得旋转体的体积.

6. 平面图形在区间 $\left[0, \frac{\pi}{2}\right]$ 上由曲线 $y = \sin x$、直线 $x = \frac{\pi}{2}$ 和 $y = 0$ 所围成.

(1) 求此图形的面积；

(2) 求此图形绕 x 轴和 y 轴旋转所产生的旋转体的体积.

7. 设某产品生产 Q 个单位，总收益 R 的变化率为 $f(Q) = 20 - Q/10 (Q \geqslant 0)$.

(1) 求生产 40 个单位产品时的总收益；

(2) 求从生产 40 个单位产品到生产 60 个单位产品时的总收益.

8. 某产品的总成本 $C(x)$(万元)的变化率(边际成本) $C' = 1$，总收益 $R(x)$(万元)的变化率(边际收益)为生产量 x(百台)的函数，$R'(x) = 5 - x$.

(1) 求生产量等于多少时，总利润 $L = R - C$ 为最大？

(2) 在利润最大的生产量的基础上，又多生产了 100 台，总利润减少了多少？

第 4 章　无 穷 级 数

无穷级数是我们表示函数、研究函数性态及进行数值计算的一种有效的工具. 级数理论作为研究数学的方法或者工具在许多应用科学中起着重要的应用. 本章将介绍数项级数、函数项级数和幂级数的基本内容.

【引例】　芝诺悖论问题.

公元前 450 年, 数学家、古希腊哲学家芝诺在追龟说中辩解, 古希腊长跑健将阿基里斯无论如何也赶不上一只乌龟: 假设一开始乌龟在前 100 码 (1 码 = 0.9114 m) 处, 阿基里斯的速度是乌龟的 10 倍, 当阿基里斯跑完这 100 码时乌龟向前跑了 10 码; 当阿基里斯跑完这 10 码时乌龟又向前跑了一码, …, 如此下去, 阿基里斯永远追不上这只乌龟.

很显然, 芝诺的观点是和常识相矛盾的, 阿基里斯不可能永远追不上乌龟. 我们考虑一个相近的问题.

设小强在点 A 处, 离门 E 只有 10 m 远 (见图 4 - 1), 利用芝诺的推论, 可以得到结论: 小强永远走不到门那里去. 理由如下:

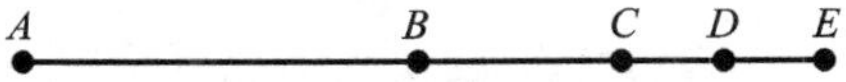

图 4 - 1

他要走完这段路程, 首先就要走完路程的一半 (5 m), 即到达图中的点 B 处; 然后他又必须走完剩下 5 m 的一半 $\frac{5}{2}$ m, 即到达 C 点处, …, 如此继续下去, 那么, 不管此人离门已经多近, 在他面前总有剩下的路程的一半还没走完, 他还要将剩下的路程一半一半地走下去, 永无止境.

按照芝诺的说法, 我们可以作如下推断:

假设此人以 0.5 m/s 的固定速度开始向屋门走去, 应用芝诺的论证方式来算算他到达屋门所用的时间. 由 $t = \frac{s}{v}$, 此人走到离门 5 m 远的 B 点 (从离门 10 m 远的 A 点开始走), 要用 $t_0 = \frac{5}{0.5} = 10$ s; 走到离屋门 $\frac{5}{2}$ m 处要用 $t_1 = \frac{5/2}{0.5} = 5$ s; 再走到下一点要用 $t_2 = \frac{5/4}{0.5} = \frac{10}{4}$ s. 由于从一点走到下一点的距离是这点到屋门的距离的一半, 所以很显然, 接下去所用的时间依次是 $\frac{10}{8}$ s, $\frac{10}{16}$ s, $\frac{10}{32}$ s, …, $\frac{10}{2^n}$ s, … 这样, 他走到屋门所用的总时间是

129

$$t = 10 + 5 + \frac{10}{4} + \frac{10}{8} + \frac{10}{16} + \cdots + \frac{10}{2^n} + \cdots$$

这个总时间如果是无穷大，则他走不出屋门. 显然总时间是有限的，要圆满解释这个问题，要用到级数知识.

4.1　常数项级数

4.1.1　常数项级数的基本概念

定义 1　设有一个无穷数列 u_1，u_2，$\cdots$，u_n，$\cdots$ 则称

$$u_1 + u_2 + \cdots + u_n \cdots \tag{4-1}$$

为常数项级数或无穷级数，简称（数项）级数，记为 $\sum\limits_{n=1}^{\infty} u_n$，其中第 n 项 u_n 叫作级数的一般项或通项.

由定义可知，无穷级数实际上是无限个数相加. "无限个数相加"是否存在"和"？如果存在，"和"是多少？为了解决这个问题，我们引入级数收敛的概念. 首先介绍级数的部分和概念.

级数（4-1）的前 n 项和 $S_n = u_1 + u_2 + \cdots + u_n$ 称为级数的部分和，当 n 依次取 1，2，3，$\cdots$ 时，就得到一个新的数列

$$s_1，s_2，\cdots，s_n，\cdots$$

这个数列称为级数 $\sum\limits_{n=1}^{\infty} u_n$ 的部分和数列，记为 $\{s_n\}$.

定义 2　若级数 $\sum\limits_{n=1}^{\infty} u_n$ 的部分和数列 $\{s_n\}$ 有极限 s，即 $\lim\limits_{n \to \infty} s_n = s$，则称级数 $\sum\limits_{n=1}^{\infty} u_n$ 收敛，称 s 为级数 $\sum\limits_{n=1}^{\infty} u_n$ 的和，即 $s = \sum\limits_{n=1}^{\infty} u_n = u_1 + u_2 + \cdots + u_n + \cdots$；若部分和数列 $\{s_n\}$ 是没有极限，则称级数 $\sum\limits_{n=1}^{\infty} u_n$ 发散.

当级数 $\sum\limits_{n=1}^{\infty} u_n$ 收敛于 s 时，可用部分和 s_n 作为该级数和 s 的近似值，其绝对误差是 $|s - s_n|$，$s - s_n$ 称为该级数的余项，记为 r_n，即

$$r_n = s - s_n = u_{n+1} + u_{n+2} + u_{n+3} + \cdots$$

例 1　判断以下无穷级数的敛散性.

（1）$1 + 2 + 3 + \cdots + n + \cdots$；

(2) $\dfrac{1}{1 \times 2} + \dfrac{1}{2 \times 3} + \cdots + \dfrac{1}{n(n+1)} + \cdots$.

解 (1) 这个级数的部分和为 $s_n = 1 + 2 + 3 + \cdots + n = \dfrac{n(n+1)}{2}$, 显然有

$$\lim_{n \to \infty} s_n = +\infty$$

因此所给级数是发散的.

(2) 由于 $u_n = \dfrac{1}{n(n+1)} = \dfrac{1}{n} - \dfrac{1}{n+1}$, 则级数的部分和为

$$s_n = u_1 + u_2 + \cdots + u_n = \left(\dfrac{1}{1} - \dfrac{1}{2}\right) + \left(\dfrac{1}{2} - \dfrac{1}{3}\right) + \cdots + \left(\dfrac{1}{n} - \dfrac{1}{n+1}\right) = 1 - \dfrac{1}{n+1}$$

因此 $\lim\limits_{n \to \infty} s_n = \lim\limits_{n \to \infty} \left(1 - \dfrac{1}{n+1}\right) = 1$, 故此级数是收敛的, 且 $\sum\limits_{n=1}^{\infty} \dfrac{1}{n(n+1)} = 1$.

例 2 讨论等比级数(也称为几何级数):

$$\sum_{n=1}^{\infty} aq^{n-1} = a + aq + aq^2 + \cdots + aq^{n-1} + \cdots$$

的敛散性, 其中 $a \neq 0$, q 是级数的公比.

解 此级数部分和为

$$s_n = \sum_{i=0}^{n} aq^{i-1} = a + aq + aq^2 + \cdots + aq^{n-1}$$

若 $|q| \neq 1$, 则

$$s_n = \dfrac{a(1-q^n)}{1-q} = \dfrac{a}{1-q} - \dfrac{aq^n}{1-q}$$

下面考虑 $\lim\limits_{n \to \infty} s_n$ 的问题:

若 $|q| < 1$, $\lim\limits_{n \to \infty} q^n = 0$, 则 $\lim\limits_{n \to \infty} s_n = \lim\limits_{n \to \infty} \left(\dfrac{a}{1-q} - \dfrac{aq^n}{1-q}\right) = \dfrac{a}{1-q}$;

若 $|q| > 1$, $\lim\limits_{n \to \infty} q^n = \infty$, 故 $\lim\limits_{n \to \infty} s_n$ 不存在;

若 $|q| = 1$, 当 $q = 1$ 时, $s_n = na$, 故 $\lim\limits_{n \to \infty} s_n$ 不存在, 当 $q = -1$ 时, 级数可记为 $a - a + a - a + \cdots$.

所以

$$s_n = \begin{cases} a, & \text{当 } n \text{ 为奇数时} \\ 0, & \text{当 } n \text{ 为偶数时} \end{cases}$$

故 $\lim\limits_{n \to \infty} s_n$ 不存在.

综上所述, 我们得到: 当 $|q| < 1$ 时, 等比级数 $\sum\limits_{n=1}^{\infty} aq^{n-1}$ 收敛, 且其和 $s = \dfrac{a}{1-q}$; 当

$|q| \geqslant 1$ 时，等比级数 $\sum\limits_{n=1}^{\infty} aq^{n-1}$ 发散.

本章开头案例中小强走到门口所用的总时间为

$$t = 10 + 5 + \frac{10}{4} + \frac{10}{8} + \frac{10}{16} + \cdots + \frac{10}{2^n} + \cdots$$

实际上是一个首项 $a = 10$，公比 $q = \dfrac{1}{2}$ 的等比级数，它是收敛的，其和为

$$\frac{10}{1 - \dfrac{1}{2}} = 20$$

即小强用 20 秒可以到达门口，从而彻底驳倒了芝诺的诡辩.

例 3　讨论调和级数 $\sum\limits_{n=1}^{\infty} \dfrac{1}{n}$ 收敛性.

解　可以证明：当 $x > 0$ 时，不等式 $\ln(1+x) < x$ 成立. 即

$$\frac{1}{n} > \ln\left(1 + \frac{1}{n}\right)$$

所以调和级数的部分和

$$s_n = 1 + \frac{1}{2} + \cdots + \frac{1}{n} > \ln(1+1) + \ln\left(1 + \frac{1}{2}\right) + \cdots + \ln\left(1 + \frac{1}{n}\right)$$

$$= \ln\left(2 \times \frac{3}{2} \times \frac{4}{3} \times \cdots \times \frac{n+1}{n}\right) = \ln(1+n)$$

因此有 $\lim\limits_{n \to \infty} s_n = +\infty$，故调和级数 $\sum\limits_{n=1}^{\infty} \dfrac{1}{n}$ 发散.

4.1.2　常数项级数的性质

根据级数收敛和发散的定义以及极限运算法则，可以得出级数的下列性质：

性质 1　若级数 $\sum\limits_{n=1}^{\infty} u_n$ 与级数 $\sum\limits_{n=1}^{\infty} v_n$ 分别收敛于 s_1，s_2，则级数 $\sum\limits_{n=1}^{\infty} (u_n \pm v_n)$ 也收敛，其和为 $s_1 \pm s_2$.

性质 2　设 k 为非零常数，则级数 $\sum\limits_{n=1}^{\infty} ku_n$ 与 $\sum\limits_{n=1}^{\infty} u_n$ 同时收敛或同时发散. 当同时收敛时，若 $\sum\limits_{n=1}^{\infty} u_n = s$，则

$$\sum_{n=1}^{\infty} ku_n = k\sum_{n=1}^{\infty} u_n = ks$$

性质 3　在级数 $\sum\limits_{n=1}^{\infty} u_n$ 中增加、去掉或改变有限项，不改变该级数的敛散性.

性质 4　收敛级数任意加括号后所成的级数仍然收敛，且收敛于原级数的和.

由性质 4 推出，若加括号后所成的级数发散，则原级数必发散.

需要注意的是，若加括号后所成的级数收敛，则原级数可能收敛也可能发散. 例如级数 $1-1+1-1+\cdots$ 加括号后所得级数为

$$(1-1)+(1-1)+\cdots+(1-1)+\cdots = 0+0+\cdots+0+\cdots = 0$$

收敛，但原级数却是发散的.

性质 5（级数收敛的必要条件）　若级数 $\sum\limits_{n=1}^{\infty} u_n$ 收敛，则 $\lim\limits_{n\to\infty} u_n = 0$.

证　若级数 $\sum\limits_{n=1}^{\infty} u_n$ 收敛于 s，即 $\lim\limits_{n\to\infty} s_n = s$. 由于 $u_n = s_n - s_{n-1}$，则

$$\lim_{n\to\infty} u_n = \lim_{n\to\infty}(s_n - s_{n-1}) = \lim_{n\to\infty} s_n - \lim_{n\to\infty} s_{n-1} = s - s = 0$$

应当注意的是：级数的一般项趋于零只是级数收敛的必要条件，并不是充分条件. 也就是说，当 $n\to\infty$ 时 $u_n \to 0$，级数 $\sum\limits_{n=1}^{\infty} u_n$ 可能收敛也可能发散.

例 4　判断下列级数的敛散性：

$(1)\ \sum\limits_{n=1}^{\infty}\left(\dfrac{1}{2^n} - \dfrac{1}{n(n+1)}\right)$；　　$(2)\ \sum\limits_{n=1}^{\infty}\sqrt{\dfrac{n+1}{n}}.$

解　(1) 因为级数 $\sum\limits_{n=1}^{\infty}\left(\dfrac{1}{2^n} - \dfrac{1}{n(n+1)}\right)$ 是公比为 $\dfrac{1}{2}$ 的等比级数，公比的绝对值小于 1，所以级数 $\sum\limits_{n=1}^{\infty}\dfrac{1}{2^n}$ 收敛，由例 1 知，级数 $\sum\limits_{n=1}^{\infty}\dfrac{1}{n(n+1)}$ 收敛，根据性质 1，可知级数 $\sum\limits_{n=1}^{\infty}\left(\dfrac{1}{2^n} - \dfrac{1}{n(n+1)}\right)$ 一定收敛.

(2) 因为 $\lim\limits_{n\to\infty} u_n = \lim\limits_{n\to\infty}\sqrt{\dfrac{n+1}{n}} = 1 \neq 0$，所以级数 $\sum\limits_{n=1}^{\infty}\sqrt{\dfrac{n+1}{n}}$ 发散.

请读者考虑：若级数 $\sum\limits_{n=1}^{\infty} u_n$ 与级数 $\sum\limits_{n=1}^{\infty} v_n$ 都发散，那么级数 $\sum\limits_{n=1}^{\infty}(u_n \pm v_n)$ 一定发散吗？

4.1.3　常数项级数在实际问题中的应用举例

例 5　某合同规定，从签约之日起，由甲方永不停止地每年支付给乙方 300 万元人民币，设利率为每年 5%，分别以 (1) 年复利计算利息；(2) 连续复利计算利息，则该合同的现值是多少？

解 （1）以年复利计算利息，则

第一笔付款发生在签约当天，故

$$\text{第一笔付款的现值} = 3 \quad (\text{百万元})$$

第二笔付款在一年后实现，故

$$\text{第二笔付款的现值} = \frac{3}{(1+0.05)^1} = \frac{3}{1.05} \quad (\text{百万元})$$

第三笔付款在两年后实现，故

$$\text{第三笔付款的现值} = \frac{3}{(1.05)^2} \quad (\text{百万元})$$

如此连续下去直至永远，故

$$\text{总的现值} = 3 + \frac{3}{1.05} + \frac{3}{(1.05)^2} + \cdots + \frac{3}{(1.05)^n} + \cdots \quad (\text{百万元})$$

这是一个 $a = 3$，公比 $x = \dfrac{1}{1.05}$ 的无穷级数，显然该级数收敛.

则此合同的总的现值 $= \dfrac{3}{1 - 1/1.05} = 63$（百万元），也就是说，若按年复利计息，甲方需存入 6300 万元，即可支付乙方及他的后代每年 300 万元直至永远.

（2）若以连续复利计算利息，则

$$\text{第一笔付款的现值} = 3 \quad (\text{百万元})$$

$$\text{第二笔付款的现值} = 3e^{-0.05} \quad (\text{百万元})$$

$$\text{第三笔付款的现值} = 3(e^{-0.05})^2 \quad (\text{百万元})$$

这样连续下去直至永远，则

$$\text{总的现值} = 3 + 3e^{-0.05} + 3(e^{-0.05})^2 + 3(e^{-0.05})^3 + \cdots$$

这是一个公比 $x = e^{-0.05} \approx 0.9512$ 的无穷级数，显然是收敛的，故

$$\text{总的现值} = \frac{3}{1 - e^{-0.05}} \approx 61.5 \quad (\text{百万元})$$

也就是说，若按连续复利计算，方需要存入约 6150 万元的现值，即可支付乙方及他的后代每年 300 万元直至永远.

显然，为了同样的结果，连续复利所需的现值比年复利所需的现值小一些，或者说，连续复利的有效收益要更高.

习 题 4.1

1. 写出下列级数的前 5 项：

(1) $\displaystyle\sum_{n=1}^{\infty} \frac{1+n}{1+n^2}$;　　(2) $\displaystyle\sum_{n=1}^{\infty} \frac{(-1)^{n+1}}{n!}$;　　(3) $\displaystyle\sum_{n=1}^{\infty} \frac{1\times3\times\cdots\times(2n+1)}{2\times4\times\cdots\times2n}$.

2. 写出下列级数的一般项:

(1) $1+\dfrac{1}{3}+\dfrac{1}{5}+\dfrac{1}{7}+\cdots$;　　(2) $\dfrac{\sqrt{x}}{1\times2}+\dfrac{x}{2\times3}+\dfrac{x\sqrt{x}}{3\times4}+\dfrac{x^2}{4\times5}+\cdots$;

(3) $1-\dfrac{6}{2^2}+\dfrac{12}{2^3}-\dfrac{20}{2^4}+\dfrac{30}{2^5}-\cdots$.

3. 判断下列级数的敛散性,如果级数收敛,求出其和.

(1) $1-\dfrac{1}{3}+\dfrac{1}{9}-\dfrac{1}{27}+\cdots+(-1)^{n-1}\dfrac{1}{3^{n-1}}+\cdots$;

(2) $\dfrac{1}{3}+\dfrac{1}{6}+\cdots+\dfrac{1}{3n}+\cdots$;

(3) $\displaystyle\sum_{n=1}^{\infty} \frac{1}{(2n-1)(2n+1)}$;　　　　(4) $\displaystyle\sum_{n=1}^{\infty}(\sqrt{n+1}-\sqrt{n})$;

(5) $\dfrac{1}{2}+\dfrac{1}{3}+\dfrac{1}{4}+\dfrac{1}{9}+\dfrac{1}{8}+\dfrac{1}{27}+\dfrac{1}{16}+\dfrac{1}{81}+\cdots$;

(6) $\dfrac{1}{3}-\dfrac{2}{5}+\dfrac{3}{7}-\dfrac{4}{9}+\cdots+(-1)^{n+1}\dfrac{n}{2n+1}+\cdots$.

4.2　数项级数的审敛法

4.2.1　正项级数及其审敛法

在数项级数 $\displaystyle\sum_{n=1}^{\infty}u_n$ 中,若 $u_n\geqslant0(n=1,2,3,\cdots)$,则称该级数为正项级数. 正项级数特别重要,许多级数的收敛性问题可归结为正项级数的收敛性问题.

定理 1(比较审敛法)　设有正项级数 $\displaystyle\sum_{n=1}^{\infty}u_n$ 和 $\displaystyle\sum_{n=1}^{\infty}v_n$,且 $u_n\leqslant v_n(n=1,2,\cdots)$. 如果级数 $\displaystyle\sum_{n=1}^{\infty}v_n$ 收敛,则级数 $\displaystyle\sum_{n=1}^{\infty}u_n$ 也收敛;如果级数 $\displaystyle\sum_{n=1}^{\infty}u_n$ 发散,则级数 $\displaystyle\sum_{n=1}^{\infty}v_n$ 也发散.

例 1　讨论 p-级数 $\displaystyle\sum_{n=1}^{\infty}\dfrac{1}{n^p}(p>0)$ 的敛散性.

解　当 $0<p\leqslant1$ 时,$\dfrac{1}{n^p}\geqslant\dfrac{1}{n}$,由于调和级数 $\displaystyle\sum_{n=1}^{\infty}\dfrac{1}{n}$ 发散,由比较审敛法知,级数

$\sum\limits_{n=1}^{\infty}\dfrac{1}{n^p}$ 是发散的.

当 $p > 1$ 时，有

$$\sum_{n=1}^{\infty}\frac{1}{n^p} = 1 + \left(\frac{1}{2^p} + \frac{1}{3^p}\right) + \left(\frac{1}{4^p} + \frac{1}{5^p} + \frac{1}{6^p} + \frac{1}{7^p}\right) + \left(\frac{1}{8^p} + \cdots + \frac{1}{15^p}\right) + \cdots$$

$$< 1 + \left(\frac{1}{2^p} + \frac{1}{2^p}\right) + \left(\frac{1}{4^p} + \frac{1}{4^p} + \frac{1}{4^p} + \frac{1}{4^p}\right) + \left(\frac{1}{8^p} + \cdots + \frac{1}{8^p}\right) + \cdots$$

$$= 1 + \frac{1}{2^{p-1}} + \frac{1}{4^{p-1}} + \frac{1}{8^{p-1}} + \cdots$$

后一个级数是等比级数，公比 $q = \dfrac{1}{2^{p-1}} < 1$，因此 $\sum\limits_{n=1}^{\infty}\dfrac{1}{n^p}$ 收敛.

综上所述，p -级数 $\sum\limits_{n=1}^{\infty}\dfrac{1}{n^p}$ 当 $p \leqslant 1$ 时发散，当 $p > 1$ 时收敛.

例 2 判断下列级数的敛散性.

(1) $\sum\limits_{n=1}^{\infty}\dfrac{1}{\sqrt{n(n+1)}}$;　　(2) $\sum\limits_{n=1}^{\infty}\dfrac{1}{n^2+1}$.

解 (1) 因为

$$\frac{1}{\sqrt{n(n+1)}} > \frac{1}{\sqrt{(n+1)(n+1)}} = \frac{1}{n+1}$$

而级数 $\sum\limits_{n=1}^{\infty}\dfrac{1}{n+1}$ 发散，故级数 $\sum\limits_{n=1}^{\infty}\dfrac{1}{\sqrt{n(n+1)}}$ 发散.

(2) 因为 $\dfrac{1}{n^2+1} < \dfrac{1}{n^2}$，而 $\sum\limits_{n=1}^{\infty}\dfrac{1}{n^2}$ 收敛，所以由比较审敛法知，$\sum\limits_{n=1}^{\infty}\dfrac{1}{n^2+1}$ 收敛.

定理 2（比值审敛法） 设 $\sum\limits_{n=1}^{\infty}u_n$ 为正项级数，若 $\lim\limits_{n\to\infty}\dfrac{u_{n+1}}{u_n} = \rho$，则

(1) 当 $\rho < 1$ 时，级数 $\sum\limits_{n=1}^{\infty}u_n$ 收敛；

(2) 当 $\rho > 1\left(\lim\limits_{n\to\infty}\dfrac{u_{n+1}}{u_n} = +\infty\right)$ 时，级数 $\sum\limits_{n=1}^{\infty}u_n$ 发散；

(3) 当 $\rho = 1$ 时，级数 $\sum\limits_{n=1}^{\infty}u_n$ 可能收敛也可能发散.

例 3 判断级数 $\sum\limits_{n=1}^{\infty}\dfrac{2^n n!}{n^n}$ 的敛散性.

解 因为

$$\rho = \lim_{n\to\infty} \frac{u_{n+1}}{u_n} = \lim_{n\to\infty} \frac{2^{n+1}(n+1)! \cdot n^n}{(n+1)^{n+1} \cdot 2^n n!} = 2\lim_{n\to\infty}\left(\frac{n}{n+1}\right)^n = 2\lim_{n\to\infty}\frac{1}{\left(1+\frac{1}{n}\right)^n} = \frac{2}{e} < 1$$

故级数收敛.

例 4 判断级数 $\displaystyle\sum_{n=1}^{\infty} \frac{n!}{10^n}$ 的敛散性.

解 因为

$$\rho = \lim_{n\to\infty} \frac{u_{n+1}}{u_n} = \lim_{n\to\infty} \frac{(n+1)!}{10^{n+1}} \cdot \frac{10^n}{n!} = \lim_{n\to\infty} \frac{n+1}{10} = +\infty$$

故级数发散.

例 5 判断级数 $\displaystyle\sum_{n=1}^{\infty} \frac{1}{(n+1)(n+2)}$ 的敛散性.

解 因为

$$\rho = \lim_{n\to\infty} \frac{u_{n+1}}{u_n} = \lim_{n\to\infty} \frac{(n+1)(n+2)}{(n+2)(n+3)} = 1$$

所以比值审敛法失效,我们选用比较审敛法.

由于级数的通项 $u_n = \dfrac{1}{(n+1)(n+2)} < \dfrac{1}{n^2}$,又因为级数 $\displaystyle\sum_{n=1}^{\infty} \frac{1}{n^2}$ 为 $p=2$ 的 p-级数,且

$p=2>1$,因此级数 $\displaystyle\sum_{n=1}^{\infty} \frac{1}{n^2}$ 是收敛的.

由比较审敛法知,原级数 $\displaystyle\sum_{n=1}^{\infty} \frac{1}{(n+1)(n+2)}$ 是收敛的.

4. 2. 2 交错级数及其审敛法

所谓交错级数,是指级数的各项是正、负交错的,从而可以写成下面的形式:

$$\sum_{n=1}^{\infty}(-1)^{n-1}u_n = u_1 - u_2 + u_3 - u_4 + \cdots + (-1)^{n-1}u_n + \cdots$$

或

$$\sum_{n=1}^{\infty}(-1)^n u_n = -u_1 + u_2 - u_3 + \cdots + (-1)^n u_n + \cdots$$

其中 $u_n > 0$,$n=1,2,\cdots$.

交错级数具有以下重要结论:

定理 3(莱布尼茨审敛法) 如果交错级数 $\displaystyle\sum_{n=1}^{\infty}(-1)^{n-1}u_n$ 或 $\displaystyle\sum_{n=1}^{\infty}(-1)^n u_n (u_n > 0,n=1,$

$2,3,\cdots)$ 满足条件:

(1) $u_n \geqslant u_{n+1}$ $(n=1,2,\cdots)$;

(2) $\lim\limits_{n\to\infty} u_n = 0$.

则交错级数收敛，且其和 $s \leqslant u_1$，其余项 $|r_n|$ 的绝对值 $|r_n| \leqslant u_{n+1}$（证明略）.

例 6 判断交错级数 $1 - \dfrac{1}{2} + \dfrac{1}{3} - \dfrac{1}{4} + \cdots + (-1)^{n-1}\dfrac{1}{n} + \cdots$ 的敛散性.

解 因为交错级数 $1 - \dfrac{1}{2} + \dfrac{1}{3} - \dfrac{1}{4} + \cdots + (-1)^n\dfrac{1}{n} + \cdots = \sum\limits_{n=1}^{\infty}(-1)^{n-1}\dfrac{1}{n}$ 中 $u_n = \dfrac{1}{n}$，它满足条件：

(1) $u_n = \dfrac{1}{n} > \dfrac{1}{n+1} = u_{n+1}$；

(2) $\lim\limits_{n\to\infty} u_n = \lim\limits_{n\to\infty}\dfrac{1}{n} = 0$.

由定理 3 知，所给级数是收敛的.

4.2.3 绝对收敛与条件收敛

对于任意项级数

$$\sum_{n=1}^{\infty} u_n = u_1 + u_2 + \cdots + u_n + \cdots$$

的收敛性问题，通常是化为研究级数

$$\sum_{n=1}^{\infty} |u_n| = |u_1| + |u_2| + \cdots + |u_n| + \cdots$$

的敛散性问题，即转化为正项级数的敛散性问题.

下面讨论级数 $\sum\limits_{n=1}^{\infty} u_n$ 与 $\sum\limits_{n=1}^{\infty} |u_n|$ 敛散性之间的关系.

定理 4 如果级数 $\sum\limits_{n=1}^{\infty} |u_n|$ 收敛，则级数 $\sum\limits_{n=1}^{\infty} u_n$ 也收敛.（证明从略）

应该注意的是，定理 4 的逆定理不成立. 例如级数 $\sum\limits_{n=1}^{\infty}(-1)^{n-1}\dfrac{1}{n}$ 收敛，但是级数 $\sum\limits_{n=1}^{\infty}\left|(-1)^{n-1}\dfrac{1}{n}\right| = \sum\limits_{n=1}^{\infty}\dfrac{1}{n}$ 却是发散的.

如果级数 $\sum\limits_{n=1}^{\infty} u_n$ 收敛，且级数 $\sum\limits_{n=1}^{\infty} |u_n|$ 也收敛，则称级数 $\sum\limits_{n=1}^{\infty} u_n$ 绝对收敛；如果级数 $\sum\limits_{n=1}^{\infty} u_n$ 收敛，而级数 $\sum\limits_{n=1}^{\infty} |u_n|$ 发散，则称级数 $\sum\limits_{n=1}^{\infty} u_n$ 条件收敛.

例如，级数 $\sum_{n=1}^{\infty}(-1)^{n-1}\dfrac{1}{n^2}$ 是绝对收敛的，而级数 $\sum_{n=1}^{\infty}(-1)^{n-1}\dfrac{1}{n}$ 是条件收敛的.

例 7 判断下列级数的敛散性.

(1) $1-\dfrac{1}{3}+\dfrac{1}{5}-\dfrac{1}{7}+\cdots$;　　(2) $\sum_{n=1}^{\infty}\dfrac{\sin n}{n^2}$.

解 (1) 由 $u_n=\dfrac{1}{2n-1}$，有 $u_n>u_{n+1}$，且 $\lim\limits_{n\to\infty}u_n=0$，根据莱布尼茨判别法，可知原级数收敛.

又因为

$$\left|(-1)^{n-1}\frac{1}{2n-1}\right|=\frac{1}{2n-1}>\frac{1}{2n}$$

而级数 $\sum_{n=1}^{\infty}\dfrac{1}{2n}=\dfrac{1}{2}\sum_{n=1}^{\infty}\dfrac{1}{n}$ 发散，由比较审敛法知，级数 $\sum_{n=1}^{\infty}\dfrac{1}{2n-1}$ 发散，所以原级数条件收敛.

(2) 由于 $\left|\dfrac{\sin n}{n^2}\right|\leqslant\dfrac{1}{n^2}$，而级数 $\sum_{n=1}^{\infty}\dfrac{1}{n^2}$ 收敛，所以级数 $\sum_{n=1}^{\infty}\left|\dfrac{\sin n}{n^2}\right|$ 收敛，即原级数绝对收敛.

习 题 4.2

1. 用比较审敛法判别下列级数的敛散性.

(1) $\sum_{n=1}^{\infty}\dfrac{1}{5n+3}$;　　　　　　　　(2) $\sum_{n=1}^{\infty}\dfrac{1}{n\sqrt{n+1}}$;

(3) $\sum_{n=1}^{\infty}\dfrac{1}{3^n+1}$;　　　　　　　　(4) $\sum_{n=1}^{\infty}\sin\dfrac{\pi}{6^n}$.

2. 用比值审敛法判别下列级数的敛散性.

(1) $\dfrac{1}{2}+\dfrac{3}{2^2}+\dfrac{5}{2^3}+\cdots+\dfrac{2n-1}{2^n}+\cdots$;　　(2) $\sum_{n=1}^{\infty}\dfrac{n!}{4^n}$;

(3) $\dfrac{3}{1\times 2}+\dfrac{3^2}{2\times 2^2}+\cdots+\dfrac{3^n}{n\times 2^n}+\cdots$;　　(4) $\sum_{n=1}^{\infty}n\tan\dfrac{\pi}{2^{n+1}}$.

3. 判别下列交错级数的敛散性，如果收敛，指出是绝对收敛还是条件收敛.

(1) $\sum_{n=1}^{\infty}(-1)^n\dfrac{6}{n\sqrt{n}}$;　　　　　　(2) $\sum_{n=1}^{\infty}(-1)^{n+1}\dfrac{1}{(2n-1)^2}$;

(3) $\sum_{n=1}^{\infty}\dfrac{(-1)^n}{\sqrt{n}}$;　　　　　　　(4) $\sum_{n=1}^{\infty}(-1)^n\dfrac{n}{2^n}$.

4.3 幂 级 数

4.3.1 幂级数的概念

前面讨论的是常数项级数，它的每一项都是常数. 现在考虑每一项都是函数的级数.

如果 $u_n(x)(n=1,2,\cdots)$ 是定义在区间 I 上的函数，则表达式

$$\sum_{n=1}^{\infty} u_n(x) = u_1(x) + u_2(x) + \cdots + u_n(x) + \cdots \tag{4-2}$$

称为定义在区间 I 上的函数项级数.

对于每一个确定的 $x_0 \in I$，函数项级数（4-2）称为常数项级数，即

$$\sum_{n=1}^{\infty} u_n(x_0) = u_1(x_0) + u_2(x_0) + \cdots + u_n(x_0) + \cdots \tag{4-3}$$

若级数 $\sum_{n=1}^{\infty} u_n(x_0)$ 收敛，则称点 x_0 为函数项级数 $\sum_{n=1}^{\infty} u_n(x)$ 的收敛点，级数 $\sum_{n=1}^{\infty} u_n(x)$ 的收敛点的全体，称为该级数的收敛域. 若级数 $\sum_{n=1}^{\infty} u_n(x_0)$ 发散，则称点 x_0 为函数项级数 $\sum_{n=1}^{\infty} u_n(x)$ 的发散点.

对收敛域内每一点 x，$\sum_{n=1}^{\infty} u_n(x)$ 都有一确定的和与之对应，因此，在收敛域内，$\sum_{n=1}^{\infty} u_n(x)$ 的和是 x 的函数，这个函数称为 $\sum_{n=1}^{\infty} u_n(x)$ 的和函数，记为 $s(x)$，即在收敛域内总有

$$s(x) = \sum_{n=1}^{\infty} u_n(x)$$

例如，等比级数 $\sum_{n=0}^{\infty} x^n = 1 + x + x^2 + \cdots + x^{n-1} + \cdots$，它的公比为 x. 由等比级数的敛散性知道，当 $|x| < 1$ 时，这个级数收敛；当 $|x| \geqslant 1$ 时，这个级数发散. 即当 $x \in (-1,1)$ 时，级数 $\sum_{n=0}^{\infty} x^n$ 收敛，在区间$(-1,1)$ 以外的点处，级数都发散. 所以它的收敛域为区间 $(-1,1)$，其和函数为

$$s(x) = \sum_{n=0}^{\infty} x^n = 1 + x + x^2 + \cdots + x^{n-1} + \cdots = \frac{1}{1-x}$$

在函数项级数中简单而常见的一类级数就是所谓的幂级数，它的形式是

$$\sum_{n=0}^{\infty} a_n (x - x_0)^n = a_0 + a_1 (x - x_0) + a_2 (x - x_0)^2 + \cdots + a_n (x - x_0)^n + \cdots \quad (4-4)$$

其中，a_0，a_1，a_2，$\cdots$ 为常数，称为幂级数的系数. 当 $x_0 = 0$ 时，即是幂级数的最简形式：

$$\sum_{n=0}^{\infty} a_n x^n = a_0 + a_1 x + a_2 x^2 + \cdots + a_n x^n + \cdots \quad (4-5)$$

例如，级数 $\sum_{n=0}^{\infty} x^n$ 与 $\sum_{n=0}^{\infty} \dfrac{x^n}{n!}$ 都是幂级数.

4.3.2　幂级数的收敛性

由于级数 $(4-5)$ 的各项可能符号不同，将级数 $(4-5)$ 的各项取绝对值，得到正项级数：

$$\sum_{n=0}^{\infty} \mid a_n x^n \mid = \mid a_0 \mid + \mid a_1 x \mid + \mid a_2 x^2 \mid + \cdots + \mid a_n x^n \mid + \cdots$$

设 $\rho = \lim\limits_{n \to \infty} \left| \dfrac{a_{n+1}}{a_n} \right|$，则

$$\lim_{n \to \infty} \left| \frac{u_{n+1}}{u_n} \right| = \lim_{n \to \infty} \left| \frac{a_{n+1} x^{n+1}}{a_n x^n} \right| = \lim_{n \to \infty} \left| \frac{a_{n+1}}{a_n} \right| \mid x \mid = \rho \mid x \mid$$

于是由比值审敛法知：

当 $0 < \rho < +\infty$ 时，若 $\rho \mid x \mid < 1$，即 $\mid x \mid < \dfrac{1}{\rho}$，级数 $(4-5)$ 收敛，若 $\rho \mid x \mid > 1$，即 $\mid x \mid > \dfrac{1}{\rho}$，级数 $(4-5)$ 的一般项不趋近于零，故发散；

当 $\rho = 0$ 时，若 $\rho \mid x \mid < 1$，即 $\rho \mid x \mid = 0 < 1$，级数 $(4-5)$ 对一切实数 x 都绝对收敛；

当 $\rho = +\infty$ 时，级数 $(4-5)$ 仅在 $x = 0$ 处收敛.

综上所述，可得如下定理：

定理 1　对于幂级数 $\sum\limits_{n=0}^{\infty} a_n x^n$，设 $a_n \neq 0 (n = 0, 1, 2, \cdots)$，并设 $\rho = \lim\limits_{n \to \infty} \left| \dfrac{a_{n+1}}{a_n} \right|$，则

(1) 如果 $\rho \neq 0$，则幂级数在 $\mid x \mid < \dfrac{1}{\rho} = R$ 内收敛，在 $\mid x \mid > \dfrac{1}{\rho} = R$ 内发散；

(2) 如果 $\rho = 0$，则幂级数在整个数轴上(即 $\mid x \mid < +\infty$) 收敛；

(3) 如果 $\rho = +\infty$，则幂级数除原点 $(x = 0)$ 外，处处发散.

$R = \dfrac{1}{\rho}$ 称为幂级数 $(4-5)$ 的收敛半径，并规定：当 $\rho = 0$ 时，收敛半径 $R = +\infty$；当 $\rho = +\infty$ 时，收敛半径 $R = 0$.

由以上定理可知，幂级数的收敛域为一区间. 求幂级数的收敛区间时，先求出收敛半

径 R，然后再判断端点 $x = \pm R$ 敛散性. 收敛区间应为 $(-R, R)$，$[-R, R)$，$(-R, R]$，$[-R, R]$ 四个区间之一.

例 1 求幂级数 $\sum\limits_{n=1}^{\infty} \dfrac{x^n}{n}$ 的收敛半径和收敛区间.

解 因为 $a_n = \dfrac{1}{n}$，$a_{n+1} = \dfrac{1}{n+1}$，所以

$$\rho = \lim_{n \to \infty} \left| \frac{a_{n+1}}{a_n} \right| = \lim_{n \to \infty} \left| \frac{\dfrac{1}{n+1}}{\dfrac{1}{n}} \right| = \lim_{n \to \infty} \frac{n}{n+1} = 1$$

所以幂级数 $\sum\limits_{n=1}^{\infty} \dfrac{x^n}{n}$ 的收敛半径为 $R = 1$.

当 $x = -1$ 时，该级数为 $-1 + \dfrac{1}{2} - \dfrac{1}{3} + \dfrac{1}{4} - \cdots$，为交错级数，由莱布尼茨定理知其收敛.

当 $x = 1$ 时，该级数为 $1 + \dfrac{1}{2} + \cdots + \dfrac{1}{n} + \cdots$，为调和级数，该级数发散.

因此所给级数的收敛区间为 $[-1, 1)$.

例 2 求幂级数 $\sum\limits_{n=1}^{\infty} n! x^n$ 的收敛半径.

解 因为

$$\rho = \lim_{n \to \infty} \left| \frac{a_{n+1}}{a_n} \right| = \lim_{n \to \infty} \left| \frac{(n+1)!}{n!} \right| = \lim_{n \to \infty} (n+1) = +\infty$$

所以幂级数 $\sum\limits_{n=1}^{\infty} n! x^n$ 的收敛半径为 $R = 0$.

例 3 求幂级数 $\sum\limits_{n=1}^{\infty} \dfrac{x^n}{n!}$ 的收敛区间.

解 因为

$$\rho = \lim_{n \to \infty} \left| \frac{a_{n+1}}{a_n} \right| = \lim_{n \to \infty} \left| \frac{\dfrac{1}{(n+1)!}}{\dfrac{1}{n!}} \right| = \lim_{n \to \infty} \frac{1}{n+1} = 0$$

所以幂级数 $\sum\limits_{n=1}^{\infty} \dfrac{x^n}{n!}$ 的收敛半径为 $R = +\infty$，收敛区间为 $(-\infty, +\infty)$.

例 4 求下列幂级数的收敛区间.

(1) $\sum\limits_{n=0}^{\infty} \dfrac{x^{2n}}{3^n}$;　　(2) $\sum\limits_{n=0}^{\infty} \dfrac{(x+1)^n}{\sqrt{n+2}}$.

解　(1) 解法 1　所给级数为缺项情形, 即系数 $a_{2n+1}=0(n=0,1,2,\cdots)$, 不属于级数(4-5)的标准形式, 不能直接用定理求收敛半径.

令 $x^2=t$, 则

$$\sum_{n=0}^{\infty} \frac{x^{2n}}{3^n} = \sum_{n=0}^{\infty} \frac{t^n}{3^n}$$

因为

$$\rho = \lim_{n\to\infty} \left| \frac{a_{n+1}}{a_n} \right| = \lim_{n\to\infty} \left| \frac{3^n}{3^{n+1}} \right| = \frac{1}{3}$$

所以幂级数 $\sum\limits_{n=1}^{\infty} \dfrac{t^n}{3^n}$ 的收敛半径为 $R = \dfrac{1}{\rho} = 3$.

也就是 $-3 < t < 3$, 即 $-3 < x^2 < 3$ 时, 所给级数 $\sum\limits_{n=0}^{\infty} \dfrac{x^{2n}}{3^n}$ 收敛.

由 $-3 < x^2 < 3$, 解得 $-\sqrt{3} < x < \sqrt{3}$.

当 $x = \pm\sqrt{3}$ 时, 幂级数成为

$$\sum_{n=0}^{\infty} \frac{(\pm\sqrt{3})^{2n}}{3^n} = \sum_{n=0}^{\infty} \frac{3^n}{3^n} = \sum_{n=0}^{\infty} 1$$

该级数发散.

故原级数 $\sum\limits_{n=0}^{\infty} \dfrac{x^{2n}}{3^n}$ 的收敛区间为 $(-\sqrt{3}, \sqrt{3})$.

解法 2　用比值审敛法, 考虑级数 $\sum\limits_{n=0}^{\infty} \left| \dfrac{x^{2n}}{3^n} \right|$ 的敛散性.

由于

$$\lim_{n\to\infty} \left| \frac{u_{n+1}}{u_n} \right| = \lim_{n\to\infty} \left| \frac{x^{2(n+1)}}{3^{n+1}} \cdot \frac{3^n}{x^{2n}} \right| = \lim_{n\to\infty} \frac{x^2}{3} = \frac{x^2}{3}$$

由此可知, 当 $\dfrac{x^2}{3} < 1$, 即 $-\sqrt{3} < x < \sqrt{3}$ 时, 所给级数绝对收敛; 当 $|x| > \sqrt{3}$ 时, 该级数发散.

当 $x = \pm\sqrt{3}$ 时, 幂级数成为

$$\sum_{n=0}^{\infty} \frac{(\pm\sqrt{3})^{2n}}{3^n} = \sum_{n=0}^{\infty} \frac{3^n}{3^n} = \sum_{n=0}^{\infty} 1$$

该级数发散.

因此原级数的收敛区间为 $(-\sqrt{3},\sqrt{3})$.

(2) 令 $x+1=t$，则

$$\sum_{n=0}^{\infty}\frac{(x+1)^n}{\sqrt{n+2}}=\sum_{n=0}^{\infty}\frac{t^n}{\sqrt{n+2}}$$

因为

$$\rho=\lim_{n\to\infty}\left|\frac{a_{n+1}}{a_n}\right|=\lim_{n\to\infty}\frac{\sqrt{n+2}}{\sqrt{n+3}}=1$$

所以幂级数 $\displaystyle\sum_{n=0}^{\infty}\frac{t^n}{\sqrt{n+2}}$ 的收敛半径为 1，即 $R=\dfrac{1}{\rho}=1$.

也就是，当 $-1<x+1<1$，即 $-2<x<0$ 时，原级数 $\displaystyle\sum_{n=0}^{\infty}\frac{(x+1)^n}{\sqrt{n+2}}$ 收敛.

当 $x=-2$ 时，原级数为 $\displaystyle\sum_{n=0}^{\infty}\frac{(-1)^n}{\sqrt{n+2}}$，为交错级数，由莱布尼茨定理知，它是收敛的；

当 $x=0$ 时，原级数为 $\displaystyle\sum_{n=0}^{\infty}\frac{1}{\sqrt{n+2}}$，为 $p=\dfrac{1}{2}<1$ 的 p -级数，它是发散的.

故原级数 $\displaystyle\sum_{n=0}^{\infty}\frac{(x+1)^n}{\sqrt{n+2}}$ 的收敛区间为 $[-2,0)$.

4.3.3 幂级数的简单性质

设幂级数 $\displaystyle\sum_{n=0}^{\infty}a_nx^n$ 在收敛区间 $(-R,R)$ 内的和函数为 $s(x)$，则具有下列性质：

(1) 连续性. 在区间 $(-R,R)$ 内，$s(x)$ 是连续函数. 即当 $x_0\in(-R,R)$ 时，有

$$\lim_{x\to x_0}s(x)=\lim_{x\to x_0}\left(\sum_{n=0}^{\infty}a_nx^n\right)=\sum_{n=0}^{\infty}(\lim_{x\to x_0}a_nx^n)=\sum_{n=0}^{\infty}a_nx_0^n=s(x_0)$$

(2) 微分性. 在区间 $(-R,R)$ 内，$s(x)$ 可导，且有逐项求导公式：

$$s'(x)=\left(\sum_{n=0}^{\infty}a_nx^n\right)'=\sum_{n=0}^{\infty}(a_nx^n)'=\sum_{n=0}^{\infty}na_nx^{n-1}$$

逐项求导后的幂级数与原幂级数有相同的收敛半径，但在收敛区间端点处，级数的敛散性可能会改变.

(3) 积分性. 在区间 $(-R,R)$ 内，$s(x)$ 可积，且有逐项积分公式：

$$\int_0^x s(x)\mathrm{d}x=\int_0^x\left(\sum_{n=0}^{\infty}a_nx^n\right)\mathrm{d}x=\sum_{n=0}^{\infty}\left(\int_0^x a_nx^n\mathrm{d}x\right)=\sum_{n=0}^{\infty}\frac{a_n}{n+1}x^{n+1}$$

逐项积分后的幂级数与原幂级数有相同的收敛半径，但在收敛区间端点处，级数的敛

散性可能会改变.

例 5　求下列级数的和函数及其收敛域.

（1）$\displaystyle\sum_{n=1}^{\infty} \frac{(-1)^{n-1}}{n} x^n$；　　（2）$\displaystyle\sum_{n=1}^{\infty} nx^{n-1}$.

解　（1）易求出级数 $\displaystyle\sum_{n=1}^{\infty} \frac{(-1)^{n-1}}{n} x^n$ 的收敛域为 $(-1, 1]$，设该级数的和函数为 $s(x)$，即

$$s(x) = \sum_{n=1}^{\infty} \frac{(-1)^{n-1}}{n} x^n$$

由级数的微分性质，得

$$s'(x) = \left[\sum_{n=1}^{\infty} \frac{(-1)^{n-1}}{n} x^n \right]' = \sum_{n=1}^{\infty} \left[\frac{(-1)^{n-1}}{n} x^n \right]' = \sum_{n=1}^{\infty} (-1)^{n-1} x^{n-1} = \frac{1}{1+x}$$

对上式两边积分，得

$$s(x) = \int_0^x s'(x)\,\mathrm{d}x = \int_0^x \frac{1}{1+x}\,\mathrm{d}x = \ln x, \; x \in (-1, 1]$$

即

$$\sum_{n=1}^{\infty} \frac{(-1)^{n-1}}{n} x^n = \ln(1+x), \; x \in (-1, 1]$$

（2）易求出级数 $\displaystyle\sum_{n=1}^{\infty} nx^{n-1}$ 的收敛区间为 $(-1, 1)$，设该级数在收敛区间内的和函数为 $s(x)$，即

$$s(x) = \sum_{n=1}^{\infty} nx^{n-1}$$

由级数的积分性质，得

$$\int_0^x s(x)\,\mathrm{d}x = \int_0^x \left(\sum_{n=1}^{\infty} nx^{n-1} \right)\mathrm{d}x = \sum_{n=1}^{\infty} \left(\int_0^x nx^{n-1}\,\mathrm{d}x \right)$$

$$= \sum_{n=1}^{\infty} x^n = \frac{x}{1-x}, \; x \in (-1, 1)$$

对上式两边求导数，得

$$s(x) = \frac{1}{(1-x)^2}, \; x \in (-1, 1)$$

即

$$\sum_{n=1}^{\infty} nx^{n-1} = \frac{1}{(1-x)^2}, \; x \in (-1, 1)$$

习 题 4.3

1. 求下列幂级数的收敛域.

(1) $\sum_{n=1}^{\infty} \dfrac{x^n}{n^2}$;

(2) $\sum_{n=1}^{\infty} n x^n$;

(3) $\sum_{n=1}^{\infty} \dfrac{3^n}{n!} x^n$;

(4) $\sum_{n=0}^{\infty} \dfrac{(-1)^n x^n}{5^n \sqrt{n+1}}$;

(5) $\sum_{n=1}^{\infty} (-1)^n \dfrac{x^{2n+1}}{2n+1}$;

(6) $\sum_{n=1}^{\infty} \dfrac{(x-2)^n}{3^n \cdot n}$.

2. 求下列幂级数的和函数.

(1) $\sum_{n=1}^{\infty} \dfrac{x^n}{n}$;

(2) $\sum_{n=1}^{\infty} 2n x^{2n-1}$;

(3) $\sum_{n=0}^{\infty} \dfrac{x^{4n+1}}{4n+1}$.

4.4 将函数展开成幂级数

前面讨论了幂级数的收敛域及其和函数的性质. 但在许多应用中, 我们遇到的却恰好是相反的问题: 给定函数 $f(x)$, 要考虑它是否能在某个区间内"展开成幂级数". 就是说, 是否能找到这样一个幂级数, 它在某区间内收敛, 且其和恰好就是给定函数 $f(x)$. 如果能找到这样的幂级数, 则认为函数 $f(x)$ 在该区间内能展开成幂级数, 而这个幂级数在该区间内就表示函数 $f(x)$.

4.4.1 泰勒级数

下面讨论两个问题:

(1) 对给定的函数 $f(x)$, 在什么情况下可以表示成一个幂级数的形式;

(2) 若能表示成幂级数形式, 如何求出这个幂级数.

设 $f(x)$ 已经表示成幂级数

$$\sum_{n=0}^{\infty} \frac{f^{(n)}(x_0)}{n!}(x - x_0)^n$$

即 $f(x)$ 是该幂级数的和函数. 那么这个幂级数的系数是什么?

由

$$f(x) = a_0 + a_1(x - x_0) + a_2(x - x_0)^2 + \cdots + a_n(x - x_0)^n + \cdots \qquad (4-6)$$

两边对 x 求导，得

$$f'(x) = a_1 + 2a_2(x-x_0) + 3a_3(x-x_0)^2 + \cdots + na_n(x-x_0)^{n-1} + \cdots$$

两边再求导，得

$$f''(x) = 2!a_2 + 3 \times 2a_3(x-x_0) + 4 \times 3a_4(x-x_0)^2 + \cdots + n(n-1)a_n(x-x_0)^{n-2} + \cdots$$

不断重复上述步骤，得

$$f^{(n)}(x) = n!a_n + (n+1)!a_{n+1}(x-x_0) + \frac{(n+1)!}{2!}a_{n+2}(x-x_0)^2 + \cdots$$

将 $x = x_0$ 代入以上各式，得

$$a_0 = f(x_0),\ a_1 = f'(x_0),\ a_2 = \frac{1}{2!}f''(x_0),\ \cdots,\ a_n = \frac{1}{n!}f^{(n)}(x_0),\ \cdots$$

将这些系数代入式(4-6)，得

$$f(x) = f(x_0) + \frac{f'(x_0)}{1!}(x-x_0) + \frac{f''(x_0)}{2!}(x-x_0)^2 + \cdots + \frac{f^{(n)}(x_0)}{n!}(x-x_0)^n + \cdots$$

于是可以讲，如果函数 $f(x)$ 已经用幂级数(4-6)表示，那么 $f(x)$ 在 x_0 的某邻域内一定具有任意阶导数，且其幂级数的形式为

$$f(x_0) + \frac{f'(x_0)}{1!}(x-x_0) + \frac{f''(x_0)}{2!}(x-x_0)^2 + \cdots + \frac{f^{(n)}(x_0)}{n!}(x-x_0)^n + \cdots \qquad (4-7)$$

而且这种幂级数的形式是唯一的.

级数(4-7)称为函数 $f(x)$ 在 x_0 处的泰勒级数，其系数为

$$a_0 = f(x_0),\ a_1 = f'(x_0),\ a_2 = \frac{1}{2!}f''(x_0),\ \cdots,\ a_n = \frac{1}{n!}f^{(n)}(x_0),\ \cdots$$

称其为函数 $f(x)$ 在 x_0 处的泰勒系数.

只要函数 $f(x)$ 在 x_0 的某邻域内有任意阶导数，都可以写出它的泰勒级数，但是这个级数是否一定收敛于 $f(x)$? 不一定. 这样的例子这里不准备讲了，我们关心的是，$f(x)$ 除了在 x_0 的某邻域内具有任意阶导数外，再附加什么条件才能使它的泰勒级数的和函数就是它本身?关于这个问题有下面的定理.

定理1(泰勒定理)　　如果函数 $f(x)$ 在 x_0 的某邻域内具有任意阶的导数，则 $f(x)$ 在 x_0 处的泰勒级数(4-7)收敛于 $f(x)$ 的充要条件是 $\lim\limits_{n \to \infty} R_n(x) = 0$. 其中

$$R_n(x) = \frac{f^{(n+1)}(\xi)}{(n+1)!}(x-x_0)^{n+1} \quad (\xi\ 在\ x_0\ 与\ x\ 之间)$$

称为 $f(x)$ 在点 x_0 处的 n 阶泰勒余项.

如果 $f(x)$ 的泰勒级数(4-7)收敛于 $f(x)$，即

$$f(x) = \sum_{n=0}^{\infty} \frac{f^{(n)}(x_0)}{n!}(x-x_0)^n \qquad\qquad (4-8)$$

就说函数 $f(x)$ 可以展开成泰勒级数,并称式(4-8)为函数 $f(x)$ 在 x_0 处的泰勒展开式.

当 $x_0 = 0$ 时,有

$$f(x) = \sum_{n=0}^{\infty} \frac{f^{(n)}(0)}{n!} x^n \qquad (4-9)$$

式(4-9)右端的级数称为 $f(x)$ 的麦克劳林级数. 式(4-7)称为 $f(x)$ 的麦克劳林展开式.

4.4.2 函数展开成幂级数

1. 直接展开法

这里着重讨论把函数 $f(x)$ 展开成 x 的幂级数问题,利用麦克劳林级数及泰勒定理,可得如下步骤:

第一步,求出 $f(x)$ 在 $x=0$ 处的函数值及各阶导数值:$f(0)$,$f'(0)$,$\cdots$,$f^{(n)}(0)$,$\cdots$;

第二步,写出幂级数 $f(0) + f'(0) + \dfrac{f''(0)}{2!} x^2 + \cdots + \dfrac{f^{(n)}(0)}{n!} x^n + \cdots$,并求出收敛区间;

第三步,考察在收敛区间内余项 $R_n(x) = \dfrac{f^{(n+1)}(\xi)}{(n+1)!} x^{n+1}$($\xi$ 在 0 与 x 之间)的极限,即

$$\lim_{n \to \infty} R_n(x) = \lim_{n \to \infty} \frac{f^{(n+1)}(\xi)}{(n+1)!} x^{n+1}$$

是否为零. 如果为零,则函数 $f(x)$ 能展开成 x 的幂级数,这时,在收敛区间内,有

$$f(x) = f(0) + f'(0) + \frac{f''(0)}{2!} x^2 + \cdots + \frac{f^{(n)}(0)}{n!} x^n + \cdots$$

否则不能展开.

例 1 将函数 $f(x) = \mathrm{e}^x$ 展开成 x 的幂级数.

解 因为 $f(x) = f'(x) = f''(x) = \cdots = f^{(n)}(x) = \cdots = \mathrm{e}^x$,所以

$$f(0) = f'(0) = f''(0) = \cdots = f^{(n)}(0) = \cdots = \mathrm{e}^0 = 1$$

于是 e^x 的麦克劳林级数为

$$\sum_{n=0}^{\infty} \frac{f^{(n)}(0)}{n!} x^n = \sum_{n=0}^{\infty} \frac{1}{n!} x^n = 1 + x + \frac{1}{2!} x^2 + \frac{1}{3!} x^3 + \cdots + \frac{1}{n!} x^n + \cdots$$

易知其收敛区间为 $(-\infty, +\infty)$. 任取 x,则对于介于 0 与 x 之间的 ξ,有

$$| R_n(x) | = \left| \frac{f^{(n+1)}(\xi)}{(n+1)!} x^{n+1} \right| = \left| \frac{\mathrm{e}^\xi}{(n+1)!} x^{n+1} \right|$$

因为 $| \xi | < | x |$,$\mathrm{e}^{|\xi|} < \mathrm{e}^{|x|}$,对任意给定的 $x \in (-\infty, +\infty)$,有

$$| R_n(x) | = \left| \frac{\mathrm{e}^\xi}{(n+1)!} x^{n+1} \right| < \mathrm{e}^{|x|} \cdot \frac{| x |^{n+1}}{(n+1)!}$$

$\mathrm{e}^{|x|}$ 是有限值，$\dfrac{|x|^{n+1}}{(n+1)!}$ 是收敛级数 $\displaystyle\sum_{n=1}^{\infty} \dfrac{|x|^{n+1}}{(n+1)!}$ 的一般项，故 $\displaystyle\lim_{n\to\infty}\dfrac{|x|^{n+1}}{(n+1)!}=0$. 所以

$$\lim_{n\to\infty}R_n(x)=0$$

由泰勒定理知，e^x 可以展开成 x 的幂级数，即

$$\mathrm{e}^x=1+x+\frac{x^2}{2!}+\frac{x^3}{3!}+\cdots+\frac{x^n}{n!}+\cdots,\ x\in(-\infty,+\infty) \tag{4-10}$$

例 2　将函数 $f(x)=\sin x$ 展开成 x 的幂级数.

解　因为

$$f^{(n)}(x)=\sin\left(x+\frac{n\pi}{2}\right)\ (n=1,2,3,\cdots)$$

所以 $f(0)$，$f'(0)$，$f''(0)$，$f'''(0)\cdots$，依次循环地取 0，1，0，-1，$\cdots$ 于是 $\sin x$ 的麦克劳林级数为

$$x-\frac{1}{3!}x^3+\frac{1}{5!}x^5-\cdots+(-1)^n\frac{1}{(2n+1)!}x^{2n+1}+\cdots$$

易知其收敛区间为 $(-\infty,+\infty)$. 任取 x，则对于介于 0 与 x 之间的 ξ，有

$$|R_n(x)|=\left|\frac{f^{(n+1)}(\xi)}{(n+1)!}x^{n+1}\right|=\left|\frac{\sin\left[\xi+\dfrac{(n+1)\pi}{2}\right]}{(n+1)!}x^{n+1}\right|\leqslant\frac{1}{(n+1)!}|x^{n+1}|$$

$\dfrac{|x|^{n+1}}{(n+1)!}$ 是收敛级数 $\displaystyle\sum_{n=1}^{\infty}\dfrac{|x|^{n+1}}{(n+1)!}$ 的一般项，故 $\displaystyle\lim_{n\to\infty}\dfrac{|x|^{n+1}}{(n+1)!}=0$. 所以 $\displaystyle\lim_{n\to\infty}R_n(x)=0$.

由泰勒定理知，$\sin x$ 可以展开成 x 的幂级数，即

$$\sin x=x-\frac{x^3}{3!}+\frac{x^5}{5!}-\cdots+(-1)^n\frac{x^{2n+1}}{(2n+1)!}+\cdots,\ x\in(-\infty,+\infty) \tag{4-11}$$

用同样的方法将函数 $(1+x)^m$ 展开成 x 的幂级数，有

$$(1+x)^m=1+mx+\frac{m(m-1)}{2!}x^2+\cdots+\frac{m(m-1)\cdots(m-n+1)}{n!}x^n+\cdots,\ x\in(-1,1) \tag{4-12}$$

2. 间接展开法

间接展开法，就是借助于已知的幂级数展开式，利用幂级数在收敛区间上的性质，例如两个幂级数可逐项加、减，幂级数在收敛区间内可以逐项求导、逐项求积分等，将所给函数展开为泰勒级数.

例 3　将函数 $f(x)=\mathrm{e}^{-2x}$ 展开成 x 的幂级数.

解　已知

$$\mathrm{e}^t=1+t+\frac{t^2}{2!}+\cdots+\frac{t^n}{n!}+\cdots,\ t\in(-\infty,+\infty)$$

令 $t = -2x$，则可得

$$\mathrm{e}^{-2x} = 1 - 2x + \frac{2^2}{2!}x^2 - \frac{2^3}{3!}x^3 + \cdots + \frac{(-1)^n 2^n}{n!}x^n + \cdots, \ x \in (-\infty, +\infty)$$

例 4　将 $f(x) = \cos x$ 展开成 x 的幂级数.

解　因为

$$\sin x = x - \frac{x^3}{3!} + \frac{x^5}{5!} - \cdots + (-1)^n \frac{x^{2n+1}}{(2n+1)!} + \cdots, \ x \in (-\infty, +\infty)$$

由幂级数的微分性质，对上式两边求导，得

$$\cos x = 1 - \frac{x^2}{2!} + \frac{x^4}{4!} - \cdots + (-1)^n \frac{x^{2n}}{(2n)!} + \cdots, \ x \in (-\infty, +\infty)$$

例 5　将 $f(x) = \ln(1+x)$ 展开成 x 的幂级数.

解　因为

$$\frac{1}{1-x} = 1 + x + x^2 + x^3 + \cdots + x^n + \cdots, \ x \in (-1, 1)$$

将 $-x$ 代上式中的 x 得

$$\frac{1}{1+x} = 1 - x + x^2 - x^3 + \cdots + (-1)^n x^n + \cdots, \ x \in (-1, 1)$$

上式两边积分，得

$$\int_0^x \frac{1}{1+x}\mathrm{d}x = \int_0^x \mathrm{d}x - \int_0^x x\mathrm{d}x + \int_0^x x^2 \mathrm{d}x - \cdots + (-1)^n \int_0^x x^n \mathrm{d}x + \cdots$$

即

$$\ln(1+x) = x - \frac{x^2}{2} + \frac{x^3}{3} - \cdots + (-1)^n \frac{x^{n+1}}{n+1} + \cdots, \ x \in (-1, 1]$$

综合以上结论，得到将函数展开成 x 的幂级数常用的 5 个公式：

(1) $\mathrm{e}^x = 1 + x + \frac{x^2}{2!} + \frac{x^3}{3!} + \cdots + \frac{x^n}{n!} + \cdots, \ x \in (-\infty, +\infty)$.

(2) $\sin x = x - \frac{x^3}{3!} + \frac{x^5}{5!} - \cdots + (-1)^n \frac{x^{2n+1}}{(2n+1)!} + \cdots, \ x \in (-\infty, +\infty)$.

(3) $\cos x = 1 - \frac{x^2}{2!} + \frac{x^4}{4!} - \cdots + (-1)^n \frac{x^{2n}}{(2n)!} + \cdots, \ x \in (-\infty, +\infty)$.

(4) $(1+x)^m = 1 + mx + \frac{m(m-1)}{2!}x^2 + \cdots + \frac{m(m-1)\cdots(m-n+1)}{n!}x^n + \cdots, \ x \in (-1, 1)$.

(5) $\ln(1+x) = \sum_{n=0}^{\infty} \frac{(-1)^n}{n+1}x^{n+1} = x - \frac{x^2}{2} + \frac{x^3}{3} - \cdots + (-1)^n \frac{x^{n+1}}{n+1} + \cdots, \ x \in (-1, 1]$.

例 6　将 $f(x) = \ln(3+x)$ 展开成 x 的幂级数.

解　由于

$$f(x) = \ln(3+x) = \ln\left[3\left(1+\frac{x}{3}\right)\right] = \ln 3 + \ln\left(1+\frac{x}{3}\right)$$

由公式(5)，得

$$\ln\left(1+\frac{x}{3}\right) = \frac{x}{3} - \frac{1}{2}\left(\frac{x}{3}\right)^2 + \frac{1}{3}\left(\frac{x}{3}\right)^3 - \cdots + (-1)^n \frac{1}{n+1}\left(\frac{x}{3}\right)^{n+1} + \cdots, \quad -1 < \frac{x}{3} \leqslant 1$$

于是可得

$$\ln(3+x) = \ln 3 + \frac{x}{3} - \frac{x^2}{2\times 3^2} + \frac{x^3}{3\times 3^3} - \cdots + (-1)^n \frac{x^{n+1}}{(n+1)\times 3^{n+1}} + \cdots, \quad -3 < x \leqslant 3$$

例 7 将函数 $f(x) = \dfrac{1}{5-x}$ 展开成 $(x+1)$ 的幂级数.

解 因为

$$\frac{1}{5-x} = \frac{1}{6-(x+1)} = \frac{1}{6} \cdot \frac{1}{1-\dfrac{x+1}{6}}$$

由

$$\frac{1}{1-x} = 1 + x + x^2 + x^3 + \cdots + x^n + \cdots, \quad -1 < x < 1$$

得

$$\frac{1}{1-\dfrac{x+1}{6}} = 1 + \frac{x+1}{6} + \left(\frac{x+1}{6}\right)^2 + \left(\frac{x+1}{6}\right)^3 + \cdots + \left(\frac{x+1}{6}\right)^n + \cdots, \quad -1 < \frac{x+1}{6} < 1$$

于是

$$\frac{1}{5-x} = \frac{1}{6} + \frac{x+1}{6^2} + \frac{(x+1)^2}{6^3} + \frac{(x+1)^3}{6^4} + \cdots + \frac{(x+1)^n}{6^{n+1}} + \cdots, \quad -7 < x < 5$$

习 题 4.4

1. 将下列函数展开成 x 的幂级数，并写出其收敛区间：

(1) $f(x) = e^{x^2}$；

(2) $f(x) = \dfrac{x^2}{1+3x}$；

(3) $f(x) = \sin^2 x$；

(4) $f(x) = \ln(2+x)$；

(5) $f(x) = \dfrac{1}{x-4}$.

2. 求函数 $f(x) = \dfrac{1}{x+5}$ 在 $x=1$ 处的泰勒展开式.

3. 将函数 $f(x) = \cos x$ 展开成 $\left(x+\dfrac{\pi}{3}\right)$ 的幂级数.

~~~~~~~~ **综合练习题 4** ~~~~~~~~

一、填空题

1. 级数 $\dfrac{2^2}{1\times 4}+\dfrac{2^3}{2\times 5}+\dfrac{2^4}{3\times 6}+\dfrac{2^5}{4\times 7}+\cdots$ 的一般项 $u_n=$ _____，级数用缩写记号 $\sum$ 表示为 _____.

2. 级数 $\displaystyle\sum_{n=0}^{\infty}aq^n(a\neq 0)$ 当 $|q|<1$ 时是 _____，此时和 $s=$ _____，而当 $|q|\geqslant 1$ 时级数是 _____.

3. 若级数 $\displaystyle\sum_{n=1}^{\infty}u_n$ 收敛，则 $\lim\limits_{n\to\infty}u_n=$ _____.

4. 级数 $\displaystyle\sum_{n=1}^{\infty}\dfrac{x^n}{n!}$ 的收敛半径 $R=$ _____，收敛区间为 _____.

5. 级数 $\displaystyle\sum_{n=0}^{\infty}(-1)^n x^{3n}$ 的收敛域为 _____，和函数为 _____.

6. 函数 $x\sin x$ 的麦克劳林展开式为 _____.

二、选择题

1. $\lim\limits_{x\to\infty}u_n=0$ 是数项级数 $\displaystyle\sum_{n=1}^{\infty}u_n$ 收敛的（　　　）.

A. 必要条件　　　　B. 充分条件　　　　C. 充要条件　　　　D. 无关条件

2. 正项级数 $\displaystyle\sum_{n=1}^{\infty}u_n$ 满足条件（　　　），必收敛.

A. $\lim\limits_{x\to\infty}u_n=0$

B. $\lim\limits_{x\to\infty}\dfrac{u_n}{u_{n+1}}=\rho<1$

C. $\lim\limits_{x\to\infty}\dfrac{u_{n+1}}{u_n}=\rho\leqslant 1$

D. $\lim\limits_{x\to\infty}\dfrac{u_n}{u_{n+1}}=\rho>1$

3. 幂级数 $\displaystyle\sum_{n=0}^{\infty}(-1)^n\dfrac{x^n}{2n+3}$ 的收敛区间为（　　　）.

A. $(-1,1)$　　　　B. $[-1,1]$　　　　C. $[-1,1)$　　　　D. $(-1,1]$

4. 若级数 $\displaystyle\sum_{n=1}^{\infty}u_n$ 收敛于 s，则级数 $\displaystyle\sum_{n=1}^{\infty}(u_n+u_{n+1})$ 收敛于（　　　）.

A. $2s$　　　　　　B. $2s+u_1$　　　　C. $2s-u_1$　　　　D. 发散

5. 函数 $f(x)=\begin{cases}1, & -\pi\leqslant x<0\\ -1, & 0\leqslant x<\pi\end{cases}$ 的傅里叶级数为（　　　）.

A. $\dfrac{4}{\pi}\sum\limits_{n=1}^{\infty}\dfrac{1}{2n-1}\sin(2n-1)x$ 　　　　B. $-\dfrac{4}{\pi}\sum\limits_{n=1}^{\infty}\dfrac{1}{2n-1}\sin(2n-1)x$

C. $\dfrac{2}{\pi}\sum\limits_{n=0}^{\infty}\dfrac{1}{2n+1}\cos(2n+1)x$ 　　　　D. $\dfrac{4}{\pi}\sum\limits_{n=0}^{\infty}\dfrac{1}{2n+1}\sin(2n+1)x$

三、解答题

1. 判别下列级数的敛散性.

(1) $\sum\limits_{n=1}^{\infty}\dfrac{2+(-1)^n}{2^n}$;

(2) $\sum\limits_{n=1}^{\infty}\dfrac{2n+1}{n^2(n+1)^2}$;

(3) $\sum\limits_{n=1}^{\infty}\dfrac{1}{\sqrt{n(n+1)}}$;

(4) $\sum\limits_{n=1}^{\infty}\dfrac{2n-1}{(\sqrt{2})^n}$;

(5) $\sum\limits_{n=1}^{\infty}\dfrac{n^2}{3^n}$;

(6) $\sum\limits_{n=1}^{\infty}\dfrac{(n+1)(n+2)\cdots(2n)}{n!}$.

2. 求下列幂级数的收敛区间.

(1) $\sum\limits_{n=1}^{\infty}(\sqrt{x})^n$;

(2) $\sum\limits_{n=1}^{\infty}\dfrac{(-1)^n x^n}{3^{n-1}\cdot\sqrt{n}}$;

(3) $\sum\limits_{n=1}^{\infty}\dfrac{n!}{2^n}x^n$;

(4) $\sum\limits_{n=1}^{\infty}\dfrac{(x-5)^n}{\ln(1+n)}$.

3. 求级数的 $\sum\limits_{n=0}^{\infty}\dfrac{x^{2n+1}}{2n+1}$ 和函数.

4. 将函数 $f(x)=\dfrac{2}{1-x^2}$ 展开为 x 的幂级数.

5. 将函数 $f(x)=\dfrac{1}{x}$ 展开为 $x-3$ 的幂级数.

第 5 章　拉普拉斯变换

拉普拉斯(Laplace)变换是工程数学中常用的一种积分变换，又名拉氏变换，拉普拉斯变换在许多工程技术和科学研究领域中有着广泛的应用，特别是在力学系统、电学系统、自动控制系统、可靠性系统以及随机服务系统等系统科学中都起着重要作用．本章将简单介绍拉普拉斯变换的基本概念、主要性质、拉普拉斯逆变换及其一些应用举例．

5.1　拉普拉斯变换的基本概念

5.1.1　拉普拉斯变换的定义

定义 1　设函数 $f(t)$ 定义在 $0 \leqslant t < +\infty$ 上，若广义积分 $\int_0^{+\infty} f(t) \mathrm{e}^{-st} \mathrm{d}t$ 在变量 s 的某个区域内收敛，从而确定了一个关于变量 s 的函数，记为 $F(s)$，即

$$F(s) = \int_0^{+\infty} f(t) \mathrm{e}^{-st} \mathrm{d}t \tag{5-1}$$

则称式$(5-1)$为函数 $f(t)$ 的拉普拉斯变换式，记为 $\mathscr{L}[f(t)]$，即

$$\mathscr{L}[f(t)] = F(s) = \int_0^{+\infty} f(t) \mathrm{e}^{-st} \mathrm{d}t$$

$F(s)$ 称为 $f(t)$ 的拉普拉斯变换(象函数)．

若 $F(s)$ 是 $f(t)$ 的拉普拉斯变换，则称 $f(t)$ 为 $F(s)$ 的拉普拉斯逆变换(象原函数)，记为

$$\mathscr{L}^{-1}[F(s)] = f(t)$$

说明：

(1) 在定义中，只要求函数 $f(t)$ 在 $t \geqslant 0$ 时有定义．为了方便，以后总假定当 $t < 0$ 时，$f(t) = 0$．这种假定是符合实际情况的．因为在一个物理过程中，研究过程总是从 $t = 0$ 开始的，当 $t < 0$ 时，过程还未发生，所以表示过程的函数取零值．

(2) 经过拉普拉斯变换后的函数 $F(s)$ 是 $s = \alpha + \beta \mathrm{i}$ 的函数．

(3) 拉普拉斯变换是一种积分变换，其结果为复变数 s 的函数 $F(s)$．一般说来，在工程技术中所遇到的函数，它的拉普拉斯变换总是存在的．

5.1.2　几种常见信号的拉普拉斯变换

1. 单位脉冲函数的拉普拉斯变换

δ-函数在工程技术中常被称为单位脉冲函数，它是一个广义函数，没有通常意义下的"函数值"，因此不能用"值的对应关系"来定义. 工程上，通常将它定义为一个函数序列的极限，例如将 δ-函数定义为

$$\delta_\varepsilon(t) = \begin{cases} 0, & t < 0 \\ 1/\varepsilon, & 0 \leqslant t \leqslant \varepsilon \\ 0, & t > \varepsilon \end{cases}$$

当 $\varepsilon \to 0^+$ 时的极限，即

$$\delta(t) = \lim_{\varepsilon \to 0^+} \delta_\varepsilon(t)$$

根据拉普拉斯变换的定义，可推出 δ-函数的拉普拉斯变换为

$$\begin{aligned} \mathscr{L}\big[\delta(t)\big] &= \int_0^{+\infty} \delta(t) \mathrm{e}^{-st} \mathrm{d}t = \int_0^{\varepsilon} \delta(t) \mathrm{e}^{-st} \mathrm{d}t + \int_{\varepsilon}^{+\infty} \delta(t) \mathrm{e}^{-st} \mathrm{d}t \\ &= \int_0^{\varepsilon} \lim_{\varepsilon \to 0^+} \frac{1}{\varepsilon} \mathrm{e}^{-st} \mathrm{d}t = \lim_{\varepsilon \to 0^+} \int_0^{\varepsilon} \frac{1}{\varepsilon} \mathrm{e}^{-st} \mathrm{d}t \\ &= \lim_{\varepsilon \to 0} \frac{1}{\varepsilon} \left(-\frac{\mathrm{e}^{-st}}{s} \right) \Big|_0^{\varepsilon} = \frac{1}{s} \lim_{\varepsilon \to 0} \frac{1 - \mathrm{e}^{-s\varepsilon}}{\varepsilon} = \frac{s}{s} = 1 \end{aligned}$$

2. 单位阶跃函数的拉普拉斯变换

分段函数

$$f(t) = \begin{cases} 0, & t < 0 \\ a, & t \geqslant 0 \end{cases} \quad (a \neq 0)$$

称为阶跃函数，其中 $a \neq 0$. 当 $a = 1$ 时，$f(t)$ 称为单位阶跃函数，记为 $u(t)$，即

$$u(t) = \begin{cases} 0, & t < 0 \\ 1, & t \geqslant 0 \end{cases}$$

由定义可以推出单位阶跃函数的拉普拉斯变换为

$$\mathscr{L}\big[u(t)\big] = \int_0^{+\infty} u(t) \mathrm{e}^{-st} \mathrm{d}t = \int_0^{+\infty} 1 \cdot \mathrm{e}^{-st} \mathrm{d}t = \left(-\frac{\mathrm{e}^{-st}}{s} \right) \Big|_0^{+\infty} = \frac{1}{s} \quad (\mathrm{Re}(s) > 0)$$

3. 指数函数的拉普拉斯变换

由拉普拉斯变换的定义可以推出指数函数 $f(t) = \mathrm{e}^{at}$（a 为常数）的拉普拉斯变换为

$$\mathscr{L}\big[\mathrm{e}^{at}\big] = \int_0^{+\infty} \mathrm{e}^{at} \mathrm{e}^{-st} \mathrm{d}t = \int_0^{+\infty} \mathrm{e}^{-(s-a)t} \mathrm{d}t = \left(-\frac{\mathrm{e}^{-(s-a)t}}{s-a} \right) \Big|_0^{+\infty}$$

$$= \frac{1}{s-a} \quad (\mathrm{Re}(s) > 0)$$

4. 斜坡函数的拉普拉斯变换

由拉普拉斯变换的定义可以推出斜坡函数 $f(t) = t$ 的拉普拉斯变换为

$$\mathscr{L}[t] = \int_0^{+\infty} t\mathrm{e}^{-st}\,\mathrm{d}t = -\frac{1}{s}(t\mathrm{e}^{-st})\Big|_0^{+\infty} + \frac{1}{s}\int_0^{+\infty} \mathrm{e}^{-st}\,\mathrm{d}t = \frac{1}{s}\left(-\frac{\mathrm{e}^{-st}}{s}\right)\Big|_0^{+\infty}$$

$$= \frac{1}{s^2} \quad (\mathrm{Re}(s) > 0)$$

5. 三角函数的拉普拉斯变换

由拉普拉斯变换的定义可以推出正弦函数 $f(t) = \sin\omega t$ 的拉普拉斯变换为

$$\mathscr{L}[\sin\omega t] = \int_0^{+\infty} \sin\omega t \cdot \mathrm{e}^{-st}\,\mathrm{d}t = \left(-\frac{\mathrm{e}^{-st}(s\sin\omega t + \omega\cos\omega t)}{s^2 + \omega^2}\right)\Big|_0^{+\infty}$$

$$= \frac{\omega}{s^2 + \omega^2} \quad (\mathrm{Re}(s) > 0)$$

同理，可以推出余弦函数 $f(t) = \cos\omega t$ 的拉普拉斯变换为

$$\mathscr{L}[\cos\omega t] = \frac{s}{s^2 + \omega^2} \quad (\mathrm{Re}(s) > 0)$$

6. 双曲函数的拉普拉斯变换

由定义可以推出双曲余弦 $f(t) = \cosh\omega t = \dfrac{1}{2}(\mathrm{e}^{\omega t} + \mathrm{e}^{-\omega t})$ 的拉普拉斯变换为

$$\mathscr{L}[\cosh\omega t] = \int_0^{+\infty} \frac{1}{2}[\mathrm{e}^{\omega t} + \mathrm{e}^{-\omega t}]\mathrm{e}^{-st}\,\mathrm{d}t = \frac{1}{2}\left(\int_0^{+\infty} \mathrm{e}^{\omega t} \cdot \mathrm{e}^{-st}\,\mathrm{d}t + \int_0^{+\infty} \mathrm{e}^{-\omega t} \cdot \mathrm{e}^{-st}\,\mathrm{d}t\right)$$

$$= \frac{1}{2}\left(\int_0^{+\infty} \mathrm{e}^{-(s-\omega)t}\,\mathrm{d}t + \int_0^{+\infty} \mathrm{e}^{-(s+\omega)t}\,\mathrm{d}t\right) = \frac{1}{2}\left(\frac{1}{s-\omega} + \frac{1}{s+\omega}\right)$$

$$= \frac{s}{s^2 - \omega^2} \quad (\mathrm{Re}(s) > 0)$$

同理，可以推出双曲正弦函数 $f(t) = \sinh\omega t$ 的拉普拉斯变换为

$$\mathscr{L}[\sinh\omega t] = \frac{\omega}{s^2 - \omega^2} \quad (\mathrm{Re}(s) > 0)$$

习 题 5.1

1. 求下列函数的拉普拉斯变换：

(1) $f(t) = \mathrm{e}^{-2t}$；　　　　　　　(2) $f(t) = \cos\dfrac{1}{2}t$；

(3) $f(t) = \sin 5t$；　　　　　　　(4) $f(t) = \delta(t)$；

(5) $f(t) = \mathrm{e}^{3t}$；　　　　　　　(6) $f(t) = u(t)$.

2. 若 $F(s) = \mathscr{L}[f(t)]$，利用定义证明，对于常数 a 有

$$\mathscr{L}[f(at)] = \frac{1}{a}F\left(\frac{s}{a}\right) \quad (a \neq 0)$$

5.2　拉普拉斯变换的性质

利用拉普拉斯变换的性质,结合上一节介绍的几种常见信号的拉普拉斯变换,可以求一些较复杂函数的拉普拉斯变换.

5.2.1　线性性质

性质 1　若 $\mathscr{L}[f_1(t)] = F_1(s)$,$\mathscr{L}[f_2(t)] = F_2(s)$,则对于任意常数 α 与 β,有

$$\mathscr{L}[\alpha f_1(t) + \beta f_2(t)] = \alpha F_1(s) + \beta F_2(s)$$

这表明拉普拉斯变换是线性变换.

此性质由拉普拉斯变换的定义和积分性质很容易证得,证明过程留给读者自己完成.

例 1　函数 $\sinh t = \dfrac{e^x - e^{-x}}{2}$ 和 $\cosh t = \dfrac{e^x + e^{-x}}{2}$ 分别叫作双曲正弦和双曲余弦,求双曲正弦函数 $f(t) = \sinh\omega t$ 和双曲余弦 $f(t) = \cosh\omega t$ 的拉普拉斯变换.

解　$\mathscr{L}[\sinh\omega t] = \mathscr{L}\left[\dfrac{e^{\omega t} - e^{-\omega t}}{2}\right] = \dfrac{1}{2}(\mathscr{L}[e^{\omega t}] - \mathscr{L}[e^{-\omega t}])$

$$= \frac{1}{2}\left(\frac{1}{s - \omega} + \frac{1}{s + \omega}\right) = \frac{\omega}{s^2 - \omega^2} \quad (\text{Re}(s) > 0)$$

同理,可以推出双曲余弦 $f(t) = \cosh\omega t = \dfrac{1}{2}(e^{\omega t} + e^{-\omega t})$ 的拉普拉斯变换为

$$\mathscr{L}[\cosh\omega t] = \frac{s}{s^2 - \omega^2} \quad (\text{Re}(s) > 0)$$

例 2　求函数 $f(t) = e^{at} - e^{bt}$ 的拉普拉斯变换.

解　$\mathscr{L}[f(t)] = \mathscr{L}[e^{at} - e^{bt}] = \mathscr{L}[e^{at}] - \mathscr{L}[e^{bt}]$

$$= \left(\frac{1}{s - a} - \frac{1}{s - b}\right) = \frac{a - b}{(s - a)(s - b)} \quad (\text{Re}(s) > 0)$$

线性性质可推广到有限多个函数的情形:

设 $\mathscr{L}[f_i(t)] = F(s)$,$a_i(i = 1, 2, \cdots, n)$ 为常数,则

$$\mathscr{L}[a_1 f_1(t) + a_2 f_2(t) + \cdots + a_n f_n(t)] = a_1 F_1(s) + a_2 F_2(s) + \cdots + a_n F_n(s)$$

5.2.2　平移性质

1. 频移特性

性质 2　若 $\mathscr{L}[f(t)] = F(s)$,则

$$\mathscr{L}[e^{at}f(t)] = F(s-a) \quad (a \text{ 为常数})$$

证 由拉普拉斯变换的定义，有

$$\mathscr{L}[e^{at}f(t)] = \int_0^{+\infty} e^{at}f(t) \cdot e^{-st}dt = \int_0^{+\infty} f(t) \cdot e^{-(s-a)t}dt = F(s-a)$$

这个性质表明：从图形上讲，原函数 $f(t)$ 乘以 e^{at} 的拉普拉斯变换等于其象函数 $F(s)$ 平移 $|a|$ 个单位，因此这个性质称为位移性质，也常称为频移特性.

例 3 求 $\mathscr{L}[e^{at}t]$、$\mathscr{L}[e^{at}t^2]$ 与 $\mathscr{L}[e^{at}t^n]$.

解
$$\mathscr{L}[t] = \frac{1}{s^2}, \quad \mathscr{L}[t^2] = \frac{2}{s^3}, \quad \mathscr{L}[t^n] = \frac{n!}{s^{n+1}}$$

由平移性质，得

$$\mathscr{L}[t] = \frac{1}{(s-a)^2}, \quad \mathscr{L}[t^2] = \frac{2}{(s-a)^3}, \quad \mathscr{L}[t^n] = \frac{n!}{(s-a)^{n+1}}$$

例 4 求 $\mathscr{L}[e^{at}\sin\omega t]$ 与 $\mathscr{L}[e^{at}\cos\omega t]$.

解 由 5.1 节可知

$$\mathscr{L}[\sin\omega t] = \frac{\omega}{s^2+\omega^2}, \quad \mathscr{L}[\cos\omega t] = \frac{s}{s^2+\omega^2}$$

由平移性质，得

$$\mathscr{L}[e^{at}\sin\omega t] = \frac{\omega}{(s-a)^2+\omega^2}, \quad \mathscr{L}[e^{at}\cos\omega t] = \frac{s-a}{(s-a)^2+\omega^2}$$

例 5 求 $\mathscr{L}[e^{at}\sinh\omega t]$ 与 $\mathscr{L}[e^{at}\cosh\omega t]$.

解 由 5.1 节可知

$$\mathscr{L}[\sinh\omega t] = \frac{\omega}{s^2-\omega^2}, \quad \mathscr{L}[\cosh\omega t] = \frac{s}{s^2-\omega^2}$$

由平移性质，得

$$\mathscr{L}[e^{at}\sin\omega t] = \frac{\omega}{(s-a)^2-\omega^2}, \quad \mathscr{L}[e^{at}\cos\omega t] = \frac{s-a}{(s-a)^2-\omega^2}$$

例 6 利用单位阶跃函数 $u(t)$，将函数

$$f(t) = \begin{cases} d, & 0 \leqslant t < b \\ 2d, & b \leqslant t \leqslant 3b \\ 0, & t \geqslant 3b \end{cases}$$

合写成一个式子.

解 $f(t) = du(t) + (2d-d)u(t-b) + (0-2d)u(t-3b)$
$$= du(t) + du(t-b) - 2du(t-3b)$$

例 7 求如图 5-1 所示的阶跃函数 $f(t)$ 的拉普拉斯变换.

解 阶跃函数 $f(t)$ 可表示为

$$f(t) = \begin{cases} c, & 0 \leqslant t < a \\ 2c, & a \leqslant t < 2a \\ 3c, & 2a \leqslant t < 3a \\ 4c, & 3a \leqslant t < 4a \\ \cdots\cdots \end{cases}$$

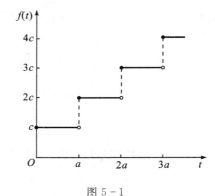

图 5-1

$f(t)$ 用单位阶跃函数合写成一个式子为

$$f(t) = cu(t) + (2c - c)u(t - a)$$
$$+ (3c - 2c)u(t - 3a) + \cdots$$
$$= c[u(t) + u(t - a) + u(t - 2a) + \cdots]$$

由拉普拉斯变换的线性性质和延滞性质，有

$$F(s) = \mathscr{L}[f(t)] = c\{\mathscr{L}[u(t)] + \mathscr{L}[u(t - a)] + \mathscr{L}[u(t - 2a)] + \cdots\}$$

$$= c\left(\frac{1}{s} + \frac{1}{s}\mathrm{e}^{-as} + \frac{1}{s}\mathrm{e}^{-2as} + \cdots\right) = \frac{c}{s}(1 + \mathrm{e}^{-as} + \mathrm{e}^{-2as} + \cdots)$$

$$= \frac{c}{s} \cdot \frac{1}{1 - \mathrm{e}^{-as}} \quad (\mathrm{Re}(s) > 0)$$

2. 延时特性

性质 3　若 $\mathscr{L}[f(t)] = F(s)$，则 $\mathscr{L}[f(t - a)] = \mathrm{e}^{-as}F(s)$（常数 $a > 0$）.

证　$\mathscr{L}[f(t - a)] = \displaystyle\int_0^{+\infty} f(t - a)\mathrm{e}^{-st}\,\mathrm{d}t$

$$= \int_0^a f(t - a)\mathrm{e}^{-st}\,\mathrm{d}t + \int_a^{+\infty} f(t - a)\mathrm{e}^{-st}\,\mathrm{d}t$$

在拉普拉斯变换的定义中已指出，当 $t < 0$ 时，$f(t) = 0$. 因此当 $t - a < 0$ 时，$f(t - a) = 0$，故上式右端第一个积分为零. 对第二个积分作变换 $t - a = \tau$，则

$$\mathscr{L}[f(t - a)] = \int_a^{+\infty} f(t - a)\mathrm{e}^{-st}\,\mathrm{d}t = \int_0^{+\infty} f(\tau)\mathrm{e}^{-s(\tau + a)}\,\mathrm{d}\tau$$

$$= \mathrm{e}^{-as}\int_0^{+\infty} f(\tau)\mathrm{e}^{-s\tau}\,\mathrm{d}\tau = \mathrm{e}^{-as}F(s)$$

这个性质指出：从图形上讲，象函数 $F(s)$ 乘以 e^{-as} 的拉普拉斯逆变换等于其象原函数 $f(t)$ 的图形沿 t 轴向右平移 a 个单位. 而 $f(t - a)$ 表示函数 $f(t)$ 在时间上延时 a 的函数，所以将这个性质称为延时特性，也常称为延滞性质.

例 8　求函数 $u(t - a) = \begin{cases} 0, & t < a \\ 1, & t \geqslant a \end{cases}$ 的拉普拉斯变换.

单位阶跃函数 $u(t) = \begin{cases} 0, & t < 0 \\ 1, & t \geqslant 0 \end{cases}$ 的图形如图 5-2 所示. 可知，函数 $u(t)$ 是从 $t = 0$ 开

始的，而函数 $u(t-a)$ 是从 $t=a$ 开始的，其图形如图 5-3 所示，故由延滞性质可求出拉普拉斯变换.

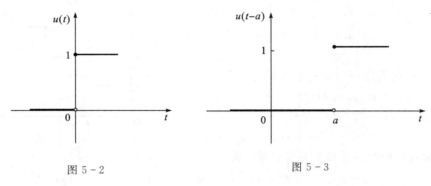

图 5-2　　　　　　　　　　　图 5-3

解　因为 $\mathscr{L}[u(t)]=1/s$，所以由延滞性质，有

$$\mathscr{L}[u(t-a)]=\frac{1}{s}\mathrm{e}^{-as}$$

例 9　求 $f(t)=tu(t)+(t-a)u(t-a)+au(t-a)$ 的拉普拉斯变换.

解　对于单位阶跃函数

$$u(t)=\begin{cases}0,& t<0\\1,& t\geqslant0\end{cases}$$

当 $t\geqslant0$ 时，$f(t)u(t)=t$. 这里单位阶跃函数 $u(t)$ 起了"1"的作用，故当 $t\geqslant0$ 时，$tu(t)=t$. 所以

$$\mathscr{L}[tu(t)]=\frac{1}{s^2}$$

由延滞性质，有

$$\mathscr{L}[(t-a)u(t-a)]=\frac{1}{s^2}\mathrm{e}^{-as}$$

故

$$F(s)=\mathscr{L}[f(t)]=\mathscr{L}[tu(t)]+\mathscr{L}[(t-a)u(t-a)]+\mathscr{L}[au(t-a)]$$
$$=\frac{1}{s^2}+\frac{1}{s^2}\mathrm{e}^{-as}+\frac{a}{s}\mathrm{e}^{-as}$$

5.2.3　微分性质

1. 象原函数微分的性质

性质 4　若 $\mathscr{L}[f(t)]=F(s)$，则

$$\mathscr{L}[f'(t)] = sF(s) - f(0)$$

这个性质表明,一个函数的导函数的拉普拉斯变换等于这个函数的拉普拉斯变换乘以参数 s,再减去该函数的初值.

推广到 n 阶导数的情形,有

$$\mathscr{L}[f^{(n)}(t)] = s^n F(s) - s^{n-1} f(0) - s^{n-2} f'(0) - \cdots - f^{(n-1)}(0)$$

其中,象原函数求二阶导数为

$$\mathscr{L}[f''(t)] = s\mathscr{L}[f'(t)] - f'(0) = s\{sF(s) - f(0)\} - f'(0)$$
$$= s^2 F(s) - sF(0) - f'(0)$$

2. 象函数微分的性质

性质 5　若 $\mathscr{L}[f(t)] = F(s)$,则

$$\mathscr{L}[tf(t)] = -F'(s)$$
$$\mathscr{L}[t^n f(t)] = (-1)^n F^{(n)}(s)$$

证明略.

例 10　求 $\mathscr{L}[t\cos\omega t]$,$\mathscr{L}[t\sin\omega t]$.

解　因为

$$\mathscr{L}[\cos\omega t] = \frac{s}{s^2 + \omega^2}, \ \mathscr{L}[\sin\omega t] = \frac{\tilde{\omega}}{s^2 + \omega^2}$$

所以由微分性质,得

$$\mathscr{L}[t\cos\omega t] = -\left(\frac{s}{s^2 + \omega^2}\right)' = -\frac{s^2 + \omega^2 - s \cdot 2s}{(s^2 + \omega^2)^2} = \frac{s^2 - \omega^2}{(s^2 + \omega^2)^2}$$

$$\mathscr{L}[\sin\omega t] = -\left(\frac{\tilde{\omega}}{s^2 + \omega^2}\right)' = \frac{2s\tilde{\omega}}{(s^2 + \omega^2)^2}$$

例 11　已知 $f(t) = \mathrm{e}^{-3t}$,求其一阶、二阶导数的拉普拉斯变换.

解　因为

$$\mathscr{L}[f(t)] = \mathscr{L}[\mathrm{e}^{-3t}] = \frac{1}{s+3}$$

所以由微分性质,得

$$\mathscr{L}[f'(t)] = sF(s) - f(0) = \frac{s}{s+3} - 1 = \frac{-3}{s+3}$$

$$\mathscr{L}[f''(t)] = s^2 F(s) - sf(0) - f'(0) = \frac{s^2}{s+3} - s - (-3) = \frac{9}{s+3}$$

5.2.4　积分性质

1. 象原函数积分的性质

性质 6　若 $\mathscr{L}[f(t)] = F(s)$,则

$$L\left[\int_0^t f(t)\,\mathrm{d}t\right] = F(s)/s$$

2. 象函数积分的性质

性质 7　若 $\mathscr{L}[f(t)] = F(s)$，则

$$\mathscr{L}[t^{-1} f(t)] = \int_s^\infty F(s)\,\mathrm{d}s$$

例 12　求 $\mathscr{L}[t]$，$\mathscr{L}[t^2]$，$\cdots$，$\mathscr{L}[t^n]$（n 是自然数）.

解　因为

$$t = \int_0^t \mathrm{d}t,\ t^2 = \int_0^t 2t\,\mathrm{d}t,\ t^3 = \int_0^t 3t^2\,\mathrm{d}t,\ \cdots,\ t^n = \int_0^t nt^{n-1}\,\mathrm{d}t$$

所以由积分性质，有

$$\mathscr{L}[t] = \mathscr{L}\left[\int_0^t \mathrm{d}t\right] = \mathscr{L}[1]/s = 1/s^2$$

$$\mathscr{L}[t^2] = \mathscr{L}\left[\int_0^t 2t\,\mathrm{d}t\right] = 2\mathscr{L}[t]/s = 2/s^3$$

$$\mathscr{L}[t^3] = \mathscr{L}\left[\int_0^t 3t^2\,\mathrm{d}t\right] = 3\mathscr{L}[t^2]/s = 3!/s^4$$

$$\cdots\cdots$$

一般地，有

$$\mathscr{L}[t^n] = \mathscr{L}\left[\int_0^t nt^{n-1}\,\mathrm{d}t\right] = n\mathscr{L}[t^{n-1}]/s = n!/s^{n+1}$$

例 13　求 $\mathscr{L}\left[\dfrac{\sin\omega t}{t}\right]$.

解　因为

$$\mathscr{L}[\sin\omega t] = \frac{\omega}{s^2 + \omega^2}$$

所以由积分性质，有

$$\mathscr{L}\left[\frac{1}{t}\sin\omega t\right] = \int_s^\infty \frac{\omega}{s^2 + \omega^2}\,\mathrm{d}s = \left(\arctan\frac{s}{\omega}\right)\Big|_s^\infty$$

$$= \frac{\pi}{2} - \arctan\frac{s}{\omega} = \arctan\frac{\widetilde{\omega}}{s}$$

5.2.5　拉普拉斯变换简表

在学习拉普拉斯变换性质的过程中，我们推导出了很多函数的拉普拉斯变换. 为了方便查找和比较公式，将常用函数的拉普拉斯变换列为一个简表，如表 5-1 所示.

表 5 - 1

序号	$f(t)$	$F(s)$	序号	$f(t)$	$F(s)$
1	$\delta(t)$	1	11	$t\sin\omega t$	$\dfrac{2\omega s}{(s^2+\omega^2)^2}$
2	$u(t)$，1	$\dfrac{1}{s}$	12	$t\cos\omega t$	$\dfrac{s^2-\omega^2}{(s^2+\omega^2)^2}$
3	e^{at}	$\dfrac{1}{s-a}$	13	$e^{at}-e^{bt}$	$\dfrac{a-b}{(s-a)(s-b)}$
4	t	$\dfrac{1}{s^2}$	14	te^{at}	$\dfrac{1}{(s-a)^2}$
5	t^2	$\dfrac{2}{s^3}$	15	$t^2 e^{at}$	$\dfrac{2}{(s-a)^3}$
6	t^n	$\dfrac{n!}{s^{n+1}}$	16	$t^n e^{at}$	$\dfrac{n!}{(s-a)^{n+1}}$
7	$\sin\omega t$	$\dfrac{\omega}{s^2+\omega^2}$	17	$e^{at}\sin\omega t$	$\dfrac{\omega}{(s-a)^2+\omega^2}$
8	$\cos\omega t$	$\dfrac{s}{s^2+\omega^2}$	18	$e^{at}\cos\omega t$	$\dfrac{s-a}{(s-a)^2+\omega^2}$
9	$\sinh\omega t$	$\dfrac{\omega}{s^2-\omega^2}$	19	$e^{at}\sinh\omega t$	$\dfrac{\omega}{(s-a)^2-\omega^2}$
10	$\cosh\omega t$	$\dfrac{s}{s^2-\omega^2}$	20	$e^{at}\cosh\omega t$	$\dfrac{s-a}{(s-a)^2-\omega^2}$

　　表 5-1 中的前 10 个公式要求记熟，后 10 个公式最好也能记住. 利用表 5-1，就可以求一些常见函数的拉普拉斯变换了.

　　用表 5-1 求拉普拉斯变换，就是将所求拉普拉斯变换的象原函数与 $f(t)$ 栏中的函数式对照，找出常数 a、ω 和 n，然后将这些常数值代入 $F(s)$ 栏中的象函数式，即得要求函数的拉普拉斯变换.

　　例 14　求函数 $f(t)=2e^{3t}\cosh4t$ 的拉普拉斯变换.

　　解　对照表 5-1 中变换 20 的函数式，得 $a=3$、$\omega=4$. 将 $a=3$、$\omega=4$ 代入象函数式，得

$$F(s)=\mathscr{L}\left[2e^{3t}\cosh4t\right]=2\,\frac{s-3}{(s-3)^2-16}$$

习 题 5.2

1. 求下列函数的拉普拉斯变换.

(1) $3e^{-4t}$；

(2) t^2+5t-3；

(3) $\cos(\pi/3+2t)$；

(4) $\sin2t\cos2t$；

(5) $\sin^2 t$；　　　　　　　　　　(6) $1 + te^t$；

(7) $e^{3t}\sin 4t$；　　　　　　　　　(8) $t\sin\omega t$；

(9) $te^{-3t}\sin 2t$；　　　　　　　　(10) $\dfrac{1}{t}\sin 3t$；

(11) $\dfrac{2}{t}\sinh at$；　　　　　　(12) $f(t) = \begin{cases} -1, & 0 \leqslant t < 4 \\ 1, & t \geqslant 4 \end{cases}$；

(13) $f(t) = \begin{cases} E(E \neq 0), & 0 \leqslant t < t_0 \\ 0, & t \geqslant t_0 \end{cases}$.

2. 已知 $f(t) = \begin{cases} 3, & 0 \leqslant t < 2 \\ -1, & 2 \leqslant t < 4 \\ 0, & t \geqslant 4 \end{cases}$，试用两种方法求 $f(t)$ 的拉普拉斯变换：

(1) 用拉普拉斯变换的定义；

(2) 用单位阶跃函数将 $f(t)$ 合写成一个式子，再用性质求.

3. 利用函数 $f(t) = e^t$ 验证以下结论的正确性：若 $\mathscr{L}[f(t)] = F(s)$，则 $\mathscr{L}[tf(t)] = -F'(s)$.

5.3　拉普拉斯逆变换

前面讨论了由已知的 $f(t)$ 如何求其拉普拉斯变换 $F(s)$，但在许多实际应用中，还会遇到与此相反的问题，即已知函数 $F(s)$，如何求与之对应的 $f(t)$.

5.3.1　拉普拉斯逆变换的性质

1. 线性性质

若 $F_1(s) = \mathscr{L}^{-1}[f_1(t)]$，$F_2(s) = \mathscr{L}^{-1}[f_2(t)]$，则对于任意常数 α 与 β，有

$$\mathscr{L}^{-1}[\alpha F_1(s) + \beta F_2(s)] = \alpha\mathscr{L}^{-1}[f_1(t)] + \beta\mathscr{L}^{-1}[f_2(t)] = \alpha f_1(t) + \beta f_2(t)$$

2. 平移性质

若 $\mathscr{L}^{-1}[F(s)] = f(t)$，则有

$$\mathscr{L}^{-1}[e^{-as}F(s)] = f(t-a) \quad (\text{常数}\ a > 0)$$

$$\mathscr{L}^{-1}[F(s-a)] = e^{at}f(t) \quad (a\ \text{为常数})$$

5.3.2　简单象函数的拉普拉斯逆变换

例 1　求下列象函数的拉普拉斯逆变换.

(1) $F(s) = \dfrac{1}{s+2}$;　　　(2) $F(s) = \dfrac{1}{(s+2)^2}$;

(3) $F(s) = \dfrac{3s+5}{s^2}$;　　　(4) $F(s) = \dfrac{4s-3}{s^2+4}$.

解　(1) 由表 5 - 1 中的变换 6 知 $a = -2$,所以

$$f(t) = \mathscr{L}^{-1}\left[\frac{1}{s+2}\right] = \mathrm{e}^{-2t}$$

(2) 由表 5 - 1 中的变换 11 知 $a = -2$,所以

$$f(t) = \mathscr{L}^{-1}\left[\frac{1}{(s+2)^2}\right] = t\mathrm{e}^{-2t}$$

(3) 由 $F(s) = \dfrac{3}{s} + \dfrac{5}{s^2}$,根据线性性质,并结合查表,得

$$f(t) = \mathscr{L}^{-1}\left[\frac{3}{s} + \frac{5}{s^2}\right] = 3\mathscr{L}^{-1}\left[\frac{1}{s}\right] + 5\mathscr{L}^{-1}\left[\frac{1}{s^2}\right] = 3 + 5t$$

(4) 由 $F(s) = \dfrac{4s}{s^2+4} - \dfrac{3}{2} \cdot \dfrac{2}{s^2+4}$,根据线性性质,并结合查表,得

$$f(t) = \mathscr{L}^{-1}\left[\frac{4s-3}{s^2+4}\right] = 4\mathscr{L}^{-1}\left[\frac{s}{s^2+4}\right] - \frac{3}{2}\mathscr{L}^{-1}\left[\frac{2}{s^2+4}\right] = 4\cos 2t - \frac{3}{2}\sin 2t$$

从上面的例子可以看出,对于比较简单的象函数,其拉普拉斯逆变换可以直接利用性质和通过查表求得,或经过简单的变形后查表求得. 但对于有些稍微复杂的象函数的拉普拉斯逆变换,需要经过较为复杂的变形,再巧妙地利用性质,结合查表而求得. 下面再举两个例子:

例 2　求 $F(s) = \dfrac{s+3}{s^2+2s+2}$ 的拉普拉斯逆变换.

解　$f(t) = \mathscr{L}^{-1}\left[\dfrac{s+3}{s^2+2s+2}\right] = \mathscr{L}^{-1}\left[\dfrac{s+1+2}{(s+1)^2+1}\right]$

$\qquad = \mathscr{L}^{-1}\left[\dfrac{s+1}{(s+1)^2+1}\right] + 2\mathscr{L}^{-1}\left[\dfrac{1}{(s+1)^2+1}\right]$

$\qquad = \mathrm{e}^{-t}\cos t + 2\mathrm{e}^{-t}\sin t$

例 3　求 $F(s) = \dfrac{2s-5}{s^2-5s+6}$ 的拉普拉斯逆变换.

解　因为

$$F(s) = \frac{2s-5}{s^2-5s+6} = \frac{s-2+s-3}{(s-2)(s-3)} = \frac{1}{s-2} + \frac{1}{s-3}$$

所以

$$f(t) = \mathscr{L}^{-1}\left[\frac{2s-5}{s^2-5s+6}\right] = \mathscr{L}^{-1}\left[\frac{1}{s-2} + \frac{1}{s-3}\right] = \mathrm{e}^{3t} + \mathrm{e}^{2t}$$

5.3.3 较复杂象函数的拉普拉斯逆变换

一般说来，在实际问题中所见到的象函数 $F(s)$ 是一个关于 s 的有理分式，即

$$F(s) = \frac{P(s)}{Q(s)} = \frac{a_0 s^m + a_1 s^{m-1} + \cdots + a_{m-1}s + a_m}{b_0 s^n + b_1 s^{n-1} + \cdots + b_{n-1}s + b_n}$$

在大多数情况下，象函数分母的指数比分子的指数大，即 $m < n$. 也就是说，在实际问题中所碰到的象函数大多是有理真分式. 如果不是有理真分式，即 $m \geqslant n$，就将象函数 $F(s)$ 化为一个整式加上真分式，然后还是要对有理真分式利用部分分式法分解为几个简单分式的代数和，然后利用性质和查表求得象函数 $F(s)$ 的拉普拉斯逆变换.

将有理真分式分解为若干个最简分式之和的方法称为部分分式法. 下面分三种情形讨论.

（1）若 $Q(s) = 0$ 有 n 个不相等的单根，分别为 s_1，s_2，$\cdots s_n$，设 $F(s)$ 的有理真分式为 $R(s)$，则

$$R(s) = \frac{A_1}{s - s_1} + \frac{A_2}{s - s_2} + \cdots + \frac{A_n}{s - s_n}$$

例 4 求 $F(s) = \dfrac{s}{s^2 + 3s + 2}$ 的拉普拉斯逆变换.

解 设

$$\frac{s}{s^2 + 3s + 2} = \frac{s}{(s+1)(s+2)} = \frac{A}{s+1} + \frac{B}{s+2}$$

去分母，得

$$s = A(s+2) + B(s+1)$$

令 $s = -1$，得

$$-1 = A(-1+2)$$

解得 $A = -1$.

又令 $s = -2$，得

$$-2 = B(-2+1)$$

解得 $B = 2$.

于是

$$F(s) = \frac{A}{s+1} + \frac{B}{s+2} = \frac{-1}{s+1} + \frac{2}{s+2}$$

故

$$f(t) = \mathscr{L}^{-1}\left[\frac{s}{s^2 + 3s + 2}\right] = 2\mathscr{L}^{-1}\left[\frac{1}{s+2}\right] - \mathscr{L}^{-1}\left[\frac{1}{s+1}\right] = 2\mathrm{e}^{-2t} - \mathrm{e}^{-t}$$

例 5　求 $F(s) = \dfrac{s-13}{s^2-s-6}$ 的拉普拉斯逆变换.

解　设

$$\frac{s-13}{s^2-s-6} = \frac{s-13}{(s-3)(s+2)} = \frac{A}{s+2} + \frac{B}{s-3}$$

去分母, 得

$$s - 13 = A(s-3) + B(s+2)$$

利用代入法或者比较法解得

$$A = 3, B = -2$$

所以

$$f(t) = \mathscr{L}^{-1}\left[\frac{s-13}{s^2-s-6}\right] = \mathscr{L}^{-1}\left[\frac{3}{s+2}\right] - \mathscr{L}^{-1}\left[\frac{2}{s-3}\right] = 3\mathrm{e}^{-2t} - 2\mathrm{e}^{3t}$$

(2) 若 $Q(s) = 0$ 有 n 重根 $s_1 = s_2 = \cdots = s_n$, 则 $F(s)$ 的一部分分式可表示为

$$\frac{A_1}{s-s_1} + \frac{A_2}{(s-s_2)^2} + \cdots + \frac{A_n}{(s-s_n)^n}$$

例 6　求 $F(s) = \dfrac{s^2+2}{s^3+6s^2+9s}$ 的拉普拉斯逆变换.

解　将 $F(s)$ 化成部分分式的和, 设

$$\frac{s^2+2}{s^3+6s^2+9s} = \frac{s^2+2}{s(s+3)^2} = \frac{A}{s} + \frac{B}{s+3} + \frac{C}{(s+3)^2}$$

通分后得方程

$$s^2 + 2 = A(s+3)^2 + Bs(s+3) + Cs$$

利用代入法或者比较法解得

$$A = \frac{2}{9}, B = \frac{7}{9}, C = -\frac{11}{3}$$

所以

$$f(t) = \mathscr{L}^{-1}\left[\frac{s^2+2}{s^3+6s^2+9s}\right] = \frac{2}{9}\mathscr{L}^{-1}\left[\frac{1}{s}\right] + \frac{7}{9}\mathscr{L}^{-1}\left[\frac{1}{s+3}\right] - \frac{11}{3}\mathscr{L}^{-1}\left[\frac{1}{(s+3)^2}\right]$$

$$= \frac{2}{9} + \frac{7}{9}\mathrm{e}^{-3t} - \frac{11}{3}t\mathrm{e}^{-3t}$$

(3) 若 $Q(s) = 0$ 有一对共轭复根, 则 $F(s)$ 一部分分式可表示为

$$\frac{As+B}{s^2+as+b} \quad (\text{其中 } a^2 - 4b \leqslant 0)$$

例 7　求 $F(s) = \dfrac{s^2}{(s+2)(s^2+2s+2)}$ 的拉普拉斯逆变换.

解 设

$$\frac{s^2}{(s+2)(s^2+2s+2)} = \frac{A}{s+2} + \frac{Bs+C}{s^2+2s+2}$$

去分母，得

$$s^2 = A(s^2+2s+2) + (Bs+C)(s+2)$$

令 $s = -2$，得

$$4 = A(4-4+2)$$

解得 $A = 2$.

比较 s^2 项系数，得

$$A + B = 1$$

解得 $B = -1$.

再比较常数项，得

$$2A + 2C = 0$$

解得 $C = -2$.

于是

$$F(s) = \frac{s^2}{(s+2)(s^2+2s+2)} = \frac{2}{s+2} - \frac{s+2}{s^2+2s+2}$$

故

$$f(t) = \mathscr{L}^{-1}\left[\frac{s^2}{(s+2)(s^2+2s+2)}\right] = 2\mathscr{L}^{-1}\left[\frac{1}{s+2}\right] - \mathscr{L}^{-1}\left[\frac{s+2}{s^2+2s+2}\right]$$

$$= 2\mathscr{L}^{-1}\left[\frac{1}{s+2}\right] - \mathscr{L}^{-1}\left[\frac{s+1}{(s+1)^2+1}\right] - \mathscr{L}^{-1}\left[\frac{1}{(s+1)^2+1}\right]$$

$$= 2\mathrm{e}^{-2t} - \mathrm{e}^{-t}\cos t - \mathrm{e}^{-t}\sin t 2\mathrm{e}^{-2t}$$

$$= 2\mathrm{e}^{-2t} - \mathrm{e}^{-t}(\cos t + \sin t)$$

习 题 5.3

1. 求下列函数的拉普拉斯逆变换（a、b 为常数）.

(1) $F(s) = \dfrac{1}{(s+a)^2}$；

(2) $F(s) = \dfrac{2s-a-b}{(s-a)(s-b)}$；

(3) $F(s) = \dfrac{s}{s+2}$；

(4) $F(s) = \dfrac{s+1}{s^2+4}$；

(5) $F(s) = \dfrac{1}{s^2(s^2+1)}$；

(6) $F(s) = \dfrac{1}{(s+2)(s+3)}$；

(7) $F(s) = \dfrac{1}{s^4-a^4}$；

(8) $F(s) = \dfrac{5s+6}{s^2}$.

2. 求下列函数的拉普拉斯逆变换(a、b 为常数).

(1) $F(s) = \dfrac{s}{(s+3)(s+5)}$;

(2) $F(s) = \dfrac{1}{s(s+1)(s+2)}$;

(3) $F(s) = \dfrac{4}{s^2 + 4s + 20}$;

(4) $F(s) = \dfrac{s^2 + 1}{s(s-1)^2}$;

(5) $F(s) = \dfrac{s^2 + 2}{(s^2 + 10)(s^2 + 20)}$;

(6) $F(s) = \dfrac{5s + 3}{(s-1)(s^2 + 2s + 5)}$.

5.4　卷积和卷积定理

在线性系统的分析中，不仅要用到拉普拉斯(Laplace)变换的概念和性质，还需用到拉普拉斯变换的卷积性质.

5.4.1　卷积的概念

定义 1　设有两个函数 $f_1(t)$、$f_2(t)$，则积分表达式

$$\int_{-\infty}^{+\infty} f_1(\tau) f_2(t - \tau) \mathrm{d}\tau$$

称为函数 $f_1(t)$ 与 $f_2(t)$ 的卷积，记作 $f_1(t) * f_2(t)$，即

$$f_1(t) * f_2(t) = \int_{-\infty}^{+\infty} f_1(\tau) f_2(t - \tau) \mathrm{d}\tau \tag{5-2}$$

如果函数 $f_1(t)$ 与 $f_2(t)$ 满足条件 $f_1(t) = f_2(t) = 0 (t < 0)$，则式(5-2)可写为

$$f_1(t) * f_2(t) = \int_{-\infty}^{0} f_1(\tau) f_2(t - \tau) \mathrm{d}\tau + \int_{0}^{t} f_1(\tau) f_2(t - \tau) \mathrm{d}\tau + \int_{t}^{+\infty} f_1(\tau) f_2(t - \tau) \mathrm{d}\tau$$

$$= \int_{0}^{t} f_1(\tau) f_2(t - \tau) \mathrm{d}\tau \tag{5-3}$$

对于拉普拉斯变换，计算卷积可直接应用式(5-3).

例 1　求函数 $f_1(t) = t$ 与 $f_2(t) = \sin t$ 的卷积.

解　根据定义，有

$$t * \sin t = \int_{0}^{t} \tau \sin(t - \tau) \mathrm{d}\tau = \int_{0}^{t} \tau \mathrm{d}\cos(t - \tau) = t - \sin t$$

例 2　证明 $f_1(t) * f_2(t) = f_2(t) * f_1(t)$.

证　由定义

$$f_1(t) * f_2(t) = \int_{0}^{t} f_1(\tau) f_2(t - \tau) \mathrm{d}\tau$$

令 $t - \tau = u$，则

$$f_1(t) * f_2(t) = \int_t^0 f_1(t-u)f_2(u)\mathrm{d}(-u)$$

$$= \int_0^t f_2(u)f_1(t-u)\mathrm{d}u$$

$$= f_2(t) * f_1(t)$$

可以证明，卷积具有以下性质：

(1) 交换律：$f_1(t) * f_2(t) = f_2(t) * f_1(t)$；

(2) 分配律：$f_1(t) * [f_2(t) + f_3(t)] = f_1(t) * f_2(t) + f_1(t) * f_3(t)$；

(3) 结合律：$[f_1(t) * f_2(t)] * f_3(t) = f_1(t) * [f_2(t) * f_3(t)]$．

5.4.2　卷积定理

定理1（卷积定理）　如果 $f_1(t)$ 与 $f_2(t)$ 的拉普拉斯变换都存在，且

$$\mathscr{L}[f_1(t)] = F_1(s)，\mathscr{L}[f_2(t)] = F_2(s)$$

则 $f_1(t) * f_2(t)$ 的拉普拉斯变换一定存在，且

$$\mathscr{L}[f_1(t) * f_2(t)] = F_1(s) \cdot F_2(s)$$

或

$$\mathscr{L}^{-1}[F_1(s) \cdot F_2(s)] = f_1(t) * f_2(t)$$

卷积定理表明，两个函数卷积的拉普拉斯变换等于这两个函数拉普拉斯变换的乘积．利用这个定理可以求一些函数的拉普拉斯逆变换．

例 3　求函数 $F(s) = \dfrac{1}{s^2(s^2+1)}$ 的拉普拉斯逆变换．

解　由 $F(s) = \dfrac{1}{s^2} \cdot \dfrac{1}{s^2+1}$，取 $F_1(s) = \dfrac{1}{s^2}$，$F_2(s) = \dfrac{1}{s^2+1}$ 得

$$f_1(t) = \mathscr{L}^{-1}[F_1(s)] = \mathscr{L}^{-1}\left[\frac{1}{s^2}\right] = t$$

$$f_2(t) = \mathscr{L}^{-1}[F_2(s)] = \mathscr{L}^{-1}\left[\frac{1}{s^2+1}\right] = \sin t$$

由卷积定理与例1的结论，有

$$\mathscr{L}^{-1}[F(s)] = f_1(t) * f_2(t) = t * \sin t = t - \sin t$$

例 4　求函数 $F(s) = \dfrac{s}{(s^2+1)(s^2+4)}$ 的拉普拉斯逆变换．

解　因为

$$F(s) = \frac{1}{s^2+1} \cdot \frac{s}{s^2+4}$$

所以

$$f(t) = \mathscr{L}^{-1}\big[F(s)\big] = \mathscr{L}^{-1}\Big[\frac{1}{s^2+1} \cdot \frac{s}{s^2+4}\Big] = \cos 2t * \sin t$$

$$= \int_0^t \cos 2\tau \sin(t-\tau)\,\mathrm{d}\tau = \frac{1}{2}\int_0^t \big[\sin(\tau+t) - \sin(3\tau-t)\big]\mathrm{d}\tau$$

$$= -\frac{1}{2}\cos(\tau+t)\Big|_0^t + \frac{1}{6}\cos(3\tau-t)\Big|_0^t$$

$$= -\frac{1}{2}(\cos 2t - \cos t) + \frac{1}{6}\big[\cos 2t - \cos(-t)\big]$$

$$= \frac{1}{3}(\cos t - \cos 2t)$$

例 5　已知 $F(s) = \dfrac{s}{(s^2-1)^2}$，求 $\mathscr{L}^{-1}\big[F(s)\big]$.

解　因为

$$F(s) = \frac{s}{(s^2-1)^2} = \frac{s}{(s-1)^2} \cdot \frac{1}{(s+1)^2}$$

利用卷积定理得

$$\mathscr{L}^{-1}\Big[\frac{s}{(s^2-1)^2}\Big] = \mathscr{L}^{-1}\Big[\frac{s}{(s-1)^2} \cdot \frac{1}{(s+1)^2}\Big]$$

$$= \mathscr{L}^{-1}\Big[\frac{s}{(s-1)^2}\Big] * \mathscr{L}^{-1}\Big[\frac{1}{(s+1)^2}\Big]$$

而

$$\mathscr{L}^{-1}\Big[\frac{s}{(s-1)^2}\Big] = \mathscr{L}^{-1}\Big[\frac{(s-1)+1}{(s-1)^2}\Big] = \mathrm{e}^t \mathscr{L}^{-1}\Big[\frac{1}{s} + \frac{1}{s^2}\Big] = \mathrm{e}^t(1+t)$$

$$\mathscr{L}^{-1}\Big[\frac{1}{(s+1)^2}\Big] = \mathscr{L}^{-1}\Big[\frac{1}{s^2}\Big] = t\mathrm{e}^{-t}$$

故

$$\mathscr{L}^{-1}\Big[\frac{s}{(s^2-1)^2}\Big] = \mathrm{e}^t(1+t) * t\mathrm{e}^{-t} = \int_0^t \mathrm{e}^{\tau}(1+\tau)(t-\tau)\mathrm{e}^{-t+\tau}\,\mathrm{d}\tau$$

$$= \mathrm{e}^{-t}\int_0^t \mathrm{e}^{2\tau}(1+\tau)(t-\tau)\,\mathrm{d}\tau = \frac{t}{4}(\mathrm{e}^t - \mathrm{e}^{-t})$$

习　题　5.4

1. 求下列两个函数的卷积：

(1) $t * t$；

(2) $t * \mathrm{e}^t$；

(3) $t * \cos t$；

(4) $\sin t * \cos t$；

(5) $t * \cosh t$；

(6) $\sinh 3t * \sinh 3t$.

2. 利用卷积定理求下列函数的拉普拉斯逆变换：

(1) $F(s) = \dfrac{s^2}{(s^2+1)^2}$；   (2) $F(s) = \dfrac{s+2}{(s^2+4s+5)^2}$.

3. 利用卷积定理证明：$\mathscr{L}\left[\displaystyle\int_0^t f(t)\,\mathrm{d}t\right] = \dfrac{F(s)}{s}$.

5.5 利用拉普拉斯变换解线性微分方程

拉普拉斯变换法是解线性微分方程的一种简便方法，利用拉普拉斯变换法可以把微分方程变换成代数方程，再利用现成的拉普拉斯变换表，即可方便地查得相应的微分方程解，这样就使微分方程求解问题大为简化.

首先看一个例子.

【引例 1】 求微分方程 $y'(t) + 2y(t) = 0$ 满足初始条件 $y(0) = 3$ 的解.

解   第一步：对方程两边取拉普拉斯变换，并设 $\mathscr{L}[y(t)] = Y(s)$，则

$$\mathscr{L}[y'(t) + 2y(t)] = \mathscr{L}[0]$$

由拉普拉斯变换的线性性质有

$$\mathscr{L}[y'(t)] + 2\mathscr{L}[y(t)] = \mathscr{L}[0]$$

又由拉普拉斯变换的微分性质有

$$sY(s) - y(0) + 2Y(s) = 0$$

将初始条件 $y(0) = 3$ 代入上式，得

$$(s+2)Y(s) = 3$$

这样，原来的微分方程经过拉普拉斯变换后就得到了一个象函数的代数方程.

第二步：解出 $Y(s)$.

$$Y(s) = \frac{3}{s+2}$$

第三步：求象函数的拉普拉斯的逆变换.

$$y(t) = \mathscr{L}^{-1}[Y(s)] = \mathscr{L}^{-1}\left[\frac{3}{s+2}\right] = 3\mathrm{e}^{-2t}$$

从而得到微分方程的解为

$$y(t) = 3\mathrm{e}^{-2t}$$

根据上面的例子，利用拉普拉斯变换解线性微分方程大致可分为以下三个步骤：

(1) 先设 $\mathscr{L}[y(t)] = Y(s)$，再对关于 $y(t)$ 的常微分方程两边进行拉普拉斯变换，这样就得到一个关于 $Y(s)$ 的代数方程，称为象方程；

(2) 解象方程，得到 $Y(s)$；

（3）对 $Y(s)$ 求逆变换，得到微分方程的解.

例 1　求 $y''(t) + 4y(t) = 0$ 满足初始条件 $y(0) = -2$，$y'(0) = 4$ 的特解.

解　设 $\mathscr{L}[y(t)] = Y(s)$，对方程两边取拉普拉斯变换，得

$$s^2 Y(s) - sy(0) - y(0) + 4Y(s) = 0$$
$$s^2 Y(s) + 2s - 4 + 4Y(s) = 0$$

解象方程，得

$$Y(s) = \frac{-2s+4}{s^2+4} = \frac{-2s}{s^2+4} + \frac{4}{s^2+4}$$

取拉普拉斯逆变换，得

$$y(t) = \mathscr{L}^{-1}[Y(s)] = -2\mathscr{L}^{-1}\left[\frac{1}{s^2+4}\right] + 2\mathscr{L}^{-1}\left[\frac{2}{s^2+4}\right] = -2\cos 2t + 2\sin 2t$$

例 2　求微分方程 $y'' + 2y' + y = te^{-t}$ 满足初始条件 $y(0) = 0$，$y'(0) = 1$ 的特解.

解　设 $\mathscr{L}[y(t)] = Y(s)$，对方程两边取拉普拉斯变换，得

$$s^2 Y(s) - sy(0) - y'(0) + 2[sY(s) - y'(0)] + Y(s) = \frac{1}{(s+1)^2}$$

利用初始条件，可得象方程为

$$s^2 Y(s) - 1 + 2sY(s) + Y(s) = \frac{1}{(s+1)^2}$$

解得

$$Y(s) = \frac{1}{(s+1)^2} + \frac{1}{(s+1)^4}$$

查表取拉普拉斯逆变换，得

$$y(t) = \mathscr{L}^{-1}[Y(s)] = \mathscr{L}^{-1}\left[\frac{1}{(s+1)^2}\right] + \mathscr{L}^{-1}\left[\frac{1}{(s+1)^4}\right] = te^{-t} + \frac{1}{6}t^3 e^{-t}$$

例 3　求微分方程组 $\begin{cases} x'' - 2y' - x = 0 \\ x' - y = 0 \end{cases}$ 满足初始条件 $x(0) = 0$、$x'(0) = 1$、$y(0) = 1$ 的解.

解　设

$$\mathscr{L}[x(t)] = X(s)，\mathscr{L}[y(t)] = Y(s)$$

对微分方程组取拉普拉斯变换，得

$$\begin{cases} s^2 X(s) - sx(0) - x'(0) - 2[sY(s) - y(0)] - X(s) = 0 \\ sX(s) - x(0) - Y(s) = 0 \end{cases}$$

考虑到初始条件得

$$\begin{cases} (s^2 - 1)X(s) - 2sY(s) + 1 = 0 \\ sX(s) - Y(s) = 0 \end{cases}$$

由上面方程组解得

$$\begin{cases} X(s) = \dfrac{1}{s^2 + 1} \\ Y(s) = \dfrac{s}{s^2 + 1} \end{cases}$$

对上述方程组取拉普拉斯逆变换得原方程组的解为

$$\begin{cases} x(t) = \sin t \\ y(t) = \cos t \end{cases}$$

习 题 5.5

求下列微分方程(组)的解.

(1) $y'' + 4y' + 3y = e^{-t}$, $y(0) = y'(0) = 1$;

(2) $y''(t) + 2y'(t) + 5y(t) = 0$, $y(0) = 1$, $y'(0) = 5$;

(3) $\begin{cases} x' + x - y = e^t \\ y' + 3x - 2y = 2e^t \end{cases}$, $x(0) = y(0) = 1$;

(4) $\begin{cases} x'' + 2y = 0 \\ y' + x + y = 0 \end{cases}$, $x(0) = 0$, $x'(0) = y(0) = 1$.

综合练习题 5

一、填空题

1. 拉普拉斯变换将给定的函数 $f(t)$ 通过广义积分 $\int_0^{+\infty} f(t) e^{-st} dt$ 转换成一个新的函数 $F(s)$,其中 s 为_____,$F(s)$ 称为_____,$f(t)$ 称为_____.

2. 已知 $\mathcal{L}[u(t)] = \dfrac{1}{s}$,则 $\mathcal{L}[u(t-3)] = $ _____.

3. 已知 $f(t) = \begin{cases} C_1, & 0 \leqslant t < a \\ C_2, & a \leqslant t < 2a \\ C_3, & t \geqslant 2a \end{cases}$,用单位阶跃函数将 $f(t)$ 合写成一个式子:$f(t) = $ _____,$\mathcal{L}[f(t)] = $ _____.

4. 已知 $\mathcal{L}[\sin 2t] = \dfrac{2}{s^2 + 4}$,则 $\mathcal{L}[e^t \sin 2t] = $ _____.

5. 已知 $\mathcal{L}[t^3] = \dfrac{3!}{s^4}$,则 $\mathcal{L}[t^3 e^{5t}] = $ _____.

6. 设 $\mathscr{L}[f(t)] = F(s)$，则 $\mathscr{L}[f''(t)] = $ _____．

7. 已知 $F(s) = \dfrac{6}{2s+3}$，则 $\mathscr{L}^{-1}[F(s)] = $ _____．

8. 已知 $F(s) = \dfrac{2s-1}{s^2+9}$，则 $\mathscr{L}^{-1}[F(s)] = $ _____．

9. $t * \mathrm{e}^{-t} = $ _____．

10. 已知 $\mathscr{L}[t] = \dfrac{1}{s^2}$，$\mathscr{L}[\cos t] = \dfrac{s}{s^2+1}$，则 $\mathscr{L}[t * \cos t] = $ _____．

二、解答题

1. 求下列函数的拉普拉斯变换．

(1) $f(t) = \begin{cases} 8, & 0 \leqslant t < 2 \\ 1, & t \geqslant 2 \end{cases}$；

(2) $f(t) = \mathrm{e}^{4t} \cos 3t$；

(3) $f(t) = \mathrm{e}^{-\beta t} \delta(t) - \beta \mathrm{e}^{-\beta t} u(t)$　$(\beta > 0)$；

(4) $f(t) = (at - b)^n$．

2. 求下列函数的拉普拉斯逆变换．

(1) $F(s) = \dfrac{\mathrm{e}^{-s} - s^2 \mathrm{e}^{-2s}}{s^3}$；

(2) $F(s) = \dfrac{s^2 - 3s + 5}{(s+1)(s-2)}$；

(3) $F(s) = \dfrac{3s + 2}{s^2 + 2s + 5}$；

(4) $F(s) = \dfrac{3s^2 + 7s + 5}{(s+1)(s+2)^2}$．

3. 用拉普拉斯变换解微分方程．

(1) $y'' + 2y' + 2y = \mathrm{e}^{-t}$，$y(0) = y'(0) = 0$；

(2) $y'' - 4y = \sin 3t$，$y(0) = 0$，$y'(0) = 1$．

第6章　矩阵代数及其应用

6.1　行列式的概念与运算

6.1.1　二、三阶行列式

1. 二阶行列式

【引例 1】　解二元线性方程组

$$\begin{cases} a_{11}x_1 + a_{12}x_2 = b_1 \\ a_{21}x_1 + a_{22}x_2 = b_2 \end{cases} \tag{6-1}$$

其中，a_{11}，a_{12}，a_{21}，a_{22}，b_1，b_2 均为给定的参数.

用加减消元法解此方程组，得

$$\begin{cases} (a_{11}a_{22} - a_{12}a_{21})x_1 = b_1a_{22} - b_2a_{12} \\ (a_{11}a_{22} - a_{12}a_{21})x_2 = b_2a_{11} - b_1a_{21} \end{cases}$$

因此，当 $(a_{11}a_{22} - a_{12}a_{21}) \neq 0$ 时，则方程组（6-1）的解可写成

$$\begin{cases} x_1 = \dfrac{b_1a_{22} - b_2a_{12}}{a_{11}a_{22} - a_{12}a_{21}} \\ x_2 = \dfrac{b_2a_{11} - b_1a_{21}}{a_{11}a_{22} - a_{12}a_{21}} \end{cases} \tag{6-2}$$

在解的表达式（6-2）中，分母都是 $a_{11}a_{22} - a_{12}a_{21}$，并且只含有未知量的系数，把未知量的系数按照它们在方程组中原来的位置排列成正方形，即

可以看出 $a_{11}a_{22} - a_{12}a_{21}$ 是这样两项的和：一项是正方形中实线表示的对角线上两元素的积，再添上正号；另一项是虚线表示的对角线上两元素的积，再添上负号. 在这 4 个数的两旁各加一条竖线，引进符号：

$$\begin{vmatrix} a_{11} & a_{12} \\ a_{21} & a_{22} \end{vmatrix} \tag{6-3}$$

并且规定它就是

$$\begin{vmatrix} a_{11} & a_{12} \\ a_{21} & a_{22} \end{vmatrix} = a_{11}a_{22} - a_{12}a_{21} \tag{6-4}$$

式(6-3)叫作二阶行列式,式(6-4)叫作二阶行列式的展开式,a_{11},a_{12},a_{21},a_{22} 叫作行列式(6-3)的元素.这四个元素排成两行(横排叫行,竖排叫列).利用对角线把二阶行列式(6-3)展开成式(6-4),这种方法叫作二阶行列式展开的对角线法则.

为了方便记忆,解的表达式(6-2)中的两个分子也可分别写成二阶行列式 $\begin{vmatrix} b_1 & a_{12} \\ b_2 & a_{22} \end{vmatrix}$ 和

$\begin{vmatrix} a_{11} & b_1 \\ a_{21} & b_2 \end{vmatrix}$,这样当 $\begin{vmatrix} a_{11} & a_{12} \\ a_{21} & a_{22} \end{vmatrix} \neq 0$ 时,线性方程组(6-1)的解可以写成

$$\begin{cases} x_1 = \dfrac{\begin{vmatrix} b_1 & a_{12} \\ b_2 & a_{22} \end{vmatrix}}{\begin{vmatrix} a_{11} & a_{12} \\ a_{21} & a_{22} \end{vmatrix}} \\[4mm] x_2 = \dfrac{\begin{vmatrix} a_{11} & b_1 \\ a_{21} & b_2 \end{vmatrix}}{\begin{vmatrix} a_{11} & a_{12} \\ a_{21} & a_{22} \end{vmatrix}} \end{cases} \tag{6-5}$$

为简便起见,通常用 D,D_1,D_2 分别表示式(6-5)中分母和分子的行列式:

$$D = \begin{vmatrix} a_{11} & a_{12} \\ a_{21} & a_{22} \end{vmatrix}, \quad D_1 = \begin{vmatrix} b_1 & a_{12} \\ b_2 & a_{22} \end{vmatrix}, \quad D_2 = \begin{vmatrix} a_{11} & b_1 \\ a_{21} & b_2 \end{vmatrix}$$

行列式 D 是由方程组(6-1)中未知量 x_1,x_2 的系数组成的,叫作这个方程组的系数行列式.当线性方程组(6-1)的系数行列式 $D \neq 0$ 时,它的唯一解的公式是

$$\begin{cases} x_1 = \dfrac{D_1}{D} \\[3mm] x_2 = \dfrac{D_2}{D} \end{cases}$$

例1　计算下列行列式.

(1) $\begin{vmatrix} 3 & -2 \\ 1 & 5 \end{vmatrix}$;　(2) $\begin{vmatrix} \sin\alpha & \cos\alpha \\ -\cos\alpha & \sin\alpha \end{vmatrix}$.

解　(1) $\begin{vmatrix} 3 & -2 \\ 1 & 5 \end{vmatrix} = 3 \times 5 - 1 \times (-2) = 17$

(2) $\begin{vmatrix} \sin\alpha & \cos\alpha \\ -\cos\alpha & \sin\alpha \end{vmatrix} = \sin^2\alpha - (-\cos^2\alpha) = \sin^2\alpha + \cos^2\alpha = 1$

例 2　解二元线性方程组 $\begin{cases} 3x_1 + 4x_2 = 18 \\ x_1 - 3x_2 = -7 \end{cases}$.

解　因为系数行列式

$$D = \begin{vmatrix} 3 & 4 \\ 1 & -3 \end{vmatrix} = -13 \neq 0, \quad D_1 = \begin{vmatrix} 18 & 4 \\ -7 & -3 \end{vmatrix} = -26, \quad D_2 = \begin{vmatrix} 3 & 18 \\ 1 & -7 \end{vmatrix} = -39$$

则方程组的解是

$$x_1 = \frac{D_1}{D} = 2, \quad x_2 = \frac{D_2}{D} = 3$$

2. 三阶行列式

【引例 2】　解三元线性方程组：

$$\begin{cases} a_{11}x_1 + a_{12}x_2 + a_{13}x_3 = b_1 \\ a_{21}x_1 + a_{22}x_2 + a_{23}x_3 = b_2 \\ a_{31}x_1 + a_{32}x_2 + a_{33}x_3 = b_3 \end{cases} \tag{6-6}$$

解此方程组，可依照例 1 的方法，得到解为

$$\begin{cases} x_1 = \dfrac{b_1 a_{22} a_{33} + b_2 a_{32} a_{13} + b_3 a_{12} a_{23} - b_1 a_{23} a_{32} - b_2 a_{12} a_{33} - b_3 a_{22} a_{13}}{a_{11} a_{22} a_{33} + a_{12} a_{23} a_{31} + a_{13} a_{21} a_{32} - a_{13} a_{22} a_{31} - a_{12} a_{21} a_{33} - a_{11} a_{23} a_{32}} \\[3mm] x_2 = \dfrac{b_1 a_{31} a_{23} + b_2 a_{11} a_{33} + b_3 a_{21} a_{13} - b_1 a_{21} a_{33} - b_2 a_{13} a_{31} - b_3 a_{23} a_{11}}{a_{11} a_{22} a_{33} + a_{12} a_{23} a_{31} + a_{13} a_{21} a_{32} - a_{13} a_{22} a_{31} - a_{12} a_{21} a_{33} - a_{11} a_{23} a_{32}} \\[3mm] x_3 = \dfrac{b_1 a_{21} a_{32} + b_2 a_{12} a_{31} + b_3 a_{11} a_{22} - b_1 a_{22} a_{31} - b_2 a_{32} a_{11} - b_3 a_{12} a_{21}}{a_{11} a_{22} a_{33} + a_{12} a_{23} a_{31} + a_{13} a_{21} a_{32} - a_{13} a_{22} a_{31} - a_{12} a_{21} a_{33} - a_{11} a_{23} a_{32}} \end{cases} \tag{6-7}$$

上式中的分母是一样的，都是由方程组(6-6)的未知量系数按这样的规律构成的：把未知量的系数按照它们在方程组中原来的位置排列成三行三列，即

$$\begin{matrix} a_{11} & a_{12} & a_{13} \\ a_{21} & a_{22} & a_{23} \\ a_{31} & a_{32} & a_{33} \end{matrix}$$

主对角线上三个元素相乘，主对角线的平行线上两个元素与对角元素相乘，都取正号；副对角线上三个元素相乘，副对角线的平行线上两个元素与对角元素相乘，都取负号(见图 6-1).

在这 9 个数组成的正方形两旁各加上一条竖线，引进符号：

$$\begin{vmatrix} a_{11} & a_{12} & a_{13} \\ a_{21} & a_{22} & a_{23} \\ a_{31} & a_{32} & a_{33} \end{vmatrix} \tag{6-8}$$

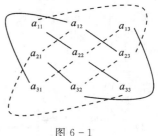

图 6-1

并且规定它就表示

$$a_{11}a_{22}a_{33} + a_{12}a_{23}a_{31} + a_{13}a_{21}a_{32} - a_{13}a_{22}a_{31} - a_{12}a_{21}a_{33} - a_{11}a_{23}a_{32} \qquad (6-9)$$

式(6-8)叫作三阶行列式,式(6-9)叫作三阶行列式的展开式,把式(6-8)展开成式(6-9)的方法叫作对角线法则.

由此,式(6-7)的三个分子可依次写成三阶行列式:

$$D_1 = \begin{vmatrix} b_1 & a_{12} & a_{13} \\ b_2 & a_{22} & a_{23} \\ b_3 & a_{32} & a_{33} \end{vmatrix}, \quad D_2 = \begin{vmatrix} a_{11} & b_1 & a_{13} \\ a_{21} & b_2 & a_{23} \\ a_{31} & b_3 & a_{33} \end{vmatrix}, \quad D_3 = \begin{vmatrix} a_{11} & a_{12} & b_1 \\ a_{21} & a_{22} & b_2 \\ a_{31} & a_{32} & b_3 \end{vmatrix}$$

则当 $D \neq 0$ 时,方程组(6-6)的解可简写为

$$\begin{cases} x_1 = \dfrac{D_1}{D} \\[2mm] x_2 = \dfrac{D_2}{D} \\[2mm] x_3 = \dfrac{D_3}{D} \end{cases}$$

例 3　计算 $D = \begin{vmatrix} 1 & 0 & -3 \\ 2 & 4 & 1 \\ -5 & 0 & 4 \end{vmatrix}$.

解
$$\begin{aligned} D &= 1 \times 4 \times 4 + 2 \times 0 \times (-3) + (-5) \times 1 \times 0 \\ &\quad - (-3) \times 4 \times (-5) - 2 \times 0 \times 4 - 1 \times 0 \times 1 \\ &= -44 \end{aligned}$$

例 4　解三元线性方程组:

$$\begin{cases} x_1 + 2x_2 + x_3 = 0 \\ 2x_1 - x_2 + x_3 = 1 \\ x_1 - x_2 - 2x_3 = 3 \end{cases}$$

解　因为

$$D = \begin{vmatrix} 1 & 2 & 1 \\ 2 & -1 & 1 \\ 1 & -1 & -2 \end{vmatrix} = 2 - 2 + 2 + 1 + 1 + 8 = 12 \neq 0$$

且

$$D_1 = \begin{vmatrix} 0 & 2 & 1 \\ 1 & -1 & 1 \\ 3 & -1 & -2 \end{vmatrix} = 12, \quad D_2 = \begin{vmatrix} 1 & 0 & 1 \\ 2 & 1 & 1 \\ 1 & 3 & -2 \end{vmatrix} = 0$$

$$D_3 = \begin{vmatrix} 1 & 2 & 0 \\ 2 & -1 & 1 \\ 1 & -1 & 3 \end{vmatrix} = -12$$

则

$$x_1 = \frac{D_1}{D} = 1, \quad x_2 = \frac{D_2}{D} = 0, \quad x_3 = \frac{D_3}{D} = -1$$

6.1.2 n 阶行列式

定义 1 设有 n^2 个数,排成 n 行 n 列的数表:

$$\begin{matrix} a_{11} & a_{12} & \cdots & a_{1n} \\ a_{21} & a_{22} & \cdots & a_{2n} \\ \vdots & \vdots & & \vdots \\ a_{n1} & a_{n2} & \cdots & a_{nn} \end{matrix}$$

在左、右两边各加一竖线,称为 n 阶行列式,记为

$$D = \begin{vmatrix} a_{11} & a_{12} & \cdots & a_{1n} \\ a_{21} & a_{22} & \cdots & a_{2n} \\ \vdots & \vdots & & \vdots \\ a_{n1} & a_{n2} & \cdots & a_{nn} \end{vmatrix}$$

当 $n = 1$ 时, $D_1 = a_{11}$;

当 $n = 2$ 时, $D_2 = \begin{vmatrix} a_{11} & a_{12} \\ a_{21} & a_{22} \end{vmatrix} = a_{11}a_{22} - a_{12}a_{21}$;

当 $n \geqslant 2$ 时, $D_n = a_{i1}A_{i1} + a_{i2}A_{i2} + \cdots + a_{in}A_{in} = \sum_{j=1}^{n} a_{ij}A_{ij} (i = 1, 2, \cdots, n)$.

在 D_n 中, a_{ij} 表示第 i 行第 j 列的元素, A_{ij} 表示元素 a_{ij} 的代数余子式,且 $A_{ij} = (-1)^{i+j}M_{ij}$, M_{ij} 是由 D_n 划去第 i 行和第 j 列后余下的元素按原来的顺序构成的 $n-1$ 阶行列式:

$$M_{ij} = \begin{vmatrix} a_{11} & \cdots & a_{1,j-1} & a_{1,j} & \cdots & a_{1n} \\ \vdots & & \vdots & \vdots & & \vdots \\ a_{i-1,1} & \cdots & a_{i-1,j-1} & a_{i-1,j} & \cdots & a_{i-1,n} \\ a_{i+1,1} & \cdots & a_{i+1,j-1} & a_{i+1,j} & \cdots & a_{i+1,n} \\ \vdots & & \vdots & \vdots & & \vdots \\ a_{n1} & \cdots & a_{n,j-1} & a_{n,j} & \cdots & a_{nn} \end{vmatrix}$$

称为元素 a_{ij} 的余子式.

例 5　已知行列式：

$$D = \begin{vmatrix} 1 & 0 & 5 & -8 \\ 3 & 2 & 4 & -5 \\ -3 & 0 & 5 & 6 \\ 2 & 7 & 0 & 1 \end{vmatrix}$$

求元素 a_{23} 的余子式和代数余子式.

解　元素 $a_{23} = 4$ 的余子式即为划去第二行和第三列的所有元素后的三阶行列式，

$$M_{23} = \begin{vmatrix} 1 & 0 & -8 \\ -3 & 0 & 6 \\ 2 & 7 & 1 \end{vmatrix}$$

为其余子式，故代数余子式为

$$A_{23} = (-1)^{2+3} M_{23} = -\begin{vmatrix} 1 & 0 & -8 \\ -3 & 0 & 6 \\ 2 & 7 & 1 \end{vmatrix}$$

例 6　用定义计算四阶行列式.

$$D = \begin{vmatrix} 2 & 3 & -1 & 0 \\ 1 & 6 & 0 & -2 \\ 0 & 1 & 3 & 4 \\ -2 & 5 & 0 & -1 \end{vmatrix}$$

解　由定义，将行列式按第一行展开，即

$$D = 2 \times (-1)^{1+1} \begin{vmatrix} 6 & 0 & -2 \\ 1 & 3 & 4 \\ 5 & 0 & -1 \end{vmatrix} + 3 \times (-1)^{1+2} \begin{vmatrix} 1 & 0 & -2 \\ 0 & 3 & 4 \\ -2 & 0 & -1 \end{vmatrix}$$

$$+ (-1) \times (-1)^{1+3} \begin{vmatrix} 1 & 6 & -2 \\ 0 & 1 & 4 \\ -2 & 5 & -1 \end{vmatrix}$$

$$= 2 \times (-1)^{1+1} \times 12 + 3 \times (-1)^{1+2} \times (-15) + (-1) \times (-1)^{1+3} \times (-73)$$

$$= 142$$

例 7　计算行列式.

$$D = \begin{vmatrix} 1 & 0 & 0 & 0 \\ 7 & 5 & 0 & 0 \\ 6 & 2 & 1 & 0 \\ -1 & 5 & 3 & 1 \end{vmatrix}$$

解　由于行列式第一行只有一个非零元素,所以按第一行展开有

$$D = 1 \times (-1)^{1+1} \begin{vmatrix} 5 & 0 & 0 \\ 2 & 1 & 0 \\ 5 & 3 & 1 \end{vmatrix} (再按第一行展开)$$

$$= 5 \times (-1)^{1+1} \begin{vmatrix} 1 & 0 \\ 3 & 1 \end{vmatrix} = 5 \times 1 = 5$$

像例 7 这样的行列式称为下三角行列式(主对角线以上的元素全是零),它等于主对角线上元素的乘积,即

$$\begin{vmatrix} a_{11} & 0 & \cdots & 0 \\ a_{21} & a_{22} & \cdots & 0 \\ \vdots & \vdots & & \vdots \\ a_{n1} & a_{n2} & \cdots & a_{nn} \end{vmatrix} = a_{11} a_{22} \cdots a_{nn}$$

类似地,上三角行列式(主对角线以下的元素全是零)、对角行列式(除主对角线以外其余元素全是零)都有类似的结论,即

$$\begin{vmatrix} a_{11} & a_{12} & \cdots & a_{1n} \\ 0 & a_{22} & \cdots & a_{2n} \\ \vdots & \vdots & & \vdots \\ 0 & 0 & \cdots & a_{nn} \end{vmatrix} = a_{11} a_{22} \cdots a_{nn}, \qquad \begin{vmatrix} a_{11} & 0 & \cdots & 0 \\ 0 & a_{22} & \cdots & 0 \\ \vdots & \vdots & & \vdots \\ 0 & 0 & \cdots & a_{nn} \end{vmatrix} = a_{11} a_{22} \cdots a_{nn}$$

6.1.3　n 阶行列式的性质

利用行列式的定义,可以将 n 阶行列式表示成一些数与 $n-1$ 阶行列式的乘积的代数和,但是当 n 很大时,计算量是很大的. 为了简化计算,下面介绍行列式的一些基本性质.

设
$$D = \begin{vmatrix} a_{11} & a_{12} & \cdots & a_{1n} \\ a_{21} & a_{22} & \cdots & a_{2n} \\ \vdots & \vdots & & \vdots \\ a_{n1} & a_{n2} & \cdots & a_{nn} \end{vmatrix}$$

将行列式的行和列互换得到的新行列式,记为

$$D^{T} = \begin{vmatrix} a_{11} & a_{21} & \cdots & a_{n1} \\ a_{12} & a_{22} & \cdots & a_{n2} \\ \vdots & \vdots & & \vdots \\ a_{1n} & a_{2n} & \cdots & a_{nn} \end{vmatrix}$$

行列式 D^{T} 称为行列式 D 的转置行列式.

性质 1 行列式与它的转置行列式相等，即 $D = D^{\mathrm{T}}$.

例如，行列式：

$$D = \begin{vmatrix} 1 & 3 \\ -9 & 8 \end{vmatrix} = 8 + 27 = 35$$

$$D^{\mathrm{T}} = \begin{vmatrix} 1 & -9 \\ 3 & 8 \end{vmatrix} = 8 + 27 = 35$$

由此性质可知，行列式中的行与列具有同等的地位，行列式的性质凡是对行成立的对列也同样成立. 反之亦然.

性质 2 互换行列式的两行(列)，行列式变号.

推论 1 如果行列式有两行(列)完全相同，则此行列式为零.

性质 3 行列式的某一行(列)中所有的元素都乘以同一个数 k，等于用数 k 乘此行列式，即

$$\begin{vmatrix} a_{11} & a_{12} & \cdots & a_{1n} \\ \vdots & \vdots & & \vdots \\ ka_{i1} & ka_{i2} & \cdots & ka_{in} \\ \vdots & \vdots & & \vdots \\ a_{n1} & a_{n2} & \cdots & a_{nn} \end{vmatrix} = k \begin{vmatrix} a_{11} & a_{12} & \cdots & a_{1n} \\ \vdots & \vdots & & \vdots \\ a_{i1} & a_{i2} & \cdots & a_{in} \\ \vdots & \vdots & & \vdots \\ a_{n1} & a_{n2} & \cdots & a_{nn} \end{vmatrix}$$

推论 2 行列式的某一行(列)中所有的元素的公因子可以提到行列式符号的外面.

推论 3 如果行列式某行(列)的元素全为零，则行列式的值等于零.

性质 4 行列式中如果有两行(列)元素成比例，则此行列式为零.

性质 5 若行列式的某一列(行)的元素都是两数之和，例如 D 的第 i 列的元素都是两数之和，即

$$D = \begin{vmatrix} a_{11} & a_{12} & \cdots & (a_{1i} + a'_{1i}) & \cdots & a_{1n} \\ a_{21} & a_{22} & \cdots & (a_{2i} + a'_{2i}) & \cdots & a_{2n} \\ \vdots & \vdots & & \vdots & & \vdots \\ a_{n1} & a_{n2} & \cdots & (a_{ni} + a'_{ni}) & \cdots & a_{nn} \end{vmatrix}$$

则 D 等于两个行列式之和，即

$$D = \begin{vmatrix} a_{11} & a_{12} & \cdots & a_{1i} & \cdots & a_{1n} \\ a_{21} & a_{22} & \cdots & a_{2i} & \cdots & a_{2n} \\ \vdots & \vdots & & \vdots & & \vdots \\ a_{n1} & a_{n2} & \cdots & a_{ni} & \cdots & a_{nn} \end{vmatrix} + \begin{vmatrix} a_{11} & a_{12} & \cdots & a'_{1i} & \cdots & a_{1n} \\ a_{21} & a_{22} & \cdots & a'_{2i} & \cdots & a_{2n} \\ \vdots & \vdots & & \vdots & & \vdots \\ a_{n1} & a_{n2} & \cdots & a'_{ni} & \cdots & a_{nn} \end{vmatrix}$$

性质 6 把行列式的某一列(行)的各元素乘以同一个数然后加到另一列(行)对应的元素上去，行列式不变.

例如，以数 k 乘以第 j 列加到第 i 列上，有

$$\begin{vmatrix} a_{11} & \cdots & a_{1i} & \cdots & a_{1j} & \cdots & a_{1n} \\ a_{21} & \cdots & a_{2i} & \cdots & a_{2j} & \cdots & a_{2n} \\ \vdots & & \vdots & & \vdots & & \vdots \\ a_{n1} & \cdots & a_{ni} & \cdots & a_{nj} & \cdots & a_{nn} \end{vmatrix} = \begin{vmatrix} a_{11} & \cdots & (a_{1i}+ka_{1j}) & \cdots & a_{1j} & \cdots & a_{1n} \\ a_{21} & \cdots & (a_{2i}+ka_{2j}) & \cdots & a_{2j} & \cdots & a_{2n} \\ \vdots & & \vdots & & \vdots & & \vdots \\ a_{n1} & \cdots & (a_{ni}+ka_{nj}) & \cdots & a_{nj} & \cdots & a_{nn} \end{vmatrix}$$

在计算行列式时，为了叙述方便，约定了如下记号：以 r_i 表示行列式的第 i 行，以 c_j 表示行列式的第 j 列．交换第 i 行和第 j 行，记为 $r_i \leftrightarrow r_j$；第 i 行加上（减去）第 j 行的 k 倍记为 $r_i \pm kr_j$．列的情况类似．

行列式的计算方法之一就是利用行列式的性质，把它逐步化为三角形行列式，由前面的结论可知，三角形行列式的值就是其主对角线上元素的乘积．这种方法叫作"化三角形法"．

例 8 计算行列式．

$$D = \begin{vmatrix} 1 & 3 & 1 & 0 \\ 1 & 2 & 4 & 1 \\ 0 & 1 & 5 & 8 \\ 1 & -2 & 7 & 4 \end{vmatrix}$$

解 利用行列式性质，将其化为三角形行列式，即

$$D = \begin{vmatrix} 1 & 3 & 1 & 0 \\ 1 & 2 & 4 & 1 \\ 0 & 1 & 5 & 8 \\ 1 & -2 & 7 & 4 \end{vmatrix} \xrightarrow[r_4-r_1]{r_2-r_1} \begin{vmatrix} 1 & 3 & 1 & 0 \\ 0 & -1 & 3 & 1 \\ 0 & 1 & 5 & 8 \\ 0 & -5 & 6 & 4 \end{vmatrix} \xrightarrow[r_4-5r_2]{r_3+r_2} \begin{vmatrix} 1 & 3 & 1 & 0 \\ 0 & -1 & 3 & 1 \\ 0 & 0 & 8 & 9 \\ 0 & 0 & -9 & -1 \end{vmatrix}$$

$$\xrightarrow{r_4+\frac{9}{8}r} \begin{vmatrix} 1 & 3 & 1 & 0 \\ 0 & -1 & 3 & 1 \\ 0 & 0 & 8 & 9 \\ 0 & 0 & 0 & \frac{73}{8} \end{vmatrix} = -73$$

例 9 计算行列式．

$$D = \begin{vmatrix} 2 & 1 & 1 & 1 \\ 1 & 2 & 1 & 1 \\ 1 & 1 & 2 & 1 \\ 1 & 1 & 1 & 2 \end{vmatrix}$$

解 这个行列式的特点：各列 4 个数之和都是 5．把第 $2\sim4$ 行同时加到第 1 行，提出公因子 5，然后各行减去第 1 行，有

$$D \xrightarrow{r_1+r_2+r_3+r_4} \begin{vmatrix} 5 & 5 & 5 & 5 \\ 1 & 2 & 1 & 1 \\ 1 & 1 & 2 & 1 \\ 1 & 1 & 1 & 2 \end{vmatrix} \xrightarrow{r_1 \div 5} 5 \begin{vmatrix} 1 & 1 & 1 & 1 \\ 1 & 2 & 1 & 1 \\ 1 & 1 & 2 & 1 \\ 1 & 1 & 1 & 2 \end{vmatrix} \xrightarrow[\substack{r_2-r_1 \\ r_3-r_1 \\ r_4-r_1}]{} 5 \begin{vmatrix} 1 & 1 & 1 & 1 \\ 0 & 1 & 0 & 0 \\ 0 & 0 & 1 & 0 \\ 0 & 0 & 0 & 1 \end{vmatrix}$$

$$= 5$$

例 10　计算行列式.

$$D = \begin{vmatrix} a & b & c & d \\ a & a+b & a+b+c & a+b+c+d \\ a & 2a+b & 3a+2b+c & 4a+3b+2c+d \\ a & 3a+b & 6a+3b+c & 10a+6b+3c+d \end{vmatrix}$$

解　从第 4 行开始，后行减前行，有

$$D \xrightarrow[\substack{r_4-r_3 \\ r_3-r_2 \\ r_2-r_1}]{} \begin{vmatrix} a & b & c & d \\ 0 & a & a+b & a+b+c \\ 0 & a & 2a+b & 3a+2b+c \\ 0 & a & 3a+b & 6a+3b+c \end{vmatrix} \xrightarrow[\substack{r_4-r_3 \\ r_3-r_2}]{} \begin{vmatrix} a & b & c & d \\ 0 & a & a+b & a+b+c \\ 0 & 0 & a & 2a+b \\ 0 & 0 & a & 3a+b \end{vmatrix}$$

$$\xrightarrow{r_4-r_3} \begin{vmatrix} a & b & c & d \\ 0 & a & a+b & a+b+c \\ 0 & 0 & a & 2a+b \\ 0 & 0 & 0 & a \end{vmatrix} = a^4$$

6.1.4　克拉默法则

含有 n 个未知数 $x_1, x_2, \cdots, x_n$ 的 n 个线性方程的方程组为

$$\begin{cases} a_{11}x_1 + a_{12}x_2 + \cdots + a_{1n}x_n = b_1 \\ a_{21}x_1 + a_{22}x_2 + \cdots + a_{2n}x_n = b_2 \\ \qquad\qquad\cdots\cdots \\ a_{n1}x_1 + a_{n2}x_2 + \cdots + a_{nn}x_n = b_n \end{cases} \tag{6-10}$$

与二元、三元线性方程组类似，它的解可以用 n 阶行列式表示.

克拉默法则　如果线性方程组(6-10)的系数行列式不等于零，即

$$D = \begin{vmatrix} a_{11} & \cdots & a_{1n} \\ \vdots & & \vdots \\ a_{n1} & \cdots & a_{nn} \end{vmatrix} \neq 0$$

那么，方程组(6-10)有唯一解：

$$x_1 = \frac{D_1}{D}, \ x_2 = \frac{D_2}{D}, \ \cdots, \ x_n = \frac{D_n}{D} \qquad (6-11)$$

其中 $D_j(j = 1, 2, \cdots, n)$ 是把系数行列式 D 中第 j 列的元素用方程组右端的常数项代替后所得到的 n 阶行列式，即

$$D_j = \begin{vmatrix} a_{11} & \cdots & a_{1,j-1} & b_1 & a_{1,j+1} & \cdots & a_{1n} \\ \vdots & & \vdots & \vdots & \vdots & & \vdots \\ a_{n1} & \cdots & a_{n,j-1} & b_n & a_{n,j+1} & \cdots & a_{nn} \end{vmatrix}$$

例 11 解线性方程组.

$$\begin{cases} 2x_1 - 4x_2 + x_3 = 1 \\ x_1 - 5x_2 + 3x_3 = 2 \\ x_1 - x_2 + x_3 = -1 \end{cases}$$

解 先计算线性方程组的系数行列式的值，即

$$D = \begin{vmatrix} 2 & -4 & 1 \\ 1 & -5 & 3 \\ 1 & -1 & 1 \end{vmatrix} = -10 - 12 - 1 + 5 + 5 + 6 = -8 \neq 0$$

再计算 D_1, D_2, D_3 的值，即

$$D_1 = \begin{vmatrix} 1 & -4 & 1 \\ 2 & -5 & 3 \\ -1 & -1 & 1 \end{vmatrix} = -5 + 12 - 2 - 5 + 8 + 3 = 11$$

$$D_2 = \begin{vmatrix} 2 & 1 & 1 \\ 1 & 2 & 3 \\ 1 & -1 & 1 \end{vmatrix} = 4 - 1 + 3 - 2 - 1 + 6 = 9$$

$$D_3 = \begin{vmatrix} 2 & -4 & 1 \\ 1 & -5 & 2 \\ 1 & -1 & -1 \end{vmatrix} = 10 - 1 - 8 + 5 - 4 + 4 = 6$$

于是方程组的解为

$$\begin{cases} x_1 = -\dfrac{11}{8} \\[2mm] x_2 = -\dfrac{9}{8} \\[2mm] x_3 = -\dfrac{3}{4} \end{cases}$$

例 12 解线性方程组.

$$\begin{cases} 2x_1 + x_2 - 5x_3 + x_4 = 8 \\ x_1 - 3x_2 \quad\quad - 6x_4 = 9 \\ \quad\quad 2x_2 - x_3 + 2x_4 = -5 \\ x_1 + 4x_2 - 7x_3 + 6x_4 = 0 \end{cases}$$

解
$$D = \begin{vmatrix} 2 & 1 & -5 & 1 \\ 1 & -3 & 0 & -6 \\ 0 & 2 & -1 & 2 \\ 1 & 4 & -7 & 6 \end{vmatrix} \xlongequal[\substack{r_4 - r_2}]{\substack{r_1 - 2r_2}} \begin{vmatrix} 0 & 7 & -5 & 13 \\ 1 & -3 & 0 & -6 \\ 0 & 2 & -1 & 2 \\ 0 & 7 & -7 & 12 \end{vmatrix}$$

$$= -\begin{vmatrix} 7 & -5 & 13 \\ 2 & -1 & 2 \\ 7 & -7 & 12 \end{vmatrix}$$

$$\xlongequal[\substack{c_3 + 2c_2}]{\substack{c_1 + 2c_2}} -\begin{vmatrix} -3 & -5 & 3 \\ 0 & -1 & 0 \\ -7 & -7 & -2 \end{vmatrix}$$

$$= \begin{vmatrix} -3 & 3 \\ -7 & -2 \end{vmatrix} = 27$$

$$D_1 = \begin{vmatrix} 8 & 1 & -5 & 1 \\ 9 & -3 & 0 & -6 \\ -5 & 2 & -1 & 2 \\ 0 & 4 & -7 & 6 \end{vmatrix} = 81, \quad D_2 = \begin{vmatrix} 2 & 8 & -5 & 1 \\ 1 & 9 & 0 & -6 \\ 0 & -5 & -1 & 2 \\ 1 & 0 & -7 & 6 \end{vmatrix} = -108$$

$$D_3 = \begin{vmatrix} 2 & 1 & 8 & 1 \\ 1 & -3 & 9 & -6 \\ 0 & 2 & -5 & 2 \\ 1 & 4 & 0 & 6 \end{vmatrix} = -27, \quad D_4 = \begin{vmatrix} 2 & 1 & -5 & 8 \\ 1 & -3 & 0 & 9 \\ 0 & 2 & -1 & -5 \\ 1 & 4 & -7 & 0 \end{vmatrix} = 27$$

于是
$$x_1 = 3, \ x_2 = -4, \ x_3 = -1, \ x_4 = 1$$

克拉默法则有重大的理论价值,撇开求解公式(6-11),克拉默法则可表述为下面的重要定理.

定理 1 如果线性方程组(6-10)的系数行列式 $D \neq 0$,则方程组(6-10)一定有解,且解是唯一的.

定理 1 的逆否定理为定理 2.

定理 2 如果线性方程组(6-10)无解或有两个不同的解,则它的系数行列式 D 必为零.

当线性方程组(6-10)右端的自由项 b_1，b_2，$\cdots$，b_n 不全为零时，线性方程组(6-10)叫作非齐次线性方程组；当 b_1，b_2，$\cdots$，b_n 全为零时，线性方程组(6-10)叫作齐次线性方程组.

对于齐次线性方程组

$$\begin{cases} a_{11}x_1 + a_{12}x_2 + \cdots + a_{1n}x_n = 0 \\ a_{21}x_1 + a_{22}x_2 + \cdots + a_{2n}x_n = 0 \\ \qquad\qquad \cdots\cdots \\ a_{n1}x_1 + a_{n2}x_2 + \cdots + a_{nn}x_n = 0 \end{cases} \tag{6-12}$$

$x_1 = x_2 = \cdots = x_n = 0$ 一定是它的解，这个解叫作齐次线性方程组的零解. 如果一组不全为零的数是方程组(6-12)的解，则它叫作齐次线性方程组的非零解. 齐次线性方程组(6-12)一定有零解，但不一定有非零解.

定理3 如果齐次线性方程组(6-12)的系数行列式 $D \neq 0$，则齐次线性方程组(6-12)没有非零解.

定理4 如果齐次线性方程组(6-12)有非零解，则它的系数行列式 D 必为零.

例13 λ 取何值时，齐次线性方程组

$$\begin{cases} (5-\lambda)x + 2y + 2z = 0 \\ 2x + (6-\lambda)y = 0 \\ 2x + (4-\lambda)z = 0 \end{cases}$$

有非零解？

解 由定理4可知，若齐次方程组有非零解，则其系数行列式 $D = 0$，而

$$D = \begin{vmatrix} 5-\lambda & 2 & 2 \\ 2 & 6-\lambda & 0 \\ 2 & 0 & 4-\lambda \end{vmatrix} = (5-\lambda)(6-\lambda)(4-\lambda) - 4(4-\lambda) - 4(6-\lambda)$$

$$= (5-\lambda)(2-\lambda)(8-\lambda)$$

故由 $D = 0$ 得 $\lambda = 2$、$\lambda = 5$ 或 $\lambda = 8$.

不难验证，当 λ 为 2、5 或 8 时，齐次方程组确有非零解.

习 题 6.1

1. 计算下列行列式：

(1) $\begin{vmatrix} -2 & 3 \\ -1 & 4 \end{vmatrix}$;

(2) $\begin{vmatrix} a & b^2 \\ c & b \end{vmatrix}$;

(3) $\begin{vmatrix} -1 & 0 & 2 \\ 3 & -2 & 4 \\ 5 & 9 & 0 \end{vmatrix}$;

(4) $\begin{vmatrix} a & 0 & b \\ 0 & c & 0 \\ d & 0 & 0 \end{vmatrix}$.

2. 用行列式解下列方程组：

(1) $\begin{cases} 3x_1 - 2x_2 = 3 \\ -4x_1 + 3x_2 = -1 \end{cases}$;

(2) $\begin{cases} 2x_1 + 3x_2 = 5 \\ x_1 - x_2 = 1 \end{cases}$;

(3) $\begin{cases} 2x_1 + x_2 = 3 \\ x_2 - 3x_3 = 1 \\ x_1 + 2x_3 = -1 \end{cases}$;

(4) $\begin{cases} x_1 + 2x_2 + x_3 = 3 \\ -2x_1 + x_2 - x_3 = -3 \\ x_1 - 4x_2 + 2x_3 = -5 \end{cases}$.

3. 解方程 $\begin{vmatrix} x & 3 & 4 \\ -1 & x & 0 \\ 0 & x & 1 \end{vmatrix} = 0$.

4. 已知 $D = \begin{vmatrix} -1 & 0 & 2 & 3 \\ 1 & 2 & 4 & -6 \\ 0 & 3 & 2 & 8 \\ 2 & -1 & 3 & 7 \end{vmatrix}$，写出元素 a_{32} 的余子式和代数余子式.

5. 按第二行展开 $D = \begin{vmatrix} 2 & 2 & -7 & 5 \\ 1 & 0 & 0 & 3 \\ -1 & 2 & 8 & 1 \\ 3 & 7 & -1 & 2 \end{vmatrix}$，并计算其值.

6. 计算下列行列式：

(1) $\begin{vmatrix} 3 & 1 & -1 & 2 \\ -5 & 1 & 3 & -4 \\ 2 & 0 & 1 & -1 \\ 1 & -5 & 3 & -3 \end{vmatrix}$;

(2) $\begin{vmatrix} 3 & 1 & 2 \\ 290 & 106 & 196 \\ 5 & -3 & 2 \end{vmatrix}$;

(3) $\begin{vmatrix} 1 & 2 & 3 & 4 \\ 2 & 3 & 4 & 1 \\ 3 & 4 & 1 & 2 \\ 4 & 1 & 2 & 3 \end{vmatrix}$;

(4) $\begin{vmatrix} a & b & b & b \\ b & a & b & b \\ b & b & a & b \\ b & b & b & a \end{vmatrix}$.

7. 证明：

$$\begin{vmatrix} a_{11} & a_{12} & c_{11} & c_{12} \\ a_{21} & a_{22} & c_{21} & c_{22} \\ 0 & 0 & b_{11} & b_{12} \\ 0 & 0 & b_{21} & b_{22} \end{vmatrix} = \begin{vmatrix} a_{11} & a_{12} \\ a_{21} & a_{22} \end{vmatrix} \begin{vmatrix} b_{11} & b_{12} \\ b_{21} & b_{22} \end{vmatrix}$$

6.2　矩阵的概念与运算

6.2.1　矩阵的概念

【引例1】　甲、乙、丙三人参加公务员招聘，他们的笔试成绩和面试成绩如表 6 - 1 所示.

表 6 - 1

成绩　科目 人员	笔试成绩／分	面试成绩／分
甲	85	90
乙	75	60
丙	95	95

如果取出表中的成绩并保持原来的相对位置，可以记作：

$$\begin{bmatrix} 85 & 90 \\ 75 & 60 \\ 95 & 95 \end{bmatrix}$$

【引例2】　设有某种物资要从 4 个产地运往 5 个销地，它的调运情况如表6 - 2 所示.

表 6 - 2

产量　销地 产地	I	II	III	IV	V
甲	23	2	5	45	11
乙	12	0	67	42	25
丙	4	45	56	34	0
丁	34	13	15	0	67

取出表中的数据，记作：

$$\begin{bmatrix} 23 & 2 & 5 & 45 & 11 \\ 12 & 0 & 67 & 42 & 25 \\ 4 & 45 & 56 & 34 & 0 \\ 34 & 13 & 15 & 0 & 67 \end{bmatrix}$$

定义 1　由 $m \times n$ 个数 $a_{ij}(i = 1, 2, \cdots, m; j = 1, 2, \cdots, n)$ 排成的 m 行 n 列，并加上圆括弧（或方括弧），记为

$$
\begin{bmatrix}
a_{11} & a_{12} & \cdots & a_{1n} \\
a_{21} & a_{22} & \cdots & a_{2n} \\
\vdots & \vdots & & \vdots \\
a_{m1} & a_{m2} & \cdots & a_{mn}
\end{bmatrix}
\ 或\
\begin{bmatrix}
a_{11} & a_{12} & \cdots & a_{1n} \\
a_{21} & a_{22} & \cdots & a_{2n} \\
\vdots & \vdots & & \vdots \\
a_{m1} & a_{m2} & \cdots & a_{mn}
\end{bmatrix}
$$

称为 m 行 n 列矩阵，简称 $m \times n$ 矩阵．矩阵通常用大写字母 $\boldsymbol{A}$，$\boldsymbol{B}$，$\boldsymbol{C}$，$\cdots$ 表示，则上述矩阵可以记作 $\boldsymbol{A}$ 或 $\boldsymbol{A}_{m \times n}$，也可记作 $\boldsymbol{A} = (a_{ij})_{m \times n}$ 或 $\boldsymbol{A} = (a_{ij})$．其中 a_{ij} 称为矩阵 $\boldsymbol{A}$ 的第 i 行第 j 列元素．

下面介绍一些常用的特殊矩阵．

1. 零矩阵

所有元素都是零的 $m \times n$ 矩阵称为零矩阵，记为 $\boldsymbol{O}_{m \times n}$ 或 $\boldsymbol{O}$．例如：

$$
\boldsymbol{O}_{2 \times 3} = \begin{pmatrix} 0 & 0 & 0 \\ 0 & 0 & 0 \end{pmatrix}, \quad
\boldsymbol{O}_{3 \times 3} = \begin{pmatrix} 0 & 0 & 0 \\ 0 & 0 & 0 \\ 0 & 0 & 0 \end{pmatrix}
$$

2. 负矩阵

设矩阵 $\boldsymbol{A} = (a_{ij})$，记 $-\boldsymbol{A} = (-a_{ij})$，$-\boldsymbol{A}$ 称为矩阵 $\boldsymbol{A}$ 的负矩阵．

3. 行矩阵与列矩阵

只有一行（$m = 1$）的矩阵称为行矩阵，即

$$
\boldsymbol{A} = (a_{11}, a_{12}, \cdots, a_{1n})
$$

只有一列（$n = 1$）的矩阵称为列矩阵，即

$$
\boldsymbol{B} = \begin{pmatrix} a_{11} \\ a_{21} \\ \vdots \\ a_{m1} \end{pmatrix}
$$

4. 方阵

行数和列数都等于 n 的矩阵称为 n 阶矩阵或 n 阶方阵，记为

$$
\begin{pmatrix}
a_{11} & a_{12} & \cdots & a_{1n} \\
a_{21} & a_{22} & \cdots & a_{2n} \\
\vdots & \vdots & & \vdots \\
a_{n1} & a_{n2} & \cdots & a_{nn}
\end{pmatrix}
$$

5. 上(下)三角矩阵

在 n 阶方阵中，从左上角到右下角的对角线称为主对角线，从右上角到左下角的对角线称为次对角线.

主对角线下(或上)方的元素全为零的 n 阶方阵，称为上(或下)三角矩阵. 例如

$$A = \begin{pmatrix} 1 & 2 & -3 \\ 0 & 4 & -2 \\ 0 & 0 & 5 \end{pmatrix}, \quad B = \begin{pmatrix} -5 & 0 & 0 \\ 2 & 4 & 0 \\ 3 & 1 & 5 \end{pmatrix}$$

分别是上三角矩阵和下三角矩阵.

6. 对角矩阵

主对角线以外的元素全为零的 n 阶方阵，称为 n 阶对角矩阵. 对角矩阵也称对角阵，例如

$$A = \begin{pmatrix} 1 & & & \\ & 2 & & \\ & & \ddots & \\ & & & n \end{pmatrix}$$

7. 单位矩阵

主对角线上的元素都是 1，其他元素全为零的 n 阶方阵称为 n 阶单位矩阵，记为 E_n 或 I_n，即

$$E_n = \begin{pmatrix} 1 & & & \\ & 1 & & \\ & & \ddots & \\ & & & 1 \end{pmatrix}$$

行数相等、数列也相等的矩阵称为同型矩阵. 如果 $A = (a_{ij})_{m \times n}$，$B = (b_{ij})_{m \times n}$，且 $a_{ij} = b_{ij}(i = 1, 2, \cdots, m; j = 1, 2, \cdots, n)$，就称矩阵 A 与矩阵 B 相等，记为

$$A = B$$

也就是说，当两个同型矩阵的对应元素都相等时，两个矩阵才相等.

6.2.2　矩阵的运算

1. 矩阵的加法与减法

【引例 3】　设有两种物资(单位：吨)要从三个产地运往四个销地，调运方案可分别用矩阵 A 和矩阵 B 表示为

$$\boldsymbol{A} = \begin{bmatrix} 15 & 20 & 5 & 7 \\ 0 & 5 & 45 & 10 \\ 3 & 1 & 0 & 8 \end{bmatrix}, \quad \boldsymbol{B} = \begin{bmatrix} 0 & 11 & 5 & 9 \\ 4 & 12 & 20 & 0 \\ 16 & 3 & 7 & 14 \end{bmatrix}$$

那么，从各产地运往各销地的两种物资（单位：吨）的总调运方案应是矩阵 $\boldsymbol{A}$ 与矩阵 $\boldsymbol{B}$ 的和. 即

$$\boldsymbol{A} + \boldsymbol{B} = \begin{bmatrix} 15 & 20 & 5 & 7 \\ 0 & 5 & 45 & 10 \\ 3 & 1 & 0 & 8 \end{bmatrix} + \begin{bmatrix} 0 & 11 & 5 & 9 \\ 4 & 12 & 20 & 0 \\ 16 & 3 & 7 & 14 \end{bmatrix}$$

$$= \begin{bmatrix} 15+0 & 20+11 & 5+5 & 7+9 \\ 0+4 & 5+12 & 45+20 & 10+0 \\ 3+16 & 1+3 & 0+7 & 8+14 \end{bmatrix} = \begin{bmatrix} 15 & 31 & 10 & 16 \\ 4 & 17 & 65 & 10 \\ 19 & 4 & 7 & 22 \end{bmatrix}$$

定义 2　设有两个 $m \times n$ 矩阵 $\boldsymbol{A} = (a_{ij})_{m \times n}$，$\boldsymbol{B} = (b_{ij})_{m \times n}$，则矩阵

$$\boldsymbol{C} = \begin{bmatrix} a_{11}+b_{11} & a_{12}+b_{12} & \cdots & a_{1n}+b_{1n} \\ a_{21}+b_{21} & a_{22}+b_{22} & \cdots & a_{2n}+b_{2n} \\ \vdots & \vdots & & \vdots \\ a_{m1}+b_{m1} & a_{m2}+b_{m2} & \cdots & a_{nn}+b_{nn} \end{bmatrix}$$

为 $\boldsymbol{A}$ 与 $\boldsymbol{B}$ 的和，记作

$$\boldsymbol{C} = \boldsymbol{A} + \boldsymbol{B} = (a_{ij} + b_{ij})_{m \times n}$$

显然，只有两个同型矩阵才可以进行加法运算.

由负矩阵可以定义矩阵的减法为

$$\boldsymbol{C} = \boldsymbol{A} - \boldsymbol{B} = \boldsymbol{A} + (-\boldsymbol{B}) = (a_{ij} - b_{ij})_{m \times n}$$

例 1　某公司有甲、乙、丙三种产品，分别向 Ⅰ、Ⅱ 两地销售，已知全年的销售情况用矩阵 $\boldsymbol{A}$ 表示，前三个季度的销售情况用矩阵 $\boldsymbol{B}$ 表示，即

$$\boldsymbol{A} = \begin{bmatrix} 18 & 20 \\ 30 & 45 \\ 11 & 4 \end{bmatrix}, \quad \boldsymbol{B} = \begin{bmatrix} 10 & 8 \\ 12 & 3 \\ 1 & 1 \end{bmatrix}$$

求第四个季度的销售情况.

解　第四季度的销售情况等于全年的销售情况减去前三个季度的销售情况，即

$$\boldsymbol{A} - \boldsymbol{B} = \begin{bmatrix} 18 & 20 \\ 30 & 45 \\ 11 & 4 \end{bmatrix} - \begin{bmatrix} 10 & 8 \\ 12 & 3 \\ 1 & 1 \end{bmatrix} = \begin{bmatrix} 18-10 & 20-8 \\ 30-12 & 45-3 \\ 11-1 & 4-1 \end{bmatrix} = \begin{bmatrix} 8 & 12 \\ 18 & 42 \\ 10 & 3 \end{bmatrix}$$

即两个同型矩阵相减，归结为它们的对应元素相减.

例 2　设矩阵：

$$A = \begin{pmatrix} -9 & 0 \\ 2 & 4 \\ -1 & 6 \end{pmatrix}, \quad B = \begin{pmatrix} 8 & 14 \\ 6 & 15 \\ 2 & -3 \end{pmatrix}$$

求 $A + B$，$A - B$.

解　$A + B = \begin{pmatrix} -9 & 0 \\ 2 & 4 \\ -1 & 6 \end{pmatrix} + \begin{pmatrix} 8 & 14 \\ 6 & 15 \\ 2 & -3 \end{pmatrix} = \begin{pmatrix} -9+8 & 0+14 \\ 2+6 & 4+15 \\ -1+2 & 6-3 \end{pmatrix} = \begin{pmatrix} -1 & 14 \\ 8 & 19 \\ 1 & 3 \end{pmatrix}$

$A - B = \begin{pmatrix} -9 & 0 \\ 2 & 4 \\ -1 & 6 \end{pmatrix} - \begin{pmatrix} 8 & 14 \\ 6 & 15 \\ 2 & -3 \end{pmatrix} = \begin{pmatrix} -9-8 & 0-14 \\ 2-6 & 4-15 \\ -1-2 & 6-(-3) \end{pmatrix} = \begin{pmatrix} -17 & -14 \\ -4 & -11 \\ -3 & 9 \end{pmatrix}$

矩阵的加法满足下列运算规律（设 A，B，C，O 都是 $m \times n$ 矩阵）：

（1）$A + B = B + A$；

（2）$(A + B) + C = A + (B + C)$；

（3）零矩阵满足：$A + O = A$；

（4）存在矩阵 $-A$，满足：$A - A = A + (-A) = O$.

2. 数与矩阵相乘

【引例 4】　设有种物资（单位：吨）要从三个产地运往四个销地，调运方案可用矩阵 A 表示

$$A = \begin{pmatrix} 10 & 33 & 5 & 27 \\ 0 & 1.5 & 6 & 10 \\ 3.4 & 18 & 0 & 8 \end{pmatrix}$$

已知每吨的运费是 5 元，则各地之间每吨货物的运费为

$$5 \times A = \begin{pmatrix} 5\times10 & 5\times33 & 5\times5 & 5\times27 \\ 5\times0 & 5\times1.5 & 5\times6 & 5\times10 \\ 5\times3.4 & 5\times18 & 5\times0 & 5\times8 \end{pmatrix} = \begin{pmatrix} 50 & 165 & 25 & 135 \\ 0 & 7.5 & 30 & 50 \\ 17 & 90 & 0 & 40 \end{pmatrix}$$

定义 3　设矩阵 $A = (a_{ij})_{m \times n}$，$k$ 为常数，规定 k 与 A 的乘积是 k 乘以 A 的每个元素所得到的一个 $m \times n$ 矩阵，记为 kA（或 Ak），即

$$kA = k\begin{pmatrix} a_{11} & a_{12} & \cdots & a_{1n} \\ a_{21} & a_{22} & \cdots & a_{2n} \\ \vdots & \vdots & & \vdots \\ a_{m1} & a_{m2} & \cdots & a_{mn} \end{pmatrix} = \begin{pmatrix} ka_{11} & ka_{12} & \cdots & ka_{1n} \\ ka_{21} & ka_{22} & \cdots & ka_{2n} \\ \vdots & \vdots & & \vdots \\ ka_{m1} & ka_{m2} & \cdots & ka_{mn} \end{pmatrix}$$

数与矩阵的乘法满足下列运算规律（其中 A，B 为 $m \times n$ 矩阵，k，l 为任意常数）：

（1）$k(A + B) = kA + kB$；

(2) $(k + l)\boldsymbol{A} = k\boldsymbol{A} + l\boldsymbol{A}$；

(3) $(kl)\boldsymbol{A} = (lk)\boldsymbol{A} = k(l\boldsymbol{A}) = l(k\boldsymbol{A})$.

例 3　设两个 2×3 矩阵 $\boldsymbol{A}$，$\boldsymbol{B}$ 为

$$\boldsymbol{A} = \begin{pmatrix} -4 & 0 & 3 \\ 2 & -9 & 6 \end{pmatrix}, \quad \boldsymbol{B} = \begin{pmatrix} 1 & 10 & -3 \\ 4 & 8 & 0 \end{pmatrix}$$

求 $5\boldsymbol{A} - 2\boldsymbol{B}$.

解　因为

$$5\boldsymbol{A} = 5\begin{pmatrix} -4 & 0 & 3 \\ 2 & -9 & 6 \end{pmatrix} = \begin{pmatrix} -4 \times 5 & 0 \times 5 & 3 \times 5 \\ 2 \times 5 & -9 \times 5 & 6 \times 5 \end{pmatrix} = \begin{pmatrix} -20 & 0 & 15 \\ 10 & -45 & 30 \end{pmatrix}$$

$$2\boldsymbol{B} = 2\begin{pmatrix} 1 & 10 & -3 \\ 4 & 8 & 0 \end{pmatrix} = \begin{pmatrix} 1 \times 2 & 10 \times 2 & -3 \times 2 \\ 4 \times 2 & 8 \times 2 & 0 \times 2 \end{pmatrix} = \begin{pmatrix} 2 & 20 & -6 \\ 8 & 16 & 0 \end{pmatrix}$$

所以

$$5\boldsymbol{A} - 2\boldsymbol{B} = \begin{pmatrix} -20 & 0 & 15 \\ 10 & -45 & 30 \end{pmatrix} - \begin{pmatrix} 2 & 20 & -6 \\ 8 & 16 & 0 \end{pmatrix} = \begin{pmatrix} -22 & -20 & 21 \\ 2 & -61 & 30 \end{pmatrix}$$

3. 矩阵与矩阵相乘

【引例 5】　设某地有两个工厂 Ⅰ 和 Ⅱ，它们都生产甲、乙、丙三种产品，每周各厂生产的产量如表 6 - 3 所示.

表 6 - 3　　　　　　　　（单位：件）

产品　工厂	甲	乙	丙
Ⅰ	1	2	5
Ⅱ	13	20	9

各产品的单位价格和单位利润如表 6 - 4 所示.

表 6 - 4

项目　产品	价格／元	利润／元
甲	2	3
乙	5	6
丙	8	9

由上述的产量表和价格表，则各产品的单位价格和单位利润如表 6 - 5 所示.

表 6 - 5

项目\工厂	价格 / 元	利润 / 元
Ⅰ	52	60
Ⅱ	198	240

将产量表写成矩阵:

$$A = \begin{pmatrix} 1 & 2 & 5 \\ 13 & 20 & 9 \end{pmatrix}$$

价格表写成矩阵:

$$B = \begin{pmatrix} 2 & 3 \\ 5 & 6 \\ 8 & 9 \end{pmatrix}$$

费用表写成矩阵:

$$C = \begin{pmatrix} 52 & 60 \\ 198 & 240 \end{pmatrix}$$

则费用矩阵就是矩阵和矩阵的乘积:

$$C = AB = \begin{pmatrix} 1 & 2 & 5 \\ 13 & 20 & 9 \end{pmatrix} \begin{pmatrix} 2 & 3 \\ 5 & 6 \\ 8 & 9 \end{pmatrix}$$

$$= \begin{pmatrix} 1 \times 2 + 2 \times 5 + 5 \times 8 & 1 \times 3 + 2 \times 6 + 5 \times 9 \\ 13 \times 2 + 20 \times 5 + 9 \times 8 & 13 \times 3 + 20 \times 6 + 9 \times 9 \end{pmatrix} = \begin{pmatrix} 52 & 60 \\ 198 & 240 \end{pmatrix}$$

定义 4 设矩阵 $A = (a_{ij})_{m \times s}$,$B = (b_{ij})_{s \times n}$,规定矩阵 A 与矩阵 B 的乘积为矩阵 $C = (c_{ij})_{m \times n}$,记为 $AB = C$,其中

$$c_{ij} = a_{i1}b_{1j} + a_{i2}b_{2j} + \cdots + a_{is}b_{sj} = \sum_{k=1}^{s} a_{ik}b_{kj}$$

$$(i = 1, 2, \cdots, m;\ j = 1, 2, \cdots, n)$$

即 AB 的第 i 行第 j 列的元素为 A 的第 i 行与 B 的第 j 列对应元素的乘积之和.

注意:只有当第一个矩阵 A(左矩阵)的列数等于第二个矩阵 B(右矩阵)的行数时,才可以相乘,它们的乘积记为 AB,而不能写成 BA;且 AB 的行数等于 A(左矩阵)的行数,它的列数等于 B(右矩阵)的列数.

例 4 已知矩阵

$$A = (1, \quad 2, \quad 3), B = \begin{pmatrix} 3 \\ 2 \\ 1 \end{pmatrix}$$

求 AB.

解　因为 A 是 1×3 矩阵，B 是 3×1 矩阵，所以 A 与 B 可以相乘，其乘积 AB 是 1×1 矩阵（一个数）. 由矩阵乘法定义，得

$$C = AB = (1, \quad 2, \quad 3) \begin{pmatrix} 3 \\ 2 \\ 1 \end{pmatrix} = (1 \times 3 + 2 \times 2 + 3 \times 1) = (10)$$

例 5　设矩阵

$$A = \begin{bmatrix} -1 & 0 \\ 2 & 4 \\ 3 & -3 \end{bmatrix}, B = \begin{pmatrix} 5 & -2 \\ 0 & 1 \end{pmatrix}$$

求 AB.

解　因为 A 是 3×2 矩阵，B 是 2×2 矩阵，所以 A 与 B 可以相乘，且 AB 是 3×2 矩阵. 由定义，得

$$AB = \begin{bmatrix} -1 & 0 \\ 2 & 4 \\ 3 & -3 \end{bmatrix} \begin{pmatrix} 5 & -2 \\ 0 & 1 \end{pmatrix}$$

$$= \begin{bmatrix} -1 \times 5 + 0 \times 0 & -1 \times (-2) + 0 \times 1 \\ 2 \times 5 + 4 \times 0 & 2 \times (-2) + 4 \times 1 \\ 3 \times 5 + (-3) \times 0 & 3 \times (-2) + (-3) \times 1 \end{bmatrix} = \begin{bmatrix} -5 & 2 \\ 10 & 0 \\ 15 & -9 \end{bmatrix}$$

例 6　设矩阵

$$A = \begin{pmatrix} 1 & 0 \\ 1 & 0 \end{pmatrix}, B = \begin{pmatrix} 0 & 0 \\ 1 & 1 \end{pmatrix}$$

求 AB 及 BA.

解　$AB = \begin{pmatrix} 1 & 0 \\ 1 & 0 \end{pmatrix} \begin{pmatrix} 0 & 0 \\ 1 & 1 \end{pmatrix} = \begin{pmatrix} 0 & 0 \\ 0 & 0 \end{pmatrix}$,　$BA = \begin{pmatrix} 0 & 0 \\ 1 & 1 \end{pmatrix} \begin{pmatrix} 1 & 0 \\ 1 & 0 \end{pmatrix} = \begin{pmatrix} 0 & 0 \\ 2 & 0 \end{pmatrix}$

由例 6 可知，矩阵的乘法不满足交换律，即在一般情况下，$AB \neq BA$.

例 7　设矩阵

$$A = \begin{pmatrix} -2 & 4 \\ -3 & 6 \end{pmatrix}, \quad B = \begin{pmatrix} 2 & 10 \\ 1 & 5 \end{pmatrix}, \quad C = \begin{pmatrix} -6 & 4 \\ -3 & 2 \end{pmatrix}$$

求 AB，AC.

解
$$AB = \begin{pmatrix} -2 & 4 \\ -3 & 6 \end{pmatrix} \begin{pmatrix} 2 & 10 \\ 1 & 5 \end{pmatrix} = \begin{pmatrix} 0 & 0 \\ 0 & 0 \end{pmatrix}$$

$$AC = \begin{pmatrix} -2 & 4 \\ -3 & 6 \end{pmatrix} \begin{pmatrix} -6 & 4 \\ -3 & 2 \end{pmatrix} = \begin{pmatrix} 0 & 0 \\ 0 & 0 \end{pmatrix}$$

由例7可以知道,当两矩阵 A,B 相乘为零矩阵时,不能保证 A,B 中至少有一个为零矩阵;当 $AB = AC$ 时,且 $A \neq O$ 时,不能消去矩阵 A 而得到 $B = C$,即矩阵乘法不满足消去律.

矩阵的乘法满足下列运算规律(假定其中的运算都是可行的,E_m 和 E_n 分别是 m 阶和 n 阶单位矩阵,k 为常数):

(1) $E_m A_{m \times n} = A_{m \times n} E_n = A_{m \times n}$;

(2) $(AB)C = A(BC)$;

(3) $k(AB) = (kA)B = A(kB)$;

(4) $A(B + C) = AB + AC$,$(B + C)A = BA + CA$.

有了矩阵的乘法,就可以定义 n 阶方阵的幂. 设 A 是 n 阶方阵,定义

$$A^1 = A, \ A^2 = AA, \ \cdots, \ A^m = \underbrace{AA \cdots A}_{m\text{个}}$$

特殊地,当 $m = 0$ 时,$A^0 = E$.

由于矩阵乘法满足结合律,因此方阵的幂满足下列运算规律:

$$A^k A^l = A^{k+l}, \quad (A^k)^l = A^{kl}$$

其中,k,l 为任意正整数.

又因为矩阵的乘法一般不满足交换律,所以对于两个 n 阶方阵 A 与 B,一般地,有

$$(AB)^k \neq A^k B^k$$

4. 矩阵的转置

【**引例6**】 某工厂在甲、乙两个不同的地方做两栋厂房 Ⅰ 和 Ⅱ,每种产品所需的材料消费量(单位:吨)如表 6-6 所示.

表 6-6

	钢筋	水泥	沙
Ⅰ	10	30	20
Ⅱ	15	25	12

两地的单位材料成本(单位:元)如表 6-7 所示.

表 6 – 7

	钢筋	水泥	沙
甲地	4800	300	75
乙地	4600	320	90

求在各地做厂房的成本是多少?

用矩阵表示材料消费量:

$$A = \begin{pmatrix} 10 & 30 & 20 \\ 15 & 25 & 12 \end{pmatrix}$$

用矩阵表示单位材料成本:

$$B = \begin{pmatrix} 4800 & 300 & 75 \\ 4600 & 320 & 90 \end{pmatrix}$$

在进行成本计算时,应将每种材料消费量对应地和单位材料成本相乘,但此时 AB 相乘无意义,应将矩阵 B 的行和列互换,变成矩阵:

$$C = \begin{pmatrix} 4800 & 4600 \\ 300 & 320 \\ 75 & 90 \end{pmatrix}$$

此时

$$AC = \begin{pmatrix} 10 & 30 & 20 \\ 15 & 25 & 12 \end{pmatrix} \begin{pmatrix} 4800 & 4600 \\ 300 & 320 \\ 75 & 90 \end{pmatrix} = \begin{pmatrix} 58\,500 & 57\,400 \\ 80\,400 & 78\,080 \end{pmatrix}$$

这就是各地每种产品所需材料的成本.

定义 5　将一个 $m \times n$ 矩阵

$$A = \begin{pmatrix} a_{11} & a_{12} & \cdots & a_{1n} \\ a_{21} & a_{22} & \cdots & a_{2n} \\ \vdots & \vdots & & \vdots \\ a_{m1} & a_{m2} & \cdots & a_{mn} \end{pmatrix}$$

的行和列互换得到的 $n \times m$ 矩阵,称为矩阵 A 的转置矩阵,记作 A^{T},即

$$A^{\mathrm{T}} = \begin{pmatrix} a_{11} & a_{21} & \cdots & a_{m1} \\ a_{12} & a_{22} & \cdots & a_{m2} \\ \vdots & \vdots & & \vdots \\ a_{1n} & a_{2n} & \cdots & a_{mn} \end{pmatrix}$$

矩阵的转置满足下列运算法则：

(1) $(A^T)^T = A$；

(2) $(A + B)^T = A^T + B^T$；

(3) $(kA)^T = kA^T$（k 为常数）；

(4) $(AB)^T = B^T A^T$.

例 8 设矩阵

$$A = \begin{pmatrix} -2 & 0 & 1 \\ 3 & 2 & -1 \end{pmatrix}, \quad B = \begin{pmatrix} -1 & 0 \\ 5 & 1 \\ 3 & 2 \end{pmatrix}$$

求 $(AB)^T$.

解法 1 因为

$$AB = \begin{pmatrix} -2 & 0 & 1 \\ 3 & 2 & -1 \end{pmatrix} \begin{pmatrix} -1 & 0 \\ 5 & 1 \\ 3 & 2 \end{pmatrix} = \begin{pmatrix} 5 & 2 \\ 4 & 0 \end{pmatrix}$$

所以
$$(AB)^T = \begin{pmatrix} 5 & 4 \\ 2 & 0 \end{pmatrix}$$

解法 2 $(AB)^T = B^T A^T = \begin{pmatrix} -1 & 5 & 3 \\ 0 & 1 & 2 \end{pmatrix} \begin{pmatrix} -2 & 3 \\ 0 & 2 \\ 1 & -1 \end{pmatrix} = \begin{pmatrix} 5 & 4 \\ 2 & 0 \end{pmatrix}$

习 题 6.2

1. 已知矩阵 $A = B$，且
$$A = \begin{pmatrix} 2 & a & -3 \\ a+b & 5 & 0 \end{pmatrix}, \quad B = \begin{pmatrix} b & c & -3 \\ 4 & d & 0 \end{pmatrix}$$
求 a, b, c, d 的值.

2. 计算下列矩阵：

(1) $\begin{pmatrix} 3 & 4 & -2 \\ 0 & -1 & 8 \end{pmatrix} + \begin{pmatrix} -3 & 2 & 1 \\ -2 & 3 & 4 \end{pmatrix}$；　　　　(2) $\begin{pmatrix} -1 & 3 \\ -2 & 1 \end{pmatrix} - \begin{pmatrix} 0 & -6 \\ 1 & 3 \end{pmatrix}$；

(3) $2\begin{pmatrix} 1 & 0 \\ 0 & -2 \end{pmatrix} - 4\begin{pmatrix} 2 & 1 \\ 3 & -2 \end{pmatrix} + 6\begin{pmatrix} 4 & -2 \\ 1 & 6 \end{pmatrix} + 8\begin{pmatrix} 4 & 5 \\ 2 & 1 \end{pmatrix}$.

3. 计算下列矩阵的乘积：

(1) $(2, \ -1, \ 4)\begin{pmatrix} -3 \\ 1 \\ 2 \end{pmatrix}$；　　　　　　　　(2) $\begin{pmatrix} -3 \\ 1 \\ 2 \end{pmatrix}(2, \ -1, \ 4)$；

(3) $\begin{pmatrix} 1 & -2 \\ 3 & 2 \end{pmatrix} \begin{pmatrix} 2 & -1 & 1 \\ 0 & -2 & 2 \end{pmatrix}$;

(4) $\begin{pmatrix} -1 & 2 & 3 \\ 3 & -1 & 0 \end{pmatrix} \begin{pmatrix} 1 & 2 & -3 \\ 0 & 3 & 5 \\ -5 & 1 & 0 \end{pmatrix}$;

(5) $\begin{pmatrix} -1 & 0 & 1 \\ 0 & 1 & 0 \\ 0 & 0 & 1 \end{pmatrix} \begin{pmatrix} 2 & -2 & 5 \\ 1 & 0 & 3 \\ -2 & 4 & 0 \end{pmatrix}$;

(6) $\begin{pmatrix} 1 & 0 & -2 \\ 3 & -1 & 3 \end{pmatrix} \begin{pmatrix} 0 & -1 \\ 1 & 5 \\ 3 & 6 \end{pmatrix} \begin{pmatrix} 0 & -2 \\ 2 & 6 \end{pmatrix}$.

4. 计算 $\boldsymbol{A}^n$, 其中

(1) $\boldsymbol{A} = \begin{pmatrix} 1 & 0 \\ \lambda & 1 \end{pmatrix}$;

(2) $\boldsymbol{A} = \begin{pmatrix} 0 & 1 & 0 \\ 0 & 0 & 1 \\ 0 & 0 & 0 \end{pmatrix}$.

5. 设 $\boldsymbol{A} = \begin{pmatrix} 1 & 2 & 0 \\ 3 & -1 & -2 \end{pmatrix}$, 计算 $\boldsymbol{A}\boldsymbol{A}^{\mathrm{T}}$ 及 $\boldsymbol{A}^{\mathrm{T}}\boldsymbol{A}$.

6. 某单位准备建一电脑机房, 需购买指定型号的计算机 40 台, 打印机 10 台, 电脑桌椅 40 套, 已问得 3 家公司的报价, 如表 6-8 所示.

表 6-8

	计算机 /(元·台⁻¹)	打印机 /(元·台⁻¹)	电脑桌椅 /(元·台⁻¹)
甲	4500	1500	300
乙	4300	1600	350
丙	4400	1450	320

如果决定只在一家选购, 应选哪家?

6.3　逆　矩　阵

6.3.1　逆矩阵的概念

由 n 个方程、n 个未知量组成的线性方程组为

$$\begin{cases} a_{11}x_1 + a_{12}x_2 + \cdots + a_{1n}x_n = b_1 \\ a_{21}x_1 + a_{22}x_2 + \cdots + a_{2n}x_n = b_2 \\ \qquad\qquad \cdots\cdots \\ a_{n1}x_1 + a_{n2}x_2 + \cdots + a_{nn}x_n = b_n \end{cases}$$

可简记为 $\boldsymbol{AX} = \boldsymbol{b}$, 其中

$$A = \begin{pmatrix} a_{11} & a_{12} & \cdots & a_{1n} \\ a_{21} & a_{22} & \cdots & a_{2n} \\ \vdots & \vdots & & \vdots \\ a_{n1} & a_{n2} & \cdots & a_{m} \end{pmatrix}, \quad X = \begin{pmatrix} x_1 \\ x_2 \\ \vdots \\ x_n \end{pmatrix}, \quad b = \begin{pmatrix} b_1 \\ b_2 \\ \vdots \\ b_n \end{pmatrix}$$

像 $AX = b$ 这样含有未知矩阵 X 的等式,称为矩阵方程.

例 1 求矩阵方程 $\begin{pmatrix} 3 & 2 \\ 4 & 5 \end{pmatrix} \begin{pmatrix} x_1 \\ x_2 \end{pmatrix} = \begin{pmatrix} 10 \\ 25 \end{pmatrix}$ 的解.

分析: 当 $|A| \neq 0$ 时,由第一节知,线性方程组 $AX = b$ 有唯一解,能否像解一元一次代数方程"由 $ax = b(a \neq 0)$,可得 $x = \dfrac{b}{a}$" 那样解出 $AX = b$ 中的未知矩阵 X 呢?

显然不能,因为矩阵没有除法的定义. 但是如果存在 n 阶方阵 B,使得 $BA = E$,那么用 B 左乘 $AX = b$ 的两端,就得到线性方程组 $AX = b$ 的解 $X = Bb$.

由此引入逆矩阵的定义.

定义 1 设 A 为 n 阶方阵,如果存在 n 阶方阵 B,使得

$$AB = BA = E$$

则称方阵 A 是可逆的,并称方阵 B 为方阵 A 的逆矩阵或逆阵,记作 A^{-1},即 $B = A^{-1}$.

说明: (1) 如果方阵 A 是可逆的,那么 A 的逆阵是唯一的. 事实上,设 B, C 都是 A 的逆阵,则有

$$B = BE = B(AC) = (BA)C = EC = C$$

所以 A 的逆矩阵是唯一的.

(2) 如果一个矩阵不是方阵,则它一定不可逆;但不是所有方阵都是可逆的. 例如矩阵 $A = \begin{pmatrix} 1 & 0 \\ 1 & 0 \end{pmatrix}$ 就是不可逆的,因为对于任何二阶方阵 $B = (b_{ij})$,都有

$$BA = \begin{pmatrix} b_{11} & b_{12} \\ b_{21} & b_{22} \end{pmatrix} \begin{pmatrix} 1 & 0 \\ 1 & 0 \end{pmatrix} = \begin{pmatrix} b_{11} + b_{12} & 0 \\ b_{21} + b_{22} & 0 \end{pmatrix} \neq E$$

如果方阵 A 无逆阵,则称 A 为奇异方阵;如果 A 有逆阵,则称 A 为非奇异方阵,简称非异阵.

可逆矩阵存在以下性质:

性质 1 若矩阵 A 可逆,则 A^{-1} 也可逆,且 $(A^{-1})^{-1} = A$.

性质 2 若矩阵 A 可逆,$k \neq 0$,则 kA 也可逆,且 $(kA)^{-1} = k^{-1}A^{-1}$.

性质 3 若 n 阶矩阵 A 和 B 都可逆,则 AB 也可逆,且 $(AB)^{-1} = B^{-1}A^{-1}$.

性质 3 可推广到 n 个矩阵的情形,即

$$(A_1 A_2 \cdots A_n)^{-1} = A_n^{-1} A_{n-1}^{-1} \cdots A_2^{-1} A_1^{-1}$$

性质 4　若矩阵 $\boldsymbol{A}$ 可逆,则 $|\boldsymbol{A}^{-1}| = |\boldsymbol{A}|^{-1}$.

性质 5　若矩阵 $\boldsymbol{A}$ 可逆,则 $\boldsymbol{A}^{\mathrm{T}}$ 也可逆,且 $(\boldsymbol{A}^{\mathrm{T}})^{-1} = (\boldsymbol{A}^{-1})^{\mathrm{T}}$.

6.3.2　逆矩阵的求法

定义 2　设 n 阶方阵 $\boldsymbol{A} = (a_{ij})_{n \times n}$,由 $\boldsymbol{A}$ 的行列式 $|\boldsymbol{A}|$ 中的每个元素 a_{ij} 的代数余子式 A_{ij} 所构成的方阵

$$\begin{pmatrix} A_{11} & A_{21} & \cdots & A_{n1} \\ A_{12} & A_{22} & \cdots & A_{n2} \\ \vdots & \vdots & & \vdots \\ A_{1n} & A_{2n} & \cdots & A_{nn} \end{pmatrix}$$

称为方阵 $\boldsymbol{A}$ 的伴随矩阵,记为 $\boldsymbol{A}^*$.

例 2　求矩阵

$$\boldsymbol{A} = \begin{vmatrix} 1 & 2 & 3 \\ 2 & 3 & 1 \\ 3 & 1 & 2 \end{vmatrix}$$

的伴随矩阵 $\boldsymbol{A}^*$.

解　因为

$$A_{11} = (-1)^{1+1} \begin{vmatrix} 3 & 1 \\ 1 & 2 \end{vmatrix} = 5, \quad A_{12} = (-1)^{1+2} \begin{vmatrix} 2 & 1 \\ 3 & 2 \end{vmatrix} = -1$$

$$A_{13} = (-1)^{1+3} \begin{vmatrix} 2 & 3 \\ 3 & 1 \end{vmatrix} = -7, \quad A_{21} = (-1)^{2+1} \begin{vmatrix} 2 & 3 \\ 1 & 2 \end{vmatrix} = -1$$

$$A_{22} = (-1)^{2+2} \begin{vmatrix} 1 & 3 \\ 3 & 2 \end{vmatrix} = -7, \quad A_{23} = (-1)^{2+3} \begin{vmatrix} 1 & 2 \\ 3 & 1 \end{vmatrix} = 5$$

$$A_{31} = (-1)^{3+1} \begin{vmatrix} 2 & 3 \\ 3 & 1 \end{vmatrix} = -7, \quad A_{32} = (-1)^{3+2} \begin{vmatrix} 1 & 3 \\ 2 & 1 \end{vmatrix} = 5$$

$$A_{33} = (-1)^{3+3} \begin{vmatrix} 1 & 2 \\ 2 & 3 \end{vmatrix} = -1$$

所以

$$\boldsymbol{A}^* = \begin{pmatrix} 5 & -1 & -7 \\ -1 & -7 & 5 \\ -7 & 5 & -1 \end{pmatrix}$$

由行列式按一行(列)展开的公式,立即可得

$$AA^* = \begin{pmatrix} a_{11} & a_{12} & \cdots & a_{1n} \\ a_{21} & a_{22} & \cdots & a_{2n} \\ \vdots & \vdots & & \vdots \\ a_{n1} & a_{n2} & \cdots & a_{nn} \end{pmatrix} \begin{pmatrix} A_{11} & A_{12} & \cdots & A_{n1} \\ A_{21} & A_{22} & \cdots & A_{n2} \\ \vdots & \vdots & & \vdots \\ A_{1n} & A_{2n} & \cdots & A_{nn} \end{pmatrix} = \begin{pmatrix} |A| & 0 & \cdots & 0 \\ 0 & |A| & \ddots & \vdots \\ \vdots & \ddots & \ddots & 0 \\ 0 & \cdots & 0 & |A| \end{pmatrix}$$

$$= |A| \, E$$

同理，$A^* A = |A| \, E$，于是得到方阵 A 与它的伴随矩阵 A^* 之间的重要关系式：

$$AA^* = A^* A = |A| \, E$$

定理 1 n 阶方阵 A 可逆的充要条件是 $|A| \neq 0$，且当 A 可逆时，有

$$A^{-1} = \frac{A^*}{|A|} \qquad\qquad (6-12)$$

例 3 求例 1 中矩阵 A 的逆阵.

解 因为

$$|A| = \begin{vmatrix} 1 & 2 & 3 \\ 2 & 3 & 1 \\ 3 & 1 & 2 \end{vmatrix} = -18 \neq 0$$

所以 A 可逆，且

$$A^{-1} = \frac{A^*}{|A|} = -\frac{1}{18} \begin{pmatrix} 5 & -1 & -7 \\ -1 & -7 & 5 \\ -7 & 5 & -1 \end{pmatrix}$$

6.3.3 用逆矩阵解线性方程组

由前面可知，n 个方程、n 个未知量组成的线性方程组的矩阵形式可记为

$$AX = b$$

其中

$$A = \begin{pmatrix} a_{11} & a_{12} & \cdots & a_{1n} \\ a_{21} & a_{22} & \cdots & a_{2n} \\ \vdots & \vdots & & \vdots \\ a_{n1} & a_{n2} & \cdots & a_{nn} \end{pmatrix}, \quad X = \begin{pmatrix} x_1 \\ x_2 \\ \vdots \\ x_n \end{pmatrix}, \quad b = \begin{pmatrix} b_1 \\ b_2 \\ \vdots \\ b_n \end{pmatrix}$$

当 $|A| \neq 0$ 时，A 可逆，用 A^{-1} 左乘 $AX = b$ 的两边，得

$$X = A^{-1} b$$

这就是线性方程组的解.

例 4 用逆矩阵解线性方程组.

$$\begin{cases} 2x_1 + 2x_2 + x_3 = 1 \\ 3x_1 + x_2 + 5x_3 = 2 \\ 3x_1 + 2x_2 + 3x_3 = 3 \end{cases}$$

解　线性方程组的矩阵形式为

$$\begin{pmatrix} 2 & 2 & 1 \\ 3 & 1 & 5 \\ 3 & 2 & 3 \end{pmatrix} \begin{pmatrix} x_1 \\ x_2 \\ x_3 \end{pmatrix} = \begin{pmatrix} 1 \\ 2 \\ 3 \end{pmatrix}$$

先求系数矩阵

$$\boldsymbol{A} = \begin{pmatrix} 2 & 2 & 1 \\ 3 & 1 & 5 \\ 3 & 2 & 3 \end{pmatrix}$$

的逆矩阵. 因为 $|\boldsymbol{A}| = 1 \neq 0$，所以 $\boldsymbol{A}$ 可逆，且 $\boldsymbol{A}$ 的伴随矩阵为

$$\boldsymbol{A}^* = \begin{pmatrix} -7 & -4 & 9 \\ 6 & 3 & -7 \\ 3 & 2 & -4 \end{pmatrix}$$

所以

$$\boldsymbol{A}^{-1} = \frac{\boldsymbol{A}^*}{|\boldsymbol{A}|} = \begin{pmatrix} -7 & -4 & 9 \\ 6 & 3 & -7 \\ 3 & 2 & -4 \end{pmatrix}$$

则原方程组的解为

$$\boldsymbol{X} = \begin{pmatrix} 2 & 2 & 1 \\ 3 & 1 & 5 \\ 3 & 2 & 3 \end{pmatrix}^{-1} \begin{pmatrix} 1 \\ 2 \\ 3 \end{pmatrix} = \begin{pmatrix} -7 & -4 & 9 \\ 6 & 3 & -7 \\ 3 & 2 & -4 \end{pmatrix} \begin{pmatrix} 1 \\ 2 \\ 3 \end{pmatrix} = \begin{pmatrix} 12 \\ -9 \\ -5 \end{pmatrix}$$

即

$$\begin{cases} x_1 = 12 \\ x_2 = -9 \\ x_3 = -5 \end{cases}$$

习 题 6.3

1. 求下列矩阵的伴随矩阵：

(1) $\begin{pmatrix} 1 & 2 \\ 3 & 4 \end{pmatrix}$;

(2) $\begin{pmatrix} -2 & 1 & 0 \\ 3 & 2 & 5 \\ -1 & 0 & 1 \end{pmatrix}$.

2. 判断下列矩阵是否可逆？若可逆，求逆矩阵.

(1) $\begin{pmatrix} a & b \\ c & d \end{pmatrix}$ (其中 $ad - bc \neq 0$)；　(2) $\begin{bmatrix} 1 & 0 & 8 \\ 0 & 1 & 0 \\ 0 & 0 & 1 \end{bmatrix}$；

(3) $\begin{bmatrix} 3 & -4 & 5 \\ 2 & -3 & 1 \\ 3 & -5 & -1 \end{bmatrix}$；　(4) $\begin{bmatrix} 1 & 2 & 3 \\ 2 & 2 & 1 \\ 3 & 4 & 3 \end{bmatrix}$.

3. 利用逆矩阵解下列方程组：

(1) $\begin{cases} x_1 + x_2 + x_3 = 2 \\ 2x_1 + x_2 \qquad = -1; \\ x_1 + x_2 \qquad = 1 \end{cases}$　(2) $\begin{cases} 2x_1 + 2x_2 + x_3 = 5 \\ 3x_1 + x_2 + 5x_3 = 0. \\ 3x_1 + 2x_2 + 3x_3 = 4 \end{cases}$

6.4　矩阵的秩与初等变换

6.4.1　矩阵的秩

矩阵的秩是描述矩阵的一个数值特征，它是线性代数中的一个重要的概念.

定义 1　在 $m \times n$ 矩阵 $\boldsymbol{A}$ 中，任取 k 行与 k 列 ($k \leqslant m$, $k \leqslant n$)，位于这些行列交叉处的 k^2 个元素，按原来的次序而得到的 k 阶行列式，称为矩阵 $\boldsymbol{A}$ 的 k 阶子式.

例如，在矩阵

$$\boldsymbol{A} = \begin{bmatrix} -3 & 2 & 4 & -1 & 6 \\ 0 & 5 & -5 & 1 & 1 \\ 4 & 2 & -4 & -5 & 1 \\ 0 & 1 & -2 & 6 & 1 \end{bmatrix}$$

中，取第 2 行、第 3 行和第 1 列、第 4 列交叉处的元素所组成的二阶子式

$$\begin{vmatrix} 0 & 1 \\ 4 & -5 \end{vmatrix}$$

就是矩阵 $\boldsymbol{A}$ 的一个二阶子式.

由此可知，$m \times n$ 矩阵 $\boldsymbol{A}$ 的 k 阶子式共有 $C_m^k C_n^k$ 个.

定义 2　$m \times n$ 矩阵 $\boldsymbol{A}$ 中，非零子式的最高阶数称为矩阵 $\boldsymbol{A}$ 的秩，记为 $R(\boldsymbol{A})$. 并规定：零矩阵的秩为零.

根据矩阵的秩的定义，容易得出

(1) $R(\boldsymbol{A}) \leqslant \min\{m, n\}$；

(2) $R(A^T) = R(A)$.

例 1 求下列矩阵的秩:

$$(1)\ A = \begin{pmatrix} 2 & 8 & -4 & 0 \\ 1 & 2 & -1 & 5 \\ 7 & 0 & 2 & -2 \\ 0 & 0 & 0 & 0 \end{pmatrix};\qquad (2)\ B = \begin{pmatrix} 1 & 3 & -9 & 3 \\ 0 & 1 & -3 & 4 \\ -2 & -3 & 9 & 6 \end{pmatrix}.$$

解 (1) A 显然有三阶子式:

$$\begin{vmatrix} 2 & 8 & -4 \\ 1 & 2 & -1 \\ 7 & 0 & 2 \end{vmatrix} = -8 \neq 0$$

唯一的四阶子式因含有零行,则 $|A| = 0$,所以 $R(A) = 3$.

(2) B 中最高阶子式为三阶,共有 $C_3^3 C_4^3 = 4$ 个,即

$$\begin{vmatrix} 1 & 3 & -9 \\ 0 & 1 & -3 \\ -2 & -3 & 9 \end{vmatrix} = 0,\ \begin{vmatrix} 1 & 3 & 3 \\ 0 & 1 & 4 \\ -2 & -3 & 6 \end{vmatrix} = 0,\ \begin{vmatrix} 1 & -9 & 3 \\ 0 & -3 & 4 \\ -2 & 9 & 6 \end{vmatrix} = 0,\ \begin{vmatrix} 3 & -9 & 3 \\ 1 & -3 & 4 \\ -3 & 9 & 6 \end{vmatrix} = 0$$

又有二阶子式

$$\begin{vmatrix} 1 & 3 \\ 0 & 1 \end{vmatrix} \neq 0$$

所以 $R(B) = 2$.

6.4.2 矩阵的初等变换

定义 3 下面三种变换称为矩阵的初等行变换:

(1) 交换矩阵第 i 行和第 j 行,记为 $r_i \leftrightarrow r_j$;

(2) 以非零数 k 乘以第 i 行中的所有元素,记为 kr_i;

(3) 把第 j 行的所有元素的 k 倍加到第 i 行对应的元素上去,记为 $r_i + kr_j$.

把定义 3 中的"行"换成"列"(相应把记号"r"换成"c"),即得矩阵的初等列变换的定义. 矩阵的初等行变换与初等列变换,统称为矩阵的初等变换. 如果矩阵 A 经过有限次初等变换变成矩阵 B,就称矩阵 A 与矩阵 B 等价,记为 $A \sim B$ 或 $B \sim A$.

定义 4 设 A 是一个 $m \times n$ 矩阵,如果满足下列条件:

(1) 若存在零行(元素全是零的行),则零行都在矩阵的下方;

(2) 每一个非零行的第一个非零元素左边的零元素个数随行的序数增大而增多,则称矩阵 A 为阶梯形矩阵.

例如,矩阵

$$\begin{bmatrix} 1 & -2 & 1 \\ 0 & 3 & 5 \\ 0 & 0 & 2 \end{bmatrix}, \quad \begin{bmatrix} 1 & -3 & 2 & 1 \\ 0 & 2 & -6 & 5 \\ 0 & 0 & 1 & -2 \end{bmatrix}, \quad \begin{bmatrix} 0 & 1 & 2 & 3 \\ 0 & 0 & 4 & 0 \\ 0 & 0 & 0 & 0 \end{bmatrix}$$

都是阶梯形矩阵.

如果对阶梯形矩阵继续施行初等行变换，就可以将其化为行最简形矩阵，即非零行的第一个非零元素为 1，且含这些元素的列的其他元素都为零.

例如矩阵 $\begin{bmatrix} 1 & 0 & -1 & 0 & 3 \\ 0 & 1 & 2 & 0 & -1 \\ 0 & 0 & 0 & 1 & 4 \end{bmatrix}$ 就是行最简形矩阵.

定理 1 任意一个 $m \times n$ 矩阵都可以通过若干次初等行变换化为阶梯形矩阵.

例 2 用初等变换把矩阵

$$A = \begin{bmatrix} 2 & -4 & 4 & 10 & -4 \\ 0 & 1 & -1 & 3 & 1 \\ 1 & -2 & 1 & -4 & 2 \\ 4 & -7 & 4 & -4 & 5 \end{bmatrix}$$

化为阶梯形矩阵和行最简形矩阵.

解 $A = \begin{bmatrix} 2 & -4 & 4 & 10 & -4 \\ 0 & 1 & -1 & 3 & 1 \\ 1 & -2 & 1 & -4 & 2 \\ 4 & -7 & 4 & -4 & 5 \end{bmatrix} \xrightarrow{r_1 \leftrightarrow r_3} \begin{bmatrix} 1 & -2 & 1 & -4 & 2 \\ 0 & 1 & -1 & 3 & 1 \\ 2 & -4 & 4 & 10 & -4 \\ 4 & -7 & 4 & -4 & 5 \end{bmatrix}$

$\xrightarrow[r_4 - 4r_1]{r_3 - 2r_1} \begin{bmatrix} 1 & -2 & 1 & -4 & 2 \\ 0 & 1 & -1 & 3 & 1 \\ 0 & 0 & 2 & 18 & -8 \\ 0 & 1 & 0 & 12 & -3 \end{bmatrix} \xrightarrow{r_4 - r_2} \begin{bmatrix} 1 & -2 & 1 & -4 & 2 \\ 0 & 1 & -1 & 3 & 1 \\ 0 & 0 & 2 & 18 & -8 \\ 0 & 0 & 1 & 9 & -4 \end{bmatrix}$

$\xrightarrow{r_4 - \frac{1}{2}r_3} \begin{bmatrix} 1 & -2 & 1 & -4 & 2 \\ 0 & 1 & -1 & 3 & 1 \\ 0 & 0 & 2 & 18 & -8 \\ 0 & 0 & 0 & 0 & 0 \end{bmatrix} = B$

这是行阶梯形矩阵. 继续施行初等行变换，有

$$B = \begin{bmatrix} 1 & -2 & 1 & -4 & 2 \\ 0 & 1 & -1 & 3 & 1 \\ 0 & 0 & 2 & 18 & -8 \\ 0 & 0 & 0 & 0 & 0 \end{bmatrix} \xrightarrow{r_3 \times \frac{1}{2}} \begin{bmatrix} 1 & -2 & 1 & -4 & 2 \\ 0 & 1 & -1 & 3 & 1 \\ 0 & 0 & 1 & 9 & -4 \\ 0 & 0 & 0 & 0 & 0 \end{bmatrix}$$

$$\xrightarrow{r_1 + 2r_2} \begin{pmatrix} 1 & 0 & -1 & 2 & 4 \\ 0 & 1 & -1 & 3 & 1 \\ 0 & 0 & 1 & 9 & -4 \\ 0 & 0 & 0 & 0 & 0 \end{pmatrix}$$

这是行最简形矩阵.

定理 2 矩阵的初等行变换不改变矩阵的秩.

例 3 利用初等行变换求例 1 中的矩阵的秩.

解 （1）$A = \begin{pmatrix} 2 & 8 & -4 & 0 \\ 1 & 2 & -1 & 5 \\ 7 & 0 & 2 & -2 \\ 0 & 0 & 0 & 0 \end{pmatrix} \xrightarrow{r_1 \leftrightarrow r_2} \begin{pmatrix} 1 & 2 & -1 & 5 \\ 2 & 8 & -4 & 0 \\ 7 & 0 & 2 & -2 \\ 0 & 0 & 0 & 0 \end{pmatrix}$

$$\xrightarrow[r_3 - 7r_1]{r_2 - 2r_1} \begin{pmatrix} 1 & 2 & -1 & 5 \\ 0 & 4 & -2 & -10 \\ 0 & -14 & 9 & -37 \\ 0 & 0 & 0 & 0 \end{pmatrix} \xrightarrow{r_2 \times \frac{1}{2}} \begin{pmatrix} 1 & 2 & -1 & 5 \\ 0 & 2 & -1 & -5 \\ 0 & -14 & 9 & -37 \\ 0 & 0 & 0 & 0 \end{pmatrix}$$

$$\xrightarrow{r_3 + 7r_2} \begin{pmatrix} 1 & 2 & -1 & 5 \\ 0 & 2 & -1 & -5 \\ 0 & 0 & 2 & -72 \\ 0 & 0 & 0 & 0 \end{pmatrix} \xrightarrow{r_3 + 2r_2} \begin{pmatrix} 1 & 2 & -1 & 5 \\ 0 & 2 & -1 & -5 \\ 0 & 0 & 0 & -82 \\ 0 & 0 & 0 & 0 \end{pmatrix}$$

此矩阵化为阶梯形矩阵，非零行的个数为 3，所以 $R(A) = 3$.

（2）$B = \begin{pmatrix} 1 & 3 & -9 & 3 \\ 0 & 1 & -3 & 4 \\ -2 & -3 & 9 & 6 \end{pmatrix} \xrightarrow{r_3 + 2r_1} \begin{pmatrix} 1 & 3 & -9 & 3 \\ 0 & 1 & -3 & 4 \\ 0 & 3 & -9 & 12 \end{pmatrix} \xrightarrow{r_3 - 3r_1} \begin{pmatrix} 1 & 3 & -9 & 3 \\ 0 & 1 & -3 & 4 \\ 0 & 0 & 0 & 0 \end{pmatrix}$

此矩阵化为阶梯形矩阵，非零行的个数为 2，所以 $R(B) = 2$.

6.4.3 用初等变换解线性方程组

对于含有 n 个未知量、m 个方程的线性方程组：

$$\begin{cases} a_{11}x_1 + a_{12}x_2 + \cdots + a_{1n}x_n = b_1 \\ a_{21}x_1 + a_{22}x_2 + \cdots + a_{2n}x_n = b_2 \\ \qquad \cdots\cdots \\ a_{m1}x_1 + a_{m2}x_2 + \cdots + a_{mn}x_n = b_m \end{cases}$$

其矩阵形式为

$$AX = b$$

其中

$$
A = \begin{pmatrix} a_{11} & a_{12} & \cdots & a_{1n} \\ a_{21} & a_{22} & \cdots & a_{2n} \\ \vdots & \vdots & & \vdots \\ a_{n1} & a_{n2} & \cdots & a_{mn} \end{pmatrix}, \quad X = \begin{pmatrix} x_1 \\ x_2 \\ \vdots \\ x_n \end{pmatrix}, \quad b = \begin{pmatrix} b_1 \\ b_2 \\ \vdots \\ b_n \end{pmatrix}
$$

分别为系数矩阵、未知数矩阵、常数矩阵.

矩阵

$$
\widetilde{A} = \begin{pmatrix} a_{11} & a_{12} & \cdots & a_{1n} & b_1 \\ a_{21} & a_{22} & \cdots & a_{2n} & b_2 \\ \vdots & \vdots & & \vdots & \vdots \\ a_{m1} & a_{m2} & \cdots & a_{mn} & b_m \end{pmatrix}
$$

称为线性方程组的增广矩阵.

例 4　用消元法解线性方程组:

$$
\begin{cases} 2x_1 & -x_2 +3x_3 = 9 & \qquad (6-13) \\ x_1 & +x_2 +x_3 = 6 & \qquad (6-14) \\ 3x_1 & +2x_2 -x_3 = 4 & \qquad (6-15) \end{cases}
$$

解　将式(6-13)与式(6-14)对调,得

$$
\begin{cases} x_1 & +x_2 +x_3 = 6 & \qquad (6-16) \\ 2x_1 & -x_2 +3x_3 = 9 & \qquad (6-17) \\ 3x_1 & +2x_2 -x_3 = 4 & \qquad (6-18) \end{cases}
$$

将式(6-16)加到式(6-17)上,得

$$
\begin{cases} x_1 & +x_2 +x_3 = 6 & \qquad (6-19) \\ 3x_1 & +4x_3 = 15 & \qquad (6-20) \\ 3x_1 & +2x_2 -x_3 = 4 & \qquad (6-21) \end{cases}
$$

将式(6-19)乘以 -2 加到式(6-20)上,得

$$
\begin{cases} x_1 +x_2 +x_3 = 6 & \qquad (6-22) \\ 3x_1 +4x_3 = 15 & \qquad (6-23) \\ x_1 -3x_3 = -8 & \qquad (6-24) \end{cases}
$$

将式(6-24)乘以 -3 加到式(6-23)上,得

$$
\begin{cases} x_1 +x_2 +x_3 = 6 & \qquad (6-25) \\ 13x_3 = 39 & \qquad (6-26) \\ x_1 -3x_3 = -8 & \qquad (6-27) \end{cases}
$$

将式(6-26)乘以 $\dfrac{1}{13}$，得

$$\begin{cases} x_1 + x_2 \ + x_3 = 6 & (6-28) \\ \qquad\qquad x_3 = 3 & (6-29) \\ x_1 \qquad -3x_3 = -8 & (6-30) \end{cases}$$

将式(6-29)乘以 3 加到式(6-30)上，得

$$\begin{cases} x_1 + x_2 + x_3 = 6 & (6-31) \\ \qquad\qquad x_3 = 3 & (6-32) \\ x_1 \qquad\quad = 1 & (6-33) \end{cases}$$

将式(6-32)、式(6-33)都乘以 -1 加到式(6-31)上，得

$$\begin{cases} x_1 = 1 \\ x_2 = 2 \\ x_3 = 3 \end{cases}$$

由上例可以看出，用消元法解线性方程组实际上就是对方程组反复施行以下三种变换：

(1) 交换方程组中两个方程的位置；

(2) 用非零数 k 乘以一个方程的两端；

(3) 把一个方程的两端乘以非零数后加到另一个方程上.

如果把方程组和它的增广矩阵 $\widetilde{A}$ 联系起来，不难看出，上例对方程组所施行的三种变换，实际上就是对它的增广矩阵 $\widetilde{A}$ 进行初等行变换化为行最简形矩阵. 下面用矩阵的初等行变换来表示例 4 的消元过程.

$$\widetilde{A} = \begin{pmatrix} 2 & -1 & 3 & 9 \\ 1 & 1 & 1 & 6 \\ 3 & 2 & -1 & 4 \end{pmatrix} \xrightarrow{r_1 \leftrightarrow r_2} \begin{pmatrix} 1 & 1 & 1 & 6 \\ 2 & -1 & 3 & 9 \\ 3 & 2 & -1 & 4 \end{pmatrix}$$

$$\xrightarrow[r_3 - 3r_1]{r_2 - 2r_1} \begin{pmatrix} 1 & 1 & 1 & 6 \\ 0 & -3 & 1 & -3 \\ 0 & -1 & -4 & -14 \end{pmatrix} \xrightarrow{r_2 \leftrightarrow r_3} \begin{pmatrix} 1 & 1 & 1 & 6 \\ 0 & -1 & -4 & -14 \\ 0 & -3 & 1 & -3 \end{pmatrix}$$

$$\xrightarrow{r_2 \times (-1)} \begin{pmatrix} 1 & 1 & 1 & 6 \\ 0 & 1 & 4 & 14 \\ 0 & -3 & 1 & -3 \end{pmatrix} \xrightarrow{r_3 + 3r_2} \begin{pmatrix} 1 & 1 & 1 & 6 \\ 0 & 1 & 4 & 14 \\ 0 & 0 & 13 & 39 \end{pmatrix}$$

$$\xrightarrow{r_3 \times \frac{1}{13}} \begin{pmatrix} 1 & 1 & 1 & 6 \\ 0 & 1 & 4 & 14 \\ 0 & 0 & 1 & 3 \end{pmatrix} \xrightarrow{r_2 - 4r_3} \begin{pmatrix} 1 & 1 & 1 & 6 \\ 0 & 1 & 0 & 2 \\ 0 & 0 & 1 & 3 \end{pmatrix} \xrightarrow[r_1 - r_2]{r_1 - r_3} \begin{pmatrix} 1 & 0 & 0 & 1 \\ 0 & 1 & 0 & 2 \\ 0 & 0 & 1 & 3 \end{pmatrix}$$

例 5　解线性方程组 $\begin{cases} 2x_1 & + x_2 & - x_3 = 5 \\ x_1 & - x_2 & + x_3 = -2 \\ x_1 & + 2x_2 & + 3x_3 = 2 \end{cases}$.

解　对增广矩阵施行初等行变换，有

$$\widetilde{A} = \begin{pmatrix} 2 & 1 & -1 & 5 \\ 1 & -1 & 1 & -2 \\ 1 & 2 & 3 & 2 \end{pmatrix} \xrightarrow{r_1 \leftrightarrow r_2} \begin{pmatrix} 1 & -1 & 1 & -2 \\ 2 & 1 & -1 & 5 \\ 1 & 2 & 3 & 2 \end{pmatrix}$$

$$\xrightarrow[r_3 - r_1]{r_2 - 2r_1} \begin{pmatrix} 1 & -1 & 1 & -2 \\ 0 & 3 & -3 & 9 \\ 0 & 3 & 2 & 4 \end{pmatrix} \xrightarrow{r_3 - r_2} \begin{pmatrix} 1 & -1 & 1 & -2 \\ 0 & 3 & -3 & 9 \\ 0 & 0 & 5 & -5 \end{pmatrix}$$

$$\xrightarrow[r_3 \times \frac{1}{5}]{r_2 \times \frac{1}{3}} \begin{pmatrix} 1 & -1 & 1 & -2 \\ 0 & 1 & -1 & 3 \\ 0 & 0 & 1 & -1 \end{pmatrix} \xrightarrow[r_2 + r_3]{r_1 + r_2} \begin{pmatrix} 1 & 0 & 0 & 1 \\ 0 & 1 & 0 & 2 \\ 0 & 0 & 1 & -1 \end{pmatrix}$$

故原方程组的解为

$$\begin{cases} x_1 = 1 \\ x_2 = 2 \\ x_3 = -1 \end{cases}$$

例 6　解线性方程组 $\begin{cases} 2x_1 & + x_2 & + 3x_3 = 6 \\ 3x_1 & + 2x_2 & + x_3 = 1 \\ 5x_1 & + 3x_2 & + 4x_3 = 27 \end{cases}$.

解　对增广矩阵施行初等行变换，有

$$\widetilde{A} = \begin{pmatrix} 2 & 1 & 3 & 6 \\ 3 & 2 & 1 & 1 \\ 5 & 3 & 4 & 27 \end{pmatrix} \xrightarrow{r_1 \leftrightarrow r_2} \begin{pmatrix} 3 & 2 & 1 & 1 \\ 2 & 1 & 3 & 6 \\ 5 & 3 & 4 & 27 \end{pmatrix} \xrightarrow{r_1 - r_2} \begin{pmatrix} 1 & 1 & -2 & -5 \\ 2 & 1 & 3 & 6 \\ 5 & 3 & 4 & 27 \end{pmatrix}$$

$$\xrightarrow[r_3 - 5r_1]{r_2 - 2r_1} \begin{pmatrix} 1 & 1 & -2 & -5 \\ 0 & -1 & 7 & 16 \\ 0 & -2 & 14 & 52 \end{pmatrix} \xrightarrow{r_3 - 2r_2} \begin{pmatrix} 1 & 1 & -2 & -5 \\ 0 & -1 & 7 & 16 \\ 0 & 0 & 0 & 20 \end{pmatrix}$$

由第三行可以看出，原方程组无解.

例 7　解线性方程组 $\begin{cases} 2x_1 + 3x_2 + x_3 = 4 \\ x_1 - 2x_2 + 4x_3 = -5 \\ 3x_1 + 8x_2 - 2x_3 = 13 \end{cases}$.

解　对增广矩阵施行初等行变换，有

$$\widetilde{A} = \begin{pmatrix} 2 & 3 & 1 & 4 \\ 1 & -2 & 4 & -5 \\ 3 & 8 & -2 & 13 \end{pmatrix} \xrightarrow{r_3 \leftrightarrow r_1} \begin{pmatrix} 1 & -2 & 4 & -5 \\ 2 & 3 & 1 & 4 \\ 3 & 8 & -2 & 13 \end{pmatrix} \xrightarrow[r_3 - 3r_1]{r_2 - 2r_1} \begin{pmatrix} 1 & -2 & 4 & -5 \\ 0 & 7 & -7 & 14 \\ 0 & 14 & -14 & 28 \end{pmatrix}$$

$$\xrightarrow{r_1 - 2r_2} \begin{pmatrix} 1 & -2 & 4 & -5 \\ 0 & 7 & -7 & 14 \\ 0 & 0 & 0 & 0 \end{pmatrix} \xrightarrow{r_2 \div 7} \begin{pmatrix} 1 & -2 & 4 & -5 \\ 0 & 1 & -1 & 2 \\ 0 & 0 & 0 & 0 \end{pmatrix} \xrightarrow{r_1 + 2r_2} \begin{pmatrix} 1 & 0 & 2 & -1 \\ 0 & 1 & -1 & 2 \\ 0 & 0 & 0 & 0 \end{pmatrix}$$

即原方程组的同解方程组为

$$\begin{cases} x_1 + 2x_3 = -1 \\ x_2 - x_3 = 2 \end{cases}$$

把 x_1、x_2 都用 x_3 表示，即

$$\begin{cases} x_1 = -2x_3 - 1 \\ x_2 = x_3 + 2 \end{cases}$$

可以把 x_3 称为自由未知量，即 x_3 可以取任意值，得到的结果都是方程组的解. 因此，原方程组有无穷多组解. 一般地，我们取自由未知量 $x_3 = c$，则原方程组的解可以表示为

$$\begin{cases} x_1 = -2c - 1 \\ x_2 = c + 2 \qquad （c 为任意常数） \\ x_3 = c \end{cases}$$

习 题 6.4

1. 求下列矩阵的秩：

(1) $\begin{pmatrix} 5 & 14 & 24 \\ -1 & 2 & 0 \\ 1 & 3 & 5 \end{pmatrix}$;　　　　　(2) $\begin{pmatrix} 1 & 1 & -1 & 1 \\ 2 & 3 & 0 & -5 \\ 6 & -1 & 2 & 3 \end{pmatrix}$;

(3) $\begin{pmatrix} 3 & 1 & 0 & 2 \\ 1 & 5 & -2 & 1 \\ 2 & -18 & 8 & 0 \end{pmatrix}$;　　　　(4) $\begin{pmatrix} 1 & 2 & -2 & 3 \\ 2 & -1 & 4 & 1 \\ 3 & -3 & 4 & 1 \\ 1 & 2 & -2 & 3 \end{pmatrix}$.

2. 将下列矩阵化为行最简形矩阵，并求其秩.

(1) $\begin{pmatrix} 2 & -3 & 1 & -5 \\ 1 & -2 & -1 & -2 \\ 4 & -2 & 7 & -7 \\ 1 & -1 & 2 & -3 \end{pmatrix}$;　　　(2) $\begin{pmatrix} 7 & -4 & 0 & -1 \\ -1 & 4 & 5 & -3 \\ 2 & 0 & 3 & 8 \\ 0 & 8 & 12 & -5 \end{pmatrix}$.

3. 利用初等行变换求解下列线性方程组：

$$(1)\begin{cases} x_1 + x_2 + x_3 = 1 \\ -x_1 + 2x_2 - 4x_3 = 2; \\ 2x_1 + 5x_2 - x_3 = 3 \end{cases} \qquad (2)\begin{cases} x_1 + 2x_2 - 3x_3 = 4 \\ 2x_1 + 3x_2 - 5x_3 = 7 \\ 4x_1 + 3x_2 - 9x_3 = 9 \\ 2x_1 + 5x_2 - 8x_3 = 8 \end{cases}.$$

6.5 一般线性方程组的讨论

对于含有 n 个未知量、m 个方程的线性方程组

$$\begin{cases} a_{11}x_1 + a_{12}x_2 + \cdots + a_{1n}x_n = b_1 \\ a_{21}x_1 + a_{22}x_2 + \cdots + a_{2n}x_n = b_2 \\ \cdots\cdots \\ a_{m1}x_1 + a_{m2}x_2 + \cdots + a_{mn}x_n = b_m \end{cases} \tag{6-34}$$

其中，系数 $a_{ij}(i=1,2,\cdots,m;j=1,2,\cdots,n)$，常数 $b_i(i=1,2,\cdots,m)$ 都是已知数，$x_j(j=1,2,\cdots,n)$ 是未知数. 当常数 $b_i(i=1,2,\cdots,m)$ 不全为零时，称方程组(6-34)为非齐次线性方程组；当 $b_i(i=1,2,\cdots,m)$ 全为零时，即

$$\begin{cases} a_{11}x_1 + a_{12}x_2 + \cdots + a_{1n}x_n = 0 \\ a_{21}x_1 + a_{22}x_2 + \cdots + a_{2n}x_n = 0 \\ \cdots\cdots \\ a_{m1}x_1 + a_{m2}x_2 + \cdots + a_{mn}x_n = 0 \end{cases} \tag{6-35}$$

称方程组(6-35)为齐次线性方程组.

6.5.1 非齐次线性方程组

例1 解线性方程组：

$$\begin{cases} x_1 + x_2 + x_3 = 1 \\ -x_1 + 2x_2 - 4x_3 = 2 \\ 2x_1 + 5x_2 - x_3 = 3 \end{cases}$$

解 对该方程组的增广矩阵进行初等行变换，有

$$\widetilde{A} = \begin{pmatrix} 1 & 1 & 1 & 1 \\ -1 & 2 & -4 & 2 \\ 2 & 5 & -1 & 3 \end{pmatrix} \xrightarrow[r_2-2r_1]{r_2+r_1} \begin{pmatrix} 1 & 1 & 1 & 1 \\ 0 & 3 & -3 & 31 \\ 0 & 3 & -3 & 3 \end{pmatrix} \xrightarrow{r_3-r_2} \begin{pmatrix} 1 & 1 & 1 & 1 \\ 0 & 3 & -3 & 3 \\ 0 & 0 & 0 & -2 \end{pmatrix}$$

所以原方程组的等价方程组为

$$\begin{cases} x_1 + x_2 & + x_3 = 1 \\ & 3x_2 - 3x_3 = 3 \\ & 0x_3 = -2 \end{cases}$$

显然无论 x_1，x_2，x_3 取什么值，第三个方程无解，则原方程组无解. 比较例 1 中 $R(A)$ 和 $R(\widetilde{A})$ 大小，有如下结论：

定理 1　非齐次线性方程组有解的充要条件是系数矩阵的秩等于增广矩阵的秩，即 $R(A) = R(\widetilde{A})$，且当 $R(\widetilde{A}) = n$ 时有唯一解，当 $R(\widetilde{A}) < n$ 时有无穷多个解.

例 2　解线性方组 $\begin{cases} 3x_1 + 2x_2 - x_3 = 3 \\ 2x_1 + 3x_2 + x_3 = 12 \\ x_1 + x_2 + 2x_3 = 11 \end{cases}$.

解　$\widetilde{A} = \begin{pmatrix} 3 & 2 & -1 & 3 \\ 2 & 3 & 1 & 12 \\ 1 & 1 & 2 & 11 \end{pmatrix} \xrightarrow{r_1 \leftrightarrow r_3} \begin{pmatrix} 1 & 1 & 2 & 11 \\ 2 & 3 & 1 & 12 \\ 3 & 2 & -1 & 3 \end{pmatrix} \xrightarrow[r_3 - 3r_1]{r_2 - 2r_1} \begin{pmatrix} 1 & 1 & 2 & 11 \\ 0 & 1 & -3 & -10 \\ 0 & -1 & -7 & -30 \end{pmatrix}$

$\xrightarrow{r_3 + r_2} \begin{pmatrix} 1 & 1 & 2 & 11 \\ 0 & 1 & -3 & -10 \\ 0 & 0 & -10 & -40 \end{pmatrix} \xrightarrow{r_3 \times \left(-\frac{1}{10}\right)} \begin{pmatrix} 1 & 1 & 2 & 11 \\ 0 & 1 & -3 & -10 \\ 0 & 0 & 1 & 4 \end{pmatrix}$

$\xrightarrow[\substack{r_1 - 2r_3 \\ r_1 - r_2}]{r_2 + 3r_3} \begin{pmatrix} 1 & 0 & 0 & 1 \\ 0 & 1 & 0 & 2 \\ 0 & 0 & 1 & 4 \end{pmatrix}$

因为 $R(A) = R(\widetilde{A}) = 3$，所以原方程组有唯一解，即

$$\begin{cases} x_1 = 1 \\ x_2 = 2 \\ x_3 = 4 \end{cases}$$

例 3　解线性方程组 $\begin{cases} x_1 + 5x_2 - 9x_3 = -7 \\ x_2 - 7x_3 = -6 \\ x_1 + 3x_2 + 5x_3 = 5 \end{cases}$.

解　$\widetilde{A} = \begin{pmatrix} 1 & 5 & -9 & -7 \\ 0 & 1 & -7 & -6 \\ 1 & 3 & 5 & 5 \end{pmatrix} \xrightarrow{r_3 - r_1} \begin{pmatrix} 1 & 5 & -9 & -7 \\ 0 & 1 & -7 & -6 \\ 0 & -2 & 14 & 12 \end{pmatrix}$

$\xrightarrow{r_3 + 2r_2} \begin{pmatrix} 1 & 5 & -9 & -7 \\ 0 & 1 & -7 & -6 \\ 0 & 0 & 0 & 0 \end{pmatrix} \xrightarrow{r_1 - 5r_2} \begin{pmatrix} 1 & 0 & 26 & 23 \\ 0 & 1 & -7 & -6 \\ 0 & 0 & 0 & 0 \end{pmatrix}$

因为 $R(\boldsymbol{A}) = R(\widetilde{\boldsymbol{A}}) = 2 < n = 3$，所以原方程组有无穷多组解，且原方程组等价于

$$\begin{cases} x_1 + 26x_3 = 23 \\ x_2 - 7x_3 = -6 \end{cases}$$

其中，x_3 为自由未知量，取 $x_3 = c$，则原方程组的解可以表示为

$$\begin{cases} x_1 = -26x_3 + 23 \\ x_2 = 7x_3 - 6 \\ x_3 = c \end{cases}, \quad \text{即} \quad \begin{cases} x_1 = -26c + 23 \\ x_2 = 7c - 6 \\ x_3 = c \end{cases}$$

6.5.2 齐次线性方程组

定理 2 齐次线性方程组有非零解的充要条件是系数矩阵的秩 $R(\boldsymbol{A}) < n$.

推论 1 当 $m < n$ 时，齐次线性方程组(6-35)有非零解.

推论 2 n 个方程、n 个未知数的齐次方程组有非零解的充要条件是它的系数行列式等于零.

例 4 解齐次线性方程组：

$$\begin{cases} x_1 + 3x_2 - 7x_3 + 8x_4 = 0 \\ 2x_1 + 5x_2 + 4x_3 + 4x_4 = 0 \\ -3x_1 - 7x_2 - 2x_3 - 3x_4 = 0 \\ x_1 + 4x_2 - 12x_3 - 16x_4 = 0 \end{cases}$$

解 $\boldsymbol{A} = \begin{pmatrix} 1 & 3 & -7 & 8 \\ 2 & 5 & 4 & 4 \\ -3 & -7 & -2 & -3 \\ 1 & 4 & -12 & -16 \end{pmatrix} \xrightarrow[\substack{r_2 - 2r_1 \\ r_3 + 3r_1 \\ r_4 - r_1}]{} \begin{pmatrix} 1 & 3 & -7 & 8 \\ 0 & -1 & 18 & 20 \\ 0 & 2 & -23 & -27 \\ 0 & 1 & -5 & -8 \end{pmatrix}$

$\xrightarrow[\substack{r_2 + 2r_1 \\ r_3 + r_1}]{} \begin{pmatrix} 1 & 3 & -7 & -8 \\ 0 & -1 & 18 & 20 \\ 0 & 0 & 13 & 13 \\ 0 & 0 & 13 & 12 \end{pmatrix} \xrightarrow{r_4 - r_3} \begin{pmatrix} 1 & 3 & -7 & -8 \\ 0 & -1 & 18 & 20 \\ 0 & 0 & 13 & 13 \\ 0 & 0 & 0 & -1 \end{pmatrix}$

因为 $R(\boldsymbol{A}) = 4 = n$，所以该方程组只有零解.

例 5 解线性方程组：

$$\begin{cases} x_1 + x_2 - x_3 = 0 \\ 2x_1 - x_2 + 4x_3 = 0 \\ x_1 + 4x_2 - 7x_3 = 0 \end{cases}$$

解　$A = \begin{pmatrix} 1 & 1 & -1 \\ 2 & -1 & 4 \\ 1 & 4 & -7 \end{pmatrix} \xrightarrow[r_3 - r_1]{r_2 - 2r_1} \begin{pmatrix} 1 & 1 & -1 \\ 0 & -3 & 6 \\ 0 & 3 & -6 \end{pmatrix} \xrightarrow{r_3 + r_2} \begin{pmatrix} 1 & 1 & -1 \\ 0 & -3 & 6 \\ 0 & 0 & 0 \end{pmatrix}$

$\xrightarrow{r_2 \times \left(-\frac{1}{3}\right)} \begin{pmatrix} 1 & 1 & -1 \\ 0 & 1 & -2 \\ 0 & 0 & 0 \end{pmatrix} \xrightarrow{r_1 - r_2} \begin{pmatrix} 1 & 0 & 1 \\ 0 & 1 & -2 \\ 0 & 0 & 0 \end{pmatrix}$

因为 $R(A) = 2 < n = 3$，所以该方程组有无穷多组解，且原方程的同解方程组为

$$\begin{cases} x_1 + x_3 = 0 \\ x_2 - 2x_3 = 0 \end{cases}$$

令 $x_3 = c$ 为自由未知量，则原方程组的解为

$$\begin{cases} x_1 = -c \\ x_2 = 2c \quad （c \text{ 为任意常数}） \\ x_3 = c \end{cases}$$

习 题 6.5

1. 解下列齐次线性方程组：

$$(1) \begin{cases} 2x_1 - \dfrac{1}{2}x_2 - \dfrac{1}{2}x_3 \qquad = 0 \\ -\dfrac{1}{2}x_1 + 2x_2 \qquad\quad - \dfrac{1}{2}x_4 = 0 \\ -\dfrac{1}{2}x_1 \qquad\quad + 2x_3 - \dfrac{1}{2}x_4 = 0 \\ \qquad\quad - \dfrac{1}{2}x_2 - \dfrac{1}{2}x_3 \quad + 2x_4 = 0 \end{cases}; \quad (2) \begin{cases} x_1 + x_2 + 2x_3 - x_4 = 0 \\ 2x_1 + x_2 + x_3 - x_4 = 0 \\ 2x_1 + 2x_2 + x_3 + 2x_4 = 0 \end{cases}.$$

2. 判断下列方程组是否有解？若有解，是唯一解还是无穷多解？

$$(1) \begin{cases} x_1 + x_2 + x_3 = 1 \\ x_1 + 2x_2 - 5x_3 = 2 \\ 2x_1 + 3x_2 - 4x_3 = 5 \end{cases}; \quad (2) \begin{cases} x_1 + 3x_2 + 2x_3 = 4 \\ 2x_1 + 5x_2 + 4x_3 = 9 \\ x_1 + 7x_2 + 3x_3 = 2 \\ 3x_1 + 8x_2 + 2x_3 = 5 \end{cases};$$

$$(3) \begin{cases} x_1 + x_2 - 3x_3 - x_4 = 1 \\ 3x_1 - x_2 - 3x_3 + 4x_4 = 4 \\ x_1 + 5x_2 - 9x_3 - 8x_4 = 0 \end{cases}.$$

3. 当 a 取何值时，下列线性方程组无解、有唯一解、有无穷多解？

$$\begin{cases} ax_1 + x_2 + x_3 = 1 \\ x_1 + ax_2 + x_3 = a \\ x_1 + x_2 + ax_3 = a^2 \end{cases}$$

～～～ 综合练习题 6 ～～～

一、选择题

1. 有矩阵 $A_{3\times2}$、$B_{2\times3}$、$C_{3\times3}$，则下列运算可行的为（　　　）.

A. AC B. BC C. CB D. $AB - BC$

2. 设非零矩阵 A 的秩 $R(A) = r$，则下列说法不正确的是（　　　）.

A. A 的 r 阶子式不全为 0 B. A 的 r 阶子式全不为 0

C. A 的 $k(k < r)$ 阶子式不全为 0 D. A 的 $k(k > r)$ 阶子式全为 0

3. 设 A 为 $m \times n$ 矩阵，则齐次线性方程组 $AX = 0$ 有非零解的充要条件是（　　　）.

A. $m < n$ B. $m > n$ C. $R(A) < n$ D. $|A| = 0$

4. 设 A 是 n 阶方阵，则（　　　）.

A. $|-A| = |A|$ B. $|-A| = -|A|$

C. $|-A| = (-1)^n|A|$ D. $|A| = -|A^T|$

5. 设 A 与 B 都是 n 阶方阵，则下列等式中成立的有（　　　）.

A. $|A + B| = |A| + |B|$ B. $AB = BA$

C. $|AB| = |BA|$ D. $(A + B)^{-1} = A^{-1} + B^{-1}$

二、填空题

1. 设 A 是 $m \times n$ 阶矩阵，B 是 $s \times m$ 阶矩阵，则 $A^T B^T$ 是 _____ 阶矩阵.

2. 设 $D = \begin{vmatrix} a_{11} & a_{12} & a_{13} \\ a_{21} & a_{22} & a_{23} \\ a_{31} & a_{32} & a_{33} \end{vmatrix} = 1$，则 $D_1 = \begin{vmatrix} 4a_{11} & 2a_{11} - 3a_{12} & a_{31} \\ 4a_{21} & 2a_{21} - 3a_{22} & a_{23} \\ 4a_{31} & 2a_{31} - 3a_{32} & a_{33} \end{vmatrix} = $ _____ .

3. 设 $A = \begin{bmatrix} 2 & 1 & 1 \\ 1 & 2 & 1 \\ 1 & 1 & 2 \end{bmatrix}$，则 $(A^{-1})^* = $ _____ .

4. 设 $A = \begin{bmatrix} 1 & 1 & 1 \\ 1 & 1 & 1 \\ 1 & 1 & 1 \end{bmatrix}$，则 $A^5 = $ _____ .

5. 设 A、B 均为 n 阶矩阵，$|A| = 2$，$|B| = -3$，则 $|2A^* B^{-1}| = $ _____ .

三、解答题

1. 计算下列行列式.

(1) $\begin{vmatrix} 1 & 2 & 3 \\ 0 & 1 & 2 \\ 1 & 1 & 1 \end{vmatrix}$;　　(2) $\begin{vmatrix} 103 & 100 & 204 \\ 199 & 200 & 395 \\ 301 & 300 & 600 \end{vmatrix}$;

(3) $\begin{vmatrix} 0 & 1 & 1 & 1 \\ 1 & 0 & 1 & 1 \\ 1 & 1 & 0 & 1 \\ 1 & 1 & 1 & 0 \end{vmatrix}$;　　(4) $\begin{vmatrix} 1+x & 1 & 1 & 1 \\ 1 & 1-x & 1 & 1 \\ 1 & 1 & 1+y & 1 \\ 1 & 1 & 1 & 1-y \end{vmatrix}$.

2. 证明：

$$\begin{vmatrix} a_1+b_1 & b_1+c_1 & c_1+a_1 \\ a_2+b_2 & b_2+c_2 & c_2+a_2 \\ a_3+b_3 & b_3+c_3 & c_3+a_3 \end{vmatrix} = 2\begin{vmatrix} a_1 & a_2 & a_3 \\ b_1 & b_2 & b_3 \\ c_1 & c_2 & c_3 \end{vmatrix}$$

3. 有三台针式打印机同时工作，一分钟共打印 9000 行字，如果第一台打印机工作 2 min，第二台打印机工作 3 min，共打印 12 000 行字，如果第一台打印机工作 1 min，第二台打印机工作 2 min，第三台打印机工作 3 min 共可打印 17 500 行字. 问每台打印机每分钟可打印多少行字？

4. 某工厂检验室有甲、乙两种不同的化学原料，甲种原料分别含锌与镁 10% 与 20%，乙种原料分别含锌与镁 10% 与 30%，现在要用这两种原料分别配制 A、B 两种试剂，A 试剂需含锌、镁各 2g、5g，B 试剂需含锌、镁各 1g、2g. 问配制 A、B 两种试剂分别需要甲、乙两种化学原料各多少？

5. 已知总成本 y 是产量 x 的二次函数，

$$y = a + bx + cx^2$$

根据统计资料，产量与成本之间有如表 6-9 所示的数据. 试求总成本函数中的 a、b、c.

表 6-9

时 期	第 1 期	第 2 期	第 3 期
产量 x/ 千件	6	10	20
总成本 y/ 万元	104	160	370

6. 一艘轮船以 x_1 km/h 的静水速度在河道中航行，逆水速度航行的速度为 40 km/h，顺水航行的速度为 60 km/h，河水流速为 x_2 km/h，请用逆矩阵方法求出轮船航行的静水速

度和水流的速度.

7. 某电子公司下属甲、乙、丙三个工厂生产 Ⅰ、Ⅱ、Ⅲ、Ⅳ 四种大型电子产品,去年的生产量和今年上半年的生产量如表 6 – 10 所示(单位:台).

表 6 – 10

工艺\产量\产品	去 年				今年上半年			
	Ⅰ	Ⅱ	Ⅲ	Ⅳ	Ⅰ	Ⅱ	Ⅲ	Ⅳ
甲	4	6	3	7	5	6	7	9
乙	6	2	9	3	4	3	6	4
丙	7	8	9	4	5	4	3	5

如果公司今年的目标生产量是去年生产量的 3 倍,试求公司今年下半年必须完成的生产量.

第 7 章　数学建模初步

随着计算机技术的迅速发展，数学的应用不仅在工程技术、自然科学等领域发挥着越来越重要的作用，而且以空前的广度和深度向经济、管理、金融、生物、医学、环境、地质、人口、交通等新的领域渗透. 数学模型(Mathematical Model)是用数学符号、数学式子、程序、图形等对实际问题本质属性的抽象而又简洁的刻画，它或能解释某些客观现象，或能预测未来的发展规律，或能为控制某一现象的发展提供某种意义下的最优策略或较好策略. 这种应用知识从实际课题中抽象、提炼出数学模型的过程就称为数学建模，它是解决实际问题的一种强有力的数学手段.

7.1　数学建模基本概念

7.1.1　认识数学建模

数学模型对每个人来说都应该是十分熟悉的. 早在学习初等代数时，我们就已经用建立数学模型的方法解决实际问题了. 为了认识数学模型的概念，先看一个简单的案例.

【引例】　生猪的出售时机.

一饲养场每天投入 4 元资金用于饲料、设备、人力，估计可使一头 80 千克重的生猪每天增加 2 千克. 目前生猪出售的市场价格为 8 元／千克，但是预测每天会降低 0.1 元，问该饲养场应该什么时候出售这样的生猪？

1. 问题分析

在饲养生猪的过程中，投入资金可使生猪体重随时间增长，但售价(单价)随时间减少，应该存在一个最佳的出售时机，使获得的利润最大，这是一个优化问题.

根据已知条件，可作如下的简化假设.

设每天投入 4 元资金使生猪体重每天增加常数 r 千克；生猪出售的市场价格每天降低常数 g 元.

2. 模型建立

给出以下记号：t 为时间(天)；W 为生猪重(千克)；p 为单价(元／千克)；R 为出售的收入(元)；C 为 t 天投入的资金(元)；Q 为纯利润(元).

按照假设：

$$W = 80 + rt, \quad p = 8 - gt$$

又知道 $R = pW$，$C = 4t$，再考虑到纯利润应扣掉以当前价格（8 元／千克）出售 80 千克生猪的收入，有 $Q = R - C - 8 \times 80$，得到目标函数（纯利润）为

$$Q(t) = (8 - gt)(80 + rt) - 4t - 640 \tag{7-1}$$

其中 $r = 2$，$g = 0.1$，求 $t(\geqslant 0)$ 使 $Q(t)$ 最大.

3. 模型求解

这是求二次函数最大值问题，用代数或微分法容易得到

$$t = \frac{4r - 40g - 2}{rg} \tag{7-2}$$

当 $r = 2$，$g = 0.1$ 时，$t = 10$，$Q(10) = 20$，即 10 天后出售，可得最大纯利润，最大纯利润为 20 元.

从这个案例可以看出，它是一个简单的优化问题，我们建立了一个数学函数模型，即式（7-1），把一个实际问题就转化成了一个纯粹的数学问题，通过求得函数的最值给出实际问题的解答. 但在实际中，我们碰到的许多问题可能要复杂得多，所建立的模型也可能多种多样，它可能是一个数学表达式，也可能是一个程序、一个图表、图形. 它们的共同特点是对客观事物的抽象与简化，其目的是加深人们对客观事物的理解.

7.1.2　数学建模的步骤

数学建模面临的实际问题是多种多样的，建立数学模型是一个非常复杂且具有创造性的劳动，建模的目的不同，分析的方法不同，采用的数学工具不同，所得模型的类型也不同，因此，数学建模没有一个固定的模式，但总结起来一般要经过以下几个阶段.

1. 模型准备

在建模前，应对实际问题的背景作深刻了解，必须对问题进行全面、细致的调查研究，明确建模目的，搜集必要的信息，如现象、数据等，尽量弄清对象的主要特征，形成一个比较清晰的"问题". 在调查研究过程中，我们可能需要查阅相关文献，学习和问题相关的基本知识，向有关专家或从事相关实际工作的人员请教.

2. 模型假设

我们所碰到的实际问题往往都很复杂，所考虑的因素可能会很多，想面面俱到，完整地反应问题十分困难或者说是不可能的. 我们只能根据对象的特征和建模目的，抓住问题的本质，忽略次要因素，作出必要的、合理的简化假设. 对于模型的成败这是非常重要的一步. 假设不合理或太简单，会导致建立错误或无用的模型；假设过分详细，试图把复杂对象的众多因素都考虑进去，则很难或无法进行下一步的工作. 我们常常要在合理与简化

之间作出恰当的折中. 通常, 做假设的依据, 一是出于对问题内在规律的认识, 二是来自对现象、数据的分析, 以及二者的综合想象力、洞察力、判断力, 以及经验等在模型假设中起着重要作用. 假设合理性原则有以下几点:

(1) 目的性原则: 从原型中抽象出与建模目的有关的因素, 简化掉那些与建模目的无关的或关系不大的因素.

(2) 简明性原则: 所给出的假设条件要简单、准确, 有利于构造模型.

(3) 真实性原则: 假设条件要符合情理, 简化带来的误差应在实际问题所能允许的误差范围内.

(4) 全面性原则: 在对事物原型本身作出假设的同时, 还要给出原型所处的环境条件.

3. 模型建立

在建模假设的基础上, 进一步分析建模假设的各条件, 首先区分哪些是常量, 哪些是变量, 哪些是已知量, 哪些是未知量; 然后查明各种量所处的地位、作用和它们之间的关系, 建立各个量之间的等式或不等式关系, 列出表格、画出图形或确定其他数学结构, 选择恰当的数学工具和构造模型的方法, 构造出刻画实际问题的数学模型. 建模过程中, 主要要做到以下几点:

(1) 分清变量类型, 恰当使用数学工具.

如果实际中的变量是确定型变量, 建模时常采用微积分、微分方程、线性或非线性规划等; 若变量是离散取值时, 往往采用线性代数、模拟计算、层次分析等; 若变量带有随意性, 则往往采用概率统计的数学方法来分析与建模.

(2) 抓住问题本质, 简化变量之间的关系, 尽量用简单的数学方法.

在实际建模中, 我们应尽可能用简单的模型来描述客观实际, 其原则是要既简单明了, 又能解决实际问题, 能不采用高深的数学知识就不采用, 只要能决问题, 模型越简单越有利于模型的应用. 因此工具越简单越有价值.

(3) 建立数学模型时要有严密的数学推理.

在已有的假设下, 建模的推理过程越严密, 所建模型的正确性就越有保证.

4. 模型求解

不同模型要用不同的数学方法求解, 可以采用解方程、画图形、优化方法、数值计算、统计分析、逻辑运算、模型对数据的灵敏性分析等各种传统和近代的数学方法, 特别是数学软件和计算机技术. 许多实际问题的数学模型较为复杂, 往往需要纷繁的计算, 求解过程中一般都要用到数学软件, 因此编程和熟悉数学软件包的能力便举足轻重. 在实际中应用广泛的数学软件有 Mathematica、MATLAB、LINDO(LINGO) 等.

5. 模型分析

模型分析即是对模型的求解结果进行数学上的分析, 如对结果的误差分析、统计分析、模型对数据的灵敏性分析、对假设的强健性分析等. 能否对模型结果作出细致精确的分析，决定了模型能否更好地解决实际问题.

6. 模型检验

把求解过程和分析结果与实际的现象、数据比较，检验模型的合理性和适用性. 如果结果与实际不符，问题常常出在模型假设上，应该修改、补充假设，重新建模这一步对于模型是否真的有用十分关键. 有些模型要经过几次反复，不断完善，直到获得某种程度上满意的检验结果.

7. 模型应用

数学模型的应用非常广泛，建立模型的目的就是为了实际应用，应用的方式与问题性质、建模目的及最终的结果有关.

应当指出，并不是所有问题的建模都要经过这些步骤，有时各步骤之间的界限也不那么分明，建模时不要拘泥于形式. 数学建模示意图如图 7-1 所示.

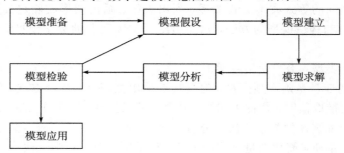

图 7-1

数学建模的全过程可以总结归纳如下：

数学建模的过程可分为表述、求解、解释、验证几个阶段. 通过这些阶段可完成从现实对象到数学模型，再回到现实对象的循环，如图 7-2 所示.

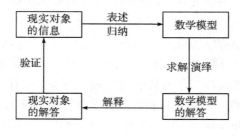

图 7-2

表述是将现实问题"翻译"成抽象的数学问题，属于归纳法. 数学模型的求解则属于演绎法. 归纳是根据个别现象推出一般规律；演绎是按照普通原理考察特定对象，导出结论. 因为任何事物的本质都要通过现象来反映，必然要透过偶然来表露，所以正确的归纳不是主观、盲目的，而是有客观基础的，但也往往是不精细的、带感性的，不易直接检验其正确性. 演绎是运用严格的逻辑推理，对解释现象、作出科学预见具有重要意义，但是它要以归纳的结果作为公理化形式的前提. 因此，归纳和演绎是辩证统一的过程：归纳是演绎的基础，演绎是归纳的指导.

解释是把数学模型的解答"翻译"回现实对象，给出分析、预报、决策或者控制的结果. 最后，作为这个过程的重要一环，这些结果需要用实际的信息加以验证.

图 7 - 2 也揭示了现实对象和数学模型的关系. 一方面，数学模型是将现象加以归纳、抽象的产物，它源于现实，又高于现实. 另一方面，只有当数学建模的结果经受住现实对象的检验时，才可以用来指导实践，完成实践 — 理论 — 实践这一循环.

7.2　数学建模简单举例

7.2.1　汽车刹车距离

美国的某些司机培训课课程中有这样的规则：正常驾驶条件下，车速每增加 10 英里 / 小时（约 16 km/h），后面与前面一辆车的距离应增加一个车身的长度. 实现这个规则的一种简便办法是所谓的"2 秒准则"，即后车司机从前车经过某一标志开始默数 2 秒钟后到达同一标志，而不管车速如何.

试判断"2 秒准则"与上述规则是一样的吗，这个规则的合理性如何，是否有更好的规则？

1. 问题分析与假设

制定这样的规则是为了在后车急刹车情况下不致撞上前车，即要确定刹车的距离. 刹车距离显然与车速有关，先看看汽车在 10 英里 / 小时的车速下 2 秒钟行驶多大距离. 容易计算这个距离为 10 英里 / 小时×5280 英尺 / 英里×1 小时 /3600 秒×2 秒 ＝ 29.33 英尺（＝ 8.94 m），远大于一个车身的平均长度 15 英尺（＝ 4.6 m），所以"2 秒准则"与上述规则并不一样. 为判断规则的合理性，需要对刹车距离作较仔细的分析.

刹车距离由反应距离和制动距离两部分组成，前者指从司机决定刹车到制动器开始起作用汽车行驶的距离，后者指从制动器开始起作用到汽车完全停止行驶的距离.

反应距离由反应时间和车速决定，反应时间取决于司机个人状况（灵巧、机警、视野等）和制动系统的灵敏性（从司机脚踏刹车板到制动器真正起作用的时间）. 对于一般规则，可以视反应时间为常数，且在这段时间内车速尚未改变.

制动距离与制动器作用力（制动力）、车重、车速以及道路、气候等因素有关，制动器是一个能量耗散装置，制动力做的功被汽车动能的改变所抵消．设计制动器一个合理原则是，最大制动力大体上与车的质量成正比，使汽车的减速度基本上是常数，这样，司机和乘客可少受剧烈的冲击．至于道路、气候等因素，对于一般规则可以看做是固定的．

基于上述分析，作以下基本假设：

（1）刹车距离 d 等于反应距离 d_1 与制动距离 d_2 之和．

（2）反应距离 d_1 与车速 v 成正比，比例系数为反映时间 t_1．

（3）刹车使用的最大制动力为 F，F 做的功等于汽车动能的改变量，且 F 与车的质量 m 成正比．

2. 模型建立

由假设（2），有

$$d_1 = t_1 v \tag{7-3}$$

由假设（3），在 F 作用下，行驶距离 d_2 做的功 Fd_2 使车速从 v 变成 0，动能的变化为 $mv^2/2$，有 $Fd_2 = mv^2/2$．又 $F \propto m$，按照牛顿第二定律可知，刹车时的减速度 a 为常数，于是

$$d_2 = kv^2 \tag{7-4}$$

其中，k 为比例系数，实际上 $k = 1/2a$．由假设（1），可知刹车距离为

$$d = t_1 v + kv^2 \tag{7-5}$$

3. 模型求解

为了将这个模型用于实际，需要知道其中的参数 t_1 和 k，通常有经验估计和数据拟合两种方法．这里采用反应时间 t_1 的经验估计值（按多数人平均计）0.75 秒，而利用交通部门提供的一组刹车距离的实际数据（见表 7-1）来拟合 k．

表 7-1

车速 / （英里·小时$^{-1}$）	车速 / （英尺·秒$^{-1}$）	实际刹车距离 / 英尺	计算刹车距离 / 英尺	刹车时间 / 秒
20	29.3	42(44)	39.0	1.5
30	44.0	73.5(78)	76.6	1.8
40	58.7	116(124)	126.2	2.1
50	73.3	173(186)	187.8	2.5
60	88.0	248(268)	261.4	3.0
70	102.7	343(372)	347.1	3.6
80	117.3	464(506)	444.8	4.3

利用表 7-1 的第 1、3 列数据和 $t_1 = 0.75$ 秒，可以得到模型 (7-5) 中 $k = 0.06$，于是

$$d = 0.75v + 0.06v^2 \qquad\qquad (7-6)$$

表中第 4 列是按式 (7-5) 计算的刹车距离，图 7-3 给出了实际刹车距离和计算刹车距离的比较，表 7-1 中最后一列刹车时间是按最大刹车距离（第 3 列括号内）计算的.

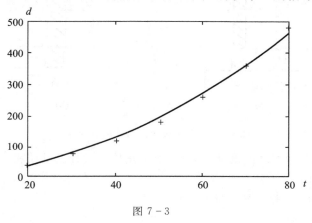

图 7-3

4. 模型应用

按照上述模型可以将所谓"2 秒准则"修正为"t 秒准则"，即后车司机从前车经过某一标志开始默数 t 秒后到达同一标志，t 由表 7-2 给出.

表 7-2

车速 /（英里·小时$^{-1}$)	$0 \sim 10$	$10 \sim 40$	$40 \sim 60$	$60 \sim 80$
t/秒	1	2	3	4

7.2.2　双层玻璃窗的功效

北方城镇的有些建筑物的窗户是双层的，即窗户上装两层玻璃且中间留有一定空隙，如图 7-4(a) 所示，两层厚度为 d 的玻璃夹着一层厚度为 l 的空气. 据说这样做是为了保暖，即减少室内向室外的热量流失. 下面建立一个模型来描述热量通过窗户的传导（即流失）过程，并将双层玻璃窗与用同样多材料做成的单层玻璃窗（见图 7-4，玻璃厚度为 $2d$）的热量传导进行对比，对双层玻璃窗能够减少多少热量损失进行定量分析，并给出结果.

1. 模型假设

(1) 热量的传播过程只有传导，没有对流. 即假定窗户的密封性能很好，两层玻璃之间的空气是不流动的.

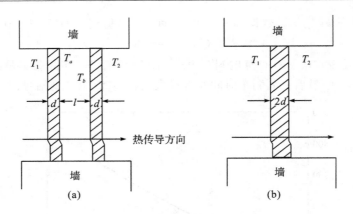

图 7 - 4　双层玻璃窗与单层玻璃窗

（2）室内温度 T_1 和室外温度 T_2 保持不变，热传导过程已处于稳定状态. 即沿热传导方向，单位时间通过单位面积的热量是常数.

（3）玻璃材料均匀，热传导系数是常数.

2. 模型构成与求解

在上述假设下，热传导过程遵从下面的物理定律：

厚度为 d 的均匀介质，两侧温度差为 ΔT，则单位时间由温度高的一侧向温度低的一侧通过单位面积的热量 Q 与 ΔT 成正比，与 d 成反比，即

$$Q = k \frac{\Delta T}{d} \tag{7-7}$$

其中，k 为热传导系数.

记双层窗内层玻璃的外侧温度是 T_a，外层玻璃的内侧温度是 T_b，如图7-4所示，玻璃的热传导系数为 k_1，空气的热传导系数为 k_2，由式（7-7）知，单位时间单位面积的热量传导（即热量流失）为

$$Q_1 = k_1 \frac{T_1 - T_a}{d} = k_2 \frac{T_a - T_b}{l} = k_1 \frac{T_b - T_2}{d} \tag{7-8}$$

从式（7-8）中消去 T_a，T_b 可得

$$Q_1 = \frac{k_1(T_1 - T_2)}{d(s + 2)}, \quad s = h\frac{k_1}{k_2}, \quad h = \frac{l}{d} \tag{7-9}$$

对于厚度为 $2d$ 的单层玻璃窗，容易写出其热量传导为

$$Q_2 = k_1 \frac{T_1 - T_2}{2d} \tag{7-10}$$

二者之比为

$$\frac{Q_1}{Q_2} = \frac{2}{s+2} \tag{7-11}$$

显然 $Q_1 < Q_2$. 为了得到更具体的结果，我们需要 k_1 和 k_2 的数据. 从有关资料可知，常用玻璃的热传导系数 $k_1 = 4 \times 10^{-3} \sim 8 \times 10^{-3}\,\mathrm{J/(cm \cdot s \cdot kW \cdot h)}$，不流通、干燥空气的热传导系数 $k_2 = 2.5 \times 10^{-4}\,\mathrm{J/(cm \cdot s \cdot kW \cdot h)}$.

于是

$$\frac{k_1}{k_2} = 16 \sim 32$$

在分析双层玻璃窗比单层玻璃窗可减少多少热量损失时，我们作最保守的估计，即取 $k_1/k_2 = 16$，由式(7-9)、式(7-11)可得

$$\frac{Q_1}{Q_2} = \frac{1}{8h+1}, \quad h = \frac{l}{d} \tag{7-12}$$

比值 Q_1/Q_2 反映了双层玻璃窗在减少热量损失上的功效，它只与 $h = l/d$ 有关，图 7-5 给出了 $Q_1/Q_2 \sim h$ 的曲线. 当 h 增加时，Q_1/Q_2 迅速下降，而当 h 超过一定值(比如 $h > 4$)后，Q_1/Q_2 下降变缓，可见 h 不必选择得过大.

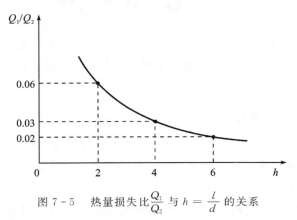

图 7-5　热量损失比 $\dfrac{Q_1}{Q_2}$ 与 $h = \dfrac{l}{d}$ 的关系

3. 模型应用与评价

这个模型具有一定应用价值，双层玻璃虽然制作工艺复杂，会增加一些费用，但它减少的热量损失却是相当可观的. 通常，建筑规范要求 $h = l/d \approx 4$. 按照这个模型，$Q_1/Q_2 \approx 3\%$，即双层窗比用同样多的玻璃材料制成的单层窗节约 97% 左右的热量. 不难发现，之所以有如此高的功效，主要是由于层间空气的热传导系数 k_2 极低，而这要求空气是干燥、不流通的. 模型假设的条件在实际环境下不可能完全满足，所以实际上双层窗户的功效会比上述结果差一些. 另外，应该注意到，一个房间通过玻璃窗常常只散失一小部分热量，热量还要通过天花板、墙壁、地面等流失.

习 题 7.2

1. 在凌晨1时警察发现一具尸体，测得尸体的温度是 29℃，当时环境的温度是 21℃. 1 h 后尸体温度下降到 27℃，若人体正常的体温是 37℃，估计其死亡时间.

2. 一汽车厂生产小、中、大三种类型的汽车，已知各类型汽车对钢材、劳动时间的需求，利润以及每月工厂钢材、劳动时间的现有量如表 7-3 所示. 试制订月生产计划，使工厂的利润最大.

表 7-3

	小型	中型	大型	现有量
钢材 / 吨	1.5	3	5	597
劳动时间 / 小时	280	250	400	59 670
利润 / 万元	3	3	4	

7.3   数学软件简介

在数学实验或数学建模中，我们需要利用一些软件来辅助开展工作，比如对实验问题进行量或形的观察，对原始数据进行加工处理，对建立的模型进行求解、分析等，因此有必要掌握一些常用的数学软件包的使用.

7.3.1   常用数学软件简介

最常用的数学软件有 Mathematica、MATLAB 以及 LINGO(LINDO)，这三款软件各有千秋，掌握它们的使用方法对于数学实验或数学建模大有裨益.

1. Mathematica 软件

Mathematica 是由美国物理学家 Stephen Wolfram 领导的 Wolfram Research 开发的数学系统软件. 它的主要功能包括四个方面：符号演算、数值计算、图形功能和程序设计. Mathematica 可用于解决各领域涉及复杂的符号计算和数值计算的问题. 例如，它可以用做多项式的各种计算，包括运算、展开和分解等. 而且它也可以用来求各种方程的精确解和近似解、函数的极限、导数、积分和幂级数展开等. 使用 Mathematica 可以做任意位整数的精确计算，分子、分母为任意位数的有理数的精确计算，以及任意位精确度的数值计算等.

在图形方面，Mathematica 不仅可以绘制各种二维图形，包括等值线图等，而且能绘制精美的三维图形，帮助用户进行直观分析.

同时，Mathematica 也具有很好的扩展性. Mathematica 提供了一套描述方法，其相当于一个编程语言，用这个语言可以编写程序，解决各种特殊问题. Mathematica 本身提供了一批能完成各种功能的软件包，而且还有一套类似于高级程序设计语言的记法，用户可以利用这个语言来编写具有专门用途的程序或者软件包.

2. MATLAB 软件

MATLAB 是由美国 Mathworks 公司发布的主要面对科学计算、可视化以及交互式程序设计的高科技计算环境. 它将数值分析、矩阵计算、科学数据可视化以及非线性动态系统的建模和仿真等诸多强大功能集成在一个易于使用的视窗环境中，为科学研究、工程设计以及必须进行有效数值计算的众多科学领域提供了一种全面的解决方案，并在很大程度上摆脱了传统非交互式程序设计语言（如 C 语言、Fortran 语言）的编辑模式，代表了当今国际科学计算软件的先进水平.

3. LINDO、LINGO 软件

LINDO 是一种专门用于求解数学规划问题的软件包. 由于 LINDO 执行速度很快，易于输入、求解和分析数学规划问题. 因此在数学、科研和工业界得到了广泛应用. LINDO 主要用于解线性规划、非线性规划、二次规划和整数规划等问题，也可以用于一些非线性和线性方程组的求解以及代数方程求根等. LINDO 中包含了一种建模语言和许多常用的数学函数（包括大量概论函数），可供使用者建立规划问题时调用. 一般用 LINDO（Linear Interactive and Discrete Optimizer）解决线性规划（Linear Programming，LP）、整数规划（Integer Programming，IP）问题.

7.3.2　MATLAB 简介

在工程技术上应用最广泛的是 MATLAB，本节将对 MATLAB 作简单介绍.

MATLAB 名字是由 MATrix（矩阵）和 LABoratory（实验室）两词的前三个字母组合而成的，意为"矩阵实验室". 在国际上的 30 多个数学类科技应用软件中，MATLAB 在数值计算方面独占鳌头，至今仍然没有别的计算软件可与 MATLAB 匹敌，是国际控制界公认的标准计算软件.

1. 基本操作

1）MATLAB 的启动和运行

本书所依据的版本是 MATLAB 7.11.0（R2010b），一旦安装成功，MATLAB 的图标即出现在用户的桌面上. 用户可以用鼠标双击以启动 MATLAB，也可以在"开始"的主菜单下，选择"程序 → MATLAB → R2010b → MATLAB R2010b"来启动 MATLAB. 利用上述这两种方法都可以打开 MATLAB 的主界面，其外观如图 7-6 所示.

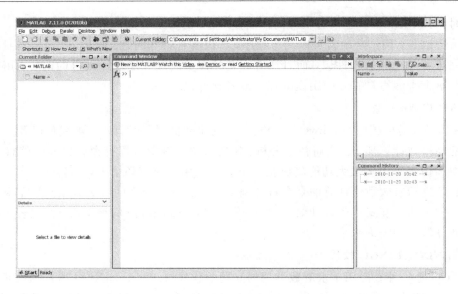

图 7 − 6

在 MATLAB 命令窗口中有标准的下拉式菜单，如 File、Edit、Debug、Parallel、Desktop、Window、Help 等. 图 7 − 6 中，MATLAB 桌面被分割成四个小窗口，左边是"当前文件夹窗口"（Current Folder），中间是"命令窗口"（Command Window），右边则是"工作空间窗口"（Workspace）和"历史命令窗口"（Command History）.

在"命令窗口"下，可以输入命令进行操作. MATLAB 是一个交互式的系统，在"＞＞"后输入命令，按回车键，系统会马上解释和执行输入的命令，并输出结果. 如果命令有语法错误，系统会给出提示信息. 在当前提示符下，用户可以通过点击键盘上的上、下箭头调出以前输入的命令，用滚动条可以查看以前输入的命令及其输入信息.

事实上，MATLAB 的主界面中还包含很多其他窗口，这些窗口可由 Desktop 的下拉式菜单来打开或关闭. 由于一些主要窗口的功能和其他窗口相差不远，在此不针对每个窗口一一说明.

2）MATLAB 的退出

退出 MATLAB 和退出其他 Windows 程序一样，用户可以选择 File 菜单中的 Exit 菜单项，也可以使用 Alt ＋ F4 热键，还可以用鼠标直接点击关闭窗口退出.

3）MATLAB 的帮助系统

在 MATLAB 窗口中输入 help，后面跟上要查询的函数或命令，即可查询该语句的用法. 如查询求极限的语句命令 limit，则在命令窗口的"＞＞"后输入"help limit"，按回车键，系统将给出"limit"命令的说明、使用格式和实例. 具体显示如图 7 − 7 所示.

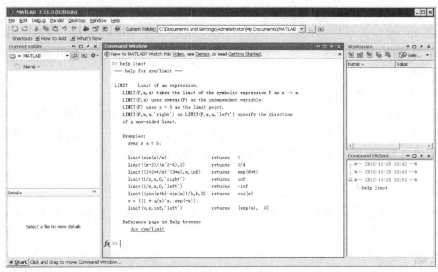

图 7 - 7

用户也可在 MATLAB 窗口上方的菜单中点击 Help，再选中 Product Help，在弹出的窗口中输入 limit 后按回车键，则会列出所有包含 limit 的文档，如图 7 - 8 所示.

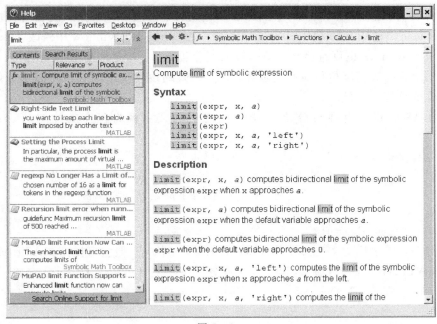

图 7 - 8

　　有了语句命令查询，我们就可以在 MATLAB 窗口下随时查找一些语句的用法，以及各参数的意义．这样就可以自助使用 MATLAB，来解决应用中的问题．为简洁起见，下面的语句使用介绍中，只列出一些最主要的语句格式，读者可自行在 MATLAB 窗口下查找其他格式的使用方法．

　　4）MATLAB 的输入与输出

　　MATLAB 输入的命令形式：变量 ＝ 表达式，表达式由操作符或其他特殊字符、函数和变量名组成．MATLAB 执行表达式并将执行结果显示于命令后，同时存在变量中以留用．如果变量名和"＝"省略，即不指定返回变量，则将自动建立名为 ans 的变量．例如：键入命令：

$$>> A = [1.2 \quad 3.4 \quad 5.6 \quad \sin(2)]$$

其中"＞＞"由系统自动给出，无需键入（下同）．按回车键，系统将输出 4 维向量结果：

$$A =$$

$$1.200 \quad 3.400 \quad 5.600 \quad 0.9030$$

　　用户不妨注意一下执行上面几个操作后各窗口（主要是"工作空间窗口"和"历史命令窗口"）显示信息的变化，其在后继的操作中将提供方便快捷的信息．有时，用户并不想看到语句的输出结果，特别是运算结果很长时，输出时会长时间地翻屏．这时，用户可以在语句后面加上"；"，表明不输出当前命令的结果．

　　在缺省的状态下，MATLAB 以短格式（short 格式）显示计算结果．这在有些情况下是不够的，这时可以使用 File → Preferences 菜单，在 Command Window 中修改 Text display 中的 numeric format；也可直接在运算前键入命令 format long 等输出格式语句，再计算．由于 MATLAB 以双精度执行所有的运算，显示格式的设置仅影响数或矩阵的显示，不影响数或矩阵的计算与存储．

　　MATLAB 会将所有在百分比符号（％）之后的文字视为程序的注解（Comments），例如：

$$>> \text{format long} \qquad ％ \text{指定显示格式为 long}$$

$$>> y = (5 * 2 + 3.5)/5; ％ \text{将运算结果储存于变量 y，但不用显示于屏幕}$$

$$>> z = y\verb|^|2 \qquad\qquad ％ \text{将运算结果储存于变量 z 并显示于屏幕}$$

$$z =$$

$$7.290000000000001$$

　　在上例中，％ 之后的文字会被 MATLAB 忽略，不执行，但它可提高 MATLAB 程序的可读性．MATLAB 可同时执行以逗号（，）或分号（；）隔开的数个表达式，例如：

$$>> x = \sin(pi/3); y = x\verb|^|2; Z = y * 10,$$

$$Z =$$

$$7.5000$$

234

若一个数学运算式太长,可用三个句点(...)将其延伸到下一行,例如:

>> z = 10 * sin(pi/3) * ...

sin(pi/3);

2. MATLAB 在代数学中的应用

MATLAB 是以矩阵为基本运算单元的,下面仅就矩阵的运算作简单介绍.

1) 矩阵的表示

MATLAB 的强大功能之一体现在能直接处理向量或矩阵,当然首要任务是输入待处理的向量或矩阵.

不管是何种矩阵(向量),我们可以直接按行方式输入每个元素:同一行中的元素用逗号(,)或者用空格符来分隔,且空格个数不限;不同的行用分号(;)分隔. 所有元素处于一方括号([])内;当矩阵是多维(三维以上),且方括号内的元素是维数较低的矩阵时,会有多重的方括号. 例如:

>> X_Data = [2.32　3.43;4.37　5.98]

X_Data =

　　　2.3200　　　3.4300

　　　4.3700　　　5.9800

>> Matrix_B = [1　2　3;2　3　4;3　4　5]

Matrix_B =

　　　1　　　　2　　　　3

　　　2　　　　3　　　　4

　　　3　　　　4　　　　5

>> Null_M = []　　　　　　　% 生成一个空矩阵

Null_M =

　　　[]

>> a = 2.7; b = 13/25;

>> C = [1, 2 * a + i * b, b * sqrt(a); sin(pi/4), a + 5 * b, 3.5 + 1]

C =

　　　1.0000　　　　5.4000 + 0.5200i　　　0.8544

　　　0.7071　　　　5.3000　　　　　　　　4.5000

2) 矩阵的基本运算

首先介绍矩阵的一些基本运算. 通过线性代数的学习我们知道,矩阵的基本运算有加、减、乘、除和幂运算. 其中乘法运算包括矩阵乘、数乘和点乘(即同型矩阵对应元素的乘积),"除法"运算包括左除(\)和右除(/)等. 一般情况下,$x = a\backslash b$ 是方程 $a * x = b$ 的解,而 $x = b/a$ 是方程 $x * a = b$ 的解. 如果 a 为非奇异矩阵,则 $a\backslash b$ 和 b/a 可通过 a 的逆矩阵与 b 的矩阵得到：

$$a\backslash b \qquad 等价于 \qquad inv(a) * b$$
$$b/a \qquad 等价于 \qquad b * inv(a)$$

下面通过具体实例加以说明.

>> A = [1, 1, 1; 1, 2, 3; 1, 3, 6];

>> B = [8, 1, 6; 3, 5, 7; 4, 9, 2];

>> A + B

ans =

9	2	7
4	7	10
5	12	8

>> A − B

ans =

−7	0	−5
−2	−3	−4
−3	−6	4

>> A * B

ans =

15	15	15
26	38	26
41	70	39

>> A. * B

ans =

8	1	6
3	10	21
4	27	12

>> A. /B

ans =

0.1250	1.0000	0.1667
0.3333	0.4000	0.4286
0.2500	0.3333	3.0000

>> a = [1　2　3; 4　2　6; 7　4　9];

>> b = [4; 1; 2];

>> x = a\b

x =

−1.5000

```
      2.0000
      0.5000
>> A^(−2)          % 表示 A 逆的二次幂
ans =
      19.0000        − 26.0000         10.0000
    − 26.0000          38.0000       − 15.0000
      10.0000        − 15.0000          6.0000
>> A.^2    % 表示对 A 的每一个元素计算 2 次幂
ans =
      1        1        1
      1        4        9
      1        9       36
```

3）矩阵的其他运算

矩阵的运算还包括矩阵转置运算(′)、方阵的行列式(det)、方阵的迹(trace)、矩阵的秩(rank)、方阵的逆(inv)，下面结合实例作简单说明.

```
>> A = [1, 2, 3; 2, 2, 1; 3, 4, 3];
>> A′
ans =
      1        2        3
      2        2        4
      3        1        3
>> det(A)
ans =
      2.0000
>> trace(A)
ans =
      6
>> rank(A)
ans =
      3
>> inv(A)          % 或 A^(−1). 求方阵 A 的逆矩阵. 若 A 为(近似)奇异阵，将给出警告信息.
ans =
      1.0000          3.0000        − 2.0000
    − 1.5000        − 3.0000          2.5000
      1.0000          1.0000        − 1.0000
>> format rat      % 用有理格式输出
```

$>>$ inv(A)

ans $=$

$$
\begin{matrix}
1 & 3 & -2 \\
-3/2 & -3 & 5/2 \\
1 & 1 & -1
\end{matrix}
$$

在线性代数课程中，我们通常用初等变换的方法来求矩阵的逆，这一过程同样可以在MATLAB中实现.

$>>$ B $=$ [1，2，3，1，0，0；2，2，1，0，1，0；3，4，3，0，0，1]；　　% 构造 B $=$ (A E)

$>>$ C $=$ rref(B)　　　% 将 B 化成行最简形

C $=$

$$
\begin{matrix}
1.0000 & 0 & 0 & 1.0000 & 3.0000 & -2.0000 \\
0 & 1.0000 & 0 & -1.5000 & -3.0000 & 2.5000 \\
0 & 0 & 1.0000 & 1.0000 & 1.0000 & -1.0000
\end{matrix}
$$

$>>$ X $=$ C(：，4：6)　　　% 取出矩阵 C 中的 A^(-1) 部分

X $=$

$$
\begin{matrix}
1.0000 & 3.0000 & -2.0000 \\
-1.5000 & -3.0000 & 2.5000 \\
1.0000 & 1.0000 & -1.0000
\end{matrix}
$$

3. MATLAB 在微积分中的应用

MATLAB 的主要优势是进行数值计算，数学分析或高等数学中的大多数微积分问题，都能用 MATLAB 的符号计算功能加以解决，以减少手工笔算演绎的烦劳.

1）求函数的极限

求极限的基本语句有 limit(f，x，a)，limit(f)，limit(f，x，a，$'$right$'$) 和 limit(f，x，a，$'$left$'$) 等. 它们表达的含义很容易看出来，下面就通过实例加以说明.

例 1　求 $\lim\limits_{n \to \infty} \dfrac{6n^2 - n + 1}{n^3 + n^2 + 2}$；$\lim\limits_{x \to 0} \dfrac{(1+mx)^n - (1+nx)^m}{x^2}$ $(m, n \in \mathbf{N})$；$\lim\limits_{x \to 3^+} \dfrac{\sqrt{1+x} - 2}{x - 3}$.

解　$>>$ syms n m x

$>>$ f $=$ (6 * n^2 $-$ n + 1)/(n^3 + n^2 + 2)；g $=$ ((1 + m * x)^n $-$ (1 + n * x)^m)/x^2；

$>>$ h $=$ (sqrt(1 + x) $-$ 2)/(x $-$ 3)；

$>>$ lim_f $=$ limit(f，n，inf)

lim_f $=$

0

$>>$ lim_g $=$ limit(g，x，0)　　　% 或 lim_g $=$ limit(g)

lim_g $=$

$-1/2$ * m^2 * n $+$ 1/2 * n^2 * m；

```
>> lim_h = limit(h, x, 3, 'right')
lim_h =
    1/4
```

2）求函数的导数

数学上虽然有导数与偏导数之分，但它们在 MATLAB 中统一使用 diff. 其使用形式为 diff(f, v)，diff(f, v, n). 如 diff(f, v, n) 表示计算 $\dfrac{\mathrm{d}^n f}{\mathrm{d} v^n}$ 或 $\dfrac{\partial^n f}{\partial v^n}$.

说明：当 f 是矩阵时，求导数操作对元素逐个进行，但自变量定义在整个矩阵上.

例 2　已知 $z = \ln(\sqrt{x} + \sqrt{y})$，证明 $x\dfrac{\partial z}{\partial x} + y\dfrac{\partial z}{\partial y} = \dfrac{1}{2}$.

解
```
>> x = sym('x'); y = sym('y'); z = log(sqrt(x) + sqrt(y));
>> result = x * diff(z, x) + y * diff(z, y); simple(result)
ans =
    1/2
```

3）求函数的积分

积分有不定积分、定积分、广义积分和重积分等几种. 一般说来，无论哪种积分都比微分更难求取. 与数值积分相比，符号积分指令简单，适应性强，但可能占用机器很长时间. 当积分限非数值时，符号积分可能给出相当冗长而生疏的符号表达式，也可能给不出符号表达式，但假若用户把积分限用具体数值代替，那么符号积分将能给出具有任意精度的定积分值. 求积分的具体使用格式为

int(f)，int(f, var)，intf = int(f, a, b) 和 intf = int(f, var, a, b)

参数说明：f 为被积函数；var 为积分变元；若没有指定，则对变量 v = findsym(f) 积分；a，b 为积分上、下限；a，b 可为无穷大；若无 a，b，则给出不定积分（无任意常数），intf 为函数的积分值，有时为无穷大.

例 3　计算 $F1 = \displaystyle\int \mathrm{e}^{xy+z}\,\mathrm{d}x$；$F2 = \displaystyle\int_{-\infty}^{+\infty} \dfrac{1}{x^2 + 2x + 3}\,\mathrm{d}x$.

解
```
>> syms x y z
>> f1 = exp(x * y + z); f2 = 1/(x^2 + 2 * x + 3);
>> F1 = int(f1)
F1 =
    1/y * exp(x * y + z)
>> F2 = int(f2, - inf, inf)
F2 =
    1/2 * pi * 2^(1/2)
```

例 4 计算 $\iint_D (2-x-y)/2\mathrm{d}x\mathrm{d}y$，其中 D 为直线 $y=x$ 和抛物线 $y=x^2$ 所围部分.

解 >> int(int('(2−x−y)/2', 'y', 'x^2', 'x'), 0, 1)

ans =

11/120

4）Taylor 展式

要将函数 $f(x)$ 表示成 x^n（n 从 0 到无穷）的和的形式，可以用 MATLAB 提供的命令 taylor 来完成展开工作，其常用的使用形式为

taylor(f)，taylor(f, n)，taylor(f, v) 和 taylor(f, n, a)

参数说明：f 为待展开的函数表达式，可以不用单引号生成；n 的含义为把函数展开到 n 阶，若不包含 n，则缺省地展开到 6 阶；v 的含义为对函数 f 中的变量 v 展开，若不包含 v，则对变量 v = findsym(f) 展开；a 为 Taylor 展式的扩充参数，对函数 f 在 x = a 点展开.

例 5 （1）把 $y=\mathrm{e}^x$ 展开到 6 阶；

（2）把 $y=\ln x$ 在 $x=1$ 点展开到 5 阶.

解 >> syms x t

>> y1 = taylor(exp(− x)) ％ 给出结果

y1 = 1 − x + 1/2 * x^2 − 1/6 * x^3 + 1/2 * x^4 − 1/120 * x^5

>> y2 = taylor(log(x), 6, 1) ％ 给出结果

y2 = x − 1 − 1/2 * (x − 1)^2 + 1/3 * (x − 1)^3 − 1/4 * (x − 1)^4

5）级数求和

对于级数求和，即求 $\sum\limits_{k=m}^{n} f(k)$，可用 MATLAB 的求和命令解决. 具体格式为

s = symsum(f, k, m, n)

其中 f 是矩阵时，对元素通式逐个进行求和，但自变量定义在整个矩阵上；k 缺省时，f 中的自变量由 findsym 自动辨认；n 可以取有限整数，也可以取无穷大；m，n 可同时缺省，此时默认求和的区间为 [0，k − 1].

例 6 求级数 $\sum\limits_{k=1}^{\infty} \dfrac{1}{(2k-1)^2}$ 与 $\sum\limits_{k=1}^{\infty} \dfrac{(-1)^k}{k}$ 的和.

解 >> syms k

>> f = [1/(2 * k − 1)^2(−1)^k/k]; ％ 向量函数求和

>> s = simple(symsum(f, 1, inf))

计算结果分别为 1/8 * pi^2 和 − log(2).

6）函数极值语句

（1）一元函数的极值.

函数 fminbnd 专门用于求单变量函数的最小值，其基本使用形式为

　　　　x = fminbnd(fun, x1, x2)

参数说明：fun 为目标函数的函数名字符串或是字符串的描述形式；x1, x2 表示求值的区间 $x1 < x < x2$；x 为函数的最小值点；fval 为返回解 x 处目标函数的值.

说明：求函数 y 的最小值点用命令 fminbnd，求最大值点则没有直接的命令. 但函数 y 的最大值点就是 $-y$ 的最小值点，这样仍可用命令 fminbnd 求最大值点.

例 7　求函数 $y = x^5 - 5x^4 + 5x^3 + 1$ 在区间 $[-1, 2]$ 上的最大值与最小值.

解　$>> y = 'x\hat{}5 - 5*x\hat{}4 + 5*x\hat{}3 + 1'; \ y\_ = '-x\hat{}5 + 5*x\hat{}4 - 5*x\hat{}3 - 1';$

　　　　$[p\_min, y\_min] = fminbnd(y, -1, 2)$

　　　　$[p\_max, y\_max] = fminbnd(y\_, -1, 2)$

运行结果为

　　　　$p\_min = -1.0000, \ y\_min = -9.9985, \ p\_max = 1.0000, \ y\_max = -2.0000.$

（2）多元函数的最值.

函数 fminsearch 用于求多元函数的最小值点. 使用格式如下：

　　　　x = fminsearch(fun, x0) 和 [x, fval] = fminsearch(fun, x0)

参数说明：fminsearch 用于求解多变量无约束函数的最小值. 该函数常用于无约束非线性最优化问题. fun 为目标函数；x0 为初值；x0 可以是标量、向量或矩阵. 其余命令和参数参见 MATLAB help.

例 8　求函数 $f(x, y) = x^3 + 8y^3 - 6xy + 5$ 的最小值.

解　首先要把 x, y 转化成一个向量中的两个分量：$(x, y) = [x(1), x(2)]$.

　　　　$>> x0 = [0, 0]; \ F = 'x(1)\hat{}3 + 8*x(2)\hat{}3 - 6*x(1)*x(2) + 5';$

　　　　$[P\_min, F\_min] = fminsearch(F, x0)$

　　　　$P\_min =$

　　　　　　$1.0000 \qquad 0.5000$

　　　　$F\_min =$

　　　　　　4.00007

7）求微分方程符号解

求解符号微分方程最常用的指令格式为

　　　　$S = dsolve('eq1, eq2, \ldots, eqn', 'cond1, cond2, \ldots, condn', 'v')$

参数说明：输入量包括三部分：微分方程、初始条件、指定独立变量. 其中，微分方程是必不可少的输入内容，其余视需要而定，可有可无，输入量必须以字符串形式编写；若不对独立变量加以专门的定义，则默认小写字母 t 为独立变量. 关于初始条件或边界条件应写成 $y(a) = b, Dy(c) = d$ 等，a, b, c, d 可以是变量使用符以外的其他字符，当初始条件少于微分方程阶数时，在所得解中将出现任意常数符 C1, C2, ...，解中任意常数符的

数目等于所缺少的初始条件数.

例9 (1) 求微分方程 $x' = -ax$，$x(0) = 1$ 的特解，自变量指定为 s；

(2) 求微分方程 $x'' = -a^2 x$，$x(0) = 1$ 的解.

解 (1) 输入

     $>>$ x = dsolve('Dx $= -a * x'$, 'x(0) $= 1'$, 's')

输出结果：x = exp($-a * s$)；

(2) 输入

     $>>$ x = dsolve('D2x $= -a^2 * x'$, 'x(0) $= 1'$)

输出结果：

     x = C1 $* \sin(a * t) + \cos(a * t)$

4. 绘图与图形处理

人们很难从一大堆原始的数据中发现它们的含义，而数据图形恰能使视觉感官直接感受到数据的许多内在本质，发现数据的内在联系. MATLAB 可以表达出数据的二维、三维，甚至四维的图形. 通过图形的线型、立面、色彩、光线、视角等属性的控制，可把数据的内在特征表现得淋漓尽致. 在 MATLAB 中，绘制的图形将会被直接输出到一个新的窗口中，这个窗口和命令行窗口是相互独立的，成为图形窗口. 这里介绍二维图形的命令.

在 MATLAB 中，主要的二维绘图函数有：

(1) plot：x 轴和 y 轴均为线性刻度(Linear Scale) 的二维绘图.

(2) loglog：x 轴和 y 轴均为对数刻度(Logarithmic Scale) 的二维绘图.

(3) semilogx：x 轴为对数刻度，y 轴为线性刻度的二维绘图.

(4) semilogy：x 轴为线性刻度，y 轴为对数刻度的二维绘图.

这里仅就常用的 plot 命令作详细的介绍，其余命令可通过 Help 帮助系统查询.

plot 函数用来绘制线性二维图. 在线条多于一条时，若用户没有指定使用颜色，则 plot 循环使用由当前坐标轴颜色顺序属性(Current Axes Color Order Property) 定义的颜色，以区别不同的线条. 在用完上述属性值后，plot 又循环使用由坐标轴线型顺序属性(Axes Line Style Order Property) 定义的线型，以区别不同的线条.

只要确定了曲线上每一点的 x 和 y 坐标，就可以用 plot 函数绘出图形. 例如：

     $>>$ close all；

     $>>$ x = linspace(0, 2 $*$ pi, 100)；%100 个点 x 的坐标

     $>>$ y = sin(x)；

     $>>$ plot(x, y)

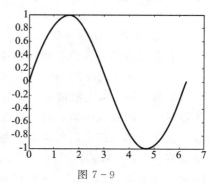

图 7 - 9

输出的图形如图 7 - 9 所示.

若要画出多条曲线, 只需将坐标对一次放入 plot 函数即可.

例 10 用 plot 函数绘制多条曲线.

>> close all;

>> x = linspace(0, 2 * pi, 100);

>> plot(x, sin(x), x, cos(x))

输出图形如图 7 - 10 所示.

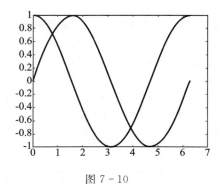

图 7 - 10

MATLAB 允许用户改变曲线的线型、颜色、数据点的标记以及坐标轴的刻度范围等图形属性. 下面结合实例做初步的介绍.

在 plot 函数中可以通过输入字符串来确定不同的线型、数据点的标记和颜色, 表 7 - 4 ~ 表 7 - 6 分别列出了不同参数所代表的线型、颜色和标记类型.

表 7 - 4

定义符	—	— —	:	—.
线型	实线（缺省值）	画线	点线	点画线

表 7 - 5

定义符	r(red)	g(green)	b(blue)	c(cyan)
颜色	红色	绿色	蓝色	青色
定义符	m(magenta)	y(yellow)	k(black)	w(white)
颜色	品红	黄色	黑色	白色

表 7 - 6

定义符	＋	o(字母)	＊	.	x
标记类型	加号	小圆圈	星号	实点	交叉号
定义符	d	∧	∨	＞	＜
标记类型	棱形	向上三角形	向下三角形	向右三角形	向左三角形
定义符	s	h	P		
标记类型	正方形	正六角星	正五角星		

例 11 选取不同的参数组合，用 plot 函数绘制多条曲线.

$\gg$ close all;

$\gg$ x = linspace(0, 2 * pi, 50);

$\gg$ plot(x, sin(x), ': ro', x, cos(x), '-- b+', x, sin(x). * cos(x), 'k *')

$\gg$ legend('sinx 图形，数据点用小圆圈表示，数据点之间用红色点线连接', 'cosx 图形，数据点用加号表示，数据点之间用蓝色画线连接', 'sinx * cosx 图形，数据点用星号表示，数据点之间用黑色实线连接');

输出图形如图 7 - 11 所示.

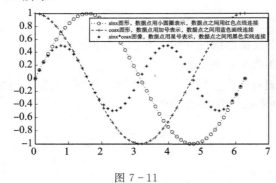

图 7 - 11

上面调用了函数 legend. 该函数用来对图形进行注解. 除此之外，MATLAB 还为用户提供了许多图形标注命令.

例 12 图形标注.

$\gg$ close all;

$\gg$ x = linspace(0, 2 * pi, 50);

$\gg$ plot(x, sin(x), ': ', x, cos(x));

$\gg$ xlabel('Input Value');

$\gg$ ylabel('Two Trigonometric Functions');

$\gg$ legend('sinx 图形 ', 'cosx 图形 ');

输出图形如图 7 - 12 所示.

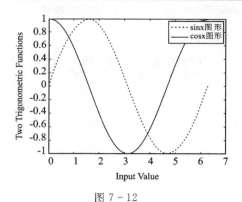

图 7 - 12

此外,我们还可以在一个图形窗口中用 subplot 函数同时画出数个小图形.

例 13 在同一图形窗口中绘制多幅图形.

$\gg$ close all；

$\gg$ x $=$ linspace(0，2 $*$ pi，50)；

$\gg$ subplot(2，2，1)；plot(x，sin(x))；xlabel($'$sinx$'$)；

$\gg$ subplot(2，2，2)；plot(x，cos(x))；xlabel($'$cosx$'$)；

$\gg$ subplot(2，2，3)；plot(x，tan(x))；xlabel($'$tanx$'$)；

$\gg$ subplot(2，2，4)；plot(x，sec(x))；xlabel($'$secx$'$)；

输出图形如图 7 - 13 所示.

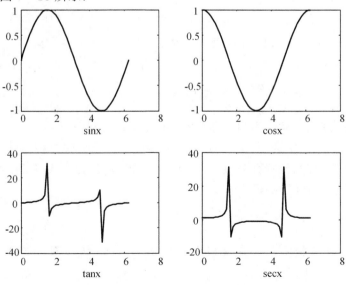

图 7 - 13

245

习题参考答案

第 1 章

习题 1.1

1. (1) $[-4, 2]$； (2) $(-\infty, 1) \bigcup (1, 2) \bigcup (2, +\infty)$；

   (3) $(-1, 0) \bigcup (0, +\infty)$； (4) $\left[0, \dfrac{1}{2}\right]$.

2. 图形略；$f\left(-\dfrac{1}{2}\right) = 0$，$f\left(\dfrac{1}{3}\right) = \dfrac{2}{3}$，$f\left(\dfrac{3}{4}\right) = \dfrac{1}{2}$，$f(2) = 0$.

3. $f(x) = \dfrac{1}{x} \sqrt{1 + \dfrac{1}{x^2}}$ $(x \neq 0)$.

4. (1) 偶函数； (2) 奇函数； (3) 偶函数； (4) 奇函数.

5. (1) $y = \sqrt{x^3 + 1}$，$D = [-1, +\infty)$；

   (2) $y = \ln 3^{\sin x}$，$D = (-\infty, +\infty)$.

6. (1) 由 $y = \sqrt{u}$，$u = 1 - x^2$ 复合而成；

   (2) 由 $y = \arcsin u$，$u = \ln x$ 复合而成；

   (3) 由 $y = u^2$，$u = \cos v$，$v = 3x + 1$ 复合而成.

7. $y = \begin{cases} 0.15x, & x \leqslant 50 \\ 0.4x - 12.5, & x > 50 \end{cases}$，图形略.

8. 设 x 为每间月租金，y 为闲置办公室的间数，L 为利润，

$$L = -5(y - 14)^2 + 6480, \quad y \in [0, 50]$$

故当 $y = 14$，即当闲置办公室 14 间时，可获得最大利润，最大利润为 6480 元，此时每间月租金为 190 元.

习题 1.2

1. (1) 1； (2) 无极限； (3) 无极限； (4) 0； (5) 无极限； (6) 1.

2. (1) $\dfrac{3}{2}$； (2) $\dfrac{1}{3}$； (3) $\dfrac{1}{2}$； (4) $\dfrac{1}{2}$； (5) $\dfrac{1}{2}$.

3. (1) -2；　(2) 2；　(3) $\dfrac{1}{2}$；　(4) -3；　(5) $\dfrac{1}{4}$；　(6) $2x$；　(7) 1；

(8) 6；　(9) 2；　(10) 0；　(11) 3；　(12) e^{-1}；　(13) 1；　(14) e^{-1}.

4. $\lim\limits_{x \to 0^{-}} f(x) = 1$, $\lim\limits_{x \to 0^{+}} f(x) = 1$, $\lim\limits_{x \to 1^{-}} f(x) = 1$, $\lim\limits_{x \to 1^{+}} f(x) = 3$,

$\lim\limits_{x \to 0} f(x) = 1$, $\lim\limits_{x \to 1} f(x)$ 不存在.

5. $\lim\limits_{x \to 0^{-}} f(x) = -2$, $\lim\limits_{x \to 0^{+}} f(x) = 1$, $\lim\limits_{x \to 0} f(x)$ 不存在.

习题 1.3

1. (1) $x \to 0$ 时为无穷大，$x \to \infty$ 时为无穷小；

(2) $x \to \infty$ 时为无穷小，$x \to -1$ 时为无穷大；

(3) $x \to 1$ 时为无穷大，$x \to 0$ 时为无穷小；

(4) $x \to 0$ 或 $x \to \infty$ 时为无穷大，$x \to 1$ 时为无穷小.

2. (1) ∞；　(2) ∞；　(3) ∞；　(4) 0；　(5) 0；　(6) ∞.

3. 当 $x \to 0$ 时，$x^2 - x^3$ 是比 $2x - x^2$ 高阶的无穷小.

4. 因为 $\lim\limits_{x \to 1} \dfrac{1-x}{\frac{1}{2}(1-x^2)} = 1$，所以 $1-x$ 和 $\dfrac{1}{2}(1-x^2)$ 同阶而且等价. 因为 $\lim\limits_{x \to 1} \dfrac{1-x}{1-\sqrt[3]{x}} = 3$，所以 $1-x$ 和 $1-\sqrt[3]{x}$ 同阶但不等价.

习题 1.4

1. (1) $\lim\limits_{x \to 1^{-}} f(x) = \lim\limits_{x \to 1^{+}} f(x) = 1$, $\lim\limits_{x \to 1} f(x) = 1$.

(2) $f(x)$ 在 $x = 1$ 处连续.

2. 因为 $\lim\limits_{x \to -1^{-}} f(x) = -3$, $\lim\limits_{x \to -1^{+}} f(x) = 2$, $\lim\limits_{x \to -1} f(x)$ 不存在.

$\lim\limits_{x \to 1^{-}} f(x) = \lim\limits_{x \to 1^{+}} f(x) = 2$, $\lim\limits_{x \to 1} f(x) = 2$.

3. 当 $a = 1$ 时，$f(x)$ 在 $(-\infty, +\infty)$ 内处处连续.

4. (1) $x = -1$ 为无穷间断点.

(2) $x = 1$，$x = 2$ 为间断点，$x = 1$ 为可去间断点，补充定义 $f(1) = -2$，补充定义后的函数在 $x = 1$ 处连续.

(3) $x = 0$ 为可去间断点，补充定义 $f(0) = \dfrac{1}{2}$，补充定义后的函数在 $x = 0$ 处连续.

(4) $x = 1$ 是间断点，且为跳跃间断点.

5. (1) 2； (2) $\dfrac{5}{4}$； (3) $\dfrac{1}{4}$； (4) 3.

6. 略.

综合练习题 1

一、填空题

1. 1，∞. 　2. 0，1，∞，0. 　3. e^{-1}，e^2. 　4. $\dfrac{\pi}{4}$. 　5. 等价. 　6. 4.

二、选择题

1. C. 　2. B. 　3. A. 　4. B. 　5. B. 　6. A.

三、计算题

(1) $2x$； (2) $-\dfrac{1}{2}$； (3) ∞； (4) -1； (5) 0； (6) $\dfrac{1}{2}$； (7) $\dfrac{1}{2}$； (8) $e^{-\frac{1}{2}}$；

(9) e^3； (10) $-\sin a$； (11) 0； (12) 2； (13) 2； (14) $\dfrac{3}{2}$； (15) -1.

2. 函数在 $x=0$ 处不连续，其他点均连续，连续区间为 $(-\infty,0)\bigcup(0,+\infty)$.

3. 略.

第 2 章

习题 2.1

1. $y'\big|_{x=2}=4$.

2. (1) $-f'(x_0)$； (2) $2f'(x_0)$； (3) $5f'(x_0)$.

3. 切线方程为 $y=\dfrac{1}{e}x$；法线方程为 $ex+y-e^2-1=0$.

4. 连续，不可导.

习题 2.2

1. (1) $6x+\dfrac{4}{x^3}$； (2) $8x-4$； (3) $1-3\cos v$； (4) $3\sec x\tan x-\sec^2 x+\sin x$；

(5) $\tan t+t\sec^2 t-2\sec t\tan t$； (6) $\dfrac{-x\sin x-2\cos x}{x^3}$.

2. (1) $4(2x+1)$； (2) $\dfrac{3}{2\sqrt{3x-5}}$； (3) $\dfrac{e^x}{2\sqrt{1+e^x}}$； (4) $\dfrac{2}{2x-1}$； (5) $\dfrac{\cos\sqrt{x}}{2\sqrt{x}}$；

(6) $\dfrac{1}{\sqrt{2x(1-x)}}$；　(7) $-\dfrac{\csc^2\dfrac{x}{2}}{4\sqrt{\cot\dfrac{x}{2}}}$；　(8) $-2x\sin(2x^2+2)$；　(9) $\dfrac{e^{\arctan\sqrt{2x-1}}}{2x\sqrt{2x-1}}$.

3.（1）$4-\dfrac{1}{x^2}$；　(2) $2\cos x-x\sin x$；　(3) $2\arctan x+\dfrac{2x}{1+x^2}$.

4.（1）$-2-\dfrac{y}{x}$；　(2) $\dfrac{e^y}{1-xe^y}$；　(3) $\dfrac{e^{x+y}-y}{x-e^{x+y}}$；　(4) $-\dfrac{1+y\sin(xy)}{x\sin(xy)}$.

5. 切线方程为 $x+y-\dfrac{\sqrt{2}}{2}a=0$，法线方程为 $x-y=0$.

6.（1）$\left(\ln\dfrac{x}{1+x}+\dfrac{1}{1+x}\right)\left(\dfrac{x}{1+x}\right)^x$；

（2）$2^x\sqrt{1+x^2}\sin x\left(\ln 2+\dfrac{x}{1+x^2}+\tan x\right)$；

（3）$x^{\sqrt{x}}\left(\dfrac{\ln x}{2\sqrt{x}}+\dfrac{1}{\sqrt{x}}\right)$.

7. ne^x+xe^x.

习题 2.3

1. 当 $\Delta x=0.1$ 时，$\Delta y=1.161$，$\mathrm{d}y=1.1$；
   当 $\Delta x=0.01$ 时，$\Delta y=0.110\,601$，$\mathrm{d}y=0.11$.

2.（1）$\left(-\dfrac{1}{x^2}+\dfrac{1}{\sqrt{x}}\right)\mathrm{d}x$；　(2) $(\sin 2x+2x\cos 2x)\mathrm{d}x$；　(3) $\dfrac{x}{x^2-1}\mathrm{d}x$；

（4）$\dfrac{\mathrm{d}x}{2\sqrt{x-x^2}}$；　(5) $\dfrac{e^x}{1+e^{2x}}\mathrm{d}x$；　(6) $-\dfrac{1+\ln x}{x^2}\mathrm{d}x$.

3.（1）1.0033；　(2) 0.8572；　(3) 2.7455；　(4) 1.0355.

4. 1.118g.

习题 2.4

1.（1）$\dfrac{3}{2}$；　(2) 2；　(3) 1；　(4) $\cos\alpha$；

（5）$-\dfrac{1}{8}$；　(6) 1；　(7) 1；　(8) 0；　(9) $-\dfrac{1}{2}$.

2.（1）单调递增区间为 $(-\infty,-1)$，$(3,+\infty)$，单调递减区间为 $(-1,3)$；
   （2）单调递增区间为 $(-1,1)$，单调递减区间为 $(-\infty,-1)$，$(1,+\infty)$；

(3) 单调递增区间为$(-\infty, +\infty)$;

(4) 单调递增区间为$(-1, 0)$, 单调递减区间为$(0, +\infty)$.

3. (1) 极大值 $f(0) = 7$, 极小值 $f(2) = 3$;

(2) 极大值 $f(-1) = -2$, 极小值 $f(1) = 2$;

(3) 极大值 $f(0) = 0$, 极小值 $f(1) = -\dfrac{5}{12}$, $f(-2) = -\dfrac{8}{3}$;

(4) 极小值 $f(0) = 0$.

4. (1) 凹区间为$(-\infty, +\infty)$, 无拐点;

(2) 凸区间为$(-\infty, 1)$, 凹区间为$(1, +\infty)$, 拐点为$(1, -6)$;

(3) 凸区间为$(-\infty, 2)$, 凹区间为$(2, +\infty)$, 拐点为$\left(2, \dfrac{2}{e^2}\right)$;

(4) 凹区间为$(0, +\infty)$, 凸区间为$(-\infty, 0)$;

(5) 凸区间为$(-\infty, -1)$, $(1, +\infty)$, 凹区间为$(-1, 1)$, 拐点为$(-1, \ln 2)$, $(1, \ln 2)$;

(6) 凸区间为$(0, 1)$, 凹区间为$(1, +\infty)$, 拐点为$(1, -7)$.

5. (1) 最大值 $f\left(\dfrac{3}{4}\right) = 1.25$, 最小值 $f(-5) = -5 + \sqrt{6}$;

(2) 最大值 $f(0) = 0$, 最小值 $f(-1) = 2$;

(3) 最大值 $f\left(-\dfrac{\pi}{2}\right) = \dfrac{\pi}{2}$, 最小值 $f\left(\dfrac{\pi}{2}\right) = -\dfrac{\pi}{2}$.

6. 300 件.

7. (1) 93 700 元, 约 312.3 元; (2) 512 元; (3) 412 元, 612 元.

8. 255, 14.   9. 12, 10, 2.

综合练习题 2

一、选择题

1. C. 2. B. 3. B. 4. D. 5. B.

二、填空题

1. $3^x \ln x + 2x - \sec^2 x$.   2. 0.   3. $-3, 4$.   4. $\dfrac{\infty}{\infty}$, 1.

5. $(-2, 0)$, $(0, 2)$.   6. $f(1) = \dfrac{1}{2}$, $f(0) = 0$.   7. $\left(1, -\dfrac{1}{3}\right)$.

三、解答题

1. (1) $4 - \dfrac{1}{x^2}$;   (2) $e^x(3x - 1)(3x + 5)$;   (3) $\dfrac{x + \cos x}{(1 - \sin x)^2}$.

2. (1) $-\dfrac{2x\sin 2x + xy\mathrm{e}^{xy} + y}{x^2\mathrm{e}^{xy} + x\ln x}$;   (2) $\dfrac{\mathrm{e}^x - y\cos(xy)}{\mathrm{e}^y + x\cos(xy)}$.

3. (1) $3(\sin^2 x\cos x + \sin 3x)\mathrm{d}x$;   (2) $\left(2\arctan x + \dfrac{1}{1+x^2}\right)\mathrm{e}^{2x}\mathrm{d}x$.

4. (1) $-\dfrac{3}{2}$;   (2) 0;   (3) 8;   (4) 0;   (5) $-\dfrac{1}{2}$;   (6) $\dfrac{1}{2}$.

5. (1) 在 $(1, +\infty)$ 内单调减少；在 $(-\infty, 1)$ 内，$y = \mathrm{e}^{2x-x^2}$ 单调增加；

   (2) 当 $x = 1$ 时，有极大值 $f(1) = \mathrm{e}$；

   (3) 凹区间为 $\left(-\infty, 1 - \dfrac{\sqrt{2}}{2}\right)$ 和 $\left(1 + \dfrac{\sqrt{2}}{2}, +\infty\right)$，凸区间为 $\left(1 - \dfrac{\sqrt{2}}{2}, 1 + \dfrac{\sqrt{2}}{2}\right)$；

   拐点是 $\left(1 + \dfrac{\sqrt{2}}{2}, \mathrm{e}^{\frac{1}{2}}\right)$，$\left(1 - \dfrac{\sqrt{2}}{2}, \mathrm{e}^{\frac{1}{2}}\right)$.

6. $f(x)$ 在 $[0, 2]$ 上的最大值为 $f(1) = \dfrac{1}{\mathrm{e}}$，最小值为 $f(0) = 0$.

7. (1) 每天屠宰生猪数为 100 头时的总成本是 220 元；

   (2) 当每天屠宰生猪数为 100 头时的平均单位成本是 $\dfrac{f(100)}{100} = 22$(元)；

   (3) 当每天屠宰生猪数由 100 头增加到 225 头时，总成本增加 $f(225) - f(100) = 1125$(元).

   (4) 总成本的平均变化率是 $\dfrac{\Delta y}{\Delta x} = 9$，其含义是当每天屠宰生猪数由 100 头增加到 225 头时屠宰生猪的平均单位成本为 9 元.

8. 公司 12 月份收入增加了 105(单位：百元).

9. 设矩形堆料场的长和宽分别为 x，y 即 $x = 12$，$y = 24$ 时，所用材料最少，故总长度 50 m 的用于围建围墙的建筑材料够用.

第 3 章

习题 3.1

1. (1) $-\dfrac{1}{x} + C$;   (2) $\dfrac{8}{7}x^7 + \dfrac{12}{5}x^5 + 2x^3 + x + C$;

   (3) $\dfrac{1}{6}x^2 + \dfrac{1}{x} - \ln|x| + \dfrac{1}{3}x + C$;   (4) $\dfrac{3}{4}\sqrt[3]{x^4} - 2\sqrt{x} + C$;

(5) $\dfrac{x^5}{5} + \dfrac{2}{3}x^3 + x + C$；　(6) $x - \arctan x + C$；　(7) $2x - \dfrac{3\left(\dfrac{2}{3}\right)^x}{\ln2 - \ln3}$；

(8) $\tan x - \sec x + C$.

2. (1) 27 m；　(2) 6 s.

3. $y = 1 + \ln|x|$.

习题 3.2

1. (1) $\dfrac{1}{2}\sin(2x - 3) + C$；　(2) $-\dfrac{1}{3}e^{-3x} + C$；　(3) $-(2x - 1)^{-\frac{1}{2}} + C$；

(4) $\dfrac{1}{5}\ln|\sin(5x - 7)| + C$；　(5) $e^{e^x} + C$；　(6) $\dfrac{2}{3}[4 + \ln(1 + x)]^{\frac{3}{2}} + C$；

(7) $-\dfrac{1}{e^{\sin x}} + C$；　(8) $\dfrac{1}{2}x + \dfrac{1}{12}\sin6x + C$；　(9) $-\dfrac{1}{16}\cos8x - \dfrac{1}{4}\cos2x + C$.

2. (1) $\sqrt{2x} - \ln(1 + \sqrt{2x}) + C$；　(2) $(x + 1) - 4\sqrt{x + 1} + 4\ln(1 + \sqrt{x + 1}) + C$；

(3) $\ln\dfrac{\sqrt{1 + e^x} - 1}{\sqrt{1 + e^x} + 1} + C$；　(4) $\dfrac{3}{5}(1 + \sqrt[3]{x^2})^{\frac{5}{2}} - 2(1 + \sqrt[3]{x^2})^{\frac{3}{2}} + 3(1 + \sqrt[3]{x^2})^{\frac{1}{2}} + C$；

(5) $2\arcsin\dfrac{x}{2} - \dfrac{x}{2}\sqrt{(4 - x^2)^3} + \dfrac{x^3}{4}\sqrt{4 - x^2} + C$；

(6) $-\dfrac{\sqrt{a^2 - x^2}}{x} - \arcsin\dfrac{x}{a} + C$.

3. (1) $\dfrac{1}{2}(x^2 + 1)\arctan x - \dfrac{1}{2}x + C$；　(2) $\dfrac{1}{2}e^x(\sin x + \cos x) + C$；

(3) $\dfrac{1}{2}\sec x\tan x + \dfrac{1}{2}\ln|\sec x + \tan x| + C$；　(4) $2(\sqrt{x} - 1)e^{\sqrt{x}} + C$；

(5) $\dfrac{1}{2}[(x^2 + 1)\ln(x^2 + 1) - x^2] + C$；　(6) $3e^{\sqrt[3]{x}}(\sqrt[3]{x^2} - 2\sqrt[3]{x} + 2) + C$.

4. (1) $-x\cos x + \sin x + C$；　(2) $x(\ln x - 1) + C$；

(3) $x\arcsin x + \sqrt{1 - x^2} + C$；　(4) $-e^{-x}(x + 1) + C$；

(5) $\dfrac{1}{3}x^3\arctan x - \dfrac{1}{6}x^2 + \dfrac{1}{6}\ln(1 + x^2) + C$；

(6) $\dfrac{1}{2}x^2\ln(x - 1) - \dfrac{1}{4}x^2 - \dfrac{1}{2}x - \dfrac{1}{2}\ln(x - 1) + C$；

(7) $\dfrac{1}{2}x^2\sin2x + \dfrac{1}{2}x\cos2x - \dfrac{1}{4}\sin2x + C$；

(8) $\dfrac{x}{2}\big[\sin(\ln x) - \cos(\ln x)\big] + C$;

(9) $x(\arcsin x)^2 + 2\sqrt{1-x^2}\arcsin x - 2x + C$;

(10) $\dfrac{1}{10}\mathrm{e}^x(5 - \cos 2x - 2\sin 2x) + C$;

(11) $x\tan x - \dfrac{1}{2}x^2 + \ln|\cos x| + C$; (12) $x(\ln^2 x - 2\ln x + 2) + C$.

习题 3.3

1. (1) 二阶； (2) 一阶； (3) 二阶； (4) 三阶； (5) 一阶； (6) 一阶.

2. (1) 通解； (2) 通解； (3) 特解； (4) 不是.

3. (1) $y^2 = \dfrac{1}{3}x^3 + C$； (2) $y = \ln(\sin x + C)$；

   (3) $y = \tan\left(\dfrac{1}{2}x^2 + x + C\right)$； (4) $y = \tan x - 1 + C\mathrm{e}^{-\tan x}$；

   (5) $y = C\mathrm{e}^{-2x} + \dfrac{1}{2}x - \dfrac{1}{4}$； (6) $y = (x+1)(\mathrm{e}^x + C)$.

4. $\cos y = \dfrac{1}{2}\cos x$.

5. $y = \mathrm{e}^{-x^2}(x^4 + 2)$.

6. (1) $x + y = Cx^2$, $x = 0$； (2) $x(y - x) = Cy$, $y = 0$；

   (3) $y = Cx(x + y)$, $y = \pm x$； (4) $\sin\left(\dfrac{y}{x}\right) = Cx$；

   (5) $\ln\left[\dfrac{(x+y)}{x}\right] = Cx$； (6) $\arcsin\left(\dfrac{y}{x}\right) = \ln|Cx|$, $y = \pm x$.

7. $M = M_0\mathrm{e}^{-0.000\,433t}$，时间以年为单位.

8. (1) $y = \mathrm{e}^{-x}(x + C)$； (2) $y = 2 + C\mathrm{e}^{-x^2}$； (3) $p = \dfrac{2}{3} + C\mathrm{e}^{-3\theta}$；

   (4) $y = C\cos x - 2\cos^2 x$.

习题 3.4

1. $\dfrac{3}{2}$.

2. 略.

3. (1) $I_1 > I_2$； (2) $I_1 < I_2$； (3) $I_1 < I_2$.

4. (1) 20； (2) $-\dfrac{1}{2}$； (3) $45\dfrac{1}{6}$； (4) $\dfrac{\pi}{3}$； (5) 1； (6) 0； (7) 4；

(8) $2\dfrac{1}{2}$； (9) $1-\dfrac{\pi}{4}$； (10) -1； (11) $\dfrac{\pi}{3a}$； (12) $\dfrac{\pi}{6}$； (13) $\dfrac{8}{3}$.

5. (1) 1； (2) 1.

6. (1) 0； (2) $\dfrac{13}{2592}$； (3) $\dfrac{1}{4}$； (4) $\pi-\dfrac{4}{3}$； (5) $\dfrac{2}{3}$； (6) $\dfrac{\pi}{6}-\dfrac{\sqrt{3}}{8}$； (7) $\dfrac{\pi}{2}$；

(8) $1-\dfrac{\pi}{4}$； (9) $3\ln3$； (10) $2\sqrt{3}-1$； (11) $\dfrac{4}{3}$； (12) $2\sqrt{2}$.

7. (1) 0； (2) 2π； (3) $\dfrac{\pi^3}{324}$； (4) 0.

8. (1) $1-\dfrac{2}{e}$； (2) $\dfrac{\pi^2}{4}-2$； (3) $\dfrac{1}{2}(e^{\frac{\pi}{2}}+1)$； (4) $\dfrac{1}{4}(e^2+1)$； (5) $\dfrac{\pi}{12}+\dfrac{\sqrt{3}}{2}-1$；

(6) $2-\dfrac{2}{e}$.

习题 3.5

1. (1) $\dfrac{3}{2}-\ln2$； (2) $e+\dfrac{1}{e}-2$； (3) $b-a$； (4) $\dfrac{7}{6}$.

2. $2\pi a x_0^2$.   3. $\dfrac{128}{7}\pi$，$\dfrac{64}{5}\pi$.   4. $0.741\pi\text{kg}$.   5. 2.45 J.

6. $\dfrac{27}{7}kc^{\frac{2}{3}}a^{\frac{7}{3}}$（$k$ 为比例常数）.   7. 6.35×10^8 J.

8. (1) 9.8×10^6 N； (2) 2.55×10^7 N.

9. 17.3 kN.   10. $C(x)=1000+7x+50\sqrt{x}$.   11. $R(x)=ax-\dfrac{b}{2}x^2$.

综合练习题 3

一、选择题

1. B. 2. B. 3. D. 4. C. 5. D. 6. A. 7. D. 8. B. 9. C. 10. A.
11. C. 12. B. 13. D. 14. D.

二、填空题

1. $\dfrac{1}{x}$.   2. $a^x\ln a+\dfrac{1}{2\sqrt{x}}$.   3. $xe^{-x}+e^{-x}+C$.   4. $e^{\tan\frac{x}{2}}$.   5. $y=x^2$.

6. 0.   7. 0.

三、计算题

1. (1) $x^2 + \dfrac{4}{3}x^{\frac{3}{2}} - x - 2x^{\frac{1}{2}} + C$；　(2) $\dfrac{1}{\ln 9\mathrm{e}}9^x\mathrm{e}^x + C$；　(3) $\dfrac{1}{2}x + \sin\dfrac{x}{2} + C$；

(4) $-\cot x - \tan x + C$；　(5) $-\dfrac{2}{3}$；　(6) $\dfrac{1}{2}$；　(7) -4；　(8) $\dfrac{17}{2}$；

(9) $1 - \dfrac{\sqrt{3}}{3} + \dfrac{\pi}{12}$；　(10) $-\dfrac{4}{3}$.

2. (1) $\ln^2 x + \ln^2 y = C$；　(2) $3\mathrm{e}^{-y^2} - 2\mathrm{e}^{3x} = C$；　(3) $\tan\dfrac{y}{2} = C\mathrm{e}^{-2\sin x}$；

(4) $\mathrm{e}^x + \ln(1 - \mathrm{e}^y) + C = 0$.

3. $C(q) = 2q^{\frac{1}{2}} + \dfrac{1}{2000}q + 10$，$R(q) = 100q - 0.005q^2$.

4. $R(q) = 18q - 0.25q^2$.

5. (1) 2；　(2) $\dfrac{46}{15}\pi$.

6. (1) $S = 1$；　(2) $V_x = \dfrac{\pi^2}{4}$，$V_y = 2\pi$.

7. (1) $R = \displaystyle\int_0^{40}\left(20 - \dfrac{Q}{10}\right)\mathrm{d}Q = \left[20Q - \dfrac{Q^2}{20}\right]_0^{40} = 720$（单位）；

(2) $R = \displaystyle\int_{40}^{60}\left(20 - \dfrac{Q}{10}\right)\mathrm{d}Q = \left[20Q - \dfrac{Q^2}{20}\right]_{40}^{60} = 300$（单位）.

8. (1) 生产 400 台时总利润最大，总利润 8 万元；(2) 总利润减少了 0.5 万元.

第 4 章

习题 4.1

1. (1) $1 + \dfrac{3}{5} + \dfrac{4}{10} + \dfrac{5}{17} + \dfrac{6}{26} + \cdots$；

(2) $1 + \dfrac{-1}{1\times 2} + \dfrac{1}{1\times 2\times 3} + \dfrac{-1}{1\times 2\times 3\times 4} + \dfrac{1}{1\times 2\times 3\times 4\times 5} + \cdots$；

(3) $\dfrac{1}{2} + \dfrac{1\times 3}{2\times 4} + \dfrac{1\times 3\times 5}{2\times 4\times 6} + \dfrac{1\times 3\times 5\times 7}{2\times 4\times 6\times 8} + \dfrac{1\times 3\times 5\times 7\times 9}{2\times 4\times 6\times 8\times 10} + \cdots$.

2. (1) $u_n = \dfrac{1}{2n-1}$ $(n = 1, 2, \cdots)$；　(2) $u_n = \dfrac{x^{\frac{n}{2}}}{n(n+1)}$ $(n = 1, 2, \cdots)$；

(3) $u_n = (-1)^{n-1} \dfrac{n(n+1)}{2^n}$ $(n = 1, 2, \cdots)$.

3. (1) 收敛，$\dfrac{3}{4}$；　(2) 发散；　(3) 收敛，$\dfrac{1}{2}$；　(4) 发散；　(5) 收敛，$\dfrac{3}{2}$；(6) 发散.

习题 4.2

1. (1) 发散；　(2) 收敛；　(3) 收敛；　(4) 收敛.

2. (1) 收敛；　(2) 发散；　(3) 发散；　(4) 收敛.

3. (1) 绝对收敛；　(2) 绝对收敛；　(3) 条件收敛；　(4) 绝对收敛.

习题 4.3

1. (1) $[-1, 1]$；　(2) $(-1, 1)$；　(3) $(-\infty, +\infty)$；　(4) $[-5, 5]$；
(5) $[-1, 1]$；　(6) $[-1, 5)$.

2. (1) $-\ln(1-x)$，$[-1, 1)$；　(2) $\dfrac{2x}{(1-x^2)^2}$，$(-1, 1)$；

(3) $\dfrac{1}{4}\ln\dfrac{1+x}{1-x} + \dfrac{1}{2}\arctan x$，$(-1, 1)$.

习题 4.4

1. (1) $\mathrm{e}^{x^2} = \displaystyle\sum_{n=0}^{\infty} \dfrac{x^{2n}}{n!}$，$(-\infty, +\infty)$；

(2) $\dfrac{x^2}{1+3x} = \displaystyle\sum_{n=0}^{\infty} (-1)^n 3^n x^{n+2}$，$\left(-\dfrac{1}{3}, \dfrac{1}{3}\right)$；

(3) $\sin^2 x = \displaystyle\sum_{n=1}^{\infty} (-1)^{n-1} \dfrac{1}{2 \times (2n)!}(2x)^{2n}$，$(-\infty, +\infty)$；

(4) $\ln(2+x) = \ln 2 + \displaystyle\sum_{n=1}^{\infty} (-1)^{n-1} \dfrac{x^n}{2^n \times n}$，$(-2, 2]$；

(5) $\dfrac{1}{x-4} = -\dfrac{1}{4}\displaystyle\sum_{n=0}^{\infty} \dfrac{x^n}{4^n}$，$(-4, 4)$.

2. $\dfrac{1}{x+5} = \dfrac{1}{6}\displaystyle\sum_{n=0}^{\infty} (-1)^n \dfrac{(x-1)^n}{6^n}$，$(-5, 7)$.

3. $\cos x = \dfrac{1}{2}\displaystyle\sum_{n=0}^{\infty} (-1)^n \dfrac{\left(x+\dfrac{\pi}{3}\right)^{2n}}{(2n)!} + \dfrac{\sqrt{3}}{2}\displaystyle\sum_{n=0}^{\infty} (-1)^n \dfrac{\left(x+\dfrac{\pi}{3}\right)^{2n+1}}{(2n+1)!}$，$(-\infty, +\infty)$.

综合练习题 4

一、填空题

1. $\dfrac{2^{n+1}}{n(n+3)}$，$\displaystyle\sum_{n=1}^{\infty}\dfrac{2^{n+1}}{n(n+3)}$. 　2. 收敛，$\dfrac{a}{1-q}$，发散的. 　3. 0.

4. $+\infty$，$(-\infty,+\infty)$. 　5. $(-1,1]$，$\dfrac{1}{1+x^3}$.

6. $\displaystyle\sum_{n=1}^{\infty}(-1)^n\dfrac{x^{2n+2}}{(2n+1)!}$，$(-\infty,+\infty)$.

二、选择题

1. A. 　2. D. 　3. D. 　4. C. 　5. B.

三、解答题

1. (1) 收敛；　(2) 收敛；　(3) 发散；　(4) 收敛；　(5) 收敛；　(6) 发散.

2. (1) $[0,1)$；　(2) $(-3,3]$；　(3) 只在 $x=0$ 处收敛；　(4) $[4,6]$.

3. $\dfrac{1}{2}\ln\dfrac{1+x}{1-x}\ (-1<x<1)$. 　4. $f(x)=2\displaystyle\sum_{n=0}^{\infty}x^{2n}$，$(-1,1)$.

5. $f(x)=\dfrac{1}{3}\displaystyle\sum_{n=0}^{\infty}(-1)^n\dfrac{(x-3)^n}{3^n}$，$(0,6)$.

第 5 章

习题 5.1

1. (1) $F(s)=\dfrac{1}{s+2}$；　(2) $F(s)=\dfrac{4s}{4s^2+1}$；　(3) $F(s)=\dfrac{5}{s^2+25}$；

(4) $F(s)=1$；　(5) $F(s)=\dfrac{1}{s-3}$；　(6) $F(s)=\dfrac{1}{s}$.

2. 略.

习题 5.2

1. (1) $F(s)=\dfrac{3}{s+4}$；　(2) $F(s)=\dfrac{2+5s-3s^2}{s^2}$；　(3) $F(s)=\dfrac{s-2\sqrt{3}}{2(s^2+4)}$；

(4) $F(s)=\dfrac{2}{s^2+16}$；　(5) $F(s)=\dfrac{2}{s(s^2+4)}$；　(6) $F(s)=\dfrac{s^2-s+1}{s(s-1)^2}$；

(7) $F(s) = \dfrac{4}{s^2 - 6s + 25}$； (8) $F(s) = \dfrac{2\omega s}{(s^2 + \omega^2)^2}$；

(9) $F(s) = \dfrac{4(s+3)}{[(s+3)^3 + 4]^2}$； (10) $F(s) = \dfrac{\pi}{2} - \arctan \dfrac{s}{3}$；

(11) $F(s) = \ln \dfrac{s+a}{s-a}$； (12) $F(s) = \dfrac{2e^{-4s} - 1}{s}$； (13) $F(s) = \dfrac{E}{s}(1 - e^{-t_0 s})$.

2. $F(s) = \dfrac{1}{s}(3 - 4e^{-2s} + e^{-4s})$.

习题 5.3

1. (1) $f(t) = te^{-at}$； (2) $f(t) = e^{at} + e^{bt}$； (3) $f(t) = \delta(t) - 2e^{-2t}$；

(4) $f(t) = \cos 2t + \dfrac{1}{2}\sin 2t$； (5) $f(t) = t - \sin t$；

(6) $f(t) = e^{-2t} - e^{-3t}$； (7) $f(t) = \dfrac{1}{2a^2}(\sinh at - \sin at)$； (8) $f(t) = 5 + 6t$.

2. (1) $f(t) = \dfrac{5}{2}e^{-5t} - \dfrac{3}{2}e^{-3t}$； (2) $f(t) = \dfrac{1}{2} - e^{-t} + \dfrac{1}{2}e^{-2t}$；

(3) $f(t) = e^{-2t}\sin 4t$； (4) $f(t) = 1 + 2te^t$；

(5) $f(t) = \dfrac{9}{10\sqrt{5}}\sin 2\sqrt{5}t - \dfrac{4}{5\sqrt{10}}\sin \sqrt{10}t$；

(6) $f(t) = \dfrac{1}{2}(2e^t - 2e^{-t}\cos 2t + 3e^{-t}\sin 2t)$.

习题 5.4

1. (1) $\dfrac{1}{6}t^3$； (2) $e^t - t - 1$； (3) $1 - \cos t$； (4) $\dfrac{1}{2}t\sin t$； (5) $\cosh t - 1$；

(6) $\dfrac{1}{6}(3t\cosh 3t - \sinh 3t)$.

2. (1) $\dfrac{1}{2}(t\cos t + \sin t)$； (2) $\dfrac{1}{2}te^{-2t}\sin t$.

习题 5.5

(1) $y(t) = \dfrac{1}{4}[(7 + 2t)e^{-t} - 3e^{-3t}]$； (2) $y(t) = e^{-t}(\cos 2t + 3\sin 2t)$；

(3) $x(t) = y(t) = e^t$； (4) $x(t) = e^{-t}\sin t$，$y(t) = e^{-t}\cos t$.

综合练习题 5

一、填空题

1. 复数，象函数，象原函数. 2. $\dfrac{1}{s} e^{-3s}$.

3. $C_1 u(t) + (C_2 - C_1) u(t-a) + (C_3 - C_2) u(t-2a)$，$\dfrac{C_1}{S} + \dfrac{C_2 - C_1}{s} e^{-as} + \dfrac{C_3 - C_2}{s} e^{-2as}$.

4. $\dfrac{2}{(s-1)^2 + 4}$. 5. $\dfrac{3!}{(s-5)^4}$. 6. $s^2 F(s) - s f(0) - f'(0)$.

7. $3 e^{-\frac{3}{2}t}$. 8. $2\cos 3t - \dfrac{1}{3}\sin 3t$. 9. $e^{-t} + t - 1$. 10. $\dfrac{1}{s(s^2 + 1)}$.

二、解答题

1. (1) $\dfrac{8 - 7 e^{-2s}}{s}$； (2) $\dfrac{s-4}{(s-4)^2 + 9}$； (3) $\dfrac{s}{s+\beta}$； (4) $\dfrac{a^n \cdot n!}{s^{n+1}} e^{-\frac{b}{a}s}$.

2. (1) $\dfrac{1}{2}(t-1)^2 - u(t-2)$； (2) $\delta(t) - 3 e^{-t} + e^{2t}$；

  (3) $3 e^{-t} \cos 2t - \dfrac{1}{2} e^{-t} \sin 2t$； (4) $e^{-t} + 2 e^{-2t} - 3t e^{-2t}$.

3. (1) $y(t) = e^{-t}(1 - \cos t)$； (2) $y(t) = \dfrac{4}{13} e^{2t} - \dfrac{4}{13} e^{-2t} - \dfrac{1}{13} \sin 3t$.

第 6 章

习题 6.1

1. (1) -5； (2) $b(a - bc)$； (3) 110； (4) $-bcd$.

2. (1) $x_1 = 7$，$x_2 = 9$； (2) $x_1 = \dfrac{8}{5}$，$x_2 = \dfrac{3}{5}$；

  (3) $x_1 = 7$，$x_2 = -11$，$x_3 = -4$； (4) $x_1 = 3$，$x_2 = 1$，$x_3 = -2$.

3. $\begin{vmatrix} x & 3 & 4 \\ -1 & x & 0 \\ 0 & x & 1 \end{vmatrix} = x^2 - 4x + 3 = 0$

  所以 $x = 3$ 或 $x = 1$.

4. $M_{32} = \begin{vmatrix} -1 & 2 & 3 \\ 1 & 4 & -6 \\ 2 & 3 & 7 \end{vmatrix}$，$A_{32} = (-1)^{3+2} M_{32} = - \begin{vmatrix} -1 & 2 & 3 \\ 1 & 4 & -6 \\ 2 & 3 & 7 \end{vmatrix}$

5. $D = 1 \times (-1)^{2+1} \begin{vmatrix} 2 & -7 & 5 \\ 2 & 8 & 1 \\ 7 & -1 & 2 \end{vmatrix} + 3 \times (-1)^{2+4} \begin{vmatrix} 2 & 2 & -7 \\ -1 & 2 & 8 \\ 3 & 7 & -1 \end{vmatrix} = 277 + 63 = 340$

6. (1) $\begin{vmatrix} 3 & 1 & -1 & 2 \\ -5 & 1 & 3 & -4 \\ 2 & 0 & 1 & -1 \\ 1 & -5 & 3 & -3 \end{vmatrix} = 2 \times (-1)^{3+1} \begin{vmatrix} 1 & -1 & 2 \\ 1 & 3 & -4 \\ -5 & 3 & -3 \end{vmatrix}$

$+ 1 \times (-1)^{3+3} \begin{vmatrix} 3 & 1 & 2 \\ -5 & 1 & -4 \\ 1 & -5 & -3 \end{vmatrix} + (-1) \times (-1)^{3+4} \begin{vmatrix} 3 & 1 & -1 \\ -5 & 1 & 3 \\ 1 & -5 & 3 \end{vmatrix} = 40$

(2) $\begin{vmatrix} 3 & 1 & 2 \\ 290 & 106 & 196 \\ 5 & -3 & 2 \end{vmatrix} = \begin{vmatrix} 3 & 1 & 2 \\ 300-10 & 100+6 & 200-4 \\ 5 & -3 & 2 \end{vmatrix}$

$= \begin{vmatrix} 3 & 1 & 2 \\ 300 & 100 & 200 \\ 5 & -3 & 2 \end{vmatrix} + \begin{vmatrix} 3 & 1 & 2 \\ -10 & 6 & -4 \\ 5 & -3 & 2 \end{vmatrix} = 0 + (-2) \begin{vmatrix} 3 & 1 & 2 \\ 5 & -3 & 2 \\ 5 & -3 & 2 \end{vmatrix} = 0$

(3) $\begin{vmatrix} 1 & 2 & 3 & 4 \\ 2 & 3 & 4 & 1 \\ 3 & 4 & 1 & 2 \\ 4 & 1 & 2 & 3 \end{vmatrix} = \begin{vmatrix} 10 & 10 & 10 & 10 \\ 2 & 3 & 4 & 1 \\ 3 & 4 & 1 & 2 \\ 4 & 1 & 2 & 3 \end{vmatrix} = 10 \begin{vmatrix} 1 & 1 & 1 & 1 \\ 2 & 3 & 4 & 1 \\ 3 & 4 & 1 & 2 \\ 4 & 1 & 2 & 3 \end{vmatrix}$

$= 10 \begin{vmatrix} 1 & 1 & 1 & 1 \\ 0 & 1 & 2 & -1 \\ 0 & 1 & -2 & -1 \\ 0 & -3 & -2 & -1 \end{vmatrix} = 10 \begin{vmatrix} 1 & 1 & 1 & 1 \\ 0 & 1 & 2 & -1 \\ 0 & 0 & -4 & 0 \\ 0 & 0 & 4 & -4 \end{vmatrix}$

$= 10 \begin{vmatrix} 1 & 1 & 1 & 1 \\ 0 & 1 & 2 & -1 \\ 0 & 0 & -4 & 0 \\ 0 & 0 & 0 & -4 \end{vmatrix} = 160$

(4) $\begin{vmatrix} a & b & b & b \\ b & a & b & b \\ b & b & a & b \\ b & b & b & a \end{vmatrix} = \begin{vmatrix} a+3b & b & b & b \\ a+3b & a & b & b \\ a+3b & b & a & b \\ a+3b & b & b & a \end{vmatrix} = (a+3b) \begin{vmatrix} 1 & b & b & b \\ 1 & a & b & b \\ 1 & b & a & b \\ 1 & b & b & a \end{vmatrix}$

$$= (a+3b) \begin{vmatrix} 1 & b & b & b \\ 0 & a-b & 0 & 0 \\ 0 & 0 & a-b & 0 \\ 0 & 0 & 0 & a-b \end{vmatrix}$$

$$= (a+3b)(a-b)^3$$

7. 行列式按第一列展开，有

$$\begin{vmatrix} a_{11} & a_{12} & c_{11} & c_{12} \\ a_{21} & a_{22} & c_{21} & c_{22} \\ 0 & 0 & b_{11} & b_{12} \\ 0 & 0 & b_{21} & b_{22} \end{vmatrix} = a_{11} \times (-1)^{1+1} \begin{vmatrix} a_{22} & c_{21} & c_{22} \\ 0 & b_{11} & b_{12} \\ 0 & b_{21} & b_{22} \end{vmatrix} + a_{21} \times (-1)^{2+1} \begin{vmatrix} a_{12} & c_{21} & c_{22} \\ 0 & b_{11} & b_{12} \\ 0 & b_{21} & b_{22} \end{vmatrix}$$

$$= a_{11}a_{22} \times (-1)^{1+1} \begin{vmatrix} b_{11} & b_{12} \\ b_{21} & b_{22} \end{vmatrix} - a_{21}a_{12} \times (-1)^{1+1} \begin{vmatrix} b_{11} & b_{12} \\ b_{21} & b_{22} \end{vmatrix}$$

$$= (a_{11}a_{22} - a_{21}a_{12}) \begin{vmatrix} b_{11} & b_{12} \\ b_{21} & b_{22} \end{vmatrix} = \begin{vmatrix} a_{11} & a_{12} \\ a_{21} & a_{22} \end{vmatrix} \begin{vmatrix} b_{11} & b_{12} \\ b_{21} & b_{22} \end{vmatrix}$$

习题 6.2

1. $b=2$，$a+b=4$，$a=c=2$，$d=5$.

2. (1) 原式 $= \begin{pmatrix} 0 & 6 & -1 \\ -2 & 2 & 12 \end{pmatrix}$

(2) 原式 $= \begin{pmatrix} -1 & 9 \\ -3 & -2 \end{pmatrix}$

(3) 原式 $= \begin{pmatrix} 2 & 0 \\ 0 & -4 \end{pmatrix} - \begin{pmatrix} 8 & 4 \\ 12 & -8 \end{pmatrix} + \begin{pmatrix} 24 & -12 \\ 6 & 36 \end{pmatrix} + \begin{pmatrix} 32 & 40 \\ 16 & 8 \end{pmatrix} = \begin{pmatrix} 50 & 24 \\ 10 & 48 \end{pmatrix}$

3. (1) $(2, \ -1, \ 4) \begin{bmatrix} -3 \\ 1 \\ 2 \end{bmatrix} = 1$

(2) $\begin{bmatrix} -3 \\ 1 \\ 2 \end{bmatrix} (2, \ -1, \ 4) = \begin{bmatrix} -6 & 3 & -12 \\ 2 & -1 & 4 \\ 4 & -2 & 8 \end{bmatrix}$

(3) $\begin{pmatrix} 1 & -2 \\ 3 & 2 \end{pmatrix} \begin{pmatrix} 2 & -1 & 1 \\ 0 & -2 & 2 \end{pmatrix} = \begin{pmatrix} 2 & 3 & -3 \\ 6 & -7 & 7 \end{pmatrix}$

(4) $\begin{pmatrix} -1 & 2 & 3 \\ 3 & -1 & 0 \end{pmatrix} \begin{pmatrix} 1 & 2 & -3 \\ 0 & 3 & 5 \\ -5 & 1 & 0 \end{pmatrix} = \begin{pmatrix} -16 & 7 & 13 \\ 3 & 3 & -14 \end{pmatrix}$

(5) $\begin{bmatrix} -1 & 0 & 1 \\ 0 & 1 & 0 \\ 0 & 0 & 1 \end{bmatrix} \begin{bmatrix} 2 & -2 & 5 \\ 1 & 0 & 3 \\ -2 & 4 & 0 \end{bmatrix} = \begin{bmatrix} -4 & 6 & -5 \\ 1 & 0 & 3 \\ -2 & 4 & 0 \end{bmatrix}$

(6) $\begin{pmatrix} 1 & 0 & -2 \\ 3 & -1 & 3 \end{pmatrix} \begin{bmatrix} 0 & -1 \\ 1 & 5 \\ 3 & 6 \end{bmatrix} \begin{pmatrix} 0 & -2 \\ 2 & 6 \end{pmatrix} = \begin{pmatrix} -6 & -13 \\ 8 & 10 \end{pmatrix} \begin{pmatrix} 0 & -2 \\ 2 & 6 \end{pmatrix} = \begin{pmatrix} -26 & -66 \\ 20 & 44 \end{pmatrix}$

4. (1) $\boldsymbol{A}^n = \begin{pmatrix} 1 & 0 \\ n\lambda & 1 \end{pmatrix}$

(2) $\boldsymbol{A}^2 = \begin{bmatrix} 0 & 0 & 1 \\ 0 & 0 & 0 \\ 0 & 0 & 0 \end{bmatrix}, \boldsymbol{A}^n = \begin{bmatrix} 0 & 0 & 0 \\ 0 & 0 & 0 \\ 0 & 0 & 0 \end{bmatrix}$ $(n \geqslant 3)$

5. $\boldsymbol{A}\boldsymbol{A}^{\mathrm{T}} = \begin{pmatrix} 1 & 2 & 0 \\ 3 & -1 & -2 \end{pmatrix} \begin{bmatrix} 1 & 3 \\ 2 & -1 \\ 0 & -2 \end{bmatrix} = \begin{pmatrix} 5 & 1 \\ 1 & 14 \end{pmatrix}$

$\boldsymbol{A}^{\mathrm{T}}\boldsymbol{A} = \begin{bmatrix} 1 & 3 \\ 2 & -1 \\ 0 & -2 \end{bmatrix} \begin{pmatrix} 1 & 2 & 0 \\ 3 & -1 & -2 \end{pmatrix} = \begin{bmatrix} 10 & -1 & -6 \\ -1 & 5 & 2 \\ -6 & 2 & 4 \end{bmatrix}$

6. 设矩阵 $\boldsymbol{A} = \begin{bmatrix} 4500 & 1500 & 300 \\ 4300 & 1600 & 350 \\ 4400 & 1450 & 320 \end{bmatrix}, \boldsymbol{X} = \begin{bmatrix} 40 \\ 10 \\ 40 \end{bmatrix}$, 则

$$\boldsymbol{AX} = \begin{bmatrix} 4500 & 1500 & 300 \\ 4300 & 1600 & 350 \\ 4400 & 1450 & 320 \end{bmatrix} \begin{bmatrix} 40 \\ 10 \\ 40 \end{bmatrix} = \begin{bmatrix} 207000 \\ 202000 \\ 203300 \end{bmatrix}$$

故在乙公司选购费用最少.

习题 6.3

1. (1) $\boldsymbol{A}^* = \begin{pmatrix} 4 & -2 \\ -3 & 1 \end{pmatrix}$; (2) $\boldsymbol{A}^* = \begin{bmatrix} 2 & -1 & 5 \\ -8 & -2 & 10 \\ 2 & -1 & -7 \end{bmatrix}$.

2. (1) 因为

$$|\boldsymbol{A}| = \begin{vmatrix} a & b \\ c & d \end{vmatrix} = ad - bc \neq 0$$

所以 $\boldsymbol{A}$ 可逆，又因为

$$\boldsymbol{A}^* = \begin{pmatrix} d & -b \\ -c & a \end{pmatrix}$$

所以

$$\begin{pmatrix} a & b \\ c & d \end{pmatrix}^{-1} = \frac{1}{ad - bc} \begin{pmatrix} d & -b \\ -c & a \end{pmatrix}$$

(2) 因为

$$|\boldsymbol{A}| = \begin{vmatrix} 1 & 0 & 8 \\ 0 & 1 & 0 \\ 0 & 0 & 1 \end{vmatrix} = 1 \neq 0$$

所以 $\boldsymbol{A}$ 可逆，又因为

$A_{11} = 1, A_{12} = 0, A_{13} = 0, A_{21} = 0, A_{22} = 1, A_{23} = 0,$
$A_{31} = -8, A_{32} = 0, A_{33} = 1$

所以

$$\boldsymbol{A}^* = \begin{pmatrix} 1 & 0 & 8 \\ 0 & 1 & 0 \\ 0 & 0 & 1 \end{pmatrix}$$

故

$$\begin{pmatrix} 1 & 0 & 8 \\ 0 & 1 & 0 \\ 0 & 0 & 1 \end{pmatrix}^{-1} = \begin{pmatrix} 1 & 0 & -8 \\ 0 & 1 & 0 \\ 0 & 0 & 1 \end{pmatrix}$$

(3) 因为

$$|\boldsymbol{A}| = \begin{vmatrix} 3 & -4 & 5 \\ 2 & -3 & 1 \\ 3 & -5 & -1 \end{vmatrix} = -1 \neq 0$$

所以 $\boldsymbol{A}$ 可逆，又因为

$A_{11} = 8, A_{12} = 5, A_{13} = -1, A_{21} = -29, A_{22} = -18, A_{23} = 3$
$A_{31} = 11, A_{32} = 7, A_{33} = -1$

所以

$$\boldsymbol{A}^* = \begin{pmatrix} 8 & -29 & 11 \\ 5 & -18 & 7 \\ -1 & 3 & -1 \end{pmatrix}$$

故 $\qquad \begin{pmatrix} 3 & -4 & 5 \\ 2 & -3 & 1 \\ 3 & -5 & -1 \end{pmatrix}^{-1} = \begin{pmatrix} -8 & 29 & -11 \\ -5 & 18 & -7 \\ 1 & -3 & 1 \end{pmatrix}$

（4）因为

$$|\boldsymbol{A}| = \begin{vmatrix} 1 & 2 & 3 \\ 2 & 2 & 1 \\ 3 & 4 & 3 \end{vmatrix} = 2 \neq 0$$

所以 $\boldsymbol{A}$ 可逆，又因为

$A_{11} = 2, A_{12} = -3, A_{13} = 2, A_{21} = 6, A_{22} = -6, A_{23} = 2$

$A_{31} = -4, A_{32} = 5, A_{33} = -2$

所以

$$\boldsymbol{A}^* = \begin{pmatrix} 2 & 6 & -4 \\ -3 & -6 & 5 \\ 2 & 2 & -2 \end{pmatrix}$$

故 $\qquad \begin{pmatrix} 1 & 2 & 3 \\ 2 & 2 & 1 \\ 3 & 4 & 3 \end{pmatrix}^{-1} = \dfrac{1}{2} \begin{pmatrix} 2 & 6 & -4 \\ -3 & -6 & 5 \\ 2 & 2 & -2 \end{pmatrix}$

3. （1）原方程组的矩阵形式为

$$\begin{pmatrix} 1 & 1 & 1 \\ 2 & 1 & 0 \\ 1 & 1 & 0 \end{pmatrix} \begin{pmatrix} x_1 \\ x_2 \\ x_3 \end{pmatrix} = \begin{pmatrix} 2 \\ -1 \\ 1 \end{pmatrix}$$

先求系数矩阵 $\boldsymbol{A} = \begin{pmatrix} 1 & 1 & 1 \\ 2 & 1 & 0 \\ 1 & 1 & 0 \end{pmatrix}$ 的逆矩阵.

因为 $\qquad |\boldsymbol{A}| = \begin{vmatrix} 1 & 1 & 1 \\ 2 & 1 & 0 \\ 1 & 1 & 0 \end{vmatrix} = 1 \neq 0$

所以 $\boldsymbol{A}$ 可逆，又因为

$$\boldsymbol{A}^* = \begin{pmatrix} 0 & 1 & -1 \\ 0 & -1 & 2 \\ 1 & 0 & -1 \end{pmatrix}$$

所以
$$\boldsymbol{A}^{-1} = \begin{pmatrix} 0 & 1 & -1 \\ 0 & -1 & 2 \\ 1 & 0 & -1 \end{pmatrix}$$

于是
$$\begin{pmatrix} x_1 \\ x_2 \\ x_3 \end{pmatrix} = \begin{pmatrix} 1 & 1 & 1 \\ 2 & 1 & 0 \\ 1 & 1 & 0 \end{pmatrix}^{-1} \begin{pmatrix} 2 \\ -1 \\ 1 \end{pmatrix} = \begin{pmatrix} 0 & 1 & -1 \\ 0 & -1 & 2 \\ 1 & 0 & -1 \end{pmatrix} \begin{pmatrix} 2 \\ -1 \\ 1 \end{pmatrix} = \begin{pmatrix} -2 \\ 3 \\ 1 \end{pmatrix}$$

（2）原方程组的矩阵形式为
$$\begin{pmatrix} 2 & 2 & 1 \\ 3 & 1 & 5 \\ 3 & 2 & 3 \end{pmatrix} \begin{pmatrix} x_1 \\ x_2 \\ x_3 \end{pmatrix} = \begin{pmatrix} 5 \\ 0 \\ 4 \end{pmatrix}$$

先求系数矩阵 $\boldsymbol{A} = \begin{pmatrix} 2 & 2 & 1 \\ 3 & 1 & 5 \\ 3 & 2 & 3 \end{pmatrix}$ 的逆矩阵. 因为

$$|\boldsymbol{A}| = \begin{vmatrix} 2 & 2 & 1 \\ 3 & 1 & 5 \\ 3 & 2 & 3 \end{vmatrix} = 1 \neq 0$$

所以 $\boldsymbol{A}$ 可逆，又因为

$$\boldsymbol{A}^* = \begin{pmatrix} -7 & -4 & 9 \\ 6 & 3 & -7 \\ 3 & 2 & -4 \end{pmatrix}$$

所以

$$\boldsymbol{A}^{-1} = \begin{pmatrix} -7 & -4 & 9 \\ 6 & 3 & -7 \\ 3 & 2 & -4 \end{pmatrix}$$

于是
$$\begin{pmatrix} x_1 \\ x_2 \\ x_3 \end{pmatrix} = \begin{pmatrix} 2 & 2 & 1 \\ 3 & 1 & 5 \\ 3 & 2 & 3 \end{pmatrix}^{-1} \begin{pmatrix} 5 \\ 0 \\ 4 \end{pmatrix} = \begin{pmatrix} -7 & -4 & 9 \\ 6 & 3 & -7 \\ 3 & 2 & -4 \end{pmatrix} \begin{pmatrix} 5 \\ 0 \\ 4 \end{pmatrix} = \begin{pmatrix} 1 \\ 2 \\ -1 \end{pmatrix}$$

习题 6.4

1. （1） $\begin{pmatrix} 5 & 14 & 24 \\ -1 & 2 & 0 \\ 1 & 3 & 5 \end{pmatrix} \xrightarrow{r_3 \leftrightarrow r_1} \begin{pmatrix} 1 & 3 & 5 \\ -1 & 2 & 0 \\ 5 & 14 & 24 \end{pmatrix} \xrightarrow[r_3 - 5r_1]{r_2 + r_1} \begin{pmatrix} 1 & 3 & 5 \\ 0 & 5 & 5 \\ 0 & -1 & -1 \end{pmatrix} \longrightarrow \begin{pmatrix} 1 & 3 & 5 \\ 0 & 5 & 5 \\ 0 & 0 & 0 \end{pmatrix}$

故 $R(\boldsymbol{A}) = 2$.

(2) $\begin{pmatrix} 1 & 1 & -1 & 1 \\ 2 & 3 & 0 & -5 \\ 6 & -1 & 2 & 3 \end{pmatrix} \xrightarrow[r_3-6r_1]{r_2-2r_1} \begin{pmatrix} 1 & 1 & -1 & 1 \\ 0 & 1 & 2 & -7 \\ 0 & -7 & 8 & -3 \end{pmatrix} \xrightarrow{r_3+7r_2} \begin{pmatrix} 1 & 1 & -1 & 1 \\ 0 & 1 & 2 & -7 \\ 0 & 0 & 22 & -52 \end{pmatrix}$

所以 $R(\boldsymbol{A}) = 3$.

(3) $\begin{pmatrix} 3 & 1 & 0 & 2 \\ 1 & 5 & -2 & 1 \\ 2 & -18 & 8 & 0 \end{pmatrix} \xrightarrow{r_2 \leftrightarrow r_1} \begin{pmatrix} 1 & 5 & -2 & 1 \\ 3 & 1 & 0 & 2 \\ 2 & -18 & 8 & 0 \end{pmatrix} \xrightarrow[r_3-2r_1]{r_2-3r_1} \begin{pmatrix} 1 & 5 & -2 & 1 \\ 0 & -14 & 6 & -1 \\ 0 & -28 & 12 & -2 \end{pmatrix}$

$\xrightarrow{r_3-2r_2} \begin{pmatrix} 1 & 5 & -2 & 1 \\ 0 & -14 & 6 & -1 \\ 0 & 0 & 0 & 0 \end{pmatrix}$

故 $R(\boldsymbol{A}) = 2$.

(4) $\begin{pmatrix} 1 & 2 & -2 & 3 \\ 2 & -1 & 4 & 1 \\ 3 & -3 & 2 & 3 \\ 1 & 2 & -2 & 3 \end{pmatrix} \xrightarrow[\substack{r_3-3r_1 \\ r_4-r_1}]{r_2-2r_1} \begin{pmatrix} 1 & 2 & -2 & 3 \\ 0 & -5 & 8 & -5 \\ 0 & -9 & 8 & -6 \\ 0 & 0 & 0 & 0 \end{pmatrix} \xrightarrow{r_3-\frac{9}{5}r_2} \begin{pmatrix} 1 & 2 & -2 & 3 \\ 0 & -5 & 8 & -5 \\ 0 & 0 & \frac{32}{5} & 3 \\ 0 & 0 & 0 & 0 \end{pmatrix}$

故 $R(\boldsymbol{A}) = 3$.

2. (1) $\begin{pmatrix} 2 & -3 & 1 & -5 \\ 1 & -2 & -1 & -2 \\ 4 & -2 & 7 & -7 \\ 1 & -1 & 2 & -3 \end{pmatrix} \xrightarrow{r_2 \leftrightarrow r_1} \begin{pmatrix} 1 & -2 & -1 & -2 \\ 2 & -3 & 1 & -5 \\ 4 & -2 & 7 & -7 \\ 1 & -1 & 2 & -3 \end{pmatrix}$

$\xrightarrow[\substack{r_3-4r_1 \\ r_4-r_1}]{r_2-2r_1} \begin{pmatrix} 1 & -2 & -1 & -2 \\ 0 & 1 & 3 & -1 \\ 0 & 6 & 11 & 1 \\ 0 & 1 & 3 & -1 \end{pmatrix} \xrightarrow[r_4-r_2]{r_3-6r_2} \begin{pmatrix} 1 & -2 & -1 & -2 \\ 0 & 1 & 3 & -1 \\ 0 & 0 & -7 & 7 \\ 0 & 0 & 0 & 0 \end{pmatrix}$

$\xrightarrow{r_3 \times \left(-\frac{1}{7}\right)} \begin{pmatrix} 1 & -2 & -1 & -2 \\ 0 & 1 & 3 & -1 \\ 0 & 0 & 1 & -1 \\ 0 & 0 & 0 & 0 \end{pmatrix} \xrightarrow[r_1+r_3]{r_2-3r_3} \begin{pmatrix} 1 & -2 & 0 & -3 \\ 0 & 1 & 0 & 2 \\ 0 & 0 & 1 & -1 \\ 0 & 0 & 0 & 0 \end{pmatrix}$

$\xrightarrow{r_1+2r_2} \begin{pmatrix} 1 & 0 & 0 & 1 \\ 0 & 1 & 0 & 2 \\ 0 & 0 & 1 & -1 \\ 0 & 0 & 0 & 0 \end{pmatrix}$

故 $R(\boldsymbol{A}) = 3$.

$$(2)\begin{bmatrix} 7 & -4 & 0 & -1 \\ -1 & 4 & 5 & -3 \\ 2 & 0 & 3 & 8 \\ 0 & 8 & 12 & -5 \end{bmatrix} \xrightarrow{r_2 \leftrightarrow r_1} \begin{bmatrix} -1 & 4 & 5 & -3 \\ 7 & -4 & 0 & -1 \\ 2 & 0 & 3 & 8 \\ 0 & 8 & 12 & -5 \end{bmatrix}$$

$$\xrightarrow[r_3 + 2r_1]{r_2 + 7r_1} \begin{bmatrix} -1 & 4 & 5 & -3 \\ 0 & 24 & 35 & -22 \\ 0 & 8 & 13 & 2 \\ 0 & 8 & 12 & -5 \end{bmatrix} \xrightarrow{r_3 \leftrightarrow r_2} \begin{bmatrix} -1 & 4 & 5 & -3 \\ 0 & 8 & 13 & 2 \\ 0 & 24 & 35 & -22 \\ 0 & 8 & 12 & -5 \end{bmatrix}$$

$$\xrightarrow[r_4 - r_2]{r_3 - 3r_2} \begin{bmatrix} -1 & 4 & 5 & -3 \\ 0 & 8 & 13 & 2 \\ 0 & 0 & -4 & -28 \\ 0 & 0 & -1 & -7 \end{bmatrix} \xrightarrow[r_2 \times \frac{1}{8}]{r_1 \times (-1)} \begin{bmatrix} 1 & -4 & -5 & 3 \\ 0 & 1 & \frac{13}{8} & \frac{1}{4} \\ 0 & 0 & 1 & 7 \\ 0 & 0 & 0 & 0 \end{bmatrix}$$

$$\xrightarrow[r_1 + 5r_3]{r_2 - \frac{13}{8}r_3} \begin{bmatrix} 1 & -4 & 0 & 38 \\ 0 & 1 & 0 & -\frac{89}{8} \\ 0 & 0 & 1 & 7 \\ 0 & 0 & 0 & 0 \end{bmatrix} \xrightarrow{r_1 + 4r_2} \begin{bmatrix} 1 & 0 & 0 & -\frac{13}{2} \\ 0 & 1 & 0 & -\frac{89}{8} \\ 0 & 0 & 1 & 7 \\ 0 & 0 & 0 & 0 \end{bmatrix}$$

故 $R(\boldsymbol{A}) = 3$.

3. (1) $\tilde{\boldsymbol{A}} = \begin{bmatrix} 1 & 1 & 1 & 1 \\ -1 & 2 & -4 & 2 \\ 2 & 5 & -1 & 3 \end{bmatrix} \xrightarrow[r_3 - 2r_1]{r_2 + r_1} \begin{bmatrix} 1 & 1 & 1 & 1 \\ 0 & 3 & -3 & 3 \\ 0 & 3 & -3 & 1 \end{bmatrix}$

$\xrightarrow{r_3 - r_2} \begin{bmatrix} 1 & 1 & 1 & 1 \\ 0 & 3 & -3 & 3 \\ 0 & 0 & 0 & -2 \end{bmatrix}$

由第三行知，原方程组无解.

(2) $\tilde{\boldsymbol{A}} = \begin{bmatrix} 1 & 2 & -3 & 4 \\ 2 & 3 & -5 & 7 \\ 4 & 3 & -9 & 9 \\ 2 & 5 & -8 & 8 \end{bmatrix} \xrightarrow[\substack{r_3 - 4r_1 \\ r_4 - 2r_1}]{r_2 - 2r_1} \begin{bmatrix} 1 & 2 & -3 & 4 \\ 0 & -1 & 1 & -1 \\ 0 & -5 & 3 & -7 \\ 0 & 1 & -2 & 0 \end{bmatrix}$

$$\xrightarrow[\substack{r_3 - 5r_2 \\ r_4 + r_2}]{} \begin{pmatrix} 1 & 2 & -3 & 4 \\ 0 & -1 & 1 & -1 \\ 0 & 0 & -2 & -2 \\ 0 & 0 & -1 & -1 \end{pmatrix} \longrightarrow \begin{pmatrix} 1 & 2 & -3 & 4 \\ 0 & -1 & 1 & -1 \\ 0 & 0 & 1 & 1 \\ 0 & 0 & 0 & 0 \end{pmatrix}$$

$$\xrightarrow[\substack{r_2 - r_3 \\ r_1 + 3r_3 \\ r_2 \times (-1)}]{} \begin{pmatrix} 1 & 2 & 0 & 7 \\ 0 & 1 & 0 & 2 \\ 0 & 0 & 1 & 1 \\ 0 & 0 & 0 & 0 \end{pmatrix} \xrightarrow[r_1 - 2r_2]{} \begin{pmatrix} 1 & 0 & 0 & 3 \\ 0 & 1 & 0 & 2 \\ 0 & 0 & 1 & 1 \\ 0 & 0 & 0 & 0 \end{pmatrix}$$

故 $\qquad x_1 = 3,\ x_2 = 2,\ x_3 = 1$

习题 6.5

1. (1) $\boldsymbol{A} = \begin{pmatrix} 2 & -\dfrac{1}{2} & -\dfrac{1}{2} & 0 \\ -\dfrac{1}{2} & 2 & 0 & -\dfrac{1}{2} \\ -\dfrac{1}{2} & 0 & 2 & -\dfrac{1}{2} \\ 0 & -\dfrac{1}{2} & -\dfrac{1}{2} & 2 \end{pmatrix} \xrightarrow[\text{各行乘以 } 2]{} \begin{pmatrix} 4 & -1 & -1 & 0 \\ -1 & 4 & 0 & -1 \\ -1 & 0 & 4 & -1 \\ 0 & -1 & -1 & 4 \end{pmatrix}$

$$\xrightarrow[r_3 \leftrightarrow r_1]{} \begin{pmatrix} -1 & 0 & 4 & -1 \\ -1 & 4 & 0 & -1 \\ 4 & -1 & -1 & 0 \\ 0 & -1 & -1 & 4 \end{pmatrix} \xrightarrow[\substack{r_2 - r_1 \\ r_3 + 4r_1}]{} \begin{pmatrix} -1 & 0 & 4 & -1 \\ 0 & 4 & -4 & 0 \\ 0 & -1 & 13 & -4 \\ 0 & -1 & -1 & 4 \end{pmatrix}$$

$$\xrightarrow[r_2 \leftrightarrow r_4]{} \begin{pmatrix} -1 & 0 & 4 & -1 \\ 0 & -1 & -1 & 4 \\ 0 & -1 & 13 & -4 \\ 0 & 4 & -4 & 0 \end{pmatrix} \xrightarrow[\substack{r_3 - r_2 \\ r_4 + 4r_2}]{} \begin{pmatrix} -1 & 0 & 4 & -1 \\ 0 & -1 & -1 & 4 \\ 0 & 0 & 14 & -8 \\ 0 & 0 & -8 & 4 \end{pmatrix}$$

$$\longrightarrow \begin{pmatrix} -1 & 0 & 4 & -1 \\ 0 & -1 & -1 & 4 \\ 0 & 0 & -2 & 1 \\ 0 & 0 & 0 & -1 \end{pmatrix}$$

因为 $R(\boldsymbol{A}) = 4 = n$，所以方程组只有零解.

$(2)\ \boldsymbol{A} = \begin{pmatrix} 1 & 1 & 2 & -1 \\ 2 & 1 & 1 & -1 \\ 2 & 2 & 1 & 2 \end{pmatrix} \xrightarrow[\ r_3 - 2r_1\ ]{r_2 - 2r_1} \begin{pmatrix} 1 & 1 & 2 & -1 \\ 0 & -1 & -3 & 1 \\ 0 & 0 & -3 & 4 \end{pmatrix}$

$\xrightarrow{\ r_3 \times \left(-\frac{1}{3}\right)\ } \begin{pmatrix} 1 & 1 & 2 & -1 \\ 0 & -1 & -3 & 1 \\ 0 & 0 & 1 & -\frac{4}{3} \end{pmatrix} \longrightarrow \begin{pmatrix} 1 & 0 & 0 & -\frac{4}{3} \\ 0 & 1 & 0 & 3 \\ 0 & 0 & 1 & -\frac{4}{3} \end{pmatrix}$

因为 $R(\boldsymbol{A}) = 3 < n = 4$，所以方程组有非零解.

令 $x_4 = c$，则原方程组的解为

$$x_1 = \frac{4}{3}c,\ x_2 = -3c,\ x_3 = \frac{4}{3}c,\ x_4 = c$$

2. (1) $\widetilde{\boldsymbol{A}} = \begin{pmatrix} 1 & 1 & 1 & 1 \\ 1 & 2 & -5 & 2 \\ 2 & 3 & -4 & 5 \end{pmatrix} \xrightarrow[\ r_3 - 2r_1\ ]{r_2 - r_1} \begin{pmatrix} 1 & 1 & 1 & 1 \\ 0 & 1 & -6 & 1 \\ 0 & 1 & -6 & 3 \end{pmatrix} \xrightarrow{\ r_3 - r_2\ } \begin{pmatrix} 1 & 1 & 1 & 1 \\ 0 & 1 & -6 & 1 \\ 0 & 0 & 0 & 2 \end{pmatrix}$

因为 $R(\boldsymbol{A}) \neq R(\widetilde{\boldsymbol{A}})$，所以原方程组无解.

$(2)\ \widetilde{\boldsymbol{A}} = \begin{pmatrix} 1 & 3 & 2 & 4 \\ 2 & 5 & 4 & 9 \\ 1 & 7 & 3 & 2 \\ 3 & 8 & 2 & 5 \end{pmatrix} \xrightarrow[\ r_3 - 3r_1\ ]{\substack{r_2 - 2r_1 \\ r_3 - r_1}} \begin{pmatrix} 1 & 3 & 2 & 4 \\ 0 & -1 & 0 & 1 \\ 0 & 4 & 1 & -2 \\ 0 & -1 & -4 & -7 \end{pmatrix} \xrightarrow[\ r_4 - r_2\ ]{r_3 + 4r_2} \begin{pmatrix} 1 & 3 & 2 & 4 \\ 0 & -1 & 0 & 1 \\ 0 & 0 & 1 & 2 \\ 0 & 0 & -4 & -8 \end{pmatrix}$

$\xrightarrow{\ r_4 + 4r_3\ } \begin{pmatrix} 1 & 3 & 2 & 4 \\ 0 & -1 & 0 & 1 \\ 0 & 0 & 1 & 2 \\ 0 & 0 & 0 & 0 \end{pmatrix} \xrightarrow[\ r_2 \times (-1)\ ]{\substack{r_1 + 3r_2 \\ r_1 - 2r_3}} \begin{pmatrix} 1 & 0 & 0 & 3 \\ 0 & 1 & 0 & -1 \\ 0 & 0 & 1 & 2 \\ 0 & 0 & 0 & 0 \end{pmatrix}$

因为 $R(\boldsymbol{A}) = R(\widetilde{\boldsymbol{A}}) = n = 3$，所以原方程组有唯一解，且解为

$$\begin{cases} x_1 = 3 \\ x_2 = -1 \\ x_3 = 2 \end{cases}$$

$(3)\ \widetilde{\boldsymbol{A}} = \begin{pmatrix} 1 & 1 & -3 & -1 & 1 \\ 3 & -1 & -3 & 4 & 4 \\ 1 & 5 & -9 & -8 & 0 \end{pmatrix} \xrightarrow[\ r_3 - r_1\ ]{r_2 - 3r_1} \begin{pmatrix} 1 & 1 & -3 & -1 & 1 \\ 0 & -4 & 6 & 7 & 1 \\ 0 & 4 & -6 & -7 & -1 \end{pmatrix}$

$$\longrightarrow \begin{bmatrix} 1 & 0 & -\dfrac{3}{2} & \dfrac{3}{4} & \dfrac{5}{4} \\ 0 & 1 & -\dfrac{3}{2} & -\dfrac{7}{4} & -\dfrac{1}{4} \\ 0 & 0 & 0 & 0 & 0 \end{bmatrix}$$

原方程组的同解方程组是

$$\begin{cases} x_1 = \dfrac{3}{2}x_3 - \dfrac{3}{4}x_4 + \dfrac{5}{4} \\ x_2 = \dfrac{3}{2}x_3 + \dfrac{7}{4}x_4 - \dfrac{1}{4} \end{cases}$$

令 $x_3 = c_1$，$x_4 = c_2$，则原方程组的解为

$$\begin{cases} x_1 = \dfrac{3}{2}c_1 - \dfrac{3}{4}c_2 + \dfrac{5}{4} \\ x_2 = \dfrac{3}{2}c_1 + \dfrac{7}{4}c_2 - \dfrac{1}{4} \end{cases}$$

3. $\widetilde{\boldsymbol{A}} = \begin{bmatrix} a & 1 & 1 & 1 \\ 1 & a & 1 & a \\ 1 & 1 & a & a^2 \end{bmatrix} \xrightarrow{r_3 \leftrightarrow r_1} \begin{bmatrix} 1 & 1 & a & a^2 \\ 1 & a & 1 & a \\ a & 1 & 1 & 1 \end{bmatrix} \xrightarrow[r_4 - ar_1]{r_2 - r_1} \begin{bmatrix} 1 & 1 & a & a^2 \\ 0 & a-1 & 1-a & a-a^2 \\ 0 & 1-a & 1-a^2 & 1-a^3 \end{bmatrix}$

$\xrightarrow{r_3 + r_2} \begin{bmatrix} 1 & 1 & a & a^2 \\ 0 & a-1 & 1-a & a-a^2 \\ 0 & 0 & 2-a-a^2 & 1+a-a^2-a^3 \end{bmatrix}$

$= \begin{bmatrix} 1 & 1 & a & a^2 \\ 0 & a-1 & 1-a & a(1-a) \\ 0 & 0 & (1-a)(2+a) & (1-a)(1+a)^2 \end{bmatrix} = \boldsymbol{B}$

当 $a \neq 1$，$a \neq -2$ 时，$\boldsymbol{B}$ 可变换成

$$\begin{bmatrix} 1 & 1 & a & a^2 \\ 0 & 1 & -1 & -a \\ 0 & 0 & a+2 & (1+a)^2 \end{bmatrix}$$

此时 $R(\boldsymbol{A}) = R(\widetilde{\boldsymbol{A}}) = n = 3$，原方程组有唯一解.

当 $a = 1$ 时，$\boldsymbol{B}$ 可变换成

$$\begin{bmatrix} 1 & 1 & 1 & 1 \\ 0 & 0 & 0 & 0 \\ 0 & 0 & 0 & 0 \end{bmatrix}$$

此时 $R(\boldsymbol{A}) = R(\widetilde{\boldsymbol{A}}) = 1 < n = 3$，原方程组有无穷多组解.

当 $a = -2$ 时，$\boldsymbol{B}$ 可变换成

$$\begin{pmatrix} 1 & 1 & -2 & 4 \\ 0 & -3 & 3 & -6 \\ 0 & 0 & 0 & 3 \end{pmatrix}$$

此时 $R(\boldsymbol{A}) \neq R(\widetilde{\boldsymbol{A}})$，原方程组无解．

综合练习题 6

一、选择题

1. B.　　2. B.　　3. C.　　4. C.　　5. C.

二、填空题

1. $n \times s$.　　　2. -12.　　　3. $\dfrac{1}{4}\begin{pmatrix} 2 & 1 & 1 \\ 1 & 2 & 1 \\ 1 & 1 & 2 \end{pmatrix}$.　　　4. $\begin{pmatrix} 81 & 81 & 81 \\ 81 & 81 & 81 \\ 81 & 81 & 81 \end{pmatrix}$.　　　5. $-\dfrac{1}{3} 2^{2n-1}$.

三、解答题

1. (1) $\begin{vmatrix} 1 & 2 & 3 \\ 0 & 1 & 2 \\ 1 & 1 & 1 \end{vmatrix} = \begin{vmatrix} 1 & 2 & 3 \\ 0 & 1 & 2 \\ 0 & -1 & -2 \end{vmatrix} = \begin{vmatrix} 1 & 2 & 3 \\ 0 & 1 & 2 \\ 0 & 0 & 0 \end{vmatrix} = 0$

(2) $\begin{vmatrix} 103 & 100 & 204 \\ 199 & 200 & 395 \\ 301 & 300 & 600 \end{vmatrix} = \begin{vmatrix} 100+3 & 100 & 200+4 \\ 200-1 & 200 & 400-5 \\ 300+1 & 300 & 600+0 \end{vmatrix} = \begin{vmatrix} 3 & 100 & 4 \\ -1 & 200 & -5 \\ 1 & 300 & 0 \end{vmatrix}$

$$= 100 \begin{vmatrix} 3 & 1 & 4 \\ -1 & 2 & -5 \\ 1 & 3 & 0 \end{vmatrix} = 2000$$

(3) $\begin{vmatrix} 0 & 1 & 1 & 1 \\ 1 & 0 & 1 & 1 \\ 1 & 1 & 0 & 1 \\ 1 & 1 & 1 & 0 \end{vmatrix} = \begin{vmatrix} 3 & 1 & 1 & 1 \\ 3 & 0 & 1 & 1 \\ 3 & 1 & 0 & 1 \\ 3 & 1 & 1 & 0 \end{vmatrix} = 3 \begin{vmatrix} 1 & 1 & 1 & 1 \\ 1 & 0 & 1 & 1 \\ 1 & 1 & 0 & 1 \\ 1 & 1 & 1 & 0 \end{vmatrix} = 3 \begin{vmatrix} 1 & 1 & 1 & 1 \\ 0 & -1 & 0 & 0 \\ 0 & 0 & -1 & 0 \\ 0 & 0 & 0 & -1 \end{vmatrix}$

$$= -3$$

(4) $\begin{vmatrix} 1+x & 1 & 1 & 1 \\ 1 & 1-x & 1 & 1 \\ 1 & 1 & 1+y & 1 \\ 1 & 1 & 1 & 1-y \end{vmatrix} = \begin{vmatrix} 1+x & 1 & 1 & 1 \\ -x & -x & 0 & 0 \\ -x & 0 & y & 0 \\ -x & 0 & 0 & -y \end{vmatrix} = \begin{vmatrix} x & 1 & 1 & 1 \\ 0 & -x & 0 & 0 \\ 0 & 0 & y & 0 \\ 0 & 0 & 0 & -y \end{vmatrix}$

$$= x^2 y^2$$

2.
$$\begin{vmatrix} a_1+b_1 & b_1+c_1 & c_1+a_1 \\ a_2+b_2 & b_2+c_2 & c_2+a_2 \\ a_3+b_3 & b_3+c_3 & c_3+a_3 \end{vmatrix} = 2\begin{vmatrix} a_1+b_1+c_1 & b_1+c_1 & c_1+a_1 \\ a_2+b_2+c_2 & b_2+c_2 & c_2+a_2 \\ a_3+b_3+c_3 & b_3+c_3 & c_3+a_3 \end{vmatrix}$$

$$= \begin{vmatrix} a_1+b_1+c_1 & -a_1 & -b_1 \\ a_2+b_2+c_2 & -a_2 & -b_2 \\ a_3+b_3+c_3 & -a_3 & -b_3 \end{vmatrix} = 2\begin{vmatrix} c_1 & a_1 & b_1 \\ c_2 & a_2 & b_2 \\ c_3 & a_3 & b_3 \end{vmatrix} = 2\begin{vmatrix} a_1 & a_2 & a_3 \\ b_1 & b_2 & b_3 \\ c_1 & c_2 & c_3 \end{vmatrix}$$

3. 设第 i 台打印机一分钟打印 x_i 行字 ($i=1,2,3$)，根据题意，可建立如下的方程组：

$$\begin{cases} x_1 + x_2 + x_3 = 9000 \\ 2x_1 + 3x_2 \quad\quad = 12\,000 \\ x_1 + 2x_2 + 3x_3 = 17\,500 \end{cases}$$

该方程组的增广矩阵为

$$\widetilde{A} = \begin{pmatrix} 1 & 1 & 1 & 9000 \\ 2 & 3 & 0 & 12\,000 \\ 1 & 2 & 3 & 17\,500 \end{pmatrix}$$

将方程组的求解转化为对增广矩阵化简：

$$\widetilde{A} = \begin{pmatrix} 1 & 1 & 1 & 9000 \\ 2 & 3 & 0 & 12\,000 \\ 1 & 2 & 3 & 17\,500 \end{pmatrix} \xrightarrow[r_3-r_1]{r_2-2r_1} \begin{pmatrix} 1 & 1 & 1 & 9000 \\ 0 & 1 & -2 & -6000 \\ 0 & 1 & 2 & 8500 \end{pmatrix}$$

$$\xrightarrow[r_1-r_2]{r_3-r_2} \begin{pmatrix} 1 & 0 & 3 & 15\,000 \\ 0 & 1 & -2 & -6000 \\ 0 & 0 & 4 & 14\,500 \end{pmatrix} \xrightarrow{\frac{1}{4}r_3} \begin{pmatrix} 1 & 0 & 3 & 15\,000 \\ 0 & 1 & -2 & -6000 \\ 0 & 0 & 1 & 3625 \end{pmatrix}$$

$$\xrightarrow[r_2+2r_3]{r_1-3r_3} \begin{pmatrix} 1 & 0 & 0 & 4125 \\ 0 & 1 & 0 & 1250 \\ 0 & 0 & 1 & 3625 \end{pmatrix}$$

因此，三台打印机每分钟可打印的行数分别为 4125 行、1250 行、3625 行.

4. 设配制 A 试剂需要甲、乙两种化学原料分别为 x,y；配制 B 试剂需要甲、乙两种化学原料分别为 s,t. 根据题意，得如下矩阵方程：

$$\begin{pmatrix} 0.1 & 0.1 \\ 0.2 & 0.3 \end{pmatrix}\begin{pmatrix} x & s \\ y & t \end{pmatrix} = \begin{pmatrix} 2 & 1 \\ 5 & 2 \end{pmatrix}$$

设
$$A = \begin{pmatrix} 0.1 & 0.1 \\ 0.2 & 0.3 \end{pmatrix},\ X = \begin{pmatrix} x & s \\ y & t \end{pmatrix},\ B = \begin{pmatrix} 2 & 1 \\ 5 & 2 \end{pmatrix}$$

则
$$X = A^{-1}B$$

下面用初等行变换求 A^{-1}.

$$\begin{pmatrix} 0.1 & 0.1 & 1 & 0 \\ 0.2 & 0.3 & 0 & 1 \end{pmatrix} \xrightarrow{10r_1} \begin{pmatrix} 1 & 1 & 10 & 0 \\ 2 & 3 & 0 & 10 \end{pmatrix} \xrightarrow{r_2-2r_1} \begin{pmatrix} 1 & 1 & 10 & 0 \\ 0 & 1 & -20 & 10 \end{pmatrix}$$

$$\xrightarrow{r_1-r_2} \begin{pmatrix} 1 & 0 & 30 & -10 \\ 0 & 1 & -20 & 10 \end{pmatrix}$$

即

$$A^{-1} = \begin{pmatrix} 30 & -10 \\ -20 & 10 \end{pmatrix}$$

所以

$$X = \begin{pmatrix} x & s \\ y & t \end{pmatrix} = \begin{pmatrix} 30 & -10 \\ -20 & 10 \end{pmatrix}\begin{pmatrix} 2 & 1 \\ 5 & 2 \end{pmatrix} = \begin{pmatrix} 10 & 10 \\ 10 & 0 \end{pmatrix}$$

即配制 A 试剂分别需要甲、乙两种化学原料各 10 g，配制 B 试剂需要甲、乙两种原料各 10 g、0 g.

5. 将 $(x_1，y_1)$，$(x_2，y_2)$，$(x_3，y_3)$ 代入已知二次函数模型中，得方程组：

$$\begin{cases} a + 6b + 36c = 104 \\ a + 10b + 100c = 160 \\ 2 + 20b + 400c = 370 \end{cases}$$

利用初等行变换将其增广矩阵化成行简化阶梯矩阵，再求解. 即

$$(A，B) = \begin{bmatrix} 1 & 6 & 36 & 104 \\ 1 & 10 & 100 & 160 \\ 1 & 20 & 400 & 370 \end{bmatrix} \rightarrow \begin{bmatrix} 1 & 6 & 36 & 104 \\ 0 & 4 & 64 & 56 \\ 0 & 14 & 364 & 266 \end{bmatrix} \rightarrow \begin{bmatrix} 1 & 6 & 36 & 104 \\ 0 & 1 & 16 & 14 \\ 0 & 0 & 140 & 70 \end{bmatrix}$$

$$\rightarrow \begin{bmatrix} 1 & 6 & 0 & 86 \\ 0 & 1 & 0 & 6 \\ 0 & 0 & 1 & 0.5 \end{bmatrix} \rightarrow \begin{bmatrix} 1 & 0 & 0 & 50 \\ 0 & 1 & 0 & 6 \\ 0 & 0 & 1 & 0.5 \end{bmatrix}$$

方程组的解为 $a = 50，b = 6c = 0.5$. 因此总成本函数为

$$y = 50 + 6x + 0.5x^2$$

6. 据题意，得如下矩阵方程：

$$\begin{pmatrix} 1 & 1 \\ 1 & -1 \end{pmatrix}\begin{bmatrix} x_1 \\ x_2 \end{bmatrix} = \begin{pmatrix} 60 \\ 40 \end{pmatrix}$$

设

$$A = \begin{pmatrix} 1 & 1 \\ 1 & -1 \end{pmatrix}，X = \begin{bmatrix} x_1 \\ x_2 \end{bmatrix}，B = \begin{pmatrix} 60 \\ 40 \end{pmatrix}$$

则

$$X = A^{-1}B$$

用初等行变换求出 A^{-1}，即

$$A^{-1} = \begin{pmatrix} \dfrac{1}{2} & \dfrac{1}{2} \\ \dfrac{1}{2} & -\dfrac{1}{2} \end{pmatrix}$$

所以

$$X = \begin{pmatrix} x_1 \\ x_2 \end{pmatrix} = \begin{pmatrix} \dfrac{1}{2} & \dfrac{1}{2} \\ \dfrac{1}{2} & -\dfrac{1}{2} \end{pmatrix} \begin{pmatrix} 60 \\ 40 \end{pmatrix} = \begin{pmatrix} 50 \\ 10 \end{pmatrix}$$

即轮船航行的静水速度是 50 km/h，水流的速度是 10 km/h.

7. 设 A，B 分别是去年和今年上半年公司下属甲、乙、丙三个工厂生产四种产品的产量矩阵，则

$$A = \begin{pmatrix} 4 & 6 & 3 & 7 \\ 6 & 2 & 9 & 3 \\ 7 & 8 & 9 & 4 \end{pmatrix}, B = \begin{pmatrix} 5 & 6 & 7 & 9 \\ 4 & 3 & 6 & 4 \\ 5 & 4 & 3 & 5 \end{pmatrix}$$

若用 X 表示今年下半年的产量矩阵，则由题意可知

$$B + X = 3A$$

于是

$$X = 3A - B = 3 \begin{pmatrix} 4 & 6 & 3 & 7 \\ 6 & 2 & 9 & 3 \\ 7 & 8 & 9 & 4 \end{pmatrix} - \begin{pmatrix} 5 & 6 & 7 & 9 \\ 4 & 3 & 6 & 4 \\ 5 & 4 & 3 & 5 \end{pmatrix}$$

$$= \begin{pmatrix} 12 & 18 & 9 & 21 \\ 18 & 6 & 27 & 9 \\ 21 & 24 & 27 & 12 \end{pmatrix} - \begin{pmatrix} 5 & 6 & 7 & 9 \\ 4 & 3 & 6 & 4 \\ 5 & 4 & 3 & 5 \end{pmatrix} = \begin{pmatrix} 7 & 12 & 2 & 12 \\ 14 & 3 & 21 & 5 \\ 16 & 20 & 24 & 7 \end{pmatrix}$$

所以公司今年下半年必须完成的生产量可以列表如下：

（单位：台）

产量　产品　工厂	I	II	III	IV
甲	7	12	2	12
乙	14	3	21	5
丙	16	20	24	7

附录 1　常用初等数学公式

一、代数公式

1. 指数和对数运算

(1) $a^x a^y = a^{x+y}$，　$\dfrac{a^x}{a^y} = a^{x-y}$，　$(a^x)^y = a^{xy}$，　$\sqrt[y]{a^x} = a^{\frac{x}{y}}$

(2) $\log_a 1 = 0$，　$\log_a a = 1$

(3) $\log_a N_1 \cdot N_2 = \log_a N_1 + \log_a N_2$

(4) $\log_a \dfrac{N_1}{N_2} = \log_a N_1 - \log_a N_2$

(5) $\log_a (N^n) = n \log_a N$

(6) $\log_a \sqrt[n]{N} = \dfrac{1}{n} \log_a N$，　$\log_b N = \dfrac{\log_a N}{\log_a b}$

(7) $e \approx 2.7183$，　$\lg e \approx 0.4343$，　$\ln 10 \approx 2.3026$

2. 有限项和

(1) $1 + 2 + 3 + \cdots + n = \dfrac{n(n+1)}{2}$

(2) $1^2 + 2^2 + 3^2 + \cdots + n^2 = \dfrac{1}{6} n(n+1)(2n+1)$

(3) $1 + 3 + 5 + \cdots + (2n-3) + (2n-1) = n^2$

(4) $2 + 4 + 6 + \cdots + (2n-2) + 2n = n(n+1)$

(5) $a + aq + aq^2 + \cdots + aq^{n-1} = a\dfrac{1-q^n}{1-q}$　$(q \neq 1)$

3. 牛顿二项式公式

$$
\begin{aligned}
(a+b)^n &= \sum_{r=0}^{n} C_n^r a^{n-r} b^r \\
&= a^n + C_n^1 a^{n-1} b + C_n^2 a^{n-2} b^2 + \cdots + C_n^r a^{n-r} b^r + \cdots + C_n^{n-1} ab^{n-1} + b^n \\
&= a^n + na^{n-1} b + \frac{n(n-1)}{2} a^{n-2} b^2 + \cdots + \frac{n(n-1)\cdots(n-r+1)}{r!} a^{n-r} b^r + \cdots \\
&\quad + nab^{n-1} + b^n
\end{aligned}
$$

4. 因式分解公式

(1) $(a \pm b)^2 = a^2 \pm 2ab + b^2$, $(a+b)(a-b) = a^2 - b^2$

(2) $(a \pm b)^3 = a^3 \pm 3a^2 b + 3ab^2 \pm b^3$, $(a \pm b)(a^2 \mp ab + b^2) = a^3 \pm b^3$

(3) $(a+b+c)^2 = a^2 + b^2 + c^2 + 2ab + 2ac + 2bc$

(4) $(a-b)(a^{n-1} + a^{n-2}b + a^{n-3}b^2 + \cdots + b^{n-1}) = a^n - b^n$

5. 不等式

(1) $|a \pm b| \leqslant |a| + |b|$

(2) $\sqrt[n]{a_1 a_2 \cdots a_n} \leqslant \dfrac{a_1 + a_2 + \cdots + a_n}{n}$

(3) $\left| \dfrac{a_1 + a_2 + \cdots + a_n}{n} \right| \leqslant \sqrt{\dfrac{a_1^2 + a_2^2 + \cdots + a_n^2}{n}}$

二、三角公式

1. 三角函数的基本公式

(1) $\sin^2 \alpha + \cos^2 \alpha = 1$

(2) $1 + \tan^2 \alpha = \sec^2 \alpha$, $1 + \cot^2 \alpha = \csc^2 \alpha$

(3) $\dfrac{\sin \alpha}{\cos \alpha} = \tan \alpha$, $\dfrac{\cos \alpha}{\sin \alpha} = \cot \alpha$

(4) $\csc \alpha = \dfrac{1}{\sin \alpha}$, $\sec \alpha = \dfrac{1}{\cos \alpha}$, $\cot \alpha = \dfrac{1}{\tan \alpha}$

2. 三角函数的诱导公式

(1) $\sin(-\alpha) = -\sin \alpha$, $\sin\left(\dfrac{\pi}{2} \pm \alpha\right) = \cos \alpha$, $\sin(\pi \pm \alpha) = \mp \sin \alpha$

$\sin\left(\dfrac{3\pi}{2} \pm \alpha\right) = -\cos \alpha$, $\sin(2\pi \pm \alpha) = \pm \sin \alpha$

(2) $\cos(-\alpha) = \cos \alpha$, $\cos\left(\dfrac{\pi}{2} \pm \alpha\right) = \mp \sin \alpha$, $\cos(\pi \pm \alpha) = -\cos \alpha$

$\cos\left(\dfrac{3\pi}{2} \pm \alpha\right) = \pm \sin \alpha$, $\cos(2\pi \pm \alpha) = \cos \alpha$

3. 三角函数的和差公式

(1) $\sin(\alpha \pm \beta) = \sin \alpha \cos \beta \pm \cos \alpha \sin \beta$

(2) $\cos(\alpha \pm \beta) = \cos \alpha \cos \beta \mp \sin \alpha \sin \beta$

(3) $\tan(\alpha \pm \beta) = \dfrac{\tan \alpha \pm \tan \beta}{1 \mp \tan \alpha \tan \beta}$

(4) $\cot(\alpha \pm \beta) = \dfrac{\cot \alpha \cot \beta \mp 1}{\cot \beta \pm \cot \beta}$

(5) $\sin\alpha + \sin\beta = 2\sin\dfrac{\alpha+\beta}{2}\cos\dfrac{\alpha-\beta}{2}$

(6) $\sin\alpha - \sin\beta = 2\cos\dfrac{\alpha+\beta}{2}\sin\dfrac{\alpha-\beta}{2}$

(7) $\cos\alpha + \cos\beta = 2\cos\dfrac{\alpha+\beta}{2}\cos\dfrac{\alpha-\beta}{2}$

(8) $\cos\alpha - \cos\beta = -2\sin\dfrac{\alpha+\beta}{2}\sin\dfrac{\alpha-\beta}{2}$

(9) $\cos\alpha\cos\beta = \dfrac{1}{2}\left[\cos(\alpha-\beta) + \cos(\alpha+\beta)\right]$

(10) $\sin\alpha\sin\beta = \dfrac{1}{2}\left[\cos(\alpha-\beta) - \cos(\alpha+\beta)\right]$

(11) $\sin\alpha\cos\beta = \dfrac{1}{2}\left[\sin(\alpha-\beta) + \sin(\alpha+\beta)\right]$

4. 三角函数的倍角与半角公式

(1) $\sin 2\alpha = 2\sin\alpha\cos\alpha$

(2) $\cos 2\alpha = \cos^2\alpha - \sin^2\alpha = 2\cos^2\alpha - 1 = 1 - 2\sin^2\alpha$

(3) $\tan 2\alpha = \dfrac{2\tan\alpha}{1 - \tan^2\alpha}$, $\cot 2\alpha = \dfrac{\cot^2\alpha - 1}{2\cot\alpha}$

(4) $\sin\dfrac{\alpha}{2} = \pm\sqrt{\dfrac{1 - \cos\alpha}{2}}$, $\cos\dfrac{\alpha}{2} = \pm\sqrt{\dfrac{1 + \cos\alpha}{2}}$

(5) $\cot\dfrac{\alpha}{2} = \pm\sqrt{\dfrac{1 + \cos\alpha}{1 - \cos\alpha}}$

5. 三角函数的降幂公式

(1) $\sin^2\alpha = \dfrac{1}{2}(1 - \cos 2\alpha)$

(2) $\cos^2\alpha = \dfrac{1}{2}(1 + \cos 2\alpha)$

(3) $\sin^3\alpha = \dfrac{1}{4}(3\sin\alpha - \sin 3\alpha)$

(4) $\cos^3\alpha = \dfrac{1}{4}(3\cos\alpha + \cos 3\alpha)$

6. 反三角函数的恒等式

(1) $\arcsin x + \arccos x = \dfrac{\pi}{2}$　$(-1 \leqslant x \leqslant 1)$

(2) $\arctan x + \operatorname{arccot} x = \dfrac{\pi}{2}$　$(-\infty < x < +\infty)$

附录 2　简易积分表

一、含有 $a + bx (b \neq 0)$ 的积分

(1) $\displaystyle\int \frac{\mathrm{d}x}{a + bx} = \frac{1}{b}\ln |a + bx| + C.$

(2) $\displaystyle\int (a + bx)^u \mathrm{d}x = \frac{1}{b(u + 1)}(a + bx)^{u+1} + C \quad (u \neq -1).$

(3) $\displaystyle\int \frac{x}{a + bx}\mathrm{d}x = \frac{1}{b^2}(a + bx - a\ln |a + bx|) + C.$

(4) $\displaystyle\int \frac{x^2}{a + bx}\mathrm{d}x = \frac{1}{b^3}\left[\frac{1}{2}(a + bx)^2 - 2a(a + bx) + a^2\ln |a + bx|\right] + C.$

(5) $\displaystyle\int \frac{\mathrm{d}x}{x(a + bx)} = -\frac{1}{a}\ln \left|\frac{a + bx}{x}\right| + C \quad (a \neq 0).$

(6) $\displaystyle\int \frac{\mathrm{d}x}{x^2(a + bx)} = -\frac{1}{ax} + \frac{b}{a^2}\ln \left|\frac{a + bx}{x}\right| + C \quad (a \neq 0).$

(7) $\displaystyle\int \frac{x\mathrm{d}x}{(a + bx)^2} = \frac{1}{b^2}\left[\ln |a + bx| + \frac{a}{a + bx}\right] + C.$

(8) $\displaystyle\int \frac{x^2}{(a + bx)^2}\mathrm{d}x = \frac{1}{b^3}\left(a + bx - 2a\ln |a + bx| - \frac{a^2}{a + bx}\right) + C.$

(9) $\displaystyle\int \frac{\mathrm{d}x}{x(a + bx)^2} = \frac{1}{a(a + bx)} - \frac{1}{a^2}\ln \left|\frac{a + bx}{x}\right| + C \quad (a \neq 0).$

二、含有 $\sqrt{a + bx}$ $(b \neq 0)$ 的积分

(1) $\displaystyle\int \sqrt{a + bx}\,\mathrm{d}x = \frac{2}{3b}\sqrt{(a + bx)^3} + C.$

(2) $\displaystyle\int x\sqrt{a + bx}\,\mathrm{d}x = \frac{2}{15b^2}(3bx - 2a)\sqrt{(a + bx)^3} + C.$

(3) $\displaystyle\int x^2\sqrt{a + bx}\,\mathrm{d}x = \frac{2}{105b^3}(8a^2 - 12abx + 15b^2x^2)\sqrt{(a + bx)^3} + C.$

(4) $\displaystyle\int \frac{x}{\sqrt{a + bx}}\mathrm{d}x = \frac{2}{3b^2}(bx - 2a)\sqrt{a + bx} + C.$

(5) $\displaystyle\int \frac{x^2}{\sqrt{a + bx}}\mathrm{d}x = \frac{2}{15b^3}(8a^2 - 4abx + 3b^2x^2)\sqrt{a + bx} + C.$

(6) $\displaystyle\int \frac{\mathrm{d}x}{x\sqrt{a + bx}} = \begin{cases} \dfrac{1}{\sqrt{a}}\ln \left|\dfrac{\sqrt{a + bx} - \sqrt{a}}{\sqrt{a + bx} + \sqrt{a}}\right| + C & (a > 0) \\[3mm] \dfrac{2}{\sqrt{-a}}\arctan \sqrt{\dfrac{a + bx}{-a}} + C & (a < 0) \end{cases}.$

(7) $\displaystyle\int \frac{\mathrm{d}x}{x^2\sqrt{a+bx}} = -\frac{\sqrt{a+bx}}{ax} - \frac{b}{2a}\int \frac{\mathrm{d}x}{x\sqrt{a+bx}}.$

(8) $\displaystyle\int \frac{\sqrt{a+bx}}{x}\mathrm{d}x = 2\sqrt{a+bx} + a\int \frac{\mathrm{d}x}{x\sqrt{a+bx}}.$

(9) $\displaystyle\int \frac{\sqrt{a+bx}}{x^2}\mathrm{d}x = -\frac{\sqrt{a+bx}}{x} + \frac{b}{2}\int \frac{\mathrm{d}x}{x\sqrt{a+bx}}.$

三、含有 $x^2 \pm a^2$　$(a \neq 0)$ 的积分

(1) $\displaystyle\int \frac{\mathrm{d}x}{x^2+a^2} = \frac{1}{a}\arctan \frac{x}{a} + C.$

(2) $\displaystyle\int \frac{\mathrm{d}x}{(x^2+a^2)^n} = \frac{x}{2(n-1)a^2(x^2+a^2)^{n-1}} + \frac{2n-3}{2(n-1)a^2}\int \frac{\mathrm{d}x}{(x^2+a^2)^{n-1}}.$

(3) $\displaystyle\int \frac{\mathrm{d}x}{x^2-a^2} = \frac{1}{2a}\ln\left|\frac{x-a}{x+a}\right| + C.$

四、含有 $a+bx^2$　$(a > 0)$ 的积分

(1) $\displaystyle\int \frac{\mathrm{d}x}{a+bx} = \begin{cases} \dfrac{1}{\sqrt{ab}}\arctan \sqrt{\dfrac{b}{a}}x + C & (a>0,\, b>0) \\[3mm] \dfrac{1}{2\sqrt{-ab}}\ln\left|\dfrac{\sqrt{-a}-\sqrt{bx}}{\sqrt{-a}+\sqrt{bx}}\right| + C & (a<0,\, b>0) \end{cases}.$

(2) $\displaystyle\int \frac{x}{a+bx}\mathrm{d}x = \frac{1}{2b}\ln|a+bx^2| + C$　$(b \neq 0).$

(3) $\displaystyle\int \frac{x^2}{a+bx^2}\mathrm{d}x = \frac{x}{b} - \frac{a}{b}\int \frac{\mathrm{d}x}{a+bx^2}$　$(b \neq 0).$

(4) $\displaystyle\int \frac{\mathrm{d}x}{x(a+bx^2)} = \frac{1}{2a}\ln\left|\frac{x^2}{a+bx^2}\right| + C.$

(5) $\displaystyle\int \frac{\mathrm{d}x}{x^2(a+bx^2)} = -\frac{1}{ax} - \frac{b}{a}\int \frac{\mathrm{d}x}{a+bx^2}.$

(6) $\displaystyle\int \frac{\mathrm{d}x}{x^3(a+bx^2)} = \frac{b}{2a^2}\ln\left|\frac{a+bx^2}{x^2}\right| - \frac{1}{2ax^2} + C.$

(7) $\displaystyle\int \frac{\mathrm{d}x}{(a+bx^2)^2} = \frac{x}{2a(a+bx^2)} + \frac{1}{2a}\int \frac{\mathrm{d}x}{a+bx^2}.$

五、含有 $\sqrt{x^2+a^2}$　$(a > 0)$ 的积分

(1) $\displaystyle\int \sqrt{x^2+a^2}\,\mathrm{d}x = \frac{x}{2}\sqrt{x^2+a^2} + \frac{a^2}{2}\ln(x+\sqrt{x^2+a^2}) + C.$

(2) $\displaystyle\int \sqrt{(x^2+a^2)^3}\,\mathrm{d}x = \frac{x}{8}(2x^2+5a^2)\sqrt{x^2+a^2} + \frac{3}{8}a^4\ln(x+\sqrt{x^2+a^2}) + C.$

(3) $\int x \sqrt{x^2 + a^2}\,\mathrm{d}x = \frac{1}{3}\sqrt{(x^2 + a^2)^3} + C.$

(4) $\int x^2 \sqrt{x^2 + a^2}\,\mathrm{d}x = \frac{x}{8}(2x^2 + a^2)\sqrt{x^2 + a^2} - \frac{a^4}{8}\ln(x + \sqrt{x^2 + a^2}) + C.$

(5) $\int \dfrac{\mathrm{d}x}{\sqrt{x^2 + a^2}} = \ln(x + \sqrt{x^2 + a^2}) + C.$

(6) $\int \dfrac{\mathrm{d}x}{\sqrt{(x^2 + a^2)^3}} = \dfrac{x}{a^2\sqrt{x^2 + a^2}} + C.$

(7) $\int \dfrac{x}{\sqrt{x^2 + a^2}}\,\mathrm{d}x = \sqrt{x^2 + a^2} + C.$

(8) $\int \dfrac{x}{\sqrt{(x^2 + a^2)^3}}\,\mathrm{d}x = -\dfrac{1}{\sqrt{x^2 + a^2}} + C.$

(9) $\int \dfrac{x^2}{\sqrt{x^2 + a^2}}\,\mathrm{d}x = \dfrac{x}{2}\sqrt{x^2 + a^2} - \dfrac{a^2}{2}\ln(x + \sqrt{x^2 + a^2}) + C.$

(10) $\int \dfrac{x^2}{\sqrt{(x^2 + a^2)^3}}\,\mathrm{d}x = -\dfrac{x}{\sqrt{x^2 + a^2}} + \ln(x + \sqrt{x^2 + a^2}) + C.$

(11) $\int \dfrac{\mathrm{d}x}{x\sqrt{x^2 + a^2}} = \dfrac{1}{a}\ln\dfrac{\sqrt{x^2 + a^2} - a}{|x|} + C.$

(12) $\int \dfrac{\mathrm{d}x}{x^2\sqrt{x^2 + a^2}} = -\dfrac{\sqrt{x^2 + a^2}}{a^2 x} + C.$

(13) $\int \dfrac{\sqrt{x^2 + a^2}}{x}\,\mathrm{d}x = \sqrt{x^2 + a^2} - a\ln\dfrac{\sqrt{x^2 + a^2} - a}{|x|} + C.$

(14) $\int \dfrac{\sqrt{x^2 + a^2}}{x^2}\,\mathrm{d}x = -\dfrac{\sqrt{x^2 + a^2}}{x} + \ln(x + \sqrt{x^2 + a^2}) + C.$

六、含有 $\sqrt{x^2 - a^2}$ （$a > 0$）的积分

(1) $\int \sqrt{x^2 - a^2}\,\mathrm{d}x = \frac{x}{2}\sqrt{x^2 - a^2} - \frac{a^2}{2}\ln(x + \sqrt{x^2 + a^2}) + C.$

(2) $\int \sqrt{(x^2 - a^2)^3}\,\mathrm{d}x = \frac{x}{8}(2x^2 - 5a^2)\sqrt{x^2 - a^2} + \frac{3}{8}a^4\ln|x + \sqrt{x^2 - a^2}| + C.$

(3) $\int x\sqrt{x^2 - a^2}\,\mathrm{d}x = \frac{1}{3}\sqrt{(x^2 - a^2)^3} + C.$

(4) $\int x^2\sqrt{x^2 - a^2}\,\mathrm{d}x = \frac{x}{8}(2x^2 - a^2)\sqrt{x^2 - a^2} - \frac{a^4}{8}\ln|x + \sqrt{x^2 - a^2}| + C.$

(5) $\int \dfrac{\sqrt{x^2-a^2}}{x}\mathrm{d}x = \sqrt{x^2-a^2} - a\arccos\dfrac{a}{\mid x\mid} + C.$

(6) $\int \dfrac{\sqrt{x^2-a^2}}{x^2}\mathrm{d}x = -\dfrac{\sqrt{x^2-a^2}}{x} + \ln\mid x+\sqrt{x^2-a^2}\mid + C.$

(7) $\int \dfrac{\mathrm{d}x}{\sqrt{x^2-a^2}} = \ln\mid x+\sqrt{x^2-a^2}\mid + C.$

(8) $\int \dfrac{\mathrm{d}x}{\sqrt{(x^2-a^2)^3}} = -\dfrac{x}{a^2\sqrt{x^2-a^2}} + C.$

(9) $\int \dfrac{x}{\sqrt{x^2-a^2}}\mathrm{d}x = \sqrt{x^2-a^2} + C.$

(10) $\int \dfrac{x}{\sqrt{(x^2-a^2)^3}}\mathrm{d}x = -\dfrac{1}{\sqrt{x^2-a^2}} + C.$

(11) $\int \dfrac{x^2}{\sqrt{x^2-a^2}}\mathrm{d}x = \dfrac{x}{2}\sqrt{x^2-a^2} + \dfrac{a^2}{2}\ln\mid x+\sqrt{x^2-a^2}\mid + C.$

(12) $\int \dfrac{x^2}{\sqrt{(x^2-a^2)^3}}\mathrm{d}x = -\dfrac{x}{\sqrt{x^2-a^2}} + \ln\mid x+\sqrt{x^2-a^2}\mid + C.$

(13) $\int \dfrac{\mathrm{d}x}{x\sqrt{x^2-a^2}} = \dfrac{1}{a}\arccos\dfrac{a}{\mid x\mid} + C.$

(14) $\int \dfrac{\mathrm{d}x}{x^2\sqrt{x^2-a^2}} = \dfrac{\sqrt{x^2-a^2}}{a^2 x} + C.$

七、含有 $\sqrt{a^2-x^2}$ $(a>0)$ 的积分

(1) $\int \sqrt{a^2-x^2}\,\mathrm{d}x = \dfrac{x}{2}\sqrt{a^2-x^2} + \dfrac{a^2}{2}\arcsin\dfrac{x}{a} + C.$

(2) $\int \sqrt{(a^2-x^2)^3}\,\mathrm{d}x = \dfrac{x}{8}(5a^2-2x^2)\sqrt{a^2-x^2} + \dfrac{3}{8}a^4\arcsin\dfrac{x}{a} + C.$

(3) $\int x\sqrt{a^2-x^2}\,\mathrm{d}x = -\dfrac{1}{3}\sqrt{(a^2-x^2)^3} + C.$

(4) $\int x^2\sqrt{a^2-x^2}\,\mathrm{d}x = \dfrac{x}{8}(2x^2-a^2)\sqrt{a^2-x^2} + \dfrac{a^4}{8}\arcsin\dfrac{x}{a} + C.$

(5) $\int \dfrac{\sqrt{a^2-x^2}}{x}\mathrm{d}x = \sqrt{a^2-x^2} - a\ln\left|\dfrac{a+\sqrt{a^2-x^2}}{x}\right| + C.$

(6) $\int \dfrac{\sqrt{a^2-x^2}}{x^2}\mathrm{d}x = -\dfrac{\sqrt{a^2-x^2}}{x} - \arcsin\dfrac{x}{a} + C.$

(7) $\int \dfrac{\mathrm{d}x}{\sqrt{a^2-x^2}} = \arcsin\dfrac{x}{a} + C.$

(8) $\int \dfrac{\mathrm{d}x}{\sqrt{(a^2-x^2)^3}} = \dfrac{x}{a^2 \sqrt{a^2-x^2}} + C.$

(9) $\int \dfrac{x}{\sqrt{a^2-x^2}}\mathrm{d}x = -\sqrt{a^2-x^2} + C.$

(10) $\int \dfrac{x}{\sqrt{(a^2-x^2)^3}}\mathrm{d}x = \dfrac{1}{\sqrt{a^2-x^2}} + C.$

(11) $\int \dfrac{x^2}{\sqrt{a^2-x^2}}\mathrm{d}x = -\dfrac{x}{2}\sqrt{a^2-x^2} + \dfrac{a^2}{2}\arcsin\dfrac{x}{a} + C.$

(12) $\int \dfrac{x^2}{\sqrt{(a^2-x^2)^3}}\mathrm{d}x = \dfrac{x}{\sqrt{a^2-x^2}} - \arcsin\dfrac{x}{a} + C.$

(13) $\int \dfrac{\mathrm{d}x}{x\sqrt{a^2-x^2}} = \dfrac{1}{a}\ln\left|\dfrac{x}{a+\sqrt{a^2-x^2}}\right| + C.$

(14) $\int \dfrac{\mathrm{d}x}{x^2\sqrt{a^2-x^2}} = -\dfrac{\sqrt{a^2-x^2}}{a^2 x} + C.$

八、含有 $a+bx+cx^2$ （$c>0$）的部分

(1) $\int \dfrac{\mathrm{d}x}{a+bx+cx^2} = \begin{cases} \dfrac{2}{\sqrt{4ac-b^2}}\arctan\dfrac{2cx+b}{\sqrt{4ac-b^2}} + C \quad (b^2<4ac) \\[4mm] \dfrac{1}{\sqrt{b^2-4ac}}\ln\left|\dfrac{2cx+b-\sqrt{b^2-4ac}}{2cx+b+\sqrt{b^2-4ac}}\right| + C \quad (b^2-4ac) \end{cases}$

(2) $\int \dfrac{x}{a+bx+cx^2}\mathrm{d}x = \dfrac{1}{2c}\ln|a+bx+cx^2| - \dfrac{b}{2c}\int\dfrac{\mathrm{d}x}{a+bx+cx^2}.$

九、含有 $\sqrt{a+bx\pm cx^2}$ （$c>0$）的积分

(1) $\int \sqrt{a+bx+cx^2}\,\mathrm{d}x = \dfrac{2cx+b}{4c}\sqrt{a+bx+cx^2} - \dfrac{4ac-b^2}{8\sqrt{c^3}}\ln|2cx+b$

$+ 2\sqrt{c}\sqrt{a+bx+cx^2}| + C.$

(2) $\int \sqrt{a+bx-cx^2}\,\mathrm{d}x = \dfrac{2cx-b}{4c}\sqrt{a+bx-cx^2} + \dfrac{b^2+4ac}{8\sqrt{c^3}}\arcsin\dfrac{2cx-b}{\sqrt{b^2+4ac}} + C.$

(3) $\int \dfrac{\mathrm{d}x}{\sqrt{a+bx+cx^2}} = \dfrac{1}{\sqrt{c}}\ln|2cx+b+2\sqrt{c}\sqrt{a+bx+cx^2}| + C.$

(4) $\int \dfrac{x}{\sqrt{a+bx+cx^2}}\mathrm{d}x = \dfrac{1}{c}\sqrt{a+bx+cx^2} - \dfrac{b}{2\sqrt{c^3}}\ln|2c+b$

$+ 2\sqrt{c}\sqrt{a+bx+cx^2}| + C.$

(5) $\displaystyle\int \frac{\mathrm{d}x}{\sqrt{a + bx - cx^2}} = -\frac{1}{\sqrt{c}}\arcsin \frac{2cx - b}{\sqrt{b^2 + 4ac}} + C.$

(6) $\displaystyle\int \frac{x}{\sqrt{a + bx - cx^2}}\mathrm{d}x = -\frac{1}{a}\sqrt{a + bx - cx^2} + \frac{b}{2\sqrt{c^3}}\arcsin \frac{2cx - b}{\sqrt{b^2 + 4ac}} + C.$

十、含有 $\sqrt{\pm \dfrac{x - a}{x - b}}$ 或 $\sqrt{(x - a)(b - x)}$ 的积分

(1) $\displaystyle\int \sqrt{\frac{a + c}{b + x}}\mathrm{d}x = \sqrt{(a + x)(b + x)} + (a - b)\ln(\sqrt{a + x} + \sqrt{b + x}) + C.$

(2) $\displaystyle\int \sqrt{\frac{a - x}{b + x}}\mathrm{d}x = \sqrt{(a - x)(b - x)} + (a + b)\arcsin \sqrt{\frac{x + b}{a + b}} + C.$

(3) $\displaystyle\int \frac{\mathrm{d}x}{\sqrt{(x - a)(b - x)}} = 2\arcsin \sqrt{\frac{x - a}{b - a}} + C.$

十一、含有三角函数的积分 $(ab \neq 0)$

(1) $\displaystyle\int \sin x\,\mathrm{d}x = -\cos x + C.$

(2) $\displaystyle\int \cos x\,\mathrm{d}x = \sin x + C.$

(3) $\displaystyle\int \tan x\,\mathrm{d}x = -\ln|\cos x| + C.$

(4) $\displaystyle\int \cot x\,\mathrm{d}x = \ln|\sin x| + C.$

(5) $\displaystyle\int \sec x\,\mathrm{d}x = \ln|\sec x + \tan c| + C = \ln\left|\tan\left(\frac{\pi}{4} + \frac{\pi}{2}\right)\right| + C.$

(6) $\displaystyle\int \csc x\,\mathrm{d}x = \ln|\csc x - \cot x| + C = \ln\left|\tan \frac{x}{2}\right| + C.$

(7) $\displaystyle\int \sec^2 x\,\mathrm{d}x = \tan x + C.$

(8) $\displaystyle\int \csc^2 x\,\mathrm{d}x = -\cot x + C.$

(9) $\displaystyle\int \sec x\tan x\,\mathrm{d}x = \sec x + C.$

(10) $\displaystyle\int \csc x\cot x\,\mathrm{d}x = -\csc x + C.$

(11) $\displaystyle\int \sin^2 x\,\mathrm{d}x = \frac{x}{2} - \frac{1}{4}\sin 2x + C.$

(12) $\displaystyle\int \cos^2 x\,\mathrm{d}x = \frac{x}{2} + \frac{1}{4}\sin 2x + C.$

(13) $\int \sin^n x \, dx = -\frac{1}{n} \sin^{n-1} x \cos x + \frac{n-1}{n} \int \sin^{n-2} x \, dx.$

(14) $\int \cos^n x \, dx = \frac{1}{n} \cos^{n-1} x \sin x + \frac{n-1}{n} \int \cos^{n-2} x \, dx.$

(15) $\int \frac{dx}{\sin^n x} = -\frac{1}{n-1} \cdot \frac{\cos x}{\sin^{n-1} x} + \frac{n-2}{n-1} \int \frac{dx}{\sin^{n-2} x}.$

(16) $\int \frac{dx}{\cos^n x} = \frac{1}{n-1} \cdot \frac{\sin x}{\cos^{n-1} x} + \frac{n-2}{n-1} \int \frac{dx}{\cos^{n-2} x}.$

(17) $\int \cos^m \sin^n x \, dx = \frac{1}{m+n} \cos^{m-1} x \sin^{n+1} x + \frac{m-1}{m+n} \int \cos^{m-2} x \sin^n x \, dx$

$\qquad = -\frac{1}{m+n} \cos^{m+1} x \sin^{n-1} x + \frac{m-1}{m+n} \int \cos^m x \sin^{n-2} x \, dx.$

(18) $\int \sin ax \cos bx \, dx = -\frac{1}{2(a+b)} \cos(a+b)x - \frac{1}{2(a-b)} \cos(a-b)x + C \quad (m \neq n).$

(19) $\int \cos ax \cos bx \, dx = -\frac{1}{2(a+b)} \cos(a+b)x - \frac{1}{2(a-b)} \cos(a-b)x + C \quad (m \neq n).$

(20) $\int \cos ax \cos bx \, dx = \frac{1}{2(a+b)} \sin(a+b)x + \frac{1}{2(a-b)} \sin(a-b)x + C \quad (m \neq n).$

(21) $\int \frac{dx}{a+b\sin x} = \frac{2}{\sqrt{a^2-b^2}} \arctan \frac{a\tan \frac{x}{2} + b}{\sqrt{a^2-b^2}} + C \quad (a^2 > b^2).$

(22) $\int \frac{dx}{a+b\sin x} = \frac{1}{\sqrt{b^2-a^2}} \ln \left| \frac{a\tan \frac{x}{2} + b - \sqrt{b^2-a^2}}{a\tan \frac{x}{2} + b + \sqrt{b^2-a^2}} \right| + C \quad (a^2 < b^2).$

(23) $\int \frac{dx}{a+b\cos x} = \frac{2}{a+b} \sqrt{\frac{a+b}{b-a}} \arctan \left(\sqrt{\frac{a-b}{a+b}} \tan \frac{x}{2} \right) + C \quad (a^2 > b^2).$

(24) $\int \frac{dx}{a+b\cos x} = \frac{1}{a+b} \sqrt{\frac{a+b}{b-a}} \ln \left| \frac{\tan \frac{x}{2} + \sqrt{\frac{a+b}{b-a}}}{\tan \frac{x}{2} - \sqrt{\frac{a+b}{b-a}}} \right| + C.$

(25) $\int \frac{dx}{a^2 \cos^2 x + b^2 \sin^2 x} = \frac{1}{ab} \arctan \left(\frac{b}{a} \tan x \right) + C.$

(26) $\int \frac{dx}{a^2 \cos^2 x - b^2 \sin^2 x} = \frac{1}{2ab} \ln \left| \frac{b\tan x + a}{b\tan x - a} \right| + C.$

(27) $\int x \sin ax \, dx = -\frac{1}{a^2} \sin ax - \frac{1}{a} x \cos ax + C.$

(28) $\int x^2 \sin ax \, \mathrm{d}x = -\dfrac{1}{a}x^2 \cos ax + \dfrac{2}{a^2}x \sin ax + \dfrac{2}{a^3}\cos ax + C.$

(29) $\int x \cos ax \, \mathrm{d}x = \dfrac{1}{a^2}\cos ax + \dfrac{1}{a}x \sin ax + C.$

(30) $\int x^2 \cos ax \, \mathrm{d}x = \dfrac{1}{a}x^2 \sin ax + \dfrac{2}{a^2}x \cos ax - \dfrac{2}{a^3}\sin ax + C.$

十二、含有反三角函数的积分$(a > 0)$

(1) $\int \arctan \dfrac{x}{a} \, \mathrm{d}x = x \arcsin \dfrac{x}{a} + \sqrt{a^2 - x^2} + C.$

(2) $\int x \arcsin \dfrac{x}{a} \, \mathrm{d}x = \left(\dfrac{x^2}{2} - \dfrac{a^2}{4}\right)\arcsin \dfrac{x}{a} + \dfrac{x}{4}\sqrt{a^2 - x^2} + C.$

(3) $\int x^2 \arcsin \dfrac{x}{a} \, \mathrm{d}x = \dfrac{x^3}{3}\arcsin \dfrac{x}{a} + \dfrac{1}{9}(x^2 + 2a^2)\sqrt{a^2 - x^2} + C.$

(4) $\int \arccos \dfrac{x}{a} \, \mathrm{d}x = x \arccos \dfrac{x}{a} - \sqrt{a^2 - x^2} + C.$

(5) $\int x \arccos \dfrac{x}{a} \, \mathrm{d}x = \left(\dfrac{x^2}{2} - \dfrac{a^2}{4}\right)\arccos \dfrac{x}{a} - \dfrac{x}{4}\sqrt{a^2 - x^3} + C.$

(6) $x^2 \arccos \dfrac{x}{a} \, \mathrm{d}x + \dfrac{x^3}{3}\arccos \dfrac{x}{a} - \dfrac{1}{9}(x^2 + 2a^2)\sqrt{a^2 - x^2} + C.$

(7) $\int \arctan \dfrac{x}{a} \, \mathrm{d}x = \dfrac{1}{2}(a^2 + x^2)\arctan \dfrac{x}{a} - \dfrac{a}{2}x + C.$

(8) $\int x \arctan \dfrac{x}{a} \, \mathrm{d}x = \dfrac{1}{2}(a^2 + x^2)\arctan \dfrac{x}{a} - \dfrac{a}{2}x + C.$

(9) $\int x^3 \arctan \dfrac{x}{a} \, \mathrm{d}x = \dfrac{x^3}{3}\arctan \dfrac{x}{a} - \dfrac{a}{6}x^2 + \dfrac{a^3}{6}\ln(a^2 + x^2) + C.$

十三、含有指数函数的积分$(a > 0, \ a \neq 1)$

(1) $\int a^x \, \mathrm{d}x = \dfrac{a^x}{\ln a} + C.$

(2) $\int \mathrm{e}^{ax} \, \mathrm{d}x = \dfrac{\mathrm{e}^{ax}}{a} + C.$

(3) $\int x \mathrm{e}^{ax} \, \mathrm{d}x = \dfrac{\mathrm{e}^{ax}}{a^2}(ax - 1) + C.$

(4) $\int x^n \mathrm{e}^{ax} \, \mathrm{d}x = \dfrac{x^n \mathrm{e}^{ax}}{a} - \dfrac{n}{a}\int x^{n-1}\mathrm{e}^{ax}.$

(5) $\int x a^{mx} \, \mathrm{d}x = \dfrac{x a^{mx}}{m \ln a} - \dfrac{a^{mx}}{(m \ln a)^2} + C.$

(6) $\int x^n a^{mx} \, \mathrm{d}x = \dfrac{x^n a^{mx}}{m \ln a} - \dfrac{n}{m \ln a}\int x^{n-1}a^{mx}.$

(7) $\int e^{ax} \sin bx \, dx = \dfrac{1}{a^2 + b^2} e^{ax} (a \sin bx - b \cos bx) + C.$

(8) $\int e^{ax} \cos bx \, dx = \dfrac{1}{a^2 + b^2} e^{ax} (a \sin bx = b \cos bx) + C.$

(9) $\int e^{ax} \sin^n bx \, dx = \dfrac{e^{ax} \sin^{n-1} bx}{a^2 + b^2 n^2} e^{ax} (a \sin bx - nb \cos bx) + \dfrac{n(n-1) b^2}{a^2 + b^2 n^2} \int e^{ax} \sin^{n-2} bx \, dx.$

(10) $\int e^{ax} \cos^n bx \, dx = \dfrac{e^{ax} \cos^{n-1} bx}{a^2 + b^2 n^2} e^{ax} (a \cos bx + nb \sin bx) + \dfrac{n(n-1) b^2}{a^2 + b^2 n^2} \int e^{ax} \cos^{n-2} bx \, dx.$

十四、含有对数函数的积分

(1) $\int \ln x \, dx = x \ln x - x + C.$

(2) $\int \dfrac{dx}{x \ln x} = \ln |\ln x| + C.$

(3) $\int x^n \ln x \, dx = x^{n+1} \left[\dfrac{\ln x}{n+1} - \dfrac{1}{(n+1)^2} \right] + C \quad (n \neq -1).$

(4) $\int (\ln x)^n \, dx = x (\ln x)^n - n \int (\ln x)^{n-1} \, dx.$

(5) $\int x^m (\ln x)^n \, dx = \dfrac{x^{m+1}}{m+1} (\ln x)^n - \dfrac{n}{m+1} \int x^m (\ln x)^{n-1} \, dx \quad (m \neq -1).$

十五、含有双曲函数的积分

(1) $\int \sinh x \, dx = \cosh x + C.$

(2) $\int \cosh x \, dx = \sinh x + C.$

(3) $\int \tanh x \, dx = \ln \cosh x + C.$

(4) $\int \coth x \, dx = \ln \sinh x + C.$

(5) $\int \operatorname{sech} x \, dx = \arctan(\sinh x) + C = 2 \arctan(e^x) + C.$

(6) $\int \operatorname{csch} x \, dx = \ln \tanh \dfrac{x}{2} + C.$

(7) $\int \operatorname{sech}^2 x \, dx = \tanh x + C.$

(8) $\int \operatorname{csch}^2 x \, dx = - \coth x + C.$

(9) $\int \operatorname{sech} x \tanh x \, dx = - \operatorname{sech} x + C.$

(10) $\int \sinh^2 x \, dx = -\dfrac{x}{2} + \dfrac{1}{4} \sinh 2x + C.$

(11) $\int \cosh^2 x \, dx = \dfrac{x}{2} + \dfrac{1}{4} \sinh 2x + C$

十六、定积分

(1) $\displaystyle\int_{-\pi}^{\pi} \cos nx \, dx = \int_{-\pi}^{\pi} \sin nx \, dx = 0.$

(2) $\displaystyle\int_{-\pi}^{\pi} \cos mx \sin nx \, dx = 0.$

(3) $\displaystyle\int_{-\pi}^{\pi} \cos mx \cos nx \, dx = \begin{cases} 0, & m \neq n \\ \pi, & m = n \end{cases}.$

(4) $\displaystyle\int_{-\pi}^{\pi} \sin mx \sin nx \, dx = \begin{cases} 0, & m \neq n \\ \pi, & m = n \end{cases}.$

(5) $\displaystyle\int_{0}^{\pi} \sin mx \sin nx \, dx = \int_{0}^{\pi} \cos mx s \cos nx \, dx = \begin{cases} 0, & m \neq n \\ \dfrac{\pi}{2}, & m = n \end{cases}.$

(6) ① $I_n = \displaystyle\int_{0}^{\frac{\pi}{2}} \sin^n x \, dx = \int_{0}^{\frac{\pi}{2}} \cos^n x \, dx.$

② $I_n = \dfrac{n-1}{n} I_{n-2}.$

③ $I_n = \dfrac{n-1}{n} \cdot \dfrac{n-3}{n-2} \cdot \cdots \cdot \dfrac{4}{5} \cdot \dfrac{2}{3}$（$n$ 为大于 1 的正奇数），$I_1 = 1.$

④ $I_n = \dfrac{n-1}{n} \cdot \dfrac{n-3}{n-2} \cdot \cdots \cdot \dfrac{3}{4} \cdot \dfrac{2}{2} \cdot \dfrac{\pi}{2}$（$n$ 为正偶数），$I_0 = \dfrac{\pi}{2}.$

参 考 文 献

［1］ 同济大学数学教研室. 高等数学(上册，下册)［M］. 6 版. 北京：高等教育出版社，2007.

［2］ 魏莹，刘学才. 高等数学［M］. 武汉：华中科技大学出版社，2005.

［3］ 赵焕宗. 应用高等数学(上册，下册)［M］. 2 版. 上海：上海交通大学出版社，2005.

［4］ 盛祥耀. 高等数学(上册，下册)［M］. 2 版. 北京：高等教育出版社，2005.

［5］ 天津中德职业技术学院数学教研室. 高等数学简明教程［M］. 北京：机械工业出版社，2003.

［6］ 陈运明，刘键文. 大学数学应用基础［M］. 长沙：湖南教育出版社，2006.

［7］ 冯翠莲，赵益坤. 应用经济数学［M］. 北京：高等教育出版社，2004.

［8］ 乔树文. 应用经济数学［M］. 北京：北京交通大学出版社，2009.

［9］ 何书元. 概率论与数理统计［M］. 北京：高等教育出版社，2006.

［10］ 龚友运，肖业胜，廖红菊. 工程应用数学(上册)［M］. 武汉：华中科技大学出版社，2010.

［11］ 孙旭东，冯兴山，魏莹. 工程应用数学(下册)［M］. 武汉：华中科技大学出版社，2010.

［12］ 韩飞，张汉萍，胡方富. 应用经济数学［M］. 长沙：湖南师范大学出版社，2011.